“十二五”普通高等教育本科国家级规划教材
浙江省普通高校“十三五”新形态教材
中国机械工程学科教程配套系列教材
教育部高等学校机械类专业教学指导委员会规划教材
CMEC

材料成形技术基础

（第2版）

主编 于爱兵
参编 王爱君 左锦荣 李 照 李锦棒 陈 兴 胡少媚 彭文飞

清华大学出版社
北京

内容简介

本书共7章，内容涉及金属铸造成形、金属塑性成形、金属连接成形、高分子材料及复合材料成形、粉末冶金及陶瓷成形，以及与材料成形相关的技术。

本书主要讲解每种材料成形技术的基础知识、成形方法及装备、成形工艺以及成形新技术。每章以案例导入形式，引导学生开展本章学习，在介绍材料成形技术的同时，强化成形技术的应用，每章介绍一个典型工程综合实例，以增强学生的工程概念和实践能力，培养学生在理论指导下，解决实际问题的能力。本书还包括成形工艺选择、工艺方案的技术经济分析、材料成形的工艺文件、材料成形中的计算机辅助设计与模拟等与材料成形技术密切相关的内容。此外，本书还附有材料成形技术专业术语的英汉对照表和趣味性阅读材料。

本书可作为高等工科院校机械类各专业本科学生的教材，也可供近机类和材料类专业学生选用，同时还可作为相关科研及工程技术人员的参考书。

图书在版编目(CIP)数据

材料成形技术基础/于爱兵主编. —2版. —北京：清华大学出版社，2020.7（2025.2重印）
中国机械工程学科教程配套系列教材　教育部高等学校机械类专业教学指导委员会规划教材
ISBN 978-7-302-54887-4

Ⅰ. ①材…　Ⅱ. ①于…　Ⅲ. ①工程材料—成型—高等学校—教材　Ⅳ. ①TB3

中国版本图书馆CIP数据核字(2020)第022945号

责任编辑：许　龙
封面设计：常雪影
责任校对：赵丽敏
责任印制：刘海龙

出版发行：清华大学出版社
　　网　　址：https://www.tup.com.cn，https://www.wqxuetang.com
　　地　　址：北京清华大学学研大厦A座　　**邮　　编**：100084
　　社 总 机：010-83470000　　**邮　　购**：010-62786544
　　投稿与读者服务：010-62776969，c-service@tup.tsinghua.edu.cn
　　质量反馈：010-62772015，zhiliang@tup.tsinghua.edu.cn
印 装 者：三河市龙大印装有限公司
经　　销：全国新华书店
开　　本：185mm×260mm　　**印　　张**：21.25　　**字　　数**：512千字
版　　次：2010年4月第1版　　2020年7月第2版　　**印　　次**：2025年2月第6次印刷
定　　价：59.00元

产品编号：075066-01

中国机械工程学科教程配套系列教材
教育部高等学校机械类专业教学指导委员会规划教材

编 委 会

丛书序言
PREFACE

我曾提出过高等工程教育边界再设计的想法，这个想法源于社会的反应。常听到工业界人士提出这样的话题：大学能否为他们进行人才的订单式培养。这种要求看似简单、直白，却反映了当前学校人才培养工作的一种尴尬：大学培养的人才还不是很适应企业的需求，或者说毕业生的知识结构还难以很快适应企业的工作。

当今世界，科技发展日新月异，业界需求千变万化。为了适应工业界和人才市场的这种需求，也即是适应科技发展的需求，工程教学应该适时地进行某些调整或变化。一个专业的知识体系、一门课程的教学内容都需要不断变化，此乃客观规律。我所主张的边界再设计即是这种调整或变化的体现。边界再设计的内涵之一即是课程体系及课程内容边界的再设计。

技术的快速进步，使得企业的工作内容有了很大变化。如从 20 世纪 90 年代以来，信息技术相继成为很多企业进一步发展的瓶颈，因此不少企业纷纷把信息化作为一项具有战略意义的工作。但是业界人士很快发现，在毕业生中很难找到这样的专门人才。计算机专业的学生并不熟悉企业信息化的内容、流程等，管理专业的学生不熟悉信息技术，工程专业的学生可能既不熟悉管理，也不熟悉信息技术。我们不难发现，制造业信息化其实就处在某些专业的边缘地带。那么对那些专业而言，其课程体系的边界是否要变？某些课程内容的边界是否有可能变？目前不少课程的内容不仅未跟上科学研究的发展，也未跟上技术的实际应用。极端情况甚至存在有些地方个别课程还在讲授已多年弃之不用的技术。若课程内容滞后于新技术的实际应用好多年，则是高等工程教育的落后甚至是悲哀。

课程体系的边界在哪里？某一门课程内容的边界又在哪里？这些实际上是业界或人才市场对高等工程教育提出的我们必须面对的问题。因此可以说，真正驱动工程教育边界再设计的是业界或人才市场，当然更重要的是大学如何主动响应业界的驱动。

当然，教育理想和社会需求是有矛盾的，对通才和专才的需求是有矛盾的。高等学校既不能丧失教育理想、丧失自己应有的价值观，又不能无视社会需求。明智的学校或教师都应该而且能够通过合适的边界再设计找到适合自己的平衡点。

我认为，长期以来，我们的高等教育其实是“以教师为中心”的。几乎所有的教育活动都是由教师设计或制定的。然而，更好的教育应该是“以学生为中心”的，即充分挖掘、启发学生的潜能。尽管教材的编写完全是由教师完成的，但是真正好的教材需要教师在编写时常怀“以学生为中心”的教育理念。如此，方得以产生真正的“精品教材”。

教育部高等学校机械设计制造及其自动化专业教学指导分委员会、中国机械工程学会与清华大学出版社合作编写、出版了《中国机械工程学科教程》，规划机械专业乃至相关课程的内容。但是“教程”绝不应该成为教师们编写教材的束缚。从适应科技和教育发展的需求而言，这项工作应该不是一时的，而是长期的，不是静止的，而是动态的。《中国机械工程学科教程》只是提供一个平台。我很高兴地看到，已经有多位教授努力地进行了探索，推出了新的、有创新思维的教材。希望有志于此的人们更多地利用这个平台，持续、有效地展开专业的、课程的边界再设计，使得我们的教学内容总能跟上技术的发展，使得我们培养的人才更能为社会所认可，为业界所欢迎。

是以为序。

2009年7月

第 2 版前言

FOREWORD

本教材第 1 版自 2010 年 4 月出版以来，先后入选“十二五”普通高等教育本科国家级规划教材，中国机械工程学科教程配套系列教材，教育部高等学校机械类专业教学指导委员会规划教材以及浙江省普通高校“十三五”新形态教材。同时，一些院校选用本书作为课程教材，这是对我们开展教材第 2 版编写工作的积极鼓励。

在保留第 1 版特色的基础上，本教材进行了如下修改：

(1) 采用“新形态教材”形式编写。以“纸质教材＋拓展数字化资源(二维码)”的形式编写教材。课程的整体主线、宏观介绍、重要内容、重要知识点、典型工艺、例题、习题等保留在纸质教材上。次要内容、次要成形工艺、动画、视频、阅读材料、工程案例等内容以数字化资源方式体现。

(2) 突出应用型教材的特色。弱化过深的学术型理论内容，强化工程应用。强化理论知识与工程实践的结合，将工程概念贯穿整个教材，基本理论和方法的讲解联系工程实际，突出在理论指导下，解决实际问题能力的培养。

(3) 加强案例教学。选择贴近百姓生活的汽车零部件以及其他产品的成形和制造为典型案例。在每章的材料成形技术内容教学之前，以典型产品的制造为案例导入，提出问题，引导学习，激发学习兴趣。在本章的最后，以工程实例形式介绍产品的制造过程。

(4) 提高图片质量。教材选用了大量的实物照片、近实物图和三维图片，使图片更贴近实际，从而对技术描述更加形象和具体，便于读者理解。

(5) 补充教材内容。增加了管料成形、轧制、挤压、拉拔等工程实践中常用的成形技术。增加了成形工艺选择、工艺方案的技术经济分析、材料成形的工艺文件、材料成形中的计算机辅助设计与模拟等与材料成形技术密切相关的内容。

本教材由于爱兵担任主编。参加编写的人员有：宁波大学于爱兵(第 1 章，第 6 章，第 7 章和附录)，左锦荣(第 2 章 2.3～2.5 节，第 7 章 7.5 节)，李锦棒(第 2 章 2.1、2.2 节，2.6 节和阅读材料)，胡少媚(第 3 章 3.2.2、3.4、3.6 节和阅读材料)，彭文飞(第 3 章 3.1、3.2.1、3.2.3、3.3、3.5 节，第 5 章 5.5 节)，陈兴(第 5 章，第 7 章 7.5 节)；烟台职业学院王爱君(第 4 章 4.1、4.2、4.5 节和阅读材料)；武汉理工大学李照(第 4 章 4.3、4.4 节)。宁波大学研究生迟剑英、严科科、石立伟、袁建东制作了本教材的视频，研究生袁建东、孙磊、张治红、谭威、陈镇扬、邵熠羽绘制了本教材的部分图片。

本教材的编写以《材料成形技术基础》第1版为基础，在此向教材第1版的编者、编辑和出版人员表示感谢！在本教材的编写过程中，参考并引用了国内外部分教材、手册、期刊以及网络上的相关内容，在此特向有关作者和单位表示诚挚的感谢！感谢清华大学出版社在本教材的编写和出版过程中给予的一贯鼎力支持！

限于编者水平，新形态教材和应用型教材的编写经验还存在一些不足，教材难免有不当之处，敬请广大读者不吝批评指正。

编　者

2019年11月

第1版前言

FOREWORD

"材料成形技术基础"是机械类专业的一门综合性技术基础课程。本书是为机械类专业编写的教材，其内容以我国高等工科院校机械类专业人才培养目标为出发点，主要介绍与产品制造有关的材料成形技术基础知识。

本书介绍了工程材料的常见成形技术，包括金属铸造成形、金属塑性成形、金属连接成形、高分子材料及复合材料成形、粉末冶金及陶瓷成形以及表面技术。内容涉及每种成形方法的基本原理、成形方法及设备、典型成形工艺、成形新技术和工程实例。本书内容共7章。第1章在产品制造过程的基础上，介绍了材料成形的相关基础知识，为后续章节的学习奠定基础；第2章阐述液态金属铸造成形；第3章为固态金属塑性成形；第4章以焊接技术为主；第5章包含塑料、橡胶和复合材料的成形技术；第6章介绍粉末冶金和陶瓷成形技术；第7章是表面技术。教师可以根据教学计划和学时，选取其中的教学内容。

本书的主要特点是：

(1) 以产品制造过程为基础，讲述材料成形技术的基础知识。读者可以在产品制造过程的全局角度，学习和体会各种材料成形技术的工程应用。同时，为了便于同学们对包括本课程在内所学的专业课程有一个清晰认识，以机械产品的制造过程为主线，介绍本课程以及其他专业课程知识在制造过程中的作用。

(2) 强化工程应用，注重理论联系实际。结合编者的科研、生产实践和教学经验，每章介绍一个典型工程实例，完整描述实际产品的全部制造过程。工程综合实例以本章学习的成形技术为主，兼顾其他章节的技术内容。通过工程实例，一方面加深学生对所学成形技术的理解和掌握，另一方面对产品的制造过程有了一个具体的认识。这样，使学生在学习专业知识过程中不再感到深奥。此外，在讲解基本原理的基础上，从应用的角度出发，引入一些实例和实物图片，增强学生的工程概念和实践认识。

(3) 围绕成形技术的三个方面建立知识结构体系：成形技术的基本原理、成形方法与工艺、工程应用。每一章内容的编写和教学主线为：基本原理—成形方法及设备—成形工艺—成形新技术—工程综合实例—阅读材料—本章小结—思考题。

(4) 设有专业术语的英汉对照。双语教学是目前各高校普遍提倡的教学方式，专业词汇是学生在双语教学中和科技英语写作中遇到的主要问题。

因此,渗透式双语教学显得更为有效。本书在各章节增加了常见材料成形技术专业术语的英文翻译,并在附录中配有材料成形技术专业术语的英汉对照表,希望以这种潜移默化的方式帮助学生更好地学习和掌握科技英语。

(5) 每一章设置一篇趣味性阅读材料。讲解有关本章内容的背景知识,包含成形技术的发展历史、发明过程、历史人物、相关事件、工程应用实例等内容。在增加学习兴趣和工程概念的同时,对工科学生的人文知识也是有益的补充。

本书由于爱兵担任主编。参加编写的人员有:宁波大学于爱兵(第1章、第5章、第6章、第7章、附录),天津大学陈思夫(第2章)、宁波大学胡少媚(第3章),烟台职业学院王爱君(第4章),研究生李照完成了部分文字的录入工作。书稿由吉林大学王龙山教授审阅。

在本书的编写过程中,参考并引用了国内外部分教材、手册、期刊以及网络上的相关内容,在此特向有关作者和单位表示诚挚的感谢!

由于编者水平所限,在应用型教材建设和教学中探索的经验还有待进一步完善,书中难免存在错误与不妥之处,敬请广大读者指正。

编　者

2010年3月

目录
CONTENTS

第1章

绪　论

汽车已经成为人们日常生活中不可缺少的交通工具，乘坐在汽车上，我们是否考虑到发动机的连杆、变速箱中的齿轮、车门、轮胎、车灯以及各类传感器等众多汽车零件是采用什么方法制造出来的（图 1-1）？在汽车零部件的制造过程中，会涉及本课程中的哪些技术？手机已经成为我们的随身物品，可是手机中的一些零件又是如何制造出来的？又会需要本课程中的什么知识？通过本课程的学习，我们就可以回答上述问题。

图 1-1　制造与材料成形技术

材料成形一般指采用适当的方法或手段，将原材料转变成所需要的具有一定形状、尺寸和使用功能的毛坯或成品。材料是人们生活和生产的物质基础，大多数材料在被制造成产品的过程中，都需要经过成形加工。产品制造过程的核心就是材料的加工过程，材料成形是制造过程的重要部分之一。材料成形技术种类多，应用广泛，生产效率高，是现代制造业的基础。

1.1　材料成形技术概述

1.1.1　制造过程

1. 制造与材料加工

制造一般指通过人工或机器使原材料或半成品成为可供使用的物品，制造过程一般需要相应的资源和活动，并产生相应的附加值，如图1-2所示。“manufacture”这个英文单词最早出现在1567年，源于拉丁词“*manu factus*”，原意是手工制作，即把原材料用手工方式制成有用的产品。随着技术的进步，人类发明了各种机器，机器逐渐替代手工操作，完成制造过程。

随着历史的发展和技术的进步，制造的含义在不断扩展。目前，制造的含义有“狭义制造”和“广义制造”两类。其中的狭义制造又称为“小制造”，指产品的制作过程，这也是一般意义上人们对制造的理解。例如，齿轮的制造、鼠标的制造、汽车的制造等。而广义制造又称为“大制造”，涵盖产品的全生命周期过程，广义制造是一个涉及制造中产品设计、材料选择、生产规划、生产过程、质量保证、经营管理、市场销售和服务的一系列相关活动和工作的总称。图1-3是从系统角度对制造过程的描述。制造系统的输入主要指制造企业正常运转所需要的条件，包括人员、材料、设备、能源、资金等。制造企业的输出为制造过程产生的一切，包括产品、废物以及污染排放等。

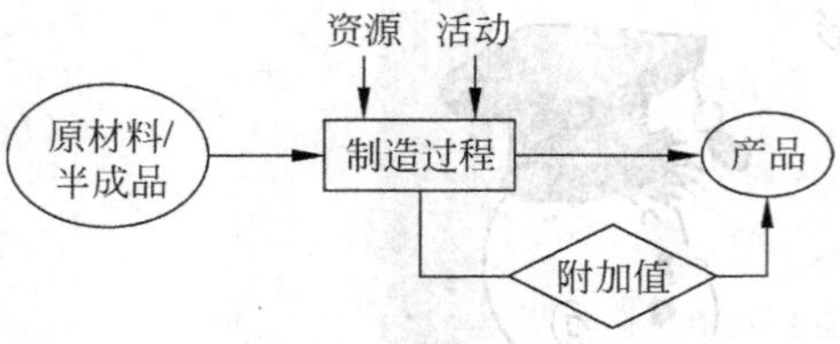

图1-2 制造的含义

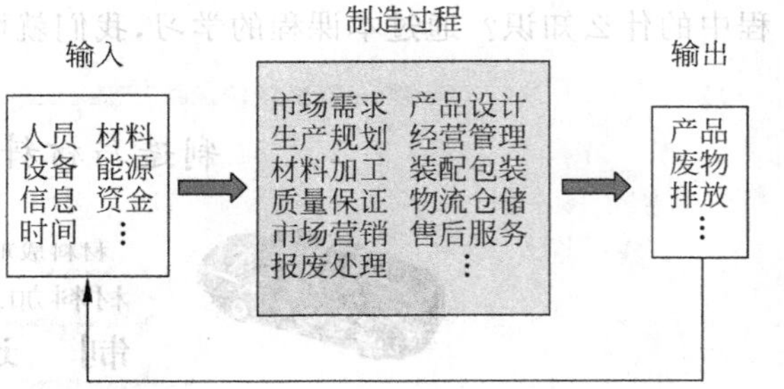

图1-3 制造的系统框图

2. 材料加工与材料成形

图1-3中的制造过程主要涉及产品的设计、生产、销售等方面的相关工作和任务，是制造系统的核心内容，主要包括产品设计、生产规划、材料加工、质量保证、市场营销等。其中的材料加工(materials processing)是产品制造过程的最基本内容，也是狭义制造的主要内容。

材料加工一般指人们将材料采用适当的方式，加工成所需要的具有一定形状、尺寸和使用性能的零件或产品。材料加工的方法较多，分类方法也不一致。按照在加工过程中材料的形态改变方式，材料加工可以分为三大类：材料变形/成形加工(material forming and shaping processes)、材料分离加工(material separating processes)和材料的连接加工(material joining processes)，如图1-4所示。

图1-4列举了产品制造过程中的主要材料加工方法。通常情况下，根据材料在加工过程中的温度，人们将金属材料的加工分为冷加工和热加工两大类。即在金属再结晶温度以下的材料加工称为冷加工，而高于金属再结晶温度以上的材料加工称为热加工。例如，铸造为热加工，切削为冷加工。铸造、锻造和焊接是金属材料的常见热加工方法，是将金属原材料加工成毛坯或成品的主要方法，人们习惯称之为成形加工(forming)。车削、铣削、磨削以及特种加工等是金属材料的常见冷加工方法，人们习惯称之为机械加工(machining)。

随着工程材料种类的增多和材料加工技术的快速发展，制造产品的材料已不局限于金属材料，无机非金属材料、高分子材料以及复合材料已广泛应用于生产和生活的各个领域，

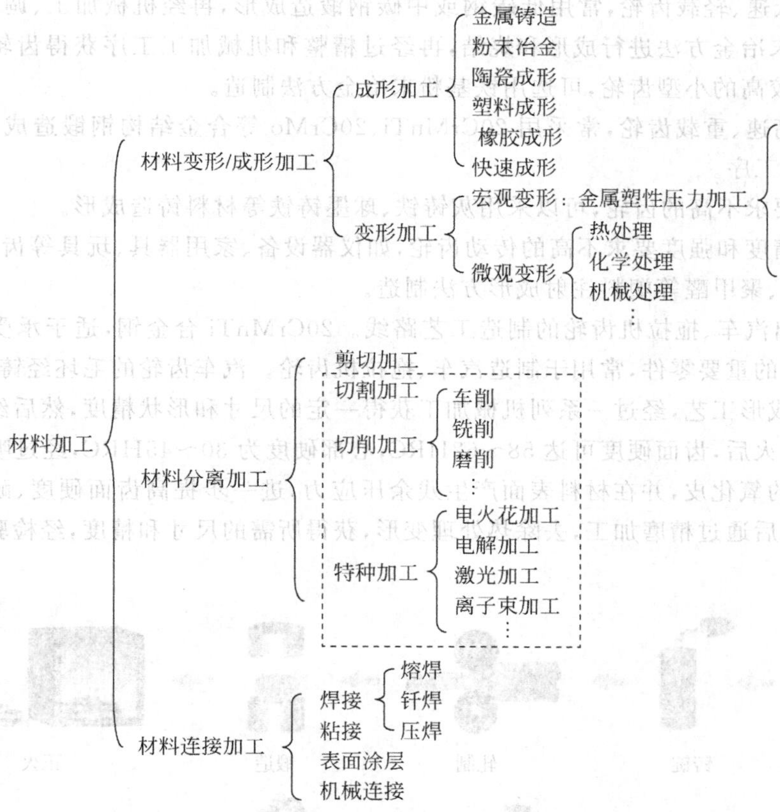

图 1-4　材料加工的分类

相应的材料成形方法也不仅仅是铸造、锻造和焊接，材料成形还包含粉末冶金、塑料成形、复合材料成形以及表面成形等方法。可见，材料成形的范围是不断扩展的，从图 1-4 可以看出，除了切割加工、切削加工、特种加工等机械加工方法以外的材料加工方法都可以归纳为材料成形方法，即图 1-4 中虚框以外的材料加工方式，都可以看作材料成形。

材料成形不仅可以制造毛坯，也可以直接制造出成品。图 1-5 为零件的制造过程示意图，可以看出零件的制造过程主要由成形加工和机械加工两部分组成。从这个意义上看，制造技术可分为机械加工制造技术和成形制造技术两大类。

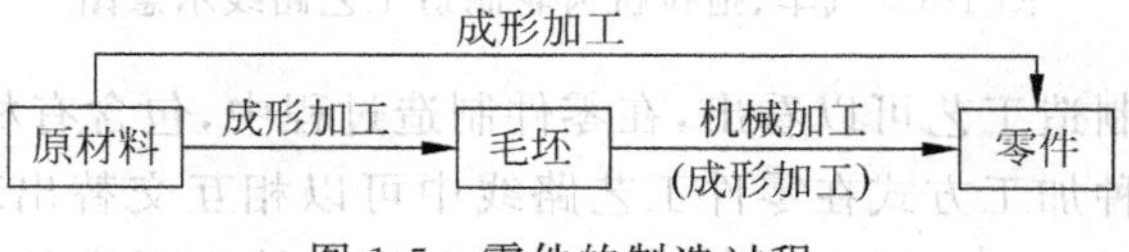

图 1-5　零件的制造过程

下面以齿轮的制造过程为例，说明零件制造过程中所涉及的材料成形技术。齿轮是典型的盘套类零件，在工作时齿面承受较高的接触应力和摩擦力，齿根承受较大的弯曲应力，有时还承受冲击载荷，因此，对齿轮的力学性能要求较高，要求齿面有高的硬度和耐磨性，齿轮心部有足够高的强度和韧性。齿轮的工作条件不同，材料和制造方法也存在差异。下面列举齿轮的几种不同制造方法：

(1) 对于低速、轻载齿轮,常用低碳钢或中碳钢锻造成形,再经机械加工、调质等工序;也可以采用粉末冶金方法进行成形和烧结,再经过精整和机械加工工序获得齿轮。对于一些强度和硬度较高的小型齿轮,可选用铁基粉末冶金方法制造。

(2) 对于高速、重载齿轮,常采用 20CrMnTi、20CrMo 等合金结构钢锻造成形,再经机械加工、渗碳等工序。

(3) 对于要求不高的齿轮,可以采用灰铸铁、球墨铸铁等材料铸造成形。

(4) 对于精度和强度要求不高的传动齿轮,如仪器设备、家用器具、玩具等齿轮,可选用尼龙、聚碳酸酯、聚甲醛等塑料注射成形方法制造。

图 1-6 示出汽车、拖拉机齿轮的制造工艺路线。20CrMnTi 合金钢,适于承受中等载荷以及冲击、摩擦的重要零件,常用于制造汽车、拖拉机齿轮。汽车齿轮的毛坯经铸造、轧制和锻造 3 个材料成形工艺,经过一系列机械加工获得一定的尺寸和形状精度,然后经过表面渗碳、淬火低温回火后,齿面硬度可达 58~62HRC,心部硬度为 30~45HRC,经过喷丸处理可以去除热处理的氧化皮,并在材料表面产生残余压应力,进一步提高齿面硬度、耐磨性能和抗疲劳性能,最后通过精磨加工,去除热处理变形,获得所需的尺寸和精度,经检验合格后即为齿轮成品。

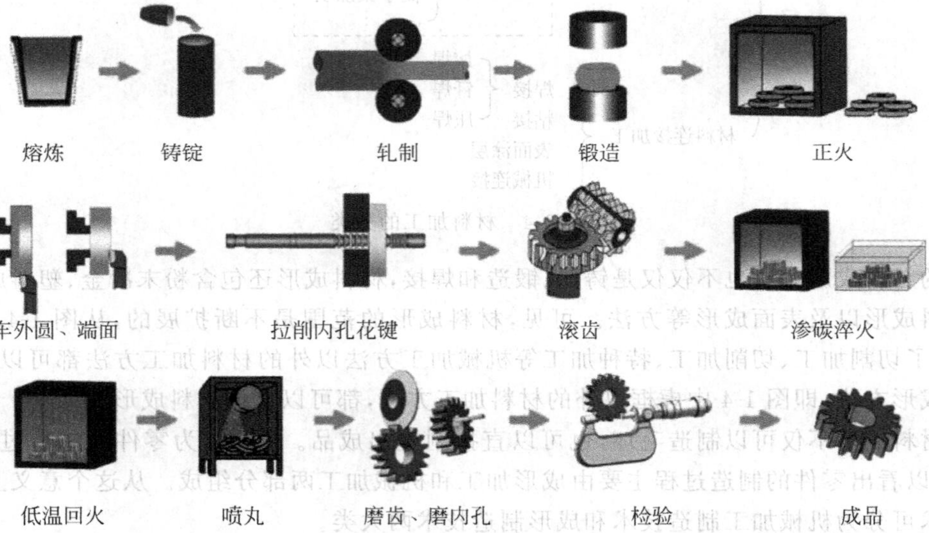

图 1-6　汽车、拖拉机齿轮制造工艺路线示意图

通过上述齿轮的制造工艺可以看出,在零件制造过程中,包含有材料成形和机械加工两种加工方式,而且,两种加工方式在零件工艺路线中可以相互交替出现。当然,不同的零件制造工艺路线是不同的。对于具有一定尺寸公差和形状精度要求的机械零件而言,一般都需要由材料成形制造毛坯,并经机械加工获得成品的工艺过程。

1.1.2　材料成形方法的分类

如图 1-4 所示,除去有关机械加工的切割加工、切削加工和特种加工,其余的材料加工方法便可以归为材料成形方法。上述分类方法具有较广的涵盖面,大部分的材料成形方法均可以包括在内。

按照材料的种类分类，材料成形大致分为金属材料成形、高分子材料成形、无机非金属材料成形以及复合材料成形，如图 1-7 所示。在图 1-7 所示的分类方法中，有一些成形方法是重复的，例如注射成形可以用于塑料成形，也可以用于橡胶成形，还可以用于金属和陶瓷制品成形。目前，人们较习惯于按成形材料的种类分类，本教材也是按照成形材料的种类介绍各种材料成形技术的。

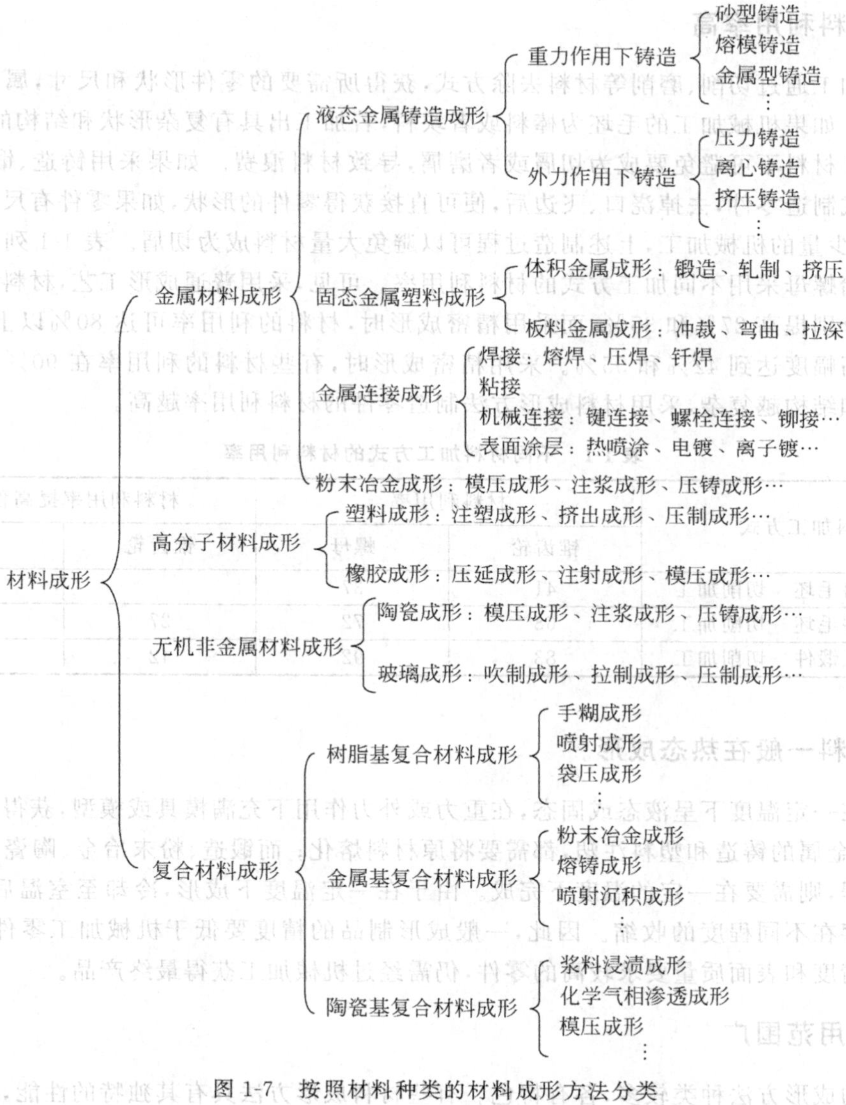

图 1-7 按照材料种类的材料成形方法分类

1.1.3 材料成形加工的特点

材料成形的主要方法有铸造、锻造、焊接、粉末冶金以及注塑等，与机械加工相比，材料成形加工具有以下特点：

1. 生产效率高

材料的成形过程可采用机械化、自动化生产,有助于实现大规模批量生产。冲压、注塑以及模锻等成形过程采用自动化生产将会获得较高的生产效率。例如,普通冲床每分钟可以冲压几十到几百件,高速冲床每分钟可以冲压几百件到上千件。某塑料件采用注塑成形,一模八腔,注塑成形周期为20s,每日产量可达3万多件。

2. 材料利用率高

机械加工通过切削、磨削等材料去除方式,获得所需要的零件形状和尺寸,属于材料的去除加工。如果机械加工的毛坯为棒料或者块料,若加工出具有复杂形状和结构的零件,则一部分工件材料不可避免要成为切屑或者磨屑,导致材料浪费。如果采用铸造、锻造、注塑等成形方式制造零件,去掉浇口、飞边后,便可直接获得零件的形状,如果零件有尺寸精度要求,再经过少量的机械加工,上述制造过程可以避免大量材料成为切屑。表1-1列出锥齿轮和汽车轮胎螺母采用不同加工方式的材料利用率。可见,采用普通成形工艺,材料利用率比切削加工分别提高27%和35%,而采用精密成形时,材料的利用率可达80%以上,材料利用率的提高幅度达到42%和55%。采用精密成形时,有些材料的利用率在90%以上。零件的形状和结构越复杂,采用材料成形方法制造零件的材料利用率越高。

表1-1 不同材料加工方式的材料利用率 %

材料加工方式	材料利用率		材料利用率提高程度	
	锥齿轮	螺母	锥齿轮	螺母
棒料、块料毛坯—切削加工	41	37	—	—
铸件、锻件毛坯—切削加工	68	72	27	35
精密铸件、锻件—切削加工	83	92	42	55

3. 材料一般在热态成形

材料在一定温度下呈液态或固态,在重力或外力作用下充满模具或模型,获得制品的形状。例如,金属的铸造和塑料注塑,都需要将原材料熔化;而锻造、粉末冶金、陶瓷成形以及焊接等过程,则需要在一定的温度下完成。由于在一定温度下成形,冷却至室温后,成形的制品一般存在不同程度的收缩。因此,一般成形制品的精度要低于机械加工零件的精度。对于尺寸精度和表面质量要求较高的零件,仍需经过机械加工获得最终产品。

4. 应用范围广

材料的成形方法种类较多,各有特色。有些材料成形方法具有其独特的性能,是其他材料加工技术不可替代的。例如,金属材料通过塑性成形加工可以获得纤维组织,有利于提高材料的力学性能。与切削加工相比,采用塑性加工成形的锥齿轮的强度和抗疲劳寿命均提高20%。高熔点的难熔材料只能通过粉末冶金方法制造。对于塑性较低的铸铁材料而言,铸造是零件成形的唯一选择,具有复杂型腔的缸体、箱体、壳体类零件通常采用铸造成形。

材料成形技术广泛应用于航空航天、汽车、机械、仪器仪表、电子、化工、家用物品等领域。以汽车为例,汽车中有80%~90%的零件是通过材料成形方法制造的,表1-2列举了汽车主要零件的材料成形方法。

表1-2 汽车主要零件的材料成形方法

材料成形方法	典型汽车零件举例
铸造	发动机缸体、缸盖、离合器壳体、变速箱体、油泵壳体、活塞、化油器壳体
锻造	连杆、传动轴、曲轴、半轴、齿轮、万向节、板簧、十字轴
冲压	车门、驾驶室顶棚、油箱、水箱、前盖板、消声器壳体
焊接	车门、车身、车架、油箱
注塑成形	转向盘、车灯罩、保险杠、内饰件、仪表盘、冷却风扇
橡胶成形	轮胎、密封垫、刹车垫片、同步带、防尘罩、油箱盖、车门密封条、雨刷
粉末冶金	离合器、制动器、轴承、齿轮、花键套
陶瓷成形	汽车电路陶瓷件、传感器、电热塞、气门、活塞、刹车盘、催化转化器载体
玻璃成形	玻璃窗、反光镜
表面技术	齿轮、连杆、亮条、车身

1.1.4 材料成形技术的作用

材料成形技术在各工业领域的制造过程中得到了广泛应用,如航空航天、汽车、农机、工程机械、石油化工、建筑桥梁、冶金、机械、兵器、仪器仪表、轻工以及家用电器等领域。例如,汽车总重量的65%由钢材(约45%)、铝合金(约13%)以及铸铁(7%),通过锻造、焊接或铸造方法加工成形,通过表1-2,我们可以充分体会到汽车大部分零件的制造过程与材料成形技术密切相关。

材料成形的工艺种类较多,材料适应性广,可以完成各种材料的成形加工。应用材料成形技术,能够实现铸件、锻件、钣金件、焊接件、粉末冶金制品、陶瓷制品、塑料件、橡胶件以及复合材料件的生产。材料成形技术是制造过程的重要组成部分。金属材料约有70%以上需要经过铸造、锻压、焊接和粉末冶金等成形加工方法,获得所需要的产品。非金属材料也主要依靠材料成形方法才能加工成半成品或最终产品,例如,对于塑料和橡胶等非金属材料产品,其制造过程以材料成形方法为主。

采用铸造方法可以生产铸铁件、铸钢件以及铝、铜、镁、钛及锌等有色合金铸件。铸件的比例在机床、内燃机、重型机器中占70%~90%;在风机、压缩机中占60%~80%;在农业机械中的比例为40%~70%;在汽车中占20%~30%。综合起来,铸件在一般机器生产中占总质量的40%~80%。

采用塑性成形方法,既可生产钢锻件、钢板冲压件、各种有色金属及其合金的锻件和板料冲压件,还可生产塑料件与橡胶制品。据统计,全世界75%的钢材经塑性加工成形。塑性成形加工的零件与制品,其比例在汽车中与摩托车中占70%~80%;在拖拉机及农业机械中约占50%;在航空航天飞行器中占50%~60%;在仪表中约占90%;在家用电器中占90%~95%;在工程与动力机械中占20%~40%。

目前在各种门类的工业制品中,半数以上都采用一种或多种连接技术才能制成。在汽车和铁路车辆、舰船、航空航天飞行器、原子能反应堆及电站、石油化工设备、机床和工程机械、电器与电子产品以及家电等众多现代工业产品的生产中,连接技术都占有十分重要的地位,其中,焊接技术的应用最为广泛,45%的金属结构通过焊接方式成形。

1.1.5 材料成形技术的发展趋势

目前,工业技术要求制造的产品向精密化、轻量化与集成化方向发展。激烈的市场竞争要求产品具有性能高、成本低、周期短等特点。此外,日益恶化的环境要求材料成形的原料与能源消耗低、污染少。为了满足产品的上述一系列要求,材料成形加工技术也逐渐向综合化、多样化、多学科化方向发展。

1. 精密成形技术

精密成形一般指零件成形后接近或达到零件精度要求的材料成形技术,仅需少量加工或不再加工就可以作为产品,精密成形有助于实现产品的高效、低成本的少无余量制造。采用近净成形(near net shape forming)技术能够获得工件毛坯接近零件的形状,可以减少机械加工的余量,降低零件的制造成本。随着精密成形加工技术的发展,零件成形的尺寸精度正在由近净成形向净成形(net shape forming)方向发展,直接制成符合几何形状和尺寸要求的零件。净成形加工要求材料成形加工制造向更轻、更薄、更精、更强、更韧、成本低、周期短、质量高的方向发展。精密成形方法主要有精铸、精锻、精冲、精密旋压、精密焊接与切割、粉末注射成形以及3D打印技术等。

汽车的轻量化需求促进了精密成形技术的快速发展,出现了很多新的精密成形技术。例如,Cosworth铸造、消失模铸造及压力铸造已成为新一代汽车薄壁、高质量铝合金缸体零件的主要精密铸造成形方法。此外,将精密锻造技术用于生产凸轮轴零件,将半固态铸造技术用于生产铝合金支架和悬架零件等。

2. 复合成形技术

复合成形技术是将两种或者两种以上的材料成形方法相结合而形成的一种材料成形技术,是材料成形领域的一个重要发展方向。复合成形技术通过各种成形技术的优势互补,弥补单一成形技术的局限性,形成多种可行的材料成形新技术、新工艺,最终获得高性能、高品质的材料制品。

材料复合成形技术很多,如铸锻复合、铸轧复合、锻焊复合、铸焊复合、喷轧复合、浸渍成形等。例如,液态模锻件将一定量的液态金属浇入凹型模具型腔中,在金属液体处于即将凝固状态时,用凸模或压头对其施加压力,使之在凝固过程中产生一定量的塑性变形,最后获得与模具形状一致的产品。液态模锻是一种铸造和锻压复合的成形技术,综合了铸、锻两种工艺的优点,与传统的铸件和锻件相比,液态模锻复合成形工艺获得的铸锻件性能更优良,使用更广泛,特别适合于锰、锌、铜、镁等有色合金零件的成形加工,一些汽车零件,例如,铝合金活塞、铝合金油泵壳体、铝合金轮毂、铝合金制动总泵主缸零件等都是采用液态模锻成形技术制造的。

3. 材料成形过程的数字模拟仿真

应用计算机软件模拟仿真铸造、锻压、焊接、粉末冶金以及塑料注射等材料成形工艺过程,可以获得成形过程中的材料内部变化情况,例如温度、应力、应变、质点流动、微观组织演化以及气孔、裂纹等缺陷的形成过程等。对材料成形过程进行模拟仿真,有助于探索材料的成形机理,掌握成形工艺参数对成形质量的影响规律,预测成形过程中可能产生的缺陷,确定出最佳的成形工艺参数,优化成形工艺方案,保证和控制成形件的质量。

计算机数值模拟技术可以比理论和实验做得更深刻、更全面、更细致,还可以进行一些理论分析和实验无法完成的研究工作。基于知识的材料成形工艺模拟仿真是材料科学与制造科学的前沿领域和研究热点。据测算,模拟仿真可提高产品质量 5～15 倍,增加材料出品率 25%,降低工程技术成本 13%～30%,降低人工成本 5%～20%,提高投入设备利用率 30%～60%,缩短产品设计和试制周期 30%～60%。

4. 材料设计与制备加工一体化

材料设计与制备加工一体化将材料的组织性能设计、材料制备与成形加工融为一体,是一种先进材料加工技术,可以实现先进材料与零部件的高效、近形、短流程成形。材料设计、制备与成形加工一体化技术是高温合金、钛合金、难熔金属及金属间化合物、陶瓷、复合材料、梯度功能材料零部件制备技术的研究热点。激光快速成形就是一种典型的材料设计与制备成形加工一体化技术。

如今,以材料设计与制备加工一体化为基础,综合应用计算机技术、人工智能技术、信息处理技术和控制技术,研究人员提出了材料智能化制备与成形加工技术:以一体化设计与智能过程控制方法取代传统的材料制备与加工过程中的“试错法”,从而实现材料组织性能的精确设计与制备、成形加工过程的精确控制,获得最佳的材料组织性能与成形质量。

5. 清洁生产

铸造、锻造等一些材料成形加工过程中常伴随着废气、废水、固体废弃物等现象,面临着能源消耗和污染环境的问题。目前,资源消耗和环境保护迫切需要材料成形技术向清洁生产方向发展。在材料成形过程中采用清洁生产技术,例如,采用清洁能源、开发绿色新工艺、选用环境友好材料等,可以高效利用原材料,避免环境污染,以最小的环境代价和最低的能源和原材料消耗,获取最大的经济效益和社会效益,符合可持续发展策略。

1.2 工程材料的基础知识

材料是人类生活和生产的物质基础,是制造产品的基础物质。材料成形过程中的研究对象便是各种材料,为了便于学习和掌握材料成形技术,需要对成形过程中涉及的材料作一个简要的描述,这样可以在学习各种材料成形技术时,有一个整体的条理和思路。

1.2.1 材料的分类与应用

1. 材料的分类

材料的分类方法很多,表 1-3 列举了常见的材料分类方法。按材料的结合键划分,是目前比较常用的分类方法,即金属材料、无机非金属材料和高分子材料,由上述三类材料相互组合便可以形成各种复合材料。

表 1-3 材料常见分类方法

分类依据	材料类型	举例
结合键	金属材料	碳钢、合金钢、铜、铝
	无机非金属材料	陶瓷、玻璃、水泥
	高分子材料	塑料、橡胶、纤维
使用性能	结构材料	碳钢、合金钢
	功能材料	压电陶瓷、微波介质材料、半导体材料、光学晶体
加工程度	天然材料	天然橡胶、棉、石材、天然金刚石
	人造材料	塑料、合金、人造金刚石
发明年代	传统材料	钢铁、铜、铝
	新型材料	纳米材料、智能材料

2. 材料的应用

1) 金属材料

金属材料是目前用量最大、使用最广的一类材料,主要包括两类:钢铁材料和有色金属。除钢铁外,其他的金属材料均称为有色金属。有色金属主要包括铝合金、镁合金、钛合金、铜合金、镍合金等。

在农业机械、电工设备、化工和纺织机械等制造业中,钢铁材料的用量占90%左右,有色金属约占5%。在有色金属中,铝及其合金(aluminum alloys)用的最多,在航空、航天、汽车、机械制造、船舶、化学工业、食品工业以及建材中得到越来越多的应用。例如,波音767飞机中铝合金材料占81%。铝合金在汽车中获得了越来越多的应用,铝合金可以用于制造汽车轮毂、发动机舱盖、前挡泥板、车门、发动机盖、后备厢盖、油箱、散热器以及车身构架等。例如,捷豹XF轿车中的铝合金比例达到了75%。随着电动车时代的到来,铝合金将会在汽车中得到更多的应用,以降低车重、减少耗电量,增加续航里程。例如,大众e-Golf纯电动车就大量选用了铝合金材料。

近年来,随着汽车工业和电子工业的迅速发展,对通过减轻产品的自重以降低能源消耗和减少污染提出了更迫切的要求,而轻量化的绿色环保材料将作为人们的首选。镁合金(magnesium alloys)被认为是最具有开发和发展前途的金属材料,镁合金压铸件广泛应用于交通工具(如汽车、摩托车及飞机等)的零件和电子产品(如手机、数码相机、笔记本电脑、摄像机和其他电子产品)的外壳。

2) 无机非金属材料

无机非金属材料按照生产工艺和用途分类,主要包括陶瓷、玻璃、水泥和耐火材料四类,它们的主要原料是天然的硅酸盐矿物或人工合成的氧化物及其他化合物。它们的生产过程与传统陶瓷的生产过程相似,需经过原料处理—成形—烧结三个主要环节。陶瓷是最早使用的无机非金属材料,在国外习惯上将无机非金属材料统称为ceramics。

陶瓷材料是无机非金属材料的典型代表,陶瓷一般是含有玻璃相和气孔相的多晶多相物质结构。绝大多数陶瓷是一种或几种金属元素与非金属元素组成的化合物。按照性能和用途，陶瓷可分为传统陶瓷和特种陶瓷，后者随着现代技术的发展，又不断赋予新的命名和定义，如精细陶瓷、高性能陶瓷、先进陶瓷。传统陶瓷以天然硅酸盐矿物为原料，经粉碎、成形和烧结制成，主要用作日用陶瓷、建筑陶瓷和卫生陶瓷，要求烧结后不变形、外观美，但对强度要求不高。特种陶瓷则是以人工合成化合物（氧化物、氮化物、碳化物、硼化物等）为原料制成，主要应用于工程领域，如电子、信息、能源、机械、化工、动力、生物、航天航空和某些高新技术领域。先进陶瓷又分为结构陶瓷和功能陶瓷两类。

结构陶瓷主要是指应用在承受载荷、耐高温、耐腐蚀、耐磨损等场合的陶瓷材料。结构陶瓷分为两大类：氧化物陶瓷和非氧化物陶瓷。常见的氧化物陶瓷有 ZrO_2、Al_2O_3、$3Al_2O_3 \cdot 2SiO_2$ 等，常见的非氧化物陶瓷有 SiC、Si_3N_4、TiC、WC、B_4C 等。

目前，燃气轮机叶片使用的材料多为镍基合金，使用温度可达 1050℃，SiC 和 Si_3N_4 等陶瓷材料，由于具有较好的高温强度，可将燃气轮机叶片的使用温度提高到 1250℃ 以上，这样可提高发动机效率，使燃料燃烧得更为充分，减少环境污染。陶瓷材料的高温隔热作用可减少燃料燃烧膨胀中的传热损失，并且取消冷却水系统，减少发动机负荷，达到降低能耗的目的。SiC 还具有抗氧化性强、耐磨损性好、热膨胀系数小、硬度高以及抗热震和耐化学腐蚀等优良特性。SiC 可制作各种特殊工具、发动机部件、热交换器的管道、耐高温的马沸炉、耐磨材料、耐火材料等。

陶瓷轴承普遍应用于以下设备：无润滑运转的真空泵、水润滑的压缩机、高速涡轮机、无菌灌装饮料的设备、食品称量系统、制药、化学工业和半导体制造中用的排风扇、芯片制造中的机械手、氮泵和氢泵以及赛车传动装置等。

氧化物陶瓷，如 Al_2O_3 和 ZrO_2 等，其特点是化学稳定性好，特别是抗氧化性很强，熔融温度高。ZrO_2 陶瓷耐热性好，比热和导热系数小，可作为连续铸锭的耐高温材料，也适合做电炉发热体和炉膛耐火材料。化工行业用的陶瓷材料以氧化铝、莫来石为主，具有优异的耐腐蚀性能，使用温度为 −15～100℃，冷热骤变温差不大于 50℃，广泛使用于石油化工、制药、冶炼、化纤等行业中。陶瓷刀具具有优良的切削性能即高的硬度、红硬性和耐磨性，特别是在高速切削和干切削时表现出优异的切削性能，是一类极具发展前途的刀具材料。目前，主要应用的陶瓷刀具材料有 Al_2O_3 系陶瓷刀具、Si_3N_4 系陶瓷刀具以及近年新发展起来的功能梯度陶瓷刀具材料。ZrO_2 既是优良的刀具材料，又是良好的发热体材料、耐火材料和高温结构材料，还具有良好的半导体特性，可用作敏感元件。

部分汽车的减震装置是利用敏感陶瓷的正压电效应、逆压电效应和电致伸缩效应综合研制成功的智能减震器。上述汽车减震装置由于采用高灵敏度陶瓷元件，具有识别路面且能做自我调节的功能，在轿车行驶中的感知与调节过程仅需 20s 即可完成，可以将轿车在粗糙路面形成的震动减至最低，让乘坐者感觉舒适。智能陶瓷雨刷由钛酸钡陶瓷的压敏效应制成，它能够自动感知雨量，并能将轿车挡风玻璃上的雨刷自动调节到最佳速度。

3）高分子材料

高分子材料又称聚合物（polymers），按用途可分为塑料、合成纤维和橡胶三大类型，而塑料中通常又分为通用塑料和工程塑料。通用塑料主要制作薄膜、容器和包装用品，其在塑料生产中占 70%，聚乙烯（PE）是通用塑料的典型代表，其产量占整个塑料生产的 35%。工程塑料主要是指力学性能较高的聚合物，抗拉强度应大于50MPa，弹性模量应大于2500MPa，冲击韧度应大于5.88J/cm²。聚酰胺(PA)俗称尼龙和聚碳酸酯(PC)是这类材料的代表。由于聚合物有优良的电绝缘性能，聚碳酸酯常用作计算机、打字机的外壳、电子通信设备中的连接元件、接线板和控制按钮等。工程塑料中也有利用其特殊物理或化学性能的，如有机玻璃(PMMA)透光率很高，达92%(普通玻璃82%)，紫外线透过率为73.5%(普通玻璃仅0.6%)，故适于制作飞机或汽车中的窗玻璃和厂房中的采光天窗等；而聚四氟乙烯(PTFE)有极高的化学稳定性，能耐各种酸碱甚至王水的腐蚀，并在−196～250℃之间有稳定的力学性能，常用作化工管道和泵类零件。

4) 复合材料

金属、聚合物、陶瓷自身都各有其优点和缺点，如把两种材料结合在一起，发挥各自的长处，又可在一定程度上克服它们固有的弱点，这就产生了复合材料(composite materials)。复合材料可实现材料性能的最佳组合。复合材料可分为三大类型：塑料基复合材料、金属基复合材料和陶瓷基复合材料，其中，碳纤维增强塑料复合材料(carbon fiber reinforced plastic，CFRP)的应用最广泛。

CFRP是以树脂为基体、碳纤维为增强体的塑料基复合材料，具有低密度、高强度、高模量、耐高温、耐腐蚀、热膨胀系数低、性能可设计、易于整体成形以及易于得到尺寸稳定的结构等一系列优异性能。CFRP材料主要应用于航空航天、军工、船舶游艇、风电叶片、汽车工业以及体育器材等领域。CFRP与铝合金、钛合金、合金钢一起成为航空航天领域的四大结构材料。例如，波音787飞机用了近35t CFRP，生产这些复合材料就消耗了23t碳纤维。这种复合材料重量仅为铝合金的一半，强度比铝合金高20%，可以明显降低飞机重量，节省燃料，扩大飞行范围。在我们的日常生活用品中，CFRP也得到了应用，例如，自行车、钓鱼竿、冲浪板、滑雪板、高尔夫球杆、羽毛球拍和网球拍等。

1.2.2 材料的性能与材料加工

材料的性能(behaviours)是一种参量，用于表征材料在给定外界条件下的行为。在工程中，材料的选择和使用通常需要以材料的性能为依据，材料的基本性能可以分为使用性能和工艺性能两类，如图1-8所示。使用性能指材料在使用条件下表现出的性能，如力学性能、物理性能和化学性能等。工艺性能指材料在加工过程中所表现出的性能，如铸造性、可

- 材料性能
  - 使用性能
    - 力学性能：强度、硬度、塑性…
    - 理化性能：密度、熔点、导电性…
  - 工艺性能
    - 铸造性
    - 可锻性
    - 切削加工性
    - 磨削加工性
    - 焊接性
    - 热处理工艺性
    - ⋮

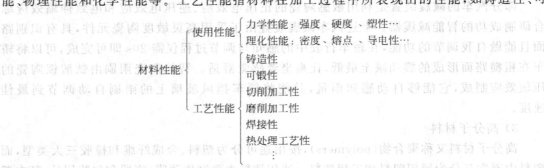

图1-8 材料的性能

锻性、焊接性能、切削加工性等。材料的工艺性能表示材料进行某种加工过程的难易程度，与材料成形工艺密切相关。材料的工艺性能直接影响材料成形方法与工艺的选择。

材料要获得实际应用，首先要采用合理的制备与成形加工工艺，使其达到所需要的材料性能、具备所要求的形状和尺寸。如图1-9所示，材料的性能取决于材料的成分和组织结构。对于给定成分的材料，只有改变材料的组织结构才能控制和改变材料的性能，而材料的加工过程通常显著影响材料的内部组织结构，从而对材料的性能起决定性作用。另外，有些材料加工过程，也会改变材料的表面成分，例如，离子束加工、渗碳、渗氮等，最终也达到改变材料性能的效果。可见，材料加工是控制和改善材料性能的重要手段。以钢铁结构零件的生产为例，钢铁的冶炼在氧气顶吹转炉完成，调整炉内钢液成分后，就可以浇铸，轧制成具有一定形状和尺寸的钢坯。钢坯经过锻造、切削加工和表面处理后，便制造出所需要的零件。在上述生产过程中，所涉及的材料加工方法，如浇铸、轧制、锻造、表面处理都是典型的材料成形方法，是影响和改变材料性能的重要环节。

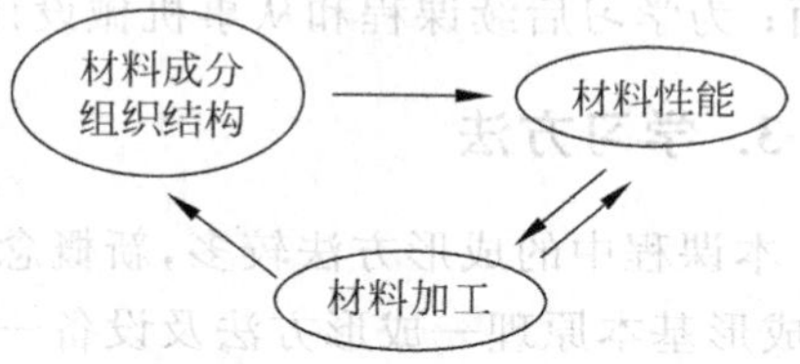

图1-9 材料性能与材料加工之间的关系

1.3 本课程的性质和学习方法

1. 课程性质

"材料成形技术基础"是机械类专业的技术基础课程，是工程材料及机械制造基础课程的主要组成部分，本课程主要涉及与产品制造有关的材料成形技术的基础知识。

本课程的先修课程主要有工程图学、机械设计、工程材料以及工程训练等，以产品的制造过程为例，图1-10示出机械专业各门课程涉及的知识和技术与产品制造各环节的对应关系。根据图1-10，我们可以了解本课程和其他专业课程之间的关系，以及各门课程在产品制造过程中的作用和地位。

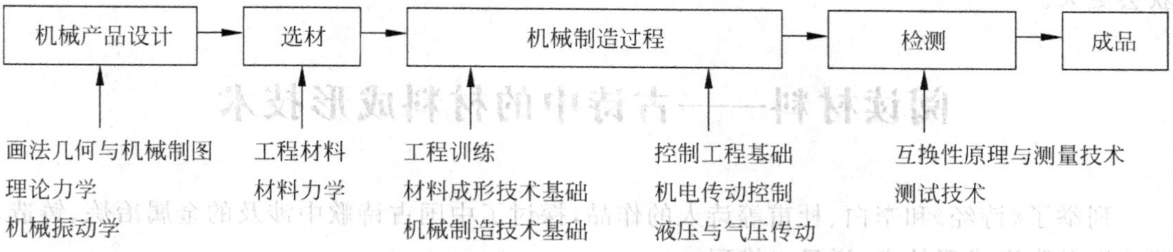

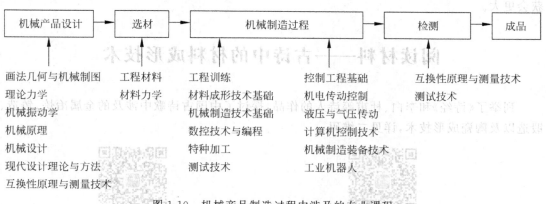

图1-10 机械产品制造过程中涉及的专业课程

2. 课程要求

通过本课程的学习,应达到以下基本要求:

(1) 掌握各种材料成形方法的基本原理、工艺特点和工程应用,了解各种常用材料成形设备的结构和应用。

(2) 掌握各种材料成形的工艺过程,能够综合运用技术知识,具备选材、确定材料成形方法与工艺、分析零件结构工艺性的能力。

(3) 了解各种材料成形技术的新技术、新工艺,了解材料成形技术的相关知识,扩大知识面;为学习后续课程和从事机械设计与制造方面的工作奠定必要基础。

3. 学习方法

本课程中的成形方法较多,新概念和知识点多而且分散。对于每一种成形方法,可以按照"成形基本原理—成形方法及设备—典型成形工艺—成形新技术—工程实例"这一主线进行学习和复习。工程材料是本课程的先修课程,在学习本课程时,需要及时复习各章节涉及的有关工程材料的知识,这样才能更深入掌握本课程的知识和技术。

本课程中的成形原理和成形过程比较抽象,单纯通过文字描述难以理解。同学们可以结合教材中的动画视频进一步学习,也可以自己查找相关的网络教学视频和现场生产视频,到实验室或者企业现场参观,加深对知识的理解和掌握。本课程是一门实践性很强的课程,在学习过程中要密切结合实践教学环节,做到理论联系实际。

兴趣是学习的第一动力。教材的每章都设置了一小段导入式学习内容,以实际产品为例,引导同学们积极开展本章的学习。材料成形技术的应用性很强,同学们也可以举一反三,结合日常生活或者企业所见,考虑一些产品在制造中涉及的材料成形技术。在课程学习过程中,同学们可以多关注一下我们日常生活中的产品,分析各种产品的材料成形工艺过程,结合产品的制造过程,分析对比各种成形方法的工艺特点和应用。建议同学们以教材中的"工程实例"为参考,选择自己感兴趣的某一典型产品的制造过程为题目,通过文献阅读和走访企业方式,撰写出读书报告,进行课堂演讲和讨论。通过这种形式的学习,同学们的收获会更大。

阅读材料——古诗中的材料成形技术

列举了《诗经》和李白、杜甫等诗人的作品,探讨了中国古诗歌中涉及的金属冶炼、铸造、锻造以及陶瓷成形技术,详见二维码。

阅读材料——古诗中的材料成形技术　　视频　陶瓷制作模拟演示

本章小结

(1) 产品制造过程的核心是材料加工,材料成形工艺是材料加工技术的一个重要内容。通过本章学习,可以初步了解产品的制造过程,理解制造、材料加工和材料成形三者之间的关系,了解材料成形技术的发展趋势。

(2) 材料加工可以分为三大类：材料变形/成形加工、材料分离加工和材料连接加工。按照成形材料的种类分类,材料成形大致可分为金属材料成形、高分子材料成形、无机非金属材料成形以及复合材料成形。

(3) 与机械加工相比,材料成形加工具有生产效率高、材料利用率高、材料一般在热态成形、应用范围广等特点。

(4) 材料是成形过程的对象和物质基础。为了便于学习和掌握材料成形技术,本章介绍了常用工程材料基础知识,内容包括材料的分类和应用,材料性能与材料加工之间的关系。

(5) 本课程是机械类专业的技术基础课程,主要涉及与产品制造有关的材料成形技术基础知识。为了便于同学们对包括本课程在内的所学专业课程建立一个清晰的认识,以机械产品制造过程为主线,介绍了各门专业课程在制造过程中的作用。

习 题

1.1 说明制造、材料加工、材料成形三者之间的关系。

1.2 列举2～3种采用材料连接加工的日用品。

1.3 通过文献检索,分别说明轴承和矿泉水瓶的制造工艺路线。

1.4 举例说明,与机械加工相比,材料成形技术具有哪些特点。

1.5 说明材料成形技术如何影响材料的性能。

1.6 说明“材料成形技术基础”与“机械制造技术基础”两门课程之间的关系。

1.7 列举一首描写材料成形技术的中国古诗。

1.8 说明碳纤维自行车的特点和应用场合。

第 2 章

液态金属铸造成形

铸造(casting)具有悠久的历史。据出土文物考证和文献记载,我国铸造技术已有 6000 多年的历史,是世界上最早掌握铸造工艺的文明古国之一。铸造技术的成就推动了农业生产、兵器制造、人民生活及天文、医药、音乐和艺术等方面的进步。近半个世纪以来,我国的铸造技术得到了迅速发展。铸造生产作为工业生产的技术产业,在国民经济发展中占有重要的地位。

铸造成形可以生产结构复杂的零件,包括一些内腔结构,如汽车发动机缸体等。在汽车制造中,许多零件都需要通过铸造生产,如图 2-1 所示。

图 2-1　铸造成形在汽车制造中的应用

2.1　液态金属铸造成形的技术基础

液态金属铸造成形理论是研究铸件在成形过程中发生的一系列力学、物理和化学的变化,包括铸件内部的变化和铸件与铸型的相互作用。铸件的成形过程包括金属液的充填、收缩、吸气、偏析和形成非金属夹杂等一系列过程,这些过程极大地影响铸件的质量。经过长期的研究和实践,铸造成形理论日趋成熟和系统化,成为指导铸造工艺设计、完善铸造工艺、防止产生铸件缺陷、提高铸件质量的重要理论基础。

2.1.1 铸造工艺特点、分类及应用

1. 铸造工艺特点

铸造工艺是铸造生产的核心，是生产优质铸件的关键。铸造是把熔炼好的液态金属(或合金)浇注到具有与零件形状相当的铸型空腔中，待其冷却凝固后，获得零件或毛坯的一种金属成形方法，如图 2-2 所示。这种用铸造成形方法生产的零件或毛坯称为铸件。

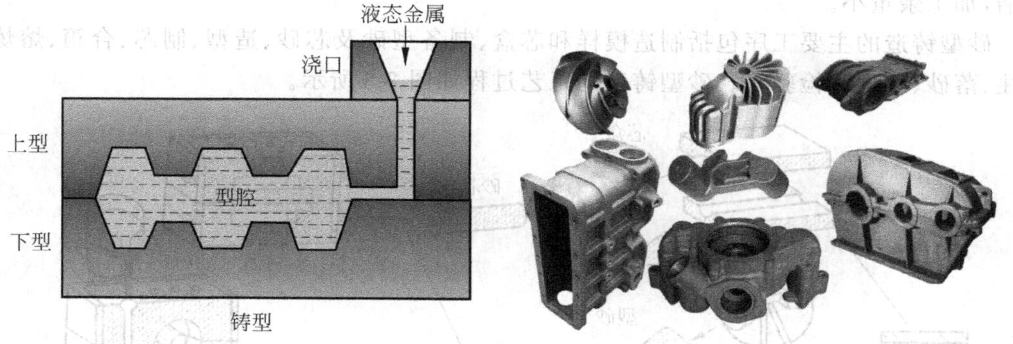

图 2-2　铸造成形及铸件

部分铸造是生产零件毛坯的主要方法之一，尤其对于某些脆性金属或合金材料(如各种铸铁、有色合金等)的零件毛坯，铸造几乎是唯一的加工方法。与其他加工方法相比，铸造工艺具有以下特点：

(1) 铸造成形对材料的适应性强。工业上常用的金属材料如铸铁、铸钢、铝合金、铜合金、镁合金、钛合金和其他特殊合金材料均可用铸造方法成形，特别是对于不宜采用塑性成形或焊接成形的材料，铸造方法具有特殊的优势。

(2) 铸造成形工艺灵活性大。用铸造方法可以生产各种形状复杂的毛坯，特别适用于生产具有复杂内腔的零件毛坯，如各种箱体、缸体、机座、机床床身、泵体和叶轮等；铸件的质量小至零点几克，大到数百吨，壁厚从 0.5mm 到 1000mm，长度可以从几毫米到几十米。在大件生产中，铸造的优越性尤为显著。

(3) 铸造成本较低。铸造所用的原材料大都是来源广泛，价格低廉，比如可直接利用报废的机件、废钢和切屑，且一般情况下，铸造设备需要的投资较少；铸件的形状和尺寸可以与零件很接近，因而能节约材料，减少加工成本。

但铸造成形也存在某些问题，如铸造组织疏松、晶粒粗大，铸件内部常有偏析、缩松和气孔等缺陷产生，导致铸件力学性能，特别是冲击性能较低。另外，铸造工序多，而且一些工艺过程还难以精确控制，这样就使得铸件质量不够稳定，废品率较高。砂型铸造生产的铸件，尺寸精度较低，表面粗糙。但随着铸造新材料、新工艺、新设备和新技术的推广和应用，铸造生产中存在的这些问题正在不断地得到解决。

2. 铸造工艺的分类

铸造按生产方式不同，一般可分为砂型铸造和特种铸造两大类。其中砂型铸造生产的

铸件占总产量的80%以上。

1）砂型铸造(sand casting)

砂型铸造是在砂型中生产铸件的铸造方法。该方法利用重力作用使液态金属充填铸型型腔,取出铸件后,砂型便破坏,也称为一次铸型。砂型铸造又分为手工造型(制芯)和机器造型(制芯)两类。手工造型是指用手工或手动工具完成造型和制芯的主要工作；机器造型是指由机器完成主要的造型工作,包括填砂、紧实、起模和合箱等工作均由造型机完成。机器造型是现代化铸造车间生产的基本方式,它可大大提高劳动生产率,铸件尺寸精确,表面光洁,加工余量小。

砂型铸造的主要工序包括制造模样和芯盒、制备型砂及芯砂、造型、制芯、合箱、熔炼及浇注、落砂、清理和检验等。砂型铸造的工艺过程如图2-3所示。

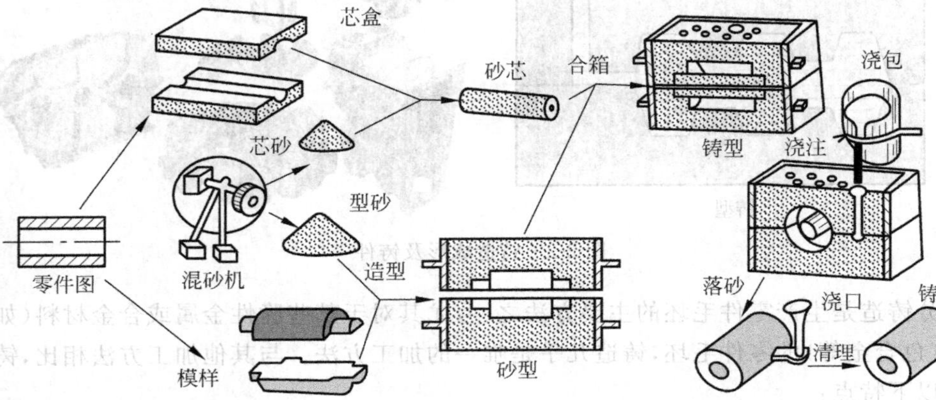

图2-3 砂型铸造的工艺过程

2）特种铸造(special casting)

在造型材料、造型方法、金属液充型形式和金属在型中的凝固条件等方面与普通砂型铸造有显著差别的铸造方法,统称为特种铸造。目前我国常用的特种铸造方法有熔模铸造、石膏型精密铸造、陶瓷型精密铸造、消失模铸造、金属型铸造、压力铸造、低压铸造、差压铸造、真空吸铸、挤压铸造、离心铸造、连续铸造、半连续铸造、壳型铸造、石墨型铸造、电渣熔铸造等铸造方法。其中应用最广泛的是熔模铸造、金属型铸造、压力铸造和离心铸造。特种铸造的特点是改变铸型的制造工艺或材料和改善液体金属充填铸型及冷凝条件。对于某一种特种铸造方法,可能只具有上述一方面的特点,也有可能同时具有两方面的特点。

随着机械工业的发展,对铸件的质量要求逐渐提高,特种铸造获得快速发展。几种常用特种铸造方法与砂型铸造特点及应用范围的比较见表2-1。

表2-1 常用铸造方法的比较

比较项目 \ 铸造方法	砂型铸造	熔模铸造	金属型铸造	压力铸造	离心铸造
适用金属	不限	不限,但以铸钢为主	以有色合金为主	铝、锌等低熔点合金	黑色金属、铜合金等
铸件的大小及质量范围	不限	一般小于25kg	中小铸件	一般为10kg以下的小铸件	不限

续表

比较项目＼铸造方法	砂型铸造	熔模铸造	金属型铸造	压力铸造	离心铸造
生产批量	不限	成批、大量，也可单件生产	大批、大量	大批、大量	成批、大量
铸件尺寸精度(CT)	9	4	6	4	—
铸件表面粗糙度 $Ra/\mu m$	较粗糙	1.6～12.5	6.3～12.5	0.8～3.2	内孔粗糙
铸件内部晶粒的大小	粗	粗	细	细	细
铸件的机械加工余量	最大	较小	较大	较小	内孔加工余量大
生产率(取决于机械化程度)	手工造型(低)、机械造型(高)	中	中、高	高	中、高
设备费用	手工造型(低)、机械造型(高)	较高	较低	较高	中等
工艺出品率/%	65～85	60～85	70～80	90～95	80～90
应用举例	各种铸件	刀具、叶片、自行车零件、机床零件、刀杆、风动工具等	铝活塞、水暖器材、水轮机叶片、一般有色合金铸件等	汽车化油器、喇叭、电器、仪表、照相机零件等	各种铁管、套管、环、辊、叶轮、滑动轴承等

3. 铸造工艺方法的应用

铸造由于可选用多种多样成分、性能的铸造合金，加之基本建设投资少、工艺灵活性大和生产周期短等优点，因而广泛地应用在机械制造、矿山冶金、交通运输、石化通用设备、农业机械、能源动力、轻工纺织、土建工程、电力电子、航天航空、国防军工等国民经济各部门，是现代大机械工业的基础。

在机械制造业和其他工业部门，特别是现代机器制造中，到处可以见到用铸造工艺方法生产的零件和毛坯。据估计，在机械各行业中，铸件质量所占的比例为：机床、内燃机、重型机器占 70%～90%；风机、压缩机占 60%～80%；拖拉机占 50%～70%；农业机械占 40%～70%；汽车占 20%～30%。在一般的机器设备中，铸件占机器总质量的 45%～90%，而铸件成本仅占机器总成本的 25%左右。

2.1.2 合金的铸造性能

合金在铸造成形过程中所表现出来的工艺性能称为合金的铸造性能，它对能否生产出合格铸件起着决定性的影响。合金的铸造性能主要指合金的流动性、收缩率、氧化性和吸气性等。

1. 液态合金的充型能力

液态合金充满铸型型腔，获得形状完整、轮廓清晰的铸件的能力，称为液态合金充填铸型的能力，简称液态合金的充型能力。实践证明，同一种合金用不同的铸造方法，能铸造的铸件最小壁厚不同。同样的铸造方法，由于合金不同，能得到的最小壁厚也不同，见表 2-2。

表 2-2 不同金属和不同铸造方法铸造的铸件最小壁厚 mm

金属种类＼铸造方法	砂型	金属型	熔模	壳型	压铸
灰铸铁	3	＞4	0.4～0.8	0.8～1.5	—
铸钢	4	8～10	0.5～1	2.5	—
铝合金	3	3～4	—	—	0.6～0.8

因此，合金的充型能力主要取决于合金本身的流动能力，同时又受外界条件，如铸型性质、浇注条件、铸件结构等因素的影响，是各种因素的综合反映。

2. 影响充型能力的因素

1) 合金的流动性

液态合金在一定温度下本身的流动能力，称为流动性(fluidity)，是合金的主要铸造性能之一，与合金的成分、温度、杂质含量及其物理性质有关。衡量合金流动性好坏通常是用螺旋试样来测定的，流动性越好的合金，液态合金充满铸型的能力越强，则浇注出螺旋试样越长。螺旋试样如图 2-4 所示。

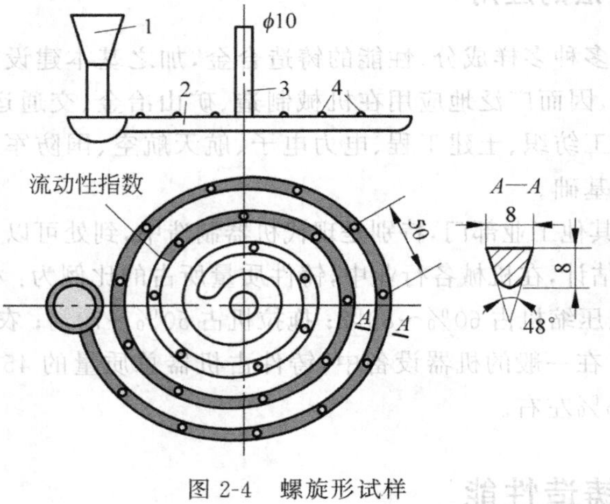

图 2-4 螺旋形试样

1—浇口；2—试样铸件；3—出气口；4—试样凸点

流动性好的合金充型能力强，有利于液态合金中杂质和气体的上浮与排除，也有利于合金凝固收缩时补缩，铸件不容易产生浇不到、冷隔、夹渣、气孔、缩孔和裂纹等铸造缺陷，便于铸造出薄壁和形状复杂的铸件。因此，在铸件设计、选择合金和制订制造工艺时，需考虑合金的流动性。

流动性是合金本身的属性，其影响因素有合金的种类、成分、结晶特征等，其中以化学成分的影响最为显著。合金的流动性与其成分之间存在着一定的规律性。合金的化学成分不同时，其凝固温度范围不同。当合金的凝固温度范围扩大时，流动性就变差；凝固温度范围减少时，则流动性变好。这是因为在同一浇注温度下，凝固温度范围大的合金，结晶开始得越早，并且生成的初生树枝晶也越发达，阻碍剩余液态合金的流动作用也越大。纯金属和共晶成分合金是在固定温度下凝固的，已凝固的固体层从铸件表层向中心推进，与尚未凝固的液体之间界面分明，且固体层内表面比较平滑，对液体的流动阻力小，故流动性比凝固温度范围大的合金好。图 2-5 所示为 Pb-Sn 合金的流动性与凝固温度范围之间的关系。由图可知，含锡量为 20%和 94%左右时，其状态图上指出其凝固温度范围最大，测出流动性最差；而含锡量为 60%左右的共晶成分的合金，表现出流动性最好。

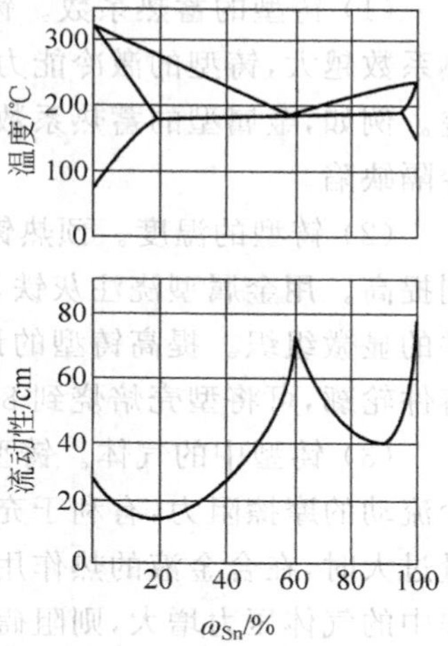

图 2-5 Pb-Sn 合金的流动性与凝固温度范围的关系

铸铁的化学成分对流动性的影响也是符合上述规律的。如亚共晶铸铁随含碳量的增加，其凝固范围在缩小，流动性不断提高，到达共晶成分的铸铁流动性最好。

2）浇注条件

(1) 浇注温度。浇注温度对液态合金的充型能力有决定性的影响。在一定温度范围内，充型能力随浇注温度的提高而直线上升，超过某界限后，由于合金吸气多，氧化严重，充型能力的提高幅度越来越小。对于薄壁铸件或流动性差的合金，可适当提高浇注温度，以防浇不到和冷隔缺陷。但是，随着浇注温度的提高，铸件一次结晶组织粗大，容易产生缩孔、缩松、粘砂、裂纹等缺陷。因此，在保证充型能力足够的提前下，浇注温度不宜过高。

一般铸钢的浇注温度为 1520～1620℃，铝合金为 680～780℃。薄壁复杂铸件取上限，厚大铸件取下限。灰铸铁的浇注温度可参考表 2-3 的数据。

表 2-3 灰铸铁件的浇注温度

铸件壁厚/mm	≈4	4～10	10～20	20～50	50～100	100～150	＞150
浇注温度/℃	1450～1360	1430～1340	1400～1320	1380～1300	1340～1230	1300～1200	1280～1180

(2) 充型压力。液态合金的流动方向上所受的压力越大，充型能力就越好。在生产中，常采取增加合金液的静压头的方法提高充型能力。其他方式外加压力，例如压铸、低压铸造、真空吸铸和离心铸造等，也都能提高合金液的充型能力。但是，合金液的充型速度过高时，不仅要发生喷射和飞溅现象，使合金氧化和产生“铁豆”缺陷，而且型腔中气体来不及排出，反压力增加，还会造成“浇不到”或“冷隔”缺陷。

(3) 浇注系统的结构。浇注系统的结构越复杂，流动阻力越大，在静压头相同情况下，充型能力就越降低。在设计浇注系统时，必须合理地布置内浇道在铸件上的位置，选择恰当的浇注系统结构和各组元(直浇道、横浇道和内浇道)的断面积，否则，即使合金液有较好流动性，也会产生浇不到、冷隔等缺陷。

3) 铸型性质

液态合金充型时，铸型的阻力影响合金液的充型速度，铸型与金属的热交换强度影响合金液保持流动的时间。所以，铸型的如下因素对合金液的充型能力有重要的影响：

(1) 铸型的蓄热系数。铸型的蓄热系数表示铸型从合金中吸取和储存热量的能力。蓄热系数越大，铸型的激冷能力就越强，合金液于其中保持在液态的时间就越短，充型能力越差。例如，金属型的蓄热系数比砂型大得多，所以金属型铸造较砂型铸造容易产生浇不到和冷隔缺陷。

(2) 铸型的温度。预热铸型能减小金属液与铸型的温差，减缓冷却速度，使充型能力得到提高。用金属型浇注灰铁及球铁铸件时，金属型的温度不仅影响充型能力，而且影响到铸件的显微组织。提高铸型的预热温度可以防止白口的产生。在熔模铸造中，为得到清晰的铸件轮廓，可将型壳焙烧到800℃以上进行浇注。

(3) 铸型中的气体。铸型具有一定的发气能力，能在合金液与铸型之间形成气膜，可减少流动的摩擦阻力，有利于充型。湿型比干型发气量大，所以流动性好。但是，铸型的发气量过大时，在合金液的热作用下产生大量气体。如果铸型的排气能力小或浇注速度太快，型腔中的气体压力增大，则阻碍合金的流动，甚至合金液可能浇不进去，或者在浇口杯、顶冒口中出现翻腾现象并可能飞溅出来伤人。因此，造型时必须考虑铸型的排气，要开好出气冒口或采用明冒口，要多扎气孔以及采用透气性好的型砂等，使型腔及型砂中的气体顺利排出。

2.1.3 铸件的凝固

浇入铸型的液态合金在冷凝至室温过程中，其温度逐渐下降，当其温度降低到液相线至固相线温度范围之内时，合金从液态转变为固态。这种状态的变化称为一次结晶或凝固(solidification)。铸件中出现的许多铸造缺陷，如缩孔、缩松、热裂、偏析、气孔、夹杂物等都产生在凝固期间。为避免和减少铸造缺陷，必须合理地控制铸件的凝固过程。

1. 铸件的凝固方式

图2-6所示为铸件的凝固动态曲线，它是根据直接测量的温度-时间曲线绘制的：首先在图2-6(a)上给出合金的液相线温度(t_L)和固相线温度(t_S)，把二直线与温度-时间曲线相交的各点分别标注在图2-6(b)[x/R，时间]坐标系上，再将各点连接起来，即得凝固动态曲线。曲线1,2,…,6对应于$x/R=0,0.2,\cdots,1.0$。纵坐标分子x是铸件表面向中心方向的距离，分母R是壁厚之半或圆柱体和球体的半径。因凝固是从铸件壁两侧同时向中心进行，所以$x/R=1$表示凝固至铸件中心。

曲线Ⅰ与铸件断面上各时刻的液相线等温线相对应，称为“液相边界”。曲线Ⅱ与固相线等温线相对应，称为“固相边界”。“液相边界”从铸件表面向中心移动，所到达之处凝固就开始；“固相边界”离开铸铁表面向中心移动，所到达之处凝固完毕。因此，也称液相边界为“凝固始点”，固相边界为“凝固终点”。图2-6(c)是铸件断面上某一时刻的凝固情况。

铸件在凝固过程中除纯金属和共晶成分合金外，断面上一般都存在三个区域，即固相区、凝固区和液相区。它们按凝固动态曲线所示的规律向铸件中心推进。

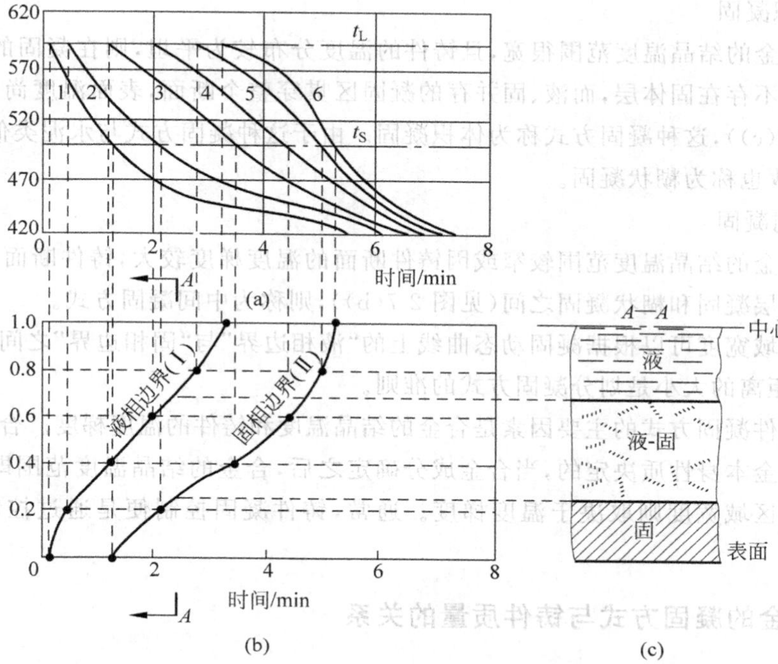

图 2-6　铸件凝固动态曲线的绘制

2. 铸件凝固方式的影响因素

一般将铸件的凝固方式分为三种类型：逐层凝固方式、体积凝固方式(或称糊状凝固方式)和中间凝固方式。铸件的凝固方式是由凝固区域的宽度(图 2-7(b)中 S)决定的。

1) 逐层凝固

纯金属或共晶成分合金在凝固过程中因不存在液固并存的凝固区(见图 2-7(a))，故断面上外层的固体和内层的液体由一条界线(凝固前沿)清楚地分开。随着温度下降，固体层不断加厚，液体层不断减少，直达铸件的中心，这种凝固方式称为逐层凝固。如果合金的结晶温度范围很小，或断面温度梯度很大时，铸件断面的凝固区域则很窄，也属于逐层凝固方式。

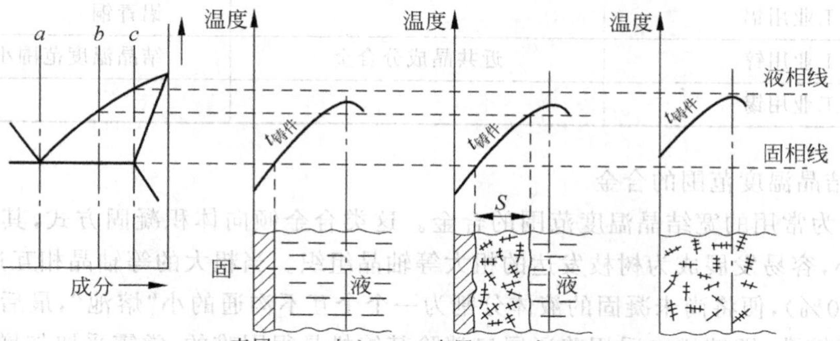

图 2-7　铸件的凝固方式

2）体积凝固

如果合金的结晶温度范围很宽，且铸件的温度分布较为平坦，则在凝固的某段时间内，铸件表面并不存在固体层，而液、固并存的凝固区贯穿整个断面，表面温度尚高于固相线温度（见图 2-7(c)），这种凝固方式称为体积凝固。由于这种凝固方式与水泥类似，即先呈糊状而后固化，故也称为糊状凝固。

3）中间凝固

如果合金的结晶温度范围较窄或因铸件断面的温度梯度较大，铸件断面上的凝固区域宽度介于逐层凝固和糊状凝固之间（见图 2-7(b)），则称为中间凝固方式。

凝固区域宽度可以根据凝固动态曲线上的“液相边界”与“固相边界”之间的纵向距离直接判断，该距离的大小是划分凝固方式的准则。

影响铸件凝固方式的主要因素是合金的结晶温度和铸件的温度梯度。合金的结晶温度范围是由合金本身性质决定的，当合金成分确定之后，合金的结晶温度范围即确定，铸件断面上的凝固区域宽度则取决于温度梯度。通常，铸件凝固控制便是通过控制温度梯度实现的。

3. 合金的凝固方式与铸件质量的关系

1）窄结晶温度范围的合金

这类合金包括纯金属、共晶成分合金和其他窄结晶温度范围的合金，其中一些较重要的合金见表 2-4。在一般铸造条件下，这类合金以逐层方式凝固，其凝固前沿直接与液态合金接触。当液体凝固成为固体而发生体积收缩时，可以不断地得到液体的补充，产生分散性缩松的倾向性小，而是在铸件最后凝固的部位留下集中的缩孔。由于集中缩孔容易消除，因而补缩性良好。由于收缩受阻而产生晶间裂纹时，也容易得到合金液的充填，使裂纹愈合，所以铸件的裂纹倾向小。在充型过程中发生凝固时，也具有较好的充型能力。

表 2-4　几种窄结晶温度范围的合金

纯 金 属	共晶类合金	窄结晶温度范围的合金
工业用铜	共晶成分合金	低碳钢
工业用铝		铝青铜
工业用锌	近共晶成分合金	结晶温度范围小的黄铜
工业用锡		

2）宽结晶温度范围的合金

表 2-5 为常用的宽结晶温度范围的合金。这类合金倾向体积凝固方式，其液态合金的过冷度很小，容易发展成为树枝发达的粗大等轴晶组织。当粗大的等轴晶相互连接以后（固相大约占 70%），便将尚未凝固的液体分割为一个个互不沟通的小“熔池”，最后在铸件中形成分散性的缩孔，即缩松。采用普通冒口消除其缩松是很困难的，常需采取如增加冒口的补缩压力、加速铸件冷却等方法，以增加铸件的致密性。

表 2-5 倾向于体积凝固的合金

铝、镁合金	铜 合 金	铁碳合金
铝铜合金	锡青铜	高碳钢
铝镁合金	铅青铜	球墨铸铁
镁合金	结晶温度范围大的黄铜	

由于粗大的等轴晶比较早地连成晶体骨架，在铸件中产生热裂的倾向很大。这是因为，等轴晶越粗大，高温强度就越低；此外，当晶间出现裂纹时，也得不到液态合金的充填使之愈合。这类合金在充填过程中发生凝固时，其充型能力也很差。

3）中等结晶温度范围的合金

这类合金在工业上常用的有中碳钢、高锰钢，一部分特种黄铜和白口铁等。它们倾向于中间凝固方式，其补缩特征、热裂倾向和充型能力介于逐层凝固和体积凝固方式之间。这类铸件凝固的控制，主要是调整有关工艺参数，在铸件截面上建立有利的温度梯度，以获得健全的铸件。合金成分和铸件结构确定之后，可控因素主要是铸型的蓄热系数、合金的浇注温度和铸型的初始温度。增加温度梯度可以缩小铸件截面上的凝固区域，使体积凝固转变为逐层凝固方式。

2.1.4 铸件的收缩

铸件在液态、凝固态和固态的冷却过程中所发生的体积或尺寸减小现象，称为收缩。收缩是多种铸造缺陷（如缩孔、缩松、热裂、应力、变形和冷裂）产生的根源。因此，它又是决定铸件质量的重要铸造性能之一。

1. 收缩及其影响因素

1）收缩（shrinkage）

合金从液态冷凝到室温，其体积的改变量称为体收缩；其线尺寸的改变量称为线收缩。在实际生产中，通常以其相对收缩量表示合金的收缩特性。相对收缩量又称为收缩率。单位体积的相对收缩量称为体积收缩率；单位长度的相对收缩量称为线收缩率。

图 2-8 为大多数铸造金属和合金的收缩过程示意图，以比容与温度的关系曲线来表示。从图 2-8 可以看出，合金从浇注温度冷却到室温时，总的收缩是由三个互相联系的收缩阶段

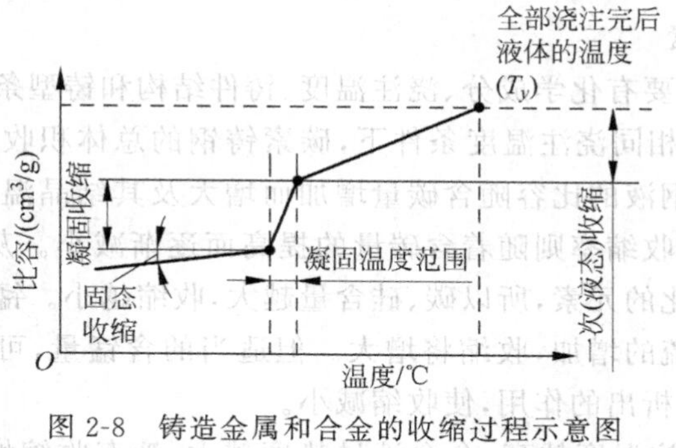

图 2-8 铸造金属和合金的收缩过程示意图

所组成:

(1) 液态收缩阶段。自浇注温度冷却到液相线温度,合金完全处于液态,合金体积减小,表现为型腔内液面的降低。

(2) 凝固收缩阶段。自液相线温度冷却到固相线温度(包括状态的改变)。对于在一定温度下结晶的纯金属和共晶成分的合金,凝固收缩只是由于合金的状态改变,而与温度无关。具有结晶温度范围的合金,凝固收缩不仅与状态改变有关,且随结晶温度范围的增大而增大。

液态收缩和凝固收缩是铸件产生缩孔和缩松的基本原因。

(3) 固态收缩阶段。自固相线温度冷却至室温,铸件各方面都表现出线尺寸的缩小,对铸件的形状和尺寸精度影响最大,也是铸件产生应力、变形和裂纹的基本原因。常用线收缩率表示固态收缩。

纯金属和共晶合金的线收缩是在金属和合金完全凝固以后开始的。对于具有一定结晶温度范围的合金,当枝晶彼此相连而形成连续的骨架时,合金则开始表现为固态的性质,即开始线收缩。

合金种类不同,其收缩率是不同的。在常用的铸造合金中,铸钢件收缩最大,灰口铸铁为最小。灰口铸铁收缩比铸钢小,这是由于灰口铸铁件中大部分碳是以石墨形态存在的。石墨比容大,在结晶过程中,析出石墨所产生的体积膨胀,抵消了部分收缩。表 2-6 为几种铁碳合金的体积收缩率。表 2-7 为几种铸造合金的线收缩率,在制作铸件模型时要考虑合金的线收缩率。

表 2-6 几种铁碳合金的体积收缩率

合金种类	碳的质量分数/%	浇注温度/℃	液态收缩率/%	凝固收缩率/%	固态收缩率/%	总体积收缩率/%
碳素铸钢	0.35	1610	1.6	3.0	7.86	12.46
白口铸铁	3.0	1400	2.4	4.2	5.4～6.3	12.0～12.9
灰口铸铁	3.5	1400	3.5	0.1	3.3～4.2	6.9～7.8

表 2-7 几种常用铸造合金的线收缩率

合金种类	灰口铸铁	可锻铸铁	球墨铸铁	碳素铸钢	铝合金	铜合金
线收缩率/%	0.8～1.0	1.2～2.0	0.8～1.3	1.3～2.0	0.8～1.6	1.2～1.4

2) 影响收缩的因素

影响收缩的因素主要有化学成分、浇注温度、铸件结构和铸型条件等。

(1) 化学成分。在相同浇注温度条件下,碳素铸钢的总体积收缩率随着含碳量的提高而增大,这主要是由于钢液的比容随含碳量增加而增大及其结晶温度范围随含碳量增加而扩大所致。而固态的总收缩率则随着含碳量的提高而逐渐减小。灰铸铁中,碳是形成石墨的元素,硅是促进石墨化的元素,所以碳、硅含量越大,收缩越小。锰和硫是阻碍石墨析出的元素,随着铸铁中锰和硫的增加,收缩将增大。但适当的含锰量,可与硫结合成 MnS,从而抵消了锰和硫阻碍石墨析出的作用,使收缩减小。

(2) 浇注温度。浇注温度越高,合金液过热度越大,液态收缩增加。为此,在满足流动性要求的前提下，尽量采用低温浇注的措施减少液态收缩。

(3) 铸件结构和铸型条件。铸件在铸型中冷却时，收缩过程能自由地进行，称为自由收缩。相反，在收缩时，受到铸件结构上其他部位的相互制约(如铸件壁厚不均匀造成各部位冷速不同)而对收缩产生阻碍，以及铸型和型芯对收缩的阻碍，不能自由收缩称为受阻收缩。图 2-9 表示铸件不同的结构在铸型中收缩的情况。一般来说，铸件在铸型中并不是自由收缩，而是受阻收缩。因此，在设计模型时，必须根据合金种类、铸件的结构情况等因素，选取适合的收缩率。对于结构复杂和精度要求高的铸件，其模型尺寸必须经过多次尺寸定型实验来确定。

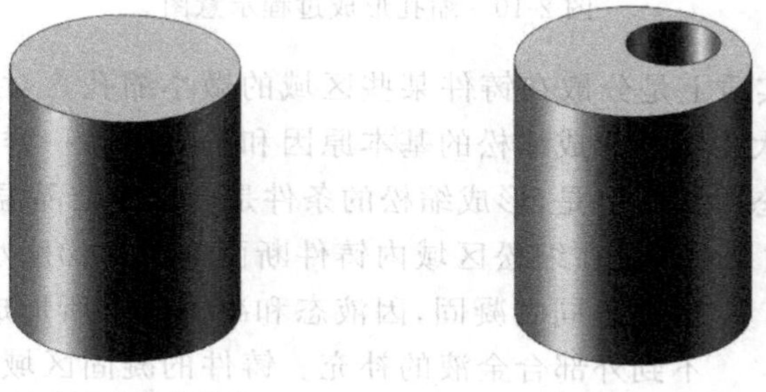

(a) 自由收缩的结构　　(b) 受阻收缩的结构

图 2-9 铸件结构与受阻收缩

2. 缩孔和缩松的形成及防止

1) 缩孔和缩松的形成

铸件在凝固过程中，由于合金的液态收缩和凝固收缩，往往在铸件最后凝固的部位出现孔洞。容积大而集中的孔洞，称为集中缩孔，或简称缩孔(shrinkage cavities)；细小而分散的孔洞称为分散性缩孔，简称缩松(porosity)。收缩孔洞的表面粗糙不平，形状也不规则，可以看到相当发达的树枝状晶的末梢，而气孔则比较光滑和圆整，故两者可明显区别。

(1) 缩孔。合金的液态收缩和凝固收缩值大于固态收缩值是产生集中缩孔的基本原因。当铸件由表及里逐层凝固时，缩孔容易产生在最后凝固的部位。

缩孔的形成过程如图 2-10 所示。液态合金填满铸型的型腔(图 2-10(a))后，由于铸型的吸热及不断向外散热，靠近型腔表面的合金很快凝结成一层外壳，而内部仍然是高于凝固温度的液体(图 2-10(b))。温度继续下降，外壳加厚，但内部液体因液态收缩和补充凝固层的凝固收缩，体积缩减，液面下降；由于合金的液态收缩和凝固收缩大大超过外壳的固态收缩，因此在重力作用之下，液面将与外壳的顶面脱离，使铸件内部出现了空隙(图 2-10(c))。温度继续下降，外壳继续加厚，液面不断下降，待合金全部凝固后，则在铸件上部形成容积较大的集中孔洞——缩孔(图 2-10(d))。已经产生缩孔的铸件继续冷却到室温时，因固态收缩使铸件的外形尺寸稍有缩小(图 2-10(e))。

纯金属和共晶成分的合金易形成集中缩孔，缩孔多集中在铸件上部或最后凝固的部位，通常隐藏在铸件内，有时缩孔也产生在铸件的上表面，呈明显凹坑。铸件结构上两壁相交之处的内切圆大于相交各壁的厚度，凝固较晚，也是产生缩孔的部位，称为热节。此外，铸件中壁厚处，内浇口附近，也是凝固缓慢的热节。

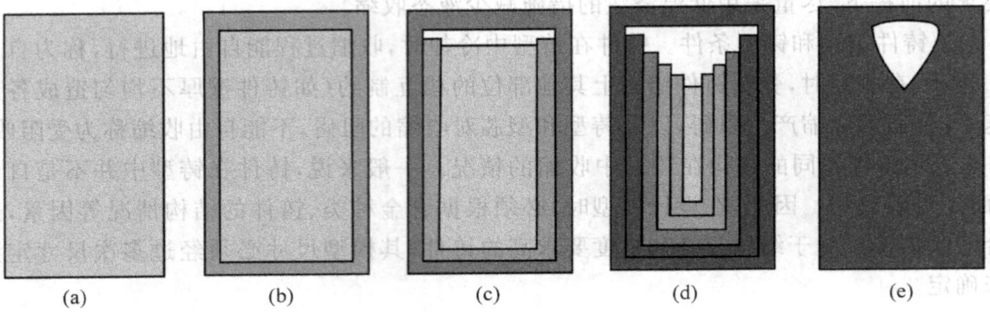

图 2-10 缩孔形成过程示意图

(2) 缩松。缩松实质上是分散在铸件某些区域的微小缩孔。对于相同的收缩容积,缩松的分布面积比缩孔大得多。形成缩松的基本原因和形成缩孔一样,是由于合金的液态收缩和凝固收缩大于固态收缩。但是,形成缩松的条件是合金的结晶温度范围较宽,倾向于糊状凝固方式,缩孔分散;或者是在缩松区域内铸件断面的温度梯度小,凝固区域较宽,合金液几乎同时凝固,因液态和凝固收缩所形成的细小孔洞分散且得不到外部合金液的补充。铸件的凝固区域越宽,就越倾向于产生缩松。

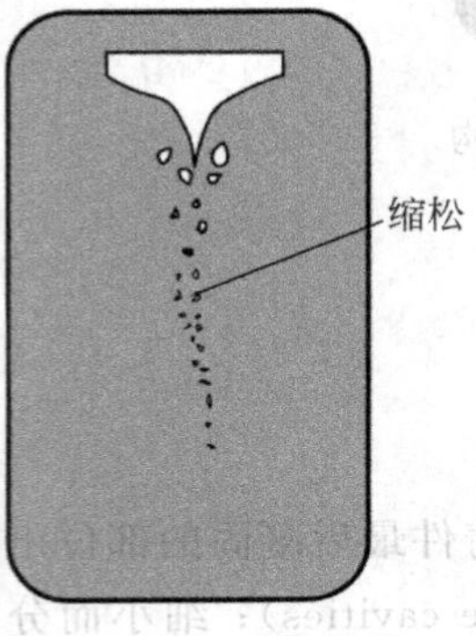

图 2-11 宏观缩松

缩松分为宏观缩松和显微缩松两种。宏观缩松是用肉眼或放大镜可以看出的小孔洞,多分布在铸件中心轴线处或缩孔的下方(见图 2-11)。显微缩松是分布在晶粒之间的微小孔洞,要用显微镜才能观察出来,这种缩松的分布更为广泛,有时遍及整个截面。

不同铸造合金的缩孔和缩松倾向不同。逐层凝固的合金(纯金属、共晶合金或结晶温度范围窄的合金)的缩孔倾向大,缩松倾向小;反之,糊状凝固的合金缩孔倾向虽小,但极易产生缩松。

2) 缩孔和缩松的防止

视频 2-1 缩孔、缩松的形成过程

缩孔与缩松是铸件的重要缺陷,必须采取有效的工艺措施予以防止。防止铸件中产生缩孔和缩松的有效措施是通过控制铸件的凝固方向使之实现"定向凝固"或"同时凝固"。

(1) 定向凝固。所谓定向凝固,是采用各种措施(如安放冒口等)保证铸件结构上各部分,按照远离冒口的部分最先凝固,然后朝冒口方向凝固,最后才按冒口本身凝固的次序进行,即在铸件上远离冒口或浇口的部分到冒口或浇口之间建立一个递增的温度梯度,如图 2-12 所示。因此,定向凝固也称为顺序凝固。铸件按照这样的凝固顺序,先凝固部位的收缩,由后凝固部位的合金液来补充,而将缩孔转移到冒口中,冒口为铸件的多余部分,在铸件清理时取出,从而获得致密的铸件。

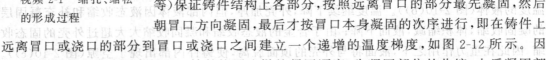

为了使铸件实现定向凝固,在安放冒口的同时,还可在铸件上某些厚大部位增设冷铁。图 2-13 所示铸件的厚大部位(热节)不止一个,若仅靠顶冒口难以向底部凸台补缩,为此,在该凸台的型壁上安放了两块外冷铁。由于冷铁加快了该处的冷却速度,使厚度较大的凸台反而最先凝固,由于实现了自下而上的定向凝固,从而防止凸台处缩孔、缩松的产生。可以

看出，冷铁仅是加快某些部位的冷却速度，以控制铸件的凝固顺序，但本身不起补缩作用。冷铁通常用钢或铸铁制成。

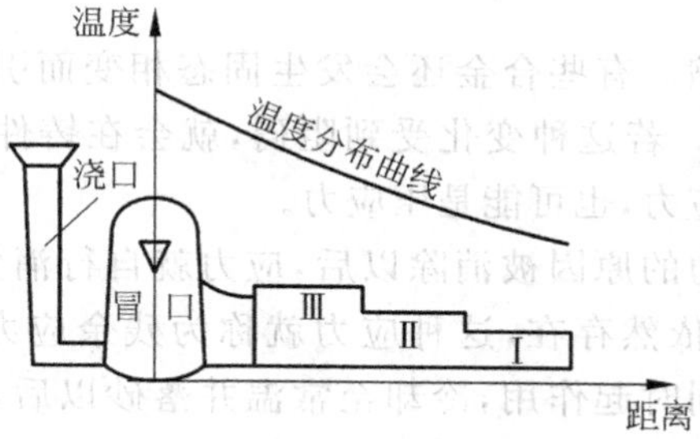

图 2-12 定向凝固

视频 2-2 定向凝固

采用定向凝固，冒口补缩作用好，可以防止缩孔和缩松，使铸件致密。但由于铸件各部分有温差，容易产生热裂、应力和变形，同时定向凝固需加冒口和补贴，耗费许多金属和工时，增加铸件成本。因此，定向凝固常用于凝固收缩大、结晶温度范围较小的合金，如铝青铜、铝硅合金和铸钢件等。

(2) 同时凝固。同时凝固原则是采取工艺措施保证铸件结构上各部分之间没有温差或温差尽量小，使各部分同时凝固，如图 2-14 所示。

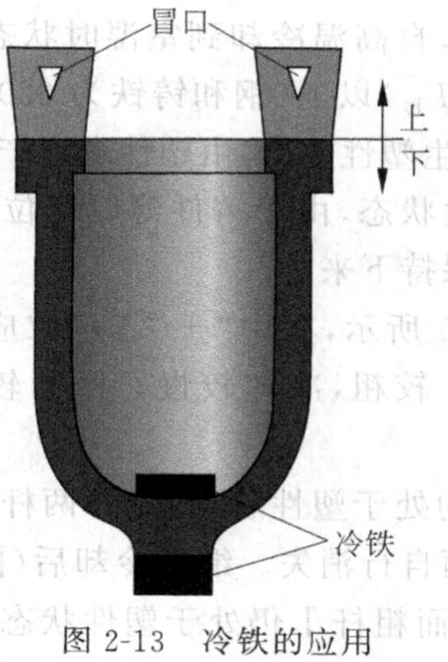

图 2-13 冷铁的应用

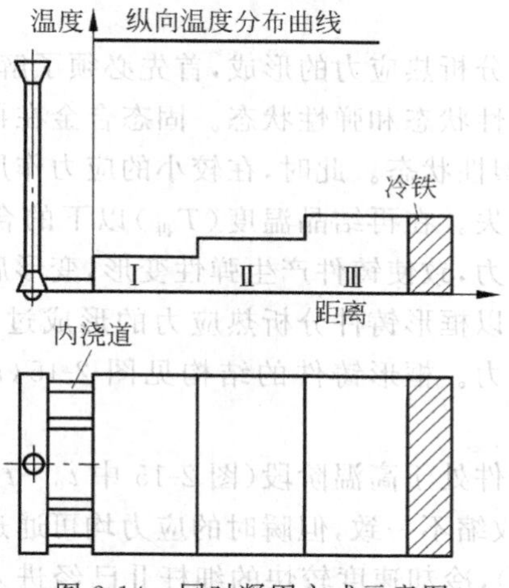

图 2-14 同时凝固方式示意图

采用同时凝固的优点是，凝固期间铸件不容易产生热裂，凝固后也不易引起应力、变形；由于不用冒口或冒口很小，而节省合金，简化工艺，减少劳动量。缺点是铸件中心区域往往有缩松，铸件不致密。因此，这种措施一般用于本身就不易产生缩孔和缩松的合金（如碳硅含量高的灰铸铁）、壁厚均匀的铸件、利用石墨化膨胀力实现自身补缩的球铁铸件以及铸件对热裂、变形要求比较高时。

为实现同时凝固原则，内浇应从铸件薄壁处引入，增加内浇道数目，采用低温快浇工艺。对于铸件局部热节点，也可用冷铁或采用蓄热系数比石英砂大的型砂（如镁砂、铬铁矿砂、碳化硅砂等）加速冷却，以达到同时凝固。此外，加压补缩、悬浮铸造、机械振动、电磁场、离心力对消除显微缩松也有一定的效果。

2.1.5 铸造应力、变形和裂纹

铸件凝固以后在冷却过程中,将继续收缩。有些合金还会发生固态相变而引起收缩或膨胀,这些都使铸件的体积和长度发生变化。若这种变化受到阻碍,就会在铸件内产生应力,称为铸造应力。这种铸造应力可能是拉应力,也可能是压应力。

铸造应力可能是暂时的,当产生这种应力的原因被消除以后,应力就自行消失,这种应力称为临时应力。如果原因消除以后,应力依然存在,这种应力就称为残余应力(residual stress)。在铸件冷却过程中,两种应力可能同时起作用,冷却至常温并落砂以后,只有残余应力对铸件质量有影响。

1. 铸造应力的形成及防止

铸造应力按其产生的原因可分为三种,即热应力、相变应力和机械阻碍应力,它们是铸件产生变形和裂纹的基本原因。

1) 热应力

铸件在冷却过程中,由于铸件各部分冷却速度不同,会造成同一时刻各部分收缩量不同,因此在铸件内彼此相互制约的结果便产生应力。这种由于受阻碍而产生的应力称为热应力。

为了分析热应力的形成,首先必须了解合金凝固后,自高温冷却到室温时状态的变化,即区分塑性状态和弹性状态。固态合金在再结晶温度($T_{再}$)以上(钢和铸铁为620~650℃)时,处于塑性状态。此时,在较小的应力作用下,就可产生塑性变形,由塑性变形产生的内应力自行消失。在再结晶温度($T_{再}$)以下的合金处于弹性状态,由于铸件薄厚部位收缩不同造成的应力,致使铸件产生弹性变形,变形后应力继续保持下来。

下面以框形铸件分析热应力的形成过程,如图2-15所示,其中"+"表示拉应力,"-"表示压应力。框形铸件的结构见图2-15(a),其中杆Ⅰ较粗,冷却较慢。杆Ⅱ较细,冷却较快。

当铸件处于高温阶段(图2-15中t_0~t_1间),两杆均处于塑性状态,尽管两杆的冷却速度不同,收缩不一致,但瞬时的应力均可通过塑性变形而自行消失。继续冷却后(图2-15中t_1~t_2间),冷却速度较快的细杆Ⅱ已经进入弹性状态,而粗杆Ⅰ仍处于塑性状态。由于细杆Ⅱ冷速快,收缩大于粗杆Ⅰ,所以细杆Ⅱ受拉伸,粗杆Ⅰ受压缩(图2-15(b)),形成了暂时应力,但这个应力随之便被粗杆Ⅰ的微量塑性变形(压短)而抵消(图2-15(c))。当进一步冷却到更低温度时(图2-15中t_2~t_3间),粗杆Ⅰ也处于弹性状态,此时,尽管两杆长度相同,但所处的温度不同。粗杆Ⅰ的温度较高,在冷却到室温的过程中,还将进行较大的收缩;细杆Ⅱ的温度较低,收缩已趋停止。因此,粗杆Ⅰ的收缩必然受到细杆Ⅱ的强烈阻碍,于是,粗杆Ⅰ被弹性拉长一些,细杆Ⅱ被弹性压缩一些。由于两杆处于弹性状态,因此,在粗杆Ⅰ内产生拉伸应力,在细杆Ⅱ内产生压缩应力,直到室温,形成了残余应力(图2-15(d))。

由此可见,铸件冷却较慢的厚壁或心部存在拉伸应力,冷却较快的薄壁或表层存在压缩应力。铸件的壁厚差别越大,合金固态收缩率越大,弹性模量越大,产生的热应力越大。根据这个道理,采用定向凝固冷却的铸件,也会增大热应力。

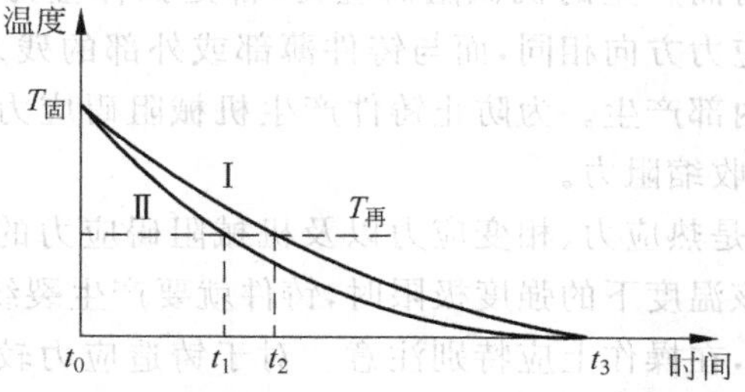

视频 2-3　热应力的形成

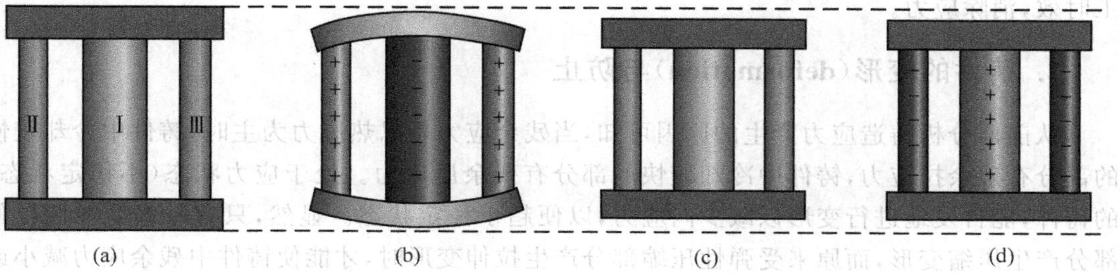

图 2-15　热应力的形成

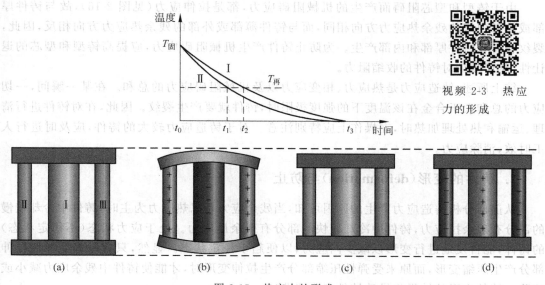

预防热应力的基本途径是尽量减小铸件各个部位的温差，使其均匀地冷却。为此，要求设计铸件的壁厚尽量均匀一致，并在铸造工艺上，采用同时凝固原则。在零件能满足工作条件的前提下，选择弹性模量小和收缩系数小的铸造合金，有利于减小热应力。

2）相变应力

铸件在冷却过程中往往产生固态相变。相变时相变产物往往具有不同的比容。假如铸件各部分温度均匀一致，固态相变同时发生，则可能不产生宏观应力，而只有微观应力。如铸件各部分温度不一致，固态相变不同时发生，则会产生相变应力。如相变前后的新旧两相比容差别很大，同时产生相变的温度低于塑性向弹性转变的临界温度，都会在铸件中产生很大的相变应力，甚至引起铸件产生裂纹。

钢的各种组成相的比容见表 2-8，可见马氏体具有最大的比容。如铸件淬火或快速冷却时（如水爆清砂），在低温形成马氏体，由于相变引起的内应力可能使铸件破裂。

表 2-8　钢的各种组织的比容

钢的组成相	铁素体	渗碳体	奥氏体 ($w_C=0.9\%$)	珠光体	马氏体
比容/(cm^3/g)	0.1271	0.1304	0.1275	0.1286	0.1310

3）机械阻碍应力

铸件中的机械阻碍应力是由于合金在冷却过程中，因收缩受到机械阻碍而产生的，如图 2-16 所示。机械阻碍应力一般使铸件产生拉伸或剪切应力，形成的原因一经消除（例如铸件落砂或去除浇口后）应力也就随之消失，故为临时应力，但如临时应力与残余热应力共同起作用，则会促使裂纹的形成。

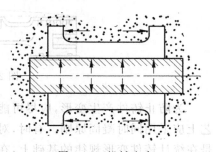

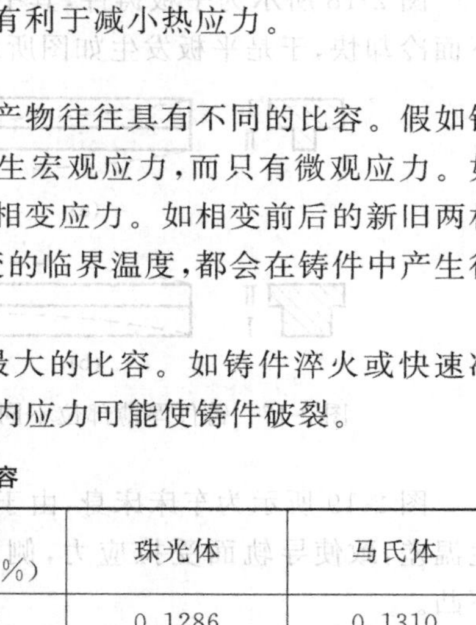

图 2-16　机械应力

由于铸型和型芯阻碍而产生的机械阻碍应力，都是拉伸应力(见图 2-16)，故与铸件厚部或铸件内部的残余热应力方向相同，而与铸件薄部或外部的残余热应力方向相反，因此，裂纹容易在铸件厚部和内部产生。为防止铸件产生机械阻碍应力，应提高铸型和型芯的退让性，从而减少对铸件的收缩阻力。

综上所述，铸造应力是热应力、相变应力以及机械阻碍应力的总和。在某一瞬间，一切应力的总和大于合金在该温度下的强度极限时，铸件就要产生裂纹。因此，在对铸件进行清理、运输和热处理加热时，在操作上应特别注意。对于铸造应力较大的铸件，应及时进行人工时效，消除应力。

2. 铸件的变形(deformation)与防止

从前面分析铸造应力产生的原因可知，当残余应力是以热应力为主时，铸件中冷却较慢的部分有残余拉应力，铸件中冷却较快的部分有残余压应力。处于应力状态(不稳定状态)的铸件，能自发地进行变形以减少内应力，以便趋于稳定状态。显然，只有原来受弹性拉伸部分产生压缩变形，而原来受弹性压缩部分产生拉伸变形时，才能使铸件中残余应力减小或消除。铸件变形的结果将导致铸件产生挠曲。

图 2-17 所示为厚薄不均匀的 T 字形梁铸件，厚的部分(Ⅰ)受拉应力，薄的部分(Ⅱ)受压应力，结果变形的方向是厚的部分向内凹，薄的部分向外凸，如图中虚线所示。

图 2-18 所示为平板铸件，其中心部分比边缘部分冷得慢，产生拉应力，而铸型上面又比下面冷却快，于是平板发生如图所示方向的变形。

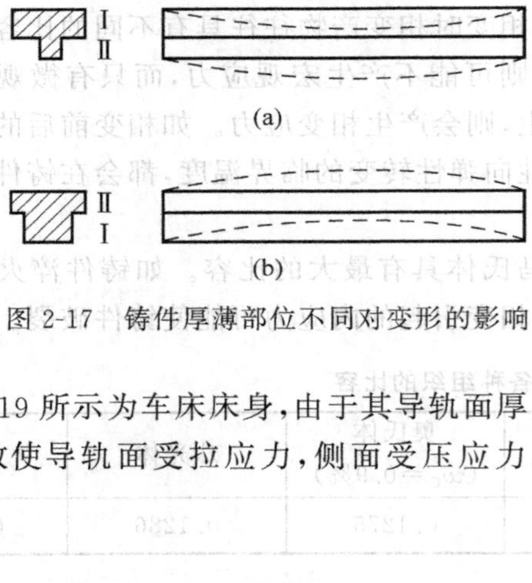

图 2-17 铸件厚薄部位不同对变形的影响

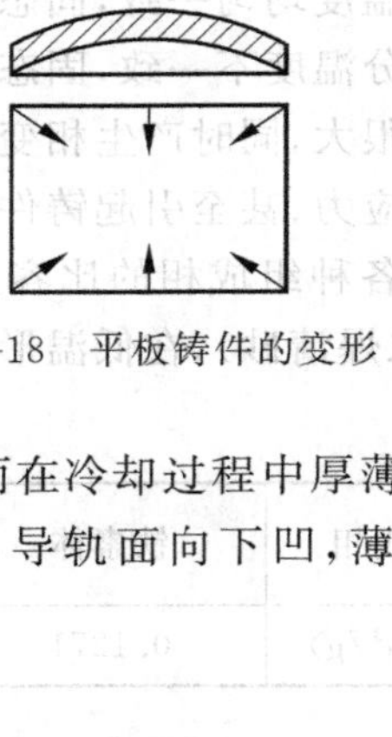

图 2-18 平板铸件的变形

图 2-19 所示为车床床身，由于其导轨面厚，侧面较薄，因而在冷却过程中厚薄两部分产生温差，致使导轨面受拉应力，侧面受压应力。变形的结果，导轨面向下凹，薄壁侧面向下凸。

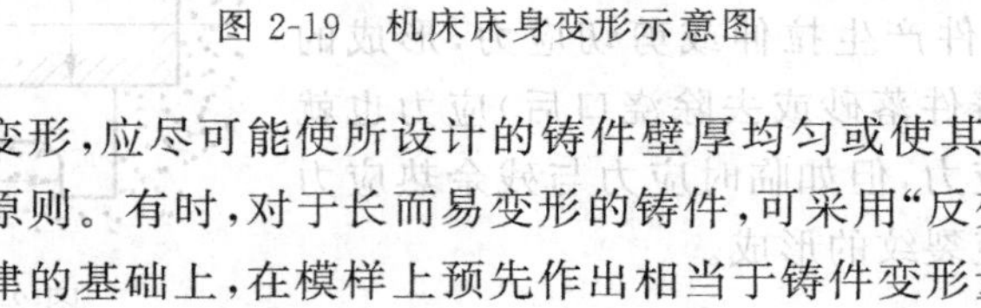

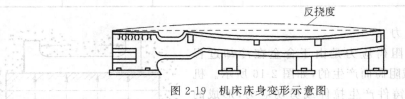

图 2-19 机床床身变形示意图

为防止铸件产生变形，应尽可能使所设计的铸件壁厚均匀或使其形状对称。在铸造工艺上应采用同时凝固原则。有时，对于长而易变形的铸件，可采用“反变形”工艺。反变形法是在统计铸件变形规律的基础上，在模样上预先作出相当于铸件变形量的反变形量，以抵消铸件的变形。

铸件产生挠曲变形后，往往只能减少应力，而不能完全消除应力。这样的铸件经机械加工之后，由于内应力的重新分布，还将缓慢地发生微量变形，使零件失去应有的精度。为此，对于不允许发生变形的重要机件必须进行时效处理。

自然时效是将铸件放置在露天场地半年以上，使其缓慢地发生变形，从而使内应力消除。人工时效是将铸件（灰铁和铸钢）加热到 550～650℃ 进行去应力退火。时效处理宜在粗加工之后进行，以便将粗加工所产生的内应力一并消除。

3. 铸件的裂纹与防止

当铸造应力超过合金的强度极限时，便将产生裂纹（crack）。裂纹是铸件的严重缺陷，多使铸件报废。根据裂纹发生的温度不同，可分成热裂和冷裂两种。

1）热裂

热裂是铸钢件、可锻铸铁坯件和某些轻合金（如铝合金）铸件生产中最常见的铸造缺陷之一。热裂纹的外观形状如图 2-20 所示，裂纹较短而且形状曲折无规则，因为它是沿晶粒边界产生和发展的。裂口的表面呈氧化色，对于铸钢件裂口表面近似黑色，而铝合金则呈暗灰色，这说明裂口被空气氧化。根据裂口的形状和颜色的特征，证明裂纹是在高温下形成的。

热裂又可分为外裂和内裂。在铸件表面可以看见的热裂称为外裂，裂口从铸件表面开始，逐渐延伸到铸件内部，表面宽而内部窄，裂口有时贯穿铸件整个断面。裂口常从铸件的拐角处、截面厚度有改变处或局部冷凝缓慢容易产生应力集中的地方开始。使铸件开裂的主要原因是拉伸应力。

内裂通常产生在铸件内部最后凝固的部位，有时出现在缩孔的下部。裂口的表面很不规则，常有很多分叉（见图 2-21）。通常内裂不会延伸到铸件表面，故不易发觉，需用 X 射线、γ 射线或超声波探伤等才能发现。

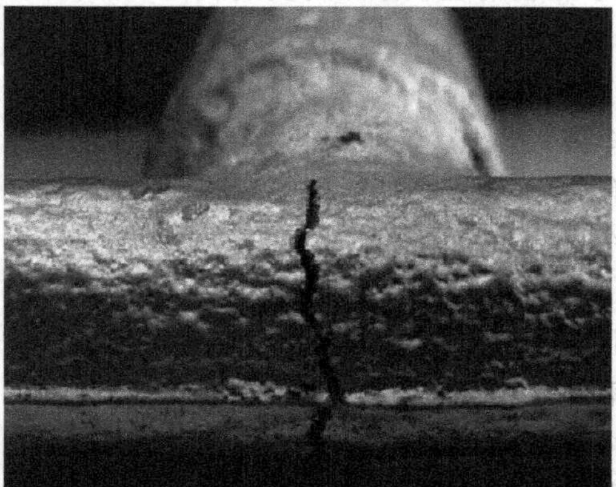
图 2-20　铸件热裂的外观特征

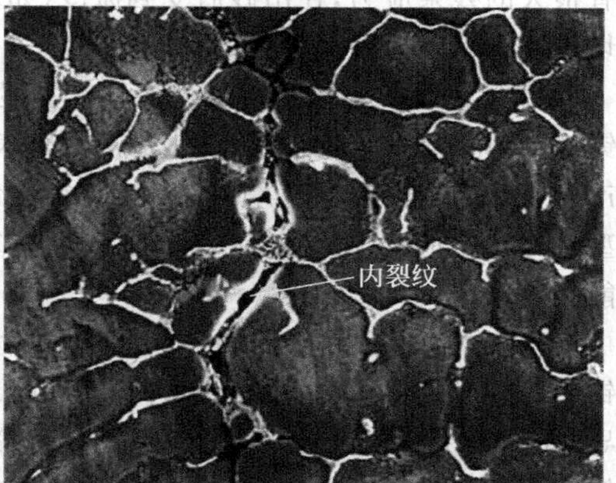

图 2-21　铸件的内裂

热裂纹是在凝固温度范围内邻近固相线时形成的，此时合金处于热脆区。热裂的形成主要有两种理论，即强度理论和液膜理论。

强度理论认为，铸件在凝固末期，当结晶骨架已经形成并开始线收缩后，因铸型、型芯和浇口、冒口等的阻碍而不能自由收缩时，铸件中就会产生应力或应变，当应力或应变超过了合金在该温度下的断裂强度和断裂应变，即产生热裂纹。

液膜理论认为，当铸件冷却到固相线附近时，晶粒的周围还有少量未凝固的液体，构成一层液膜。当铸件收缩受阻时，晶粒和晶间液膜内就会产生应力。此时晶粒和晶间液膜在应力作用下将被拉伸，当应力足够大时，液膜就会开裂，形成晶间裂纹。

防止铸件产生热裂的主要措施有：

(1) 在不影响铸件使用性能的前提下，可适当调整合金的化学成分，缩小凝固温度范围，减少凝固期间的收缩量或选择抗裂性较好的接近共晶成分。

(2) 减少合金中有害元素的含量，如应尽量降低铸钢中的硫、磷含量；在合金熔炼时，充分脱氧，加入稀土元素进行变质处理，减少非金属夹杂物，细化晶粒。

(3) 提高铸型、型芯的退让性；合理布置芯骨和箱带；浇注系统和冒口不得阻碍铸件的收缩。

(4) 设计铸件时应注意，壁厚应尽量均匀，厚壁搭接处应做出过渡壁，直角相接处应做出圆角等。

2) 冷裂

冷裂是铸件处于弹性变形时，铸造应力超过合金的强度极限而产生的。冷裂往往出现在铸件受拉伸的部位，特别是在有应力集中的地方(如尖角、孔洞类缺陷附近)。因此，铸件产生冷裂的倾向与铸件形成应力的大小密切相关。影响冷裂的因素与影响铸造应力的因素基本是一致的。

冷裂的特征与热裂不同，外形呈连续直线状或圆滑曲线，而且常常是穿过晶粒而不是沿晶界断裂。冷裂纹断口干净，具有金属的光泽或轻微的氧化色。这说明冷裂是在较低的温度下形成的。

大型复杂的铸件容易形成冷裂，有些裂纹往往在打箱清理后即能发现，有些是因内部已有很大的残余应力，在出砂后受到激冷(如水爆清砂)，在清理或搬运时受到震击以及在火焰切割浇冒口时才开裂的。

图2-22是5A导流壳铸件毛坯产生的冷裂。该铸件为薄壁复杂铸件，在铸件水冷后发现表面有冷裂产生，裂纹连续且陡直，贯穿内壳，有氧化色，具有典型的冷裂特征，这种裂纹无法通过补焊修复，铸件只能报废。

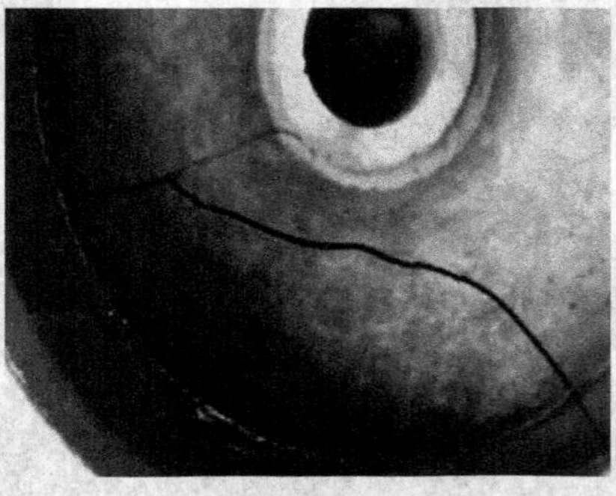

图2-22 铸件中的冷裂裂纹

合金成分和熔炼质量对冷裂的影响很大。例如，钢中的碳、铬、镍等元素的相对含量较高时，降低钢的导热性，增大钢的冷裂倾向。磷增加钢的冷脆性，当钢和铸铁中磷含量高时，冷裂倾向明显增加。当钢脱氧不足时，氧化夹杂物聚集在晶界上，使钢的冲击韧性和强度下降，促使冷裂形成。另外，不同铸造合金的冷裂倾向不同。如塑性好的合金(如低碳奥氏体钢)，可通过塑性变形使内应力自行缓解，故冷裂倾向小；反之，脆性大的合金(如高铬白口铸铁)较易产生冷裂。

防止铸件冷裂的方法基本上与减少热应力和防止热裂的措施相同。另外,适当延长铸件在砂型中的停留时间,降低热应力;铸件凝固后及早卸压箱铁,松开砂箱紧固装置,减少机械阻碍应力,也是防止铸件冷裂的重要措施。

2.1.6 铸件缺陷分析及铸件质量控制

由于铸造工序繁多,影响铸件的因素复杂,难以综合控制,因此,铸件缺陷几乎难以避免,废品率较其他金属成形方法高。同时,许多铸造缺陷隐藏在铸件内部,难以发现和修补,有的则是在机械加工时才暴露出来,这不仅浪费了机械加工工时,而且增加了制造成本。因此,进行铸件质量控制、降低废品率是非常重要的。

1. 铸件缺陷(casting defects)分类

铸件缺陷种类繁多,作为分类群进行分类,都以缺陷外观特征(性状)作为分类依据。表2-9列出了常见铸件缺陷名称及分类,可供参考。

表2-9 常见铸件缺陷名称及分类

类别	名称	类别	名称
多肉	飞翅(飞边、披缝),抬型(抬箱),胀砂,冲砂,掉砂,外渗物(外渗豆)	残缺	浇不到,跑火,型漏(漏箱)
孔洞	气孔,针孔,缩孔,缩松,疏松(显微缩松)	形状及质量差错	尺寸和质量差错,变形,错型(错箱),偏芯(漂芯)
裂纹、冷隔	冷裂,热裂,冷隔	夹杂	夹杂物,冷豆,内渗物(内渗豆),夹渣、渣气孔,砂眼
表面缺陷	鼠尾,夹砂结疤(夹砂),机械粘砂(渗透粘砂),化学粘砂(烧结粘砂),表面粗糙,皱皮,缩陷	性能、成分、组织不合格	化学成分不合格,物理、力学性能不合格,石墨漂浮,石墨集结(石墨粗大),偏析,硬点,白口,反白口,球化不良和球化衰退

2. 铸件缺陷分析

在生产中,要经常对铸件缺陷进行分析,其目的是找出产生缺陷的原因,以便采取措施加以防止。

一个铸件缺陷分析的基本过程和内容常包括调查检测、分析诊断与处理和措施等三个阶段或三个要素。利用各种调查检测手段明确铸件缺陷的形貌特征、现场环境、工况参数和有关信息。在调查检测的基础上,结合铸造生产具体情况,分析缺陷形成的原因、机理、过程和决定性因素。对影响因素较为复杂的缺陷,往往需要对多个形成因素进行甄别筛选,联系以往的缺陷形成机理,结合具体情况,考验其适用程度。在分析、研究的基础上,明确机理和缺陷形成的主要影响因素,就可以提出相应的措施。

常见的铸件缺陷、特征及产生的原因见表2-10。

表 2-10 铸件常见缺陷

缺陷名称和特征	缺陷示意图	产生的主要原因
气孔：孔内表面比较光滑	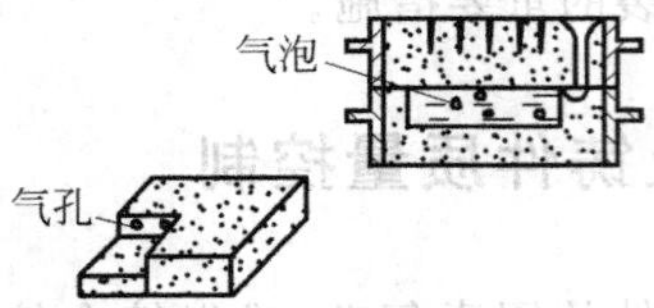	1. 捣砂太紧或型砂透气性差 2. 起模、修型刷水过多 3. 型芯通气孔堵塞或型芯未烘干
砂眼：孔内填有型砂	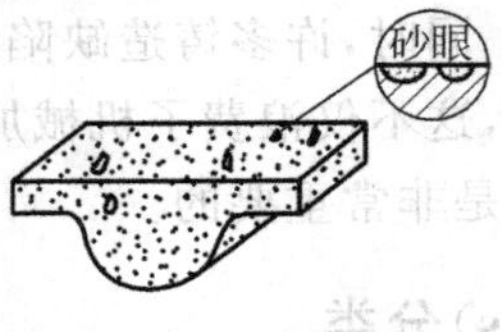	1. 型腔或浇口内散砂未吹净 2. 型芯强度不够，被合金液冲坏 3. 型砂未捣紧易被合金液冲垮或砂粒被卷入 4. 合箱时砂型局部损坏
渣孔：孔形不规则，孔内有熔渣	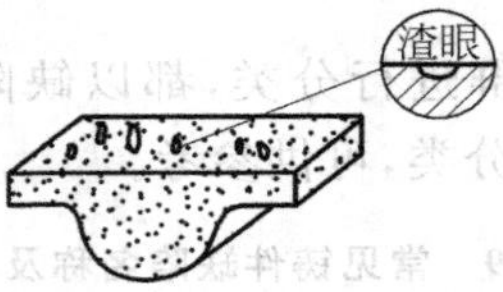	1. 浇注时挡渣不良 2. 浇注系统不合理，未起挡渣作用 3. 浇注温度太低，渣不易上浮
缩孔：孔内表面粗糙不平	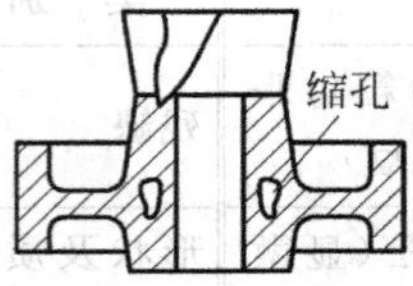	1. 铸件设计不合理，壁厚不均匀 2. 浇口、冒口开设的位置不对或冒口太小 3. 浇注温度太高或合金液成分不合格，收缩过大
粘砂：铸件表面粗糙，粘有烧结砂粒	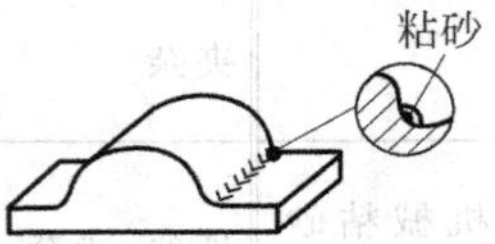	1. 浇注温度太高 2. 未刷涂料或涂料太薄 3. 型砂耐火度不够
夹砂：铸件表面上有一层金属硬皮，在硬皮与铸件之间夹有一层砂	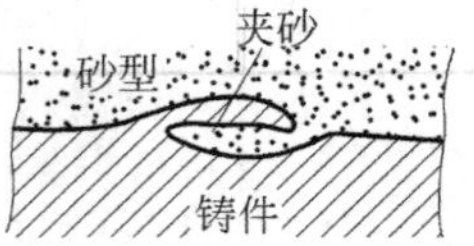	1. 型砂湿度太高，黏土太多 2. 浇注温度太高，浇注速度太慢 3. 合金液流动方向不合理，铸型受合金液烘烤的时间过长
错箱：铸件沿分型面的相对位置错移	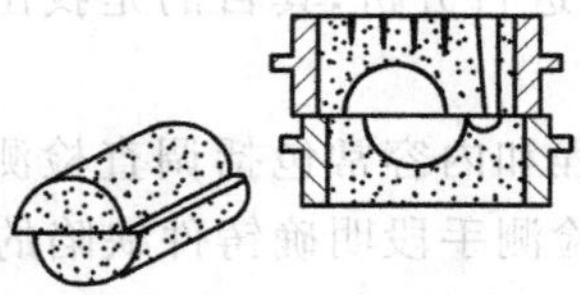	1. 合箱时上下箱未对准 2. 两半模型定位不好
偏芯：铸件上孔的位置偏离中心线	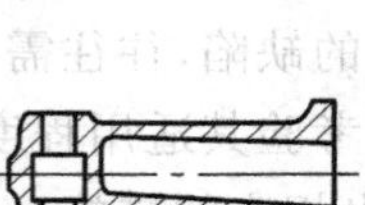	1. 下型芯时将型芯下偏了 2. 型芯本身弯曲变形 3. 型芯座尺寸不对 4. 浇口位置不当，合金液将型芯冲歪

续表

缺陷名称和特征	缺陷示意图	产生的主要原因
浇不到：铸件未浇满		1. 浇注温度太低 2. 浇口太小或未开出气口 3. 铸件太薄 4. 浇注包内合金液不够
冷隔：铸件表面有一种未完全融合的缝隙和洼坑，交接处多呈圆形		1. 浇注温度太低 2. 浇注速度太慢或浇注时有中断 3. 浇口位置开设不当或浇口太小
裂纹：铸件开裂，裂纹处有时有氧化色	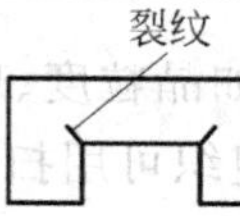	1. 铸件壁厚相差太大 2. 浇口位置开设不当 3. 型芯或铸型捣得太紧
白口：在灰口铸铁件上出现白口，性能硬脆难以机械加工		1. 铁液化学成分不对 2. 铸件壁太薄

3. 铸件的质量控制

铸件缺陷的产生不仅来源于不合理的铸造工艺，还与造型材料、模具、合金的熔炼和浇注等各个环节密切相关。此外，铸造合金的选择、铸件结构的工艺性、技术要求的制订等设计因素是否合理，对于是否易于获得健全铸件也具有重要影响。就一般机械设计和制造人员而言，应从以下几方面来控制铸件质量。

1）合理选定铸造合金和铸件结构

当进行设计和选择材料时，在能保证铸件使用要求的前提下，应尽量选用铸造性能好的合金。同时，还应结合合金铸造性能要求，合理设计铸件结构。

2）合理制订铸件的技术要求

具有缺陷的铸件并不都是废品，若其缺陷不影响铸件的使用要求，则为合格铸件。在合格铸件中，允许存在哪些缺陷及其存在的程度，一般应在零件图或有关技术文件中作出具体规定，作为铸件质量检验的依据。

对铸件的质量要求必须合理。若要求过低，将导致产品质量低劣；若要求过高，又可导致铸件废品率大幅度增加和铸件成本提高。

3）模样质量检验

如果模样（模板）、型芯盒不合格，可造成铸件形状或尺寸不合格、错型等缺陷。因此，必须对模样、型芯盒及其有关标记进行认真的检验。

4）铸件质量检验

铸件质量检验是控制铸件质量的重要措施。检验铸件的目的是依据铸件缺陷存在的程度，确定和分辨合格铸件、待修补铸件和废品。同时，通过缺陷分析，确定缺陷产生的原因，以便采用防止铸件缺陷的措施。随着对铸件质量的要求越来越高，检验质量的方法和检验项目也越来越多，常用的检验方法如下。

（1）外观检查（简称 VT）。铸件的表面缺陷大多数在外观检查时就可以发现，如粘砂、夹砂、表面气孔、冷隔、错型、明显裂纹等。运用尖头锤子敲击铸件,根据铸件发声的清脆程度,可以判断出铸件表皮以下是否有孔洞或裂纹。铸件的形状和尺寸可以采用量具测量、划线、样板检查方法确定是否合格。

(2) 无损检测(简称 NDI)。目前广泛使用的无损检测方法有磁粉探伤(简称 MT)、着色和荧光探伤(简称 PT)、射线探伤(简称 RT)、超声波探伤(简称 UT)等。无损检测能较为准确地查出铸件表面和皮下孔洞及裂纹缺陷。

(3) 化学成分检验。化学成分检验有炉前控制性检验和铸件化学成分检验两种方法。炉前检验的方法有三角试片检验法、火花鉴定法、快速热分析仪和直读光谱仪等快速测定法。铸件化学成分检验方法是从同炉单独浇注的一组试块中,或从铸件上附铸的试块中,取样进行各种元素含量分析。

(4) 金相组织检验。金相组织检验(如晶粒度、球化率等)是将试块制成金相试样,放在金相显微镜下观察。对于更微观的金相组织可用扫描电子显微镜或透射电子显微镜。

(5) 力学性能检验。检验铸件的强度、硬度、塑性、韧性等性能是否达到技术要求,通常用标准试样进行力学性能实验。一些重要的铸件,采用附铸试块,加工到规定尺寸(称为试样),然后放在专门力学实验设备上测定。

2.2 砂型铸造的方法及设备

砂型铸造是传统的铸造方法,它利用具有一定性能的原砂作为主要造型材料,适用于各种形状、大小、批量及各种合金铸件的生产。砂型铸造仍是目前最基本的铸造工艺方法,用砂型浇注的铸件约占铸件总产量的80%～90%。掌握砂型铸造是合理选择铸造方法和正确设计铸件的基础。

2.2.1 型砂

用来制作砂型的造型混合料称为型砂,用来制作砂芯的混合料称为芯砂,统称为型砂。它的性能好坏直接影响铸件的质量,为保证铸件的质量,降低铸件的成本,必须合理选用型砂的种类,严格控制型砂的性能。

1. 型砂的主要性能要求

型砂(含芯砂)的主要性能有强度、透气性、耐火度、退让性、流动性、紧实率和溃散性等。这些性能由原材料的性质、型砂配比、混制工艺、紧实程度和温度条件等因素决定。目前,铸造生产使用的型砂主要有黏土砂、水玻璃砂、树脂砂等。黏土砂分为湿型(也称潮模)砂、表面干型砂和干型砂三类。因此,型砂的性能分为湿态性能和干态性能。若无特殊标明,黏土砂的性能一般指湿态性能。

(1) 强度。型砂抵抗外力破坏的能力称为强度,用型砂达到破坏时单位面积所承受的力表示。它包括抗压、抗拉、抗弯、抗剪和抗裂强度等。测定各种强度用的试样都是用制样机制成的。湿型铸造时,主要应检查型砂的湿压强度,一般将湿压强度控制在50～150kPa

(0.05～0.15MPa)范围内。

(2) 透气性。透气性是指气体通过紧实后的型砂内部空隙的能力。用在标准温度和98Pa气压下,以1min内通过$1cm^2$截面和1cm高紧实试样的空气体积量来表示。透气性是型砂的重要性能指标之一。湿型铸造用型砂的湿透气性一般控制在40～80以上。

(3) 耐火性。耐火性是指型砂和芯砂承受高温合金液热作用的能力,一般用烧结点来反映。型砂耐火性差,会使铸件产生化学粘砂、机械粘砂等缺陷,造成清理困难,甚至使铸件成为废品。石英砂中SiO_2的含量越高,颗粒越大,型砂的耐火性就越高。

(4) 退让性。型砂随铸件的冷凝收缩而相应地变形退让,以不阻碍铸件收缩的能力,称为退让性。退让性不足会使铸件收缩时受阻碍而产生内应力,致使产生变形和裂纹等缺陷。型砂越紧实,退让性越差。

(5) 流动性。型砂在外力或本身重力作用下,砂粒间相互移动的能力称为流动性。型砂只有具有良好的流动性,才可保证得到紧实度均匀、精确和光滑的砂型和砂芯;特别是形状复杂的型和芯,对流动性的要求更高。高的流动性也有利于防止机械粘砂,获得光洁的铸件。此外,提高型砂的流动性可提高生产率和便于实现造型、制芯过程的机械化。如流动性好的型砂比较容易压实,压实的速度较快,还便于采用高生产率的射砂法制芯和造型。

(6) 溃散性。型砂的溃散性是指落砂清理铸件时,铸型是否容易破坏和从铸件上清除的性能。溃散性好,则型砂容易从铸件上清除,铸件表面光洁,节约落砂清理的工作量。

型砂和芯砂是由原砂、粘结剂和附加物组成的。铸造生产中用来制造铸型和型芯的砂子称为原砂。目前主要使用的是由粒径0.053～3.35mm的石英颗粒组成的硅砂。硅砂又可分为天然硅砂和人工硅砂。天然硅砂主要有山砂、河砂、湖砂、海砂和风积砂等。人工硅砂系将石英岩或石英砂岩经过采砂、清洗、破碎、筛选加工而制成。铸造用原砂应含泥量少、颗粒均匀、形状为圆形和多角形,具有足够强的耐火性。铸造用粘结剂主要有黏土(普通黏土和膨润土)、水玻璃、树脂,其他还有合脂油和植物油等,分别称为黏土砂、水玻璃砂、树脂砂、合脂油砂和植物油砂等。

2. 型砂的种类及制备(详见二维码)

型砂的种类及制备

2.2.2 造型与制芯

造型与制芯是为零件毛坯铸造成形准备合格的铸型。铸件的质量和成本与造型工艺紧密相关。据统计,铸件的缺陷约30%～60%是由铸型引起的,铸件的成本约有40%～50%用于造型。造型与制芯方法的选择是否合理,对铸件质量和成本有着重要的影响。

1. 模样(pattern)和芯盒

为了获得健全的铸件,减少制造铸型的工作量、降低铸件成本,必须合理地制订铸造工艺方案,并绘制工艺图。

铸造工艺图是在零件图上用各种工艺符号及参数表示出铸造工艺方案的图形。其中包括:浇注位置,铸型分型面(parting surface),型芯的数量、形状、尺寸及其固定方法,加工余量,收缩率,浇注系统,起模斜度,冒口和冷铁的尺寸和布置等。铸造工艺图是指导模样和芯盒设计、生产准备、铸型制造和铸件检验的基本工艺文件。依据铸造工艺图,结合所选定的造型方法，便可绘制出模样图及合箱图，如图 2-23 所示。

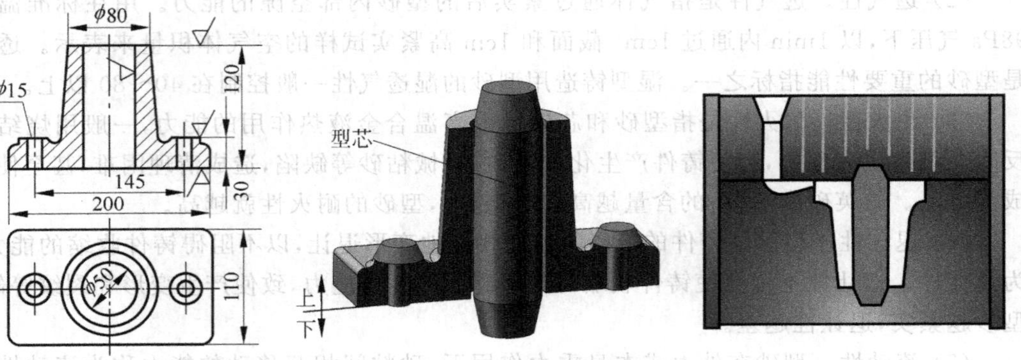

图 2-23　支架的零件图、模样图及合箱图

生产铸件时，要根据铸造工艺图制作模样和芯盒。模样是造型工艺必需的工艺装备，用来形成铸型的型腔，因此直接关系到铸件的形状和尺寸精度。为了使模样在造型操作时不损坏、不变形，以及获得表面光洁、尺寸精确的铸件，模样必须具有足够的强度、刚度和耐磨性，一定的尺寸精度和表面粗糙度。除此之外，还应当使用方便，制造简单，成本低。砂芯是用来形成铸件的内部轮廓，芯盒是制造砂芯的专用模具。芯盒尺寸精度和结构合理与否，将在很大程度上影响砂芯的质量和造芯效率。造型时分别用模样和芯盒制造铸型和型芯。图 2-24 分别表示零件、模样、芯盒和铸件的关系。

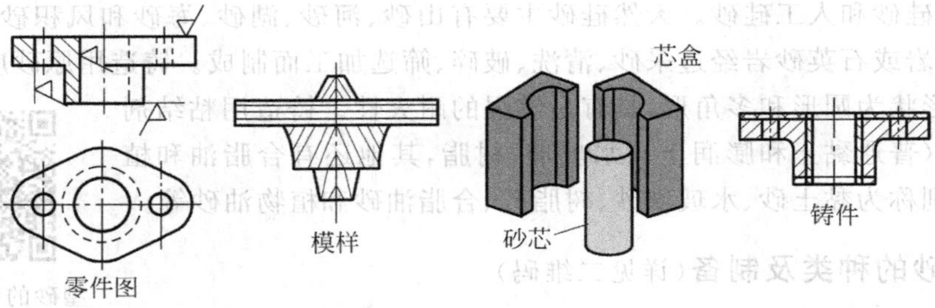

图 2-24　零件、模样、芯盒与铸件的关系

在设计和制造模样和芯盒时，应当根据铸件结构、技术要求、生产规模和造型方法选择模样和芯盒材料。单件、小批量生产、手工造型时，常用木材制作模样和芯盒；大批量生产、机器造型时，常用金属材料或硬塑料(如环氧塑料)制作模样和芯盒。

2. 造型方法

造型是指用型砂及模样等工艺装备制造铸型的过程。造型方法的选择是否合理，对铸件质量和成本有重要的影响。造型方法按砂型紧实成形方式可分为手工造型和机器造型两大类。

1) 手工造型

现代手工造型，是指用手工完成紧砂、起模、修型及合箱等主要操作的造型过程，砂箱的搬运、翻转及向砂箱中填砂等笨重劳动，都可借助机械来完成。手工操作灵活，模样等工艺设备可以简化，不需要复杂的专用造型设备，无论铸件大小，结构复杂程度如何，都能适应。因此，在单件、小批生产中，特别是重型的复杂铸件，手工造型应用较广。但手工造型生产率低，劳动强度较大。表 2-11 所示为常用几种手工造型方法的特点和应用范围。

表 2-11　常用几种手工造型方法的特点和应用范围

造型方法		造型示意图	主要特点	应用范围
按砂箱特征区分	两箱造型	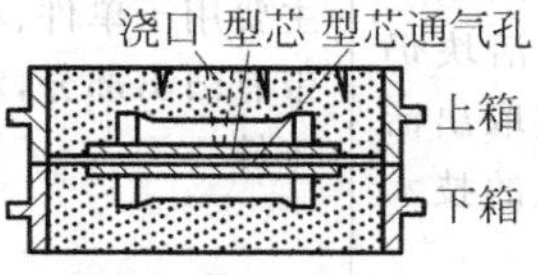	铸型由上箱和下箱组成，造型、起模、修型等操作方便	适用各种生产批量，各种大、中、小铸件
	三箱造型	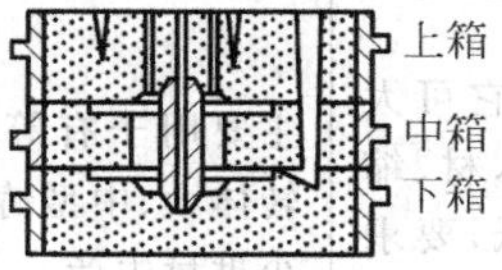	铸型由上、中、下三箱组成，中箱高度须与铸件两个分型面的间距相适应。三箱造型费工，中箱需有合适的砂箱	主要用于单件、小批生产，具有两个分型面的铸件
	地坑造型	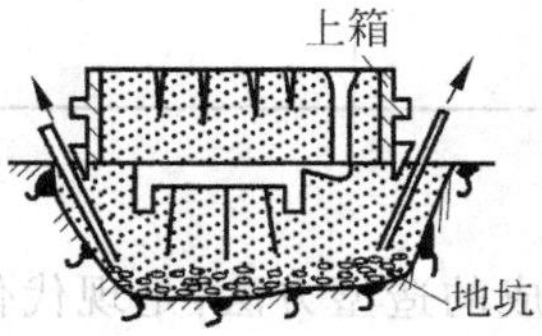	在车间地坑内造型，用地坑代替下砂箱，只要一个上箱，便可造一型，减少砂箱的投资。但造型费工，而且要求工人的技术水平较高	常用于砂箱不足，制造批量不大的大、中型铸件
	脱箱造型	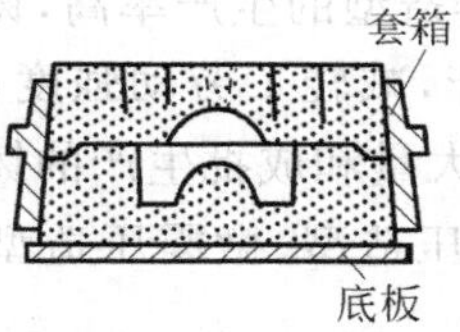	铸型合箱后，将砂箱脱出，重新用于造型。浇注前，需用型砂将脱箱后的砂型周围填紧，也可在砂型上加套箱	主要用于生产小铸件，砂箱尺寸较小
按模型特征区分	整模造型	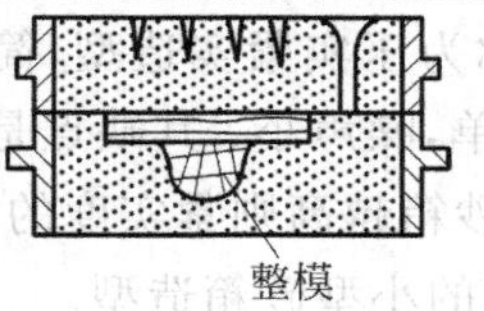	模型是整体的，多数情况下，型腔全部在半个铸型内，另外半个无型腔。其造型简单，铸件不会产生错箱的缺陷	适用于一端为最大截面，且为平面的铸件
	挖砂造型	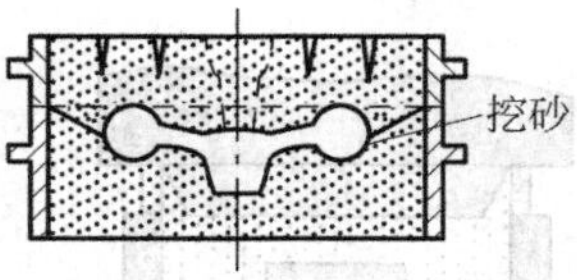	模型虽是整体的，但铸件的分型面为曲面。为了起模方便，造型时用手工挖去阻碍起模的型砂。每造一件，就挖砂一次，费工，生产率低	用于单件或小批量生产，分型面不是平面的铸件
	假箱造型		为了克服挖砂造型的缺点，先将模型放在一个预先做好的假箱上，然后放在假箱上造下箱，省去挖砂的操作。操作简便，分型面整齐	用于成批生产需要挖砂的铸件
	分模造型	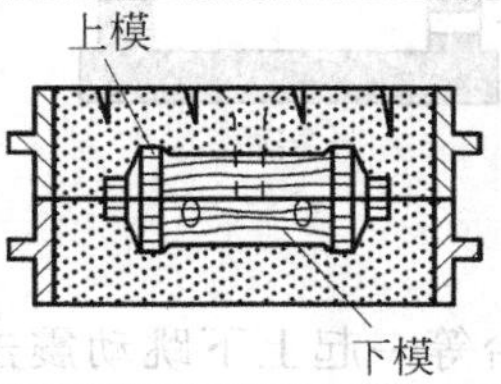	将模型沿最大截面处分为两半，型腔分别位于上、下两个半型内。造型简单，节省工时	常用于铸件最大截面在中间部分的铸件

续表

造型方法		造型示意图	主要特点	应用范围
按模型特征区分	活块造型	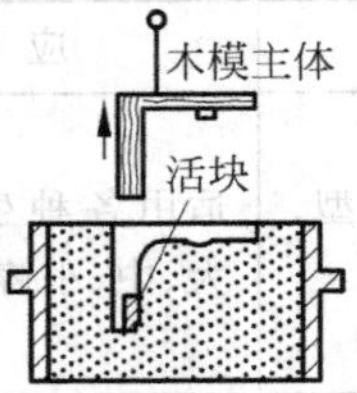	铸件上有妨碍起模的小凸台、筋条等。制模时将此部分做成活块,在主体模型起出后,活块仍留在铸型内,然后从侧面取出活块。造型费工,要求工人的技术水平高	主要用于单件、小批量生产带有凸出部分,难以起模的铸件
	刮板造型	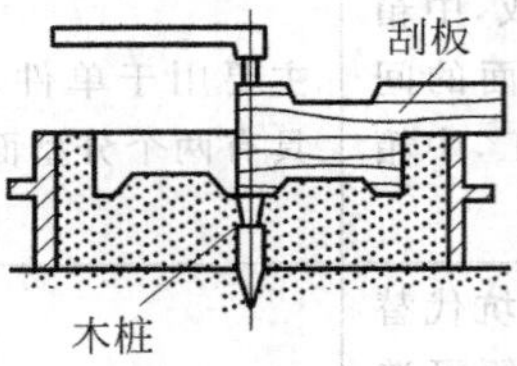	用刮板代替模型造型。它可大大降低模型成本、节约木材、缩短生产周期,但生产率低,要求工人的技术水平高	主要用于有等截面的或回转体大、中型铸件的单件或小批量生产

2）机器造型

机器造型是将填砂、紧砂和起模等工序用造型机来完成的造型方法,是现代化铸造车间成批大量生产铸件的主要造型方法。与手工造型相比,机器造型的生产率高,铸件的尺寸精度高,表面粗糙度低,铸件的质量稳定,便于组织自动化生产,减轻了劳动强度,改善了劳动条件。但设备和工艺装备费用高,生产准备时间长,适用于大量和成批生产的铸件。

机器造型按型砂紧实方法分为压实造型、震实造型、震压造型、微震压造型、高压造型、抛砂造型、高压造型等。

(1) 压实造型。借助压力使砂箱内型砂紧实的方法称为压实紧实造型,简称压实造型(见图 2-25)。压实造型的优点是生产率高,造型机结构简单,噪声小;其缺点是砂型沿高度方向的紧实度不均匀,即砂型上表面紧实度高,底部则低,砂箱越高则紧实度的相差越大,因此压实造型只适用于尺寸 800mm×600mm×150mm 以下的小型砂箱造型。

图 2-25 压实造型

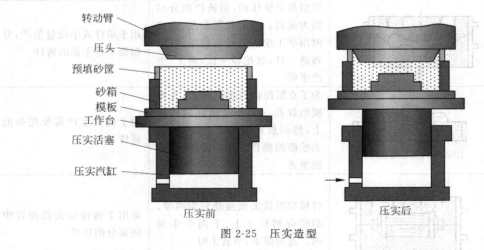

(2) 震实造型。多以压缩空气为动力,使砂型和工作台等一起上下跳动震击,利用型砂向下运动的动能和惯性,使型砂紧实的方法称为震击紧实造型,简称震实造型。震击紧实机

构简图如图 2-26 所示。震实造型的机器结构简单，成本低；但噪声大，产生效率较低，对厂房基础要求较高，劳动较繁重；多用于中大型、高度较大的砂箱。

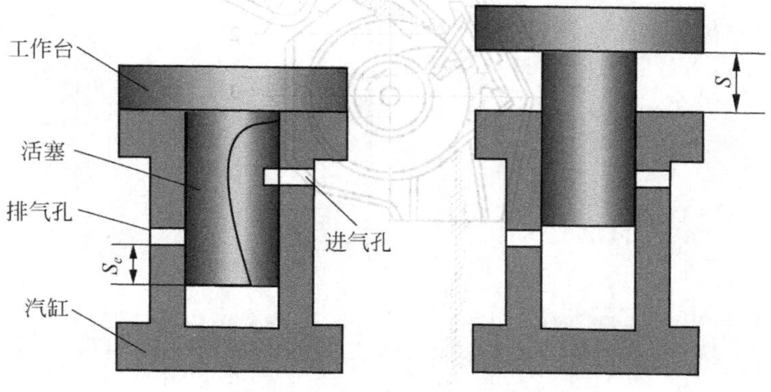

图 2-26　震击紧实机构示意图

(3) 震压造型。经过震击紧实砂型后再压实砂型的方法称为震压造型。震压造型时，先以震实法使砂箱底部型砂紧实，然后再利用压实法对砂箱顶部较松散的型砂补加压实，如图 2-27 所示。与压实造型相比，震压造型的型砂紧实度比较均匀，铸件质量较好，但噪声较大，生产率较低。震压造型广泛应用于中、小型铸件的批量生产中，是目前铸造车间用得比较多的一种造型方法。

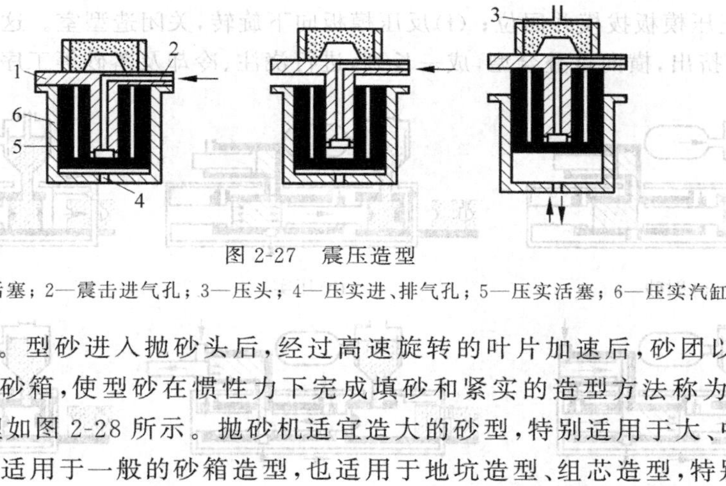

图 2-27　震压造型

1—震击活塞；2—震击进气孔；3—压头；4—压实进、排气孔；5—压实活塞；6—压实汽缸

(4) 抛砂造型。型砂进入抛砂头后，经过高速旋转的叶片加速后，砂团以高达 30～60m/s 的速度抛入砂箱，使型砂在惯性力下完成填砂和紧实的造型方法称为抛砂造型。抛砂机的工作原理如图 2-28 所示。抛砂机适宜造大的砂型，特别适用于大、中型铸件的单件小批生产；既适用于一般的砂箱造型，也适用于地坑造型、组芯造型，特别是深而窄的砂型。

(5) 高压造型。用较高的比压(压实力/砂型表面积，一般在 0.7～1.5MPa)压实砂型的造型方法，称为高压造型。一般粗略地以 0.7MPa 作为高压造型的比压的分界值。0.13～0.40MPa 的称为低压造型，0.40～0.70MPa 的称为中压造型。高压造型的优点是砂型紧实度高，铸件尺寸精度高，表面粗糙度小，废品率低，生产率高，易于机械化；缺点是机器结构复杂，制造成本高。

图 2-29 为垂直分型无箱的丹麦 DISA 造型机的工艺过程。在造型、下芯、合箱及浇注过程中，铸型的分型面呈垂直状态(垂直于地平面)的无箱造型法称为垂直分型无箱造型。

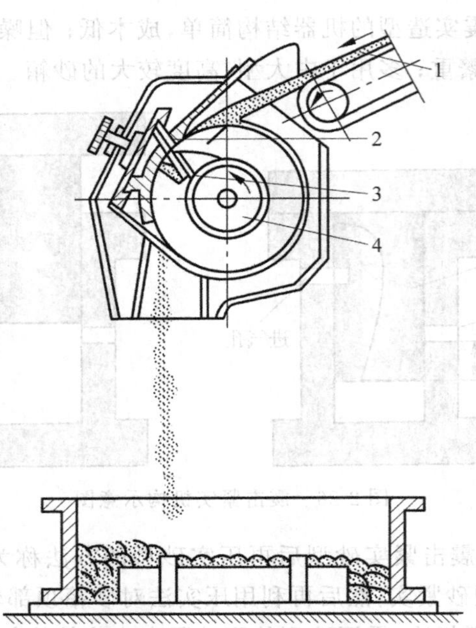

图 2-28　抛砂机的工作原理

1—带式输送机；2—弧板；3—叶片；4—转子

工艺过程为：(a)射砂；(b)正压模板压实；(c)反压模板拔模；(d)正压模板推出砂型进行合型；(e)正压模板拔模并回位；(f)反压模板向下旋转，关闭造型室。这样造好的型块不断由水平方向挤出，横向重叠合型，成一长列，进行浇注、冷却及落砂等工序。

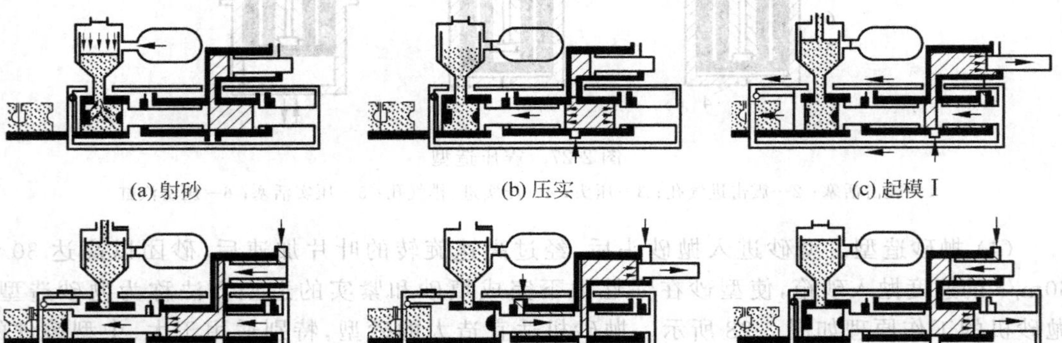

图 2-29　迪萨(DISA)造型机的工艺过程

垂直分型无箱造型工艺的优点是：由于采用射砂填砂又经高压压实，砂型硬度高且均匀，铸件尺寸精确、表面光洁；无需砂箱；一块砂型两面成形，既节约型砂，生产率又高(225～360型/h)；可使造型、浇注、冷却、落砂等设备组成简单的直线系统，占地面积最省。这种造型工艺适用于大量生产到中、小批生产的中、小铸件。灰铸铁、可锻铸铁、球墨铸铁及有色合金铸件都可应用。

(6) 造型生产线。造型生产线是用间歇式、脉动式或连续式的铸型输送装置，将铸造工艺流程中各种设备连接起来，组成机械化或自动化的造型系统，如图 2-30 所示。

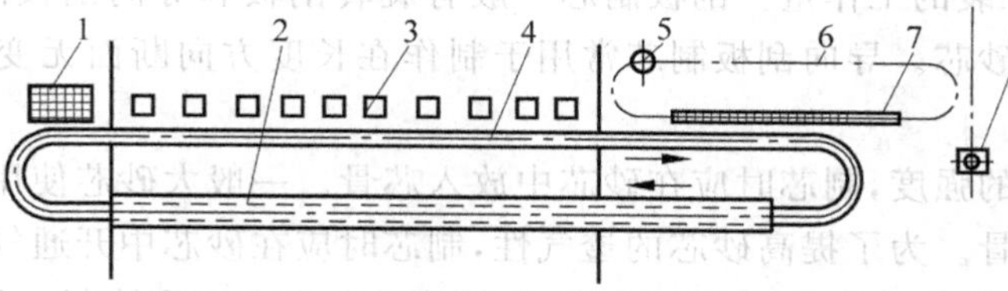

图 2-30　造型生产线示意图

1—落砂机；2—冷却室；3—造型机；4—铸型输送机；5—浇包；6—浇注用单轨；7—浇注平台；8—中间浇包

造型生产线一般由小车、辊道或悬链组成的铸型输送机，联系造型、下芯、合型、压铁、浇注、落砂等造型生产线上的各种设备。造型机上造好的砂型，合型后由铸型输送机沿一个方向送至浇注平台旁，浇注后的砂型由铸型输送机经冷却室到达落砂机旁落砂，旧砂、铸件、砂箱由输送机分别送到砂处理场地、清砂场地和造型机处。造型生产线能充分发挥造型机的生产能力，提高铸件质量，降低劳动强度和改善劳动条件。

3. 制芯方法

砂芯(core)用于形成铸件的内腔及尺寸较大的孔，也可用于成形局部外形。砂芯除芯头外，表面被高温合金液所包围，长时间受到浮力作用和高温合金液的烘烤；铸件冷却凝固时，砂芯往往会阻碍铸件的自由收缩，砂芯清理也比较困难。所以，制芯所用的芯砂要比型砂具有更高的强度、透气性、耐高温性、退让性和溃散性等。制芯用的芯砂除黏土砂外，形状比较复杂，性能要求较高的砂芯一般使用树脂砂、合脂砂或植物油砂等。

生产中制芯方法有手工制芯和机器制芯两大类。手工制芯由于无需制芯设备，工艺装备简单，因此应用得很普遍。机器制芯一般用于大批量生产中，如热芯盒射芯机制芯和壳芯机制芯等。

1) 手工制芯

手工制芯是传统的制芯方法。一般是依靠人工填砂紧实，也可借助木槌或小型捣固机进行紧实。手工制芯可分为芯盒制芯和刮板制芯两种。

(1) 芯盒制芯。根据砂芯的大小和复杂程度，手工制芯用芯盒有整体式芯盒、对开式芯盒和可拆式芯盒等，如图 2-31 所示。

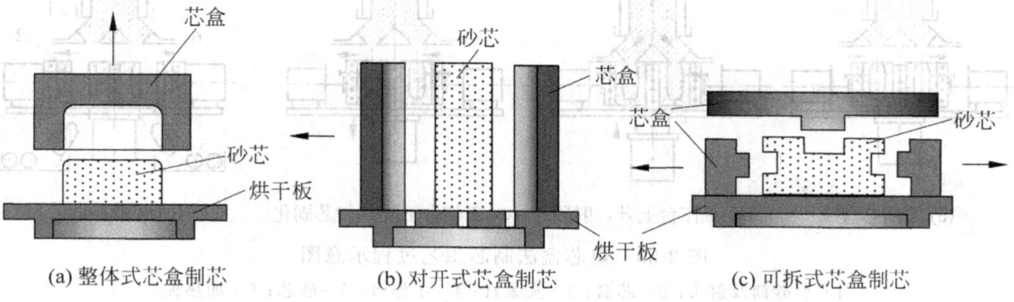

图 2-31　芯盒制芯示意图

(2) 刮板制芯。刮板制芯用于特定结构的砂芯,如圆柱体砂芯的制芯工艺,它不需要芯盒,可以减少制芯工装的工作量。刮板制芯一般有旋转刮板和导向刮板两种。旋转刮板制芯常用于制作铸管砂芯。导向刮板制芯常用于制作在长度方向断面无变化或变化较少,或直圆弧的砂芯。

为了提高砂芯的强度,制芯时应在砂芯中放入芯骨。一般大砂芯使用铸铁芯骨,小砂芯使用铁丝制成的芯骨。为了提高砂芯的透气性,制芯时应在砂芯中开通气道或扎通气孔,如图2-32所示。为了提高砂芯的耐高温性能,大部分砂芯表面要刷涂料。铸铁件一般用石墨涂料,铸钢件一般用石英粉、高铝粉或锆英粉涂料。为了进一步提高砂芯的强度和透气性,防止铸件产生气孔、呛火等缺陷,黏土砂芯应烘干后再使用。

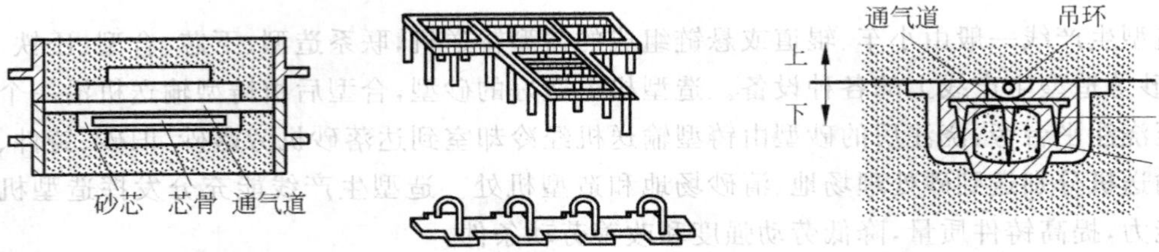

(a) 铁芯骨与通气道　(b) 铸铁芯骨　(c) 带吊环的芯骨与通气道

图 2-32　砂芯中的芯骨和通气道

2) 机器制芯

机器制芯广泛应用于大量生产中。机器制芯生产率高,紧实度均匀,砂芯质量好;但安放芯骨、取出活块或开设通气道等工序,还得用手工进行。机器制芯一般分为普通机器制芯和射芯机制芯两大类。普通机器制芯主要包括震实式、震压式、微震压实式和螺旋挤压式等制芯方法。射芯机制芯主要有普通射芯盒法、热芯盒法、冷芯盒法和壳芯法等四类。其中热芯盒法和壳芯法应用更为广泛。

(1) 热芯盒法制芯。以呋喃树脂为主要粘结剂的芯砂,用热芯盒射芯机把芯砂射入温度为200~250℃的热芯盒中,使之硬化成芯,称为热芯盒制芯法。热芯盒法制芯的主要工艺过程如图2-33所示。热芯盒法的主要优点是:硬化快,生产率高;砂芯强度高;尺寸准确,表面光洁;浇注后溃散性好,便于清砂;工艺简单,便于自动化。因此,这种制芯方法在汽车、拖拉机、内燃机等制造行业得到广泛应用。

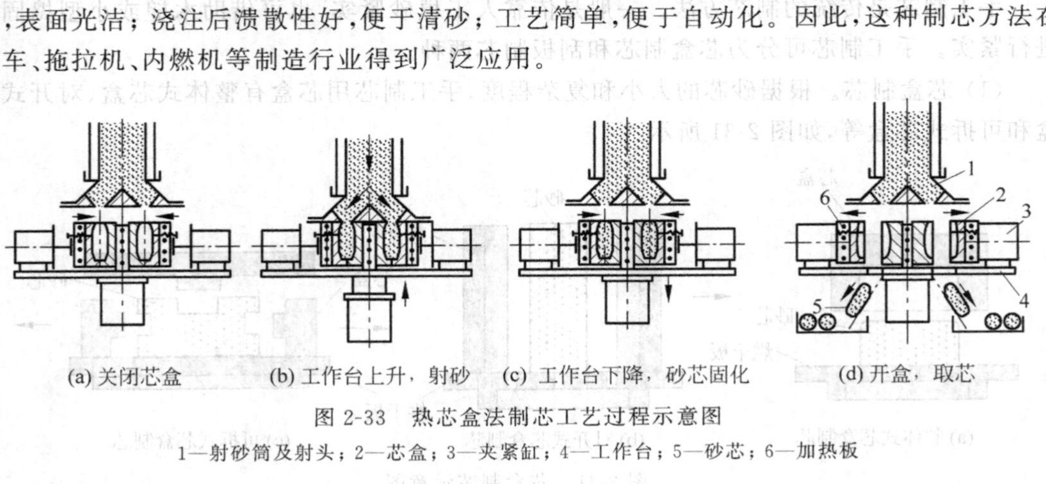

(a) 关闭芯盒　(b) 工作台上升,射砂　(c) 工作台下降,砂芯固化　(d) 开盒,取芯

图 2-33　热芯盒法制芯工艺过程示意图

1—射砂筒及射头;2—芯盒;3—夹紧缸;4—工作台;5—砂芯;6—加热板

(2) 壳芯法制芯。壳芯的制造过程是将制备好的酚醛树脂吹入(或加入)热芯盒内,保持一定时间,则靠近芯盒壁的树脂受热熔化而粘成一薄层树脂砂壳,然后将芯盒中未熔化的树脂砂倒回砂斗中,这段时间称为结壳时间。芯盒中的树脂砂壳继续受到芯盒的加热作用,树脂由塑性状态转变为固化状态,形成强度很高的薄壳砂芯,开启芯盒取出砂芯。后面这段时间称为固化时间。

壳芯法制芯一般有底吹法和顶吹法两种。底吹法用于形状简单的小砂芯,如汽车滤清器壳的砂芯和发动机缸盖的气道砂芯等。顶吹法适用于形状复杂的大砂芯,如汽车缸体的缸筒砂芯和进排气管砂芯等。壳芯法比热芯盒法突出的优点是树脂砂耗量小,砂芯透气性好。

2.2.3 合金的熔炼

合金的熔炼(melting)是铸造成形的重要环节之一,其目的是获得温度和化学成分合格的金属液体,对铸件的质量有重要影响。若合金熔炼工艺控制不当,会使铸件因成分和力学性能不合格而报废。

不同的铸造合金材料要选用不同的熔炼设备和熔化工艺。铸造生产中常用的熔炼设备有冲天炉、三箱电弧炉、电阻炉和焦炭炉等。

1. 铸铁的熔炼

用于铸铁的熔炼炉类型较多,有冲天炉、非焦(煤粉、油、天然气)冲天炉、电炉、反射炉、坩埚炉等。目前,工业上常用的铸铁熔炼方法有冲天炉熔炼、电炉熔炼和冲天炉与电炉双联熔炼等。冲天炉是铸铁熔炼炉中应用最广泛的一种,它具有结构简单、设备费用少、电能消耗低、生产率高、成本低、操作和维修方便,并能连续进行生产等许多优点。

1) 冲天炉的构造

冲天炉的结构主要由支撑部分、炉体、炉顶部分、送风系统、前炉及加料机构等组成,如图2-34所示。

支撑部分包括冲天炉基础、支柱(亦称炉腿)、炉底板及炉底门。炉底门一般制成双扇半圆形,上面钻有通气孔,以便排出炉底的水蒸气,它在工作以前先封闭,在熔化结束时打开。

炉体由炉底、炉缸和炉身三部分组成。炉身是指冲天炉加料口下沿到第一排风口的一段,是冲天炉的主要工作区域。炉缸是指第一排风口到炉底表面的一段,起着汇集铁液、炉渣并流入前炉的作用。炉体的内部空腔称为炉膛,是冲天炉熔炼铁液的空间,其直径大小决定了冲天炉的熔化率。炉壁通常采用耐火砖砌筑,或由石英砂和耐火泥混合捣结而成。为了保护炉壁不受装料的冲击,炉身上部用铸铁砖砌成。

炉顶部分包括烟囱和除尘系统。烟囱的作用是将炉气和灰尘引到车间外面。除尘器的作用是收集烟气中的灰尘,熄灭火星,因此又称为火花捕集器。炉顶部分结构的好坏,直接影响周围环境的卫生与安全。

送风系统由风管、风箱和风口组成,其作用是将鼓风机送来的风合理地送入冲天炉内,促使焦炭的燃烧。风管是鼓风机与冲天炉风箱之间的送风管道。风箱内空气经过风口系统进入炉膛。风口排数可分为单排和多排,常用三排风口和二排大间距风口。风口总截面与

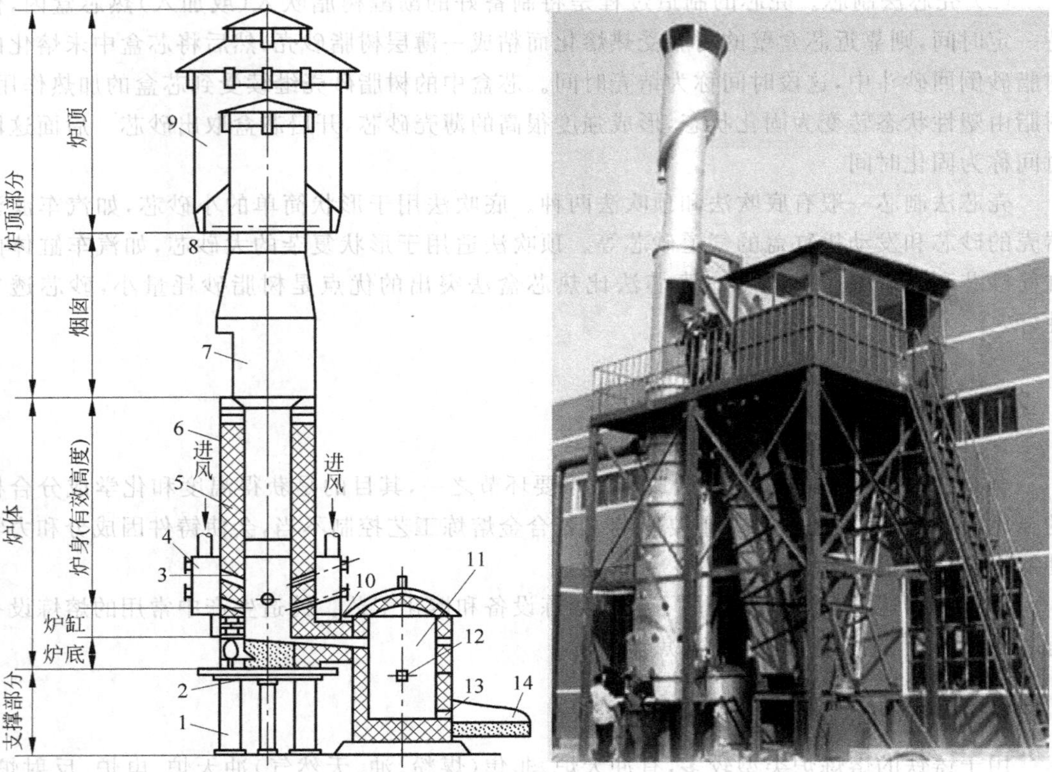

图 2-34 冲天炉结构简图及实物图片

1—炉腿；2—炉门；3—风眼；4—风箱；5—炉衬；6—炉壳；7—加料口；8—烟囱；9—火花捕集器；10—过桥；11—前炉；12—出渣口；13—出铁口；14—出铁槽

炉膛截面积的比值称为风口比，一般为 3%～7%。

前炉的作用是储存铁液，使铁液的成分和温度均匀化，减少铁液的增碳和增硫；有利于渣铁分离，净化铁液；前炉作为储存器，还可适应连续出铁的需要。在前炉上还有出渣口，以便放渣。

2) 炉料

冲天炉用的炉料主要有钢铁材料、铁合金、燃料和熔剂等。

(1) 钢铁材料。它包括新生铁(铸造生铁，球墨铸铁生铁和炼钢生铁)、废钢及回炉铁(浇冒口和废铸件)。新生铁是冲天炉熔炼的主要金属炉料，约占配料质量的 20%～100%。回炉铁在配料中一般占 30%左右，应尽量不要超过 70%。钢铁材料块度最大尺寸不应超过加料口炉径的 1/3。

(2) 中间合金(或纯金属等)。它包括硅铁、锰铁、铬铁、稀土合金、镍、铜等，主要用以调整铸铁中的合金含量，提高铸件的有关性能。中间合金(或纯金属等)块度应控制在 50mm 左右。

(3) 燃料。焦炭是冲天炉的主要燃料。为获得优质铁液，冲天炉熔炼用的焦炭，固定碳含量要高(不低于 80%)，灰分要低(小于 15%)，并具有足够的强度；为减小铁液的增硫，焦炭的含硫量越低越好，一般不得超过 1.0%。焦炭挥发物的含量也应尽量低，一般控制在 1.5%以下。对于中小型冲天炉，焦炭块度大致可在50～150mm范围内选择，并力求块度均匀。

(4) 熔剂。冲天炉熔炼常用的熔剂有石灰石($CaCO_3$)，加入量为层焦质量的20%～60%，一般选30%。当焦炭质量差和铁料锈蚀严重时，石灰石应适量多加。

冲天炉的熔炼过程、炉内的冶金过程以及经济指标的介绍详见二维码。

冲天炉的熔炼过程、炉内的冶金过程以及经济指标

2. 铸钢(cast steel)的熔炼

炼钢是铸钢生产过程中的一个重要环节。铸钢件的质量与钢液有很大关系。铸钢的力学性能在很大程度上是由钢液的化学成分所决定的。很多种铸造缺陷，如气孔、热裂等也往往与钢液的质量有关。因此，要保证钢液的质量就必须要炼好钢。

炼钢有很多种方法。在铸钢生产中普遍应用的是三相电弧炉和感应电炉。电弧炉熔炼出钢液质量较高，且熔炼周期短，开炉和停炉方便，容易与造型工艺配合，便于组织生产。感应电炉炼钢的工艺比较简单，钢液质量也能得到保证，常用于生产中、小铸钢件。

1) 电弧炉炼钢

电弧炉炼钢是靠石墨电极和金属炉料间放电产生的电弧，使电能在弧光中转变为热能，并借助辐射和电弧的直接作用，加热并熔化金属炉料和炉渣，从而冶炼出各种成分的碳钢和合金钢的一种炼钢方法。

炼钢电弧炉根据炉衬的性质不同，可以分为碱性电弧炉和酸性电弧炉。碱性电弧炉是用碱性耐火材料，如镁砂、白云石等作炉衬，使用以石灰石为主的碱性材料造碱性渣，能有效地去除钢中的有害元素磷、硫。酸性电弧炉是用硅砖、硅砂、白泥等酸性材料修砌炉衬，使用以硅砂为主的酸性材料造酸性渣，而酸性渣不具备去除磷和硫的能力，所以必须选用低磷、低硫的炉料。

碱性电弧炉炼钢常用的方法有氧化法、吹氧返回法和不氧化法三种。其中，碱性电弧炉氧化法炼钢是广泛应用的、最基本的炼钢方法之一，可以熔炼碳钢、低合金钢和高合金钢。酸性电弧炉主要用氧化法炼钢，个别情况也可用于不氧化法炼钢。

(1) 三相电弧炉的结构

三相电弧炉主要由炉体、炉盖、装料机构、电极升降与夹持机构、倾炉机构、炉体开出机构或炉盖旋转机构、电气装置和水冷装置等所构成，如图2-35所示。

(2) 铸钢熔炼用原材料

① 钢铁材料。它包括废钢(普通废钢和返回钢)、炼钢生铁(或铸造生铁)及废铁。废钢是电弧炉炼钢的主要金属炉料，占钢铁材料的70%～80%。生铁的配入比例一般占金属炉料的10%～30%。炉料中配入废铁(铁屑、废灰铸铁件等)，可代替生铁配料，以降低炼钢的成本。

② 铁合金。铁合金的主要作用是增加钢中合金元素的含量，有硅铁、锰铁、铬铁、钼铁等。某些铁合金如硅铁、锰铁、硅钙、硅锰铝等都是很强的脱氧剂。

③ 造渣材料。碱性电弧炉用造渣材料有石灰、萤石及废黏土砖块。在酸性电弧炉中，采用硅砂、黏土砖块及石灰作用造渣材料。

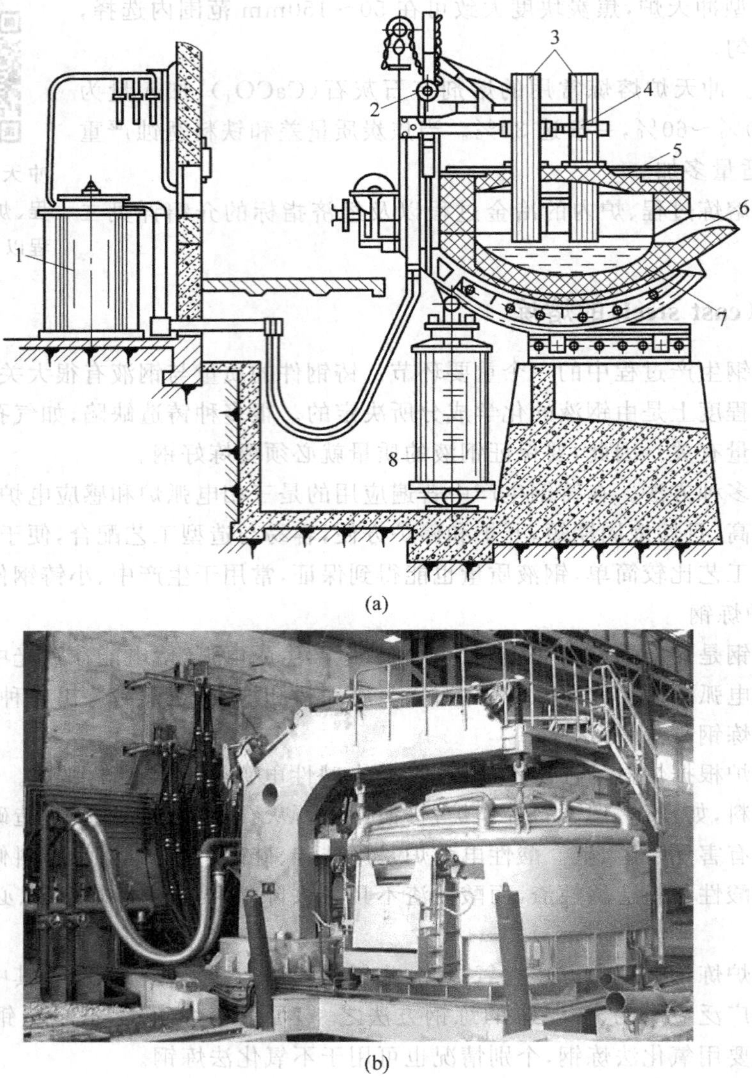

(a)

(b)

图 2-35 三相电弧炉结构及实物图

1—变压器；2—电极升降机构；3—电极；4—电极夹持机构；5—炉盖；6—出钢槽；7—炉体；8—倾炉机构

④ 氧化剂。常用的氧化剂有铁矿石、氧化铁皮(铁磷)、氧气等。

⑤ 脱氧剂和增碳材料。生产中用炭粉(焦炭粉、电极粉、木炭粉等)、硅铁粉、硅钙粉等对钢液进行扩散脱氧。炭粉也是增碳剂,钢液的含碳量过低时,可用炭粉增碳。

⑥ 电极。电极是电流的导体,是电弧炉中重要的一部分。电炉炼钢所用的石墨电极有碳素电极和石墨电极两种。石墨电极是由碳素电极在特制的电炉中经高温加热制成,它有较好的性能。电弧炉常用的电极是石墨电极。

氧化法炼钢工艺过程包括准备阶段(修补炉衬、配料及装料)、熔化期、氧化期、还原期和出钢等几个阶段,每个阶段的介绍详见二维码。

氧化法炼钢工艺过程

2）感应电炉炼钢

炼钢用感应电炉一般都是无铁芯式的中频感应电炉。根据坩埚材料的性质，感应电炉分为酸性的和碱性的。酸性炉的坩埚用硅砂筑成；碱性炉的坩埚用镁砂筑成。感应电炉一般都是采用不氧化法炼钢。

（1）酸性感应电炉炼钢。酸性感应电炉炼钢一般是造酸性渣，不能脱磷和脱硫。一般采用沉淀脱氧法脱氧，即将脱氧剂（锰铁、硅铁）直接加入钢液中进行脱氧。酸性感应电炉适于冶炼碳钢、低合金钢和高合金钢，但不适于用来冶炼高锰钢。因为在酸性炉渣的条件下，钢液中的锰转移到炉渣中较多，锰的收得率低。它也不适于冶炼含铝和含钛的钢种，因为铝、钛能还原炉衬材料中的 SiO_2 而使炉衬很快损坏。

（2）碱性感应电炉炼钢。碱性感应电炉炼钢工艺与酸性感应电炉炼钢工艺有许多共同点，其主要区别在于造渣材料不同，因而炉渣性质亦不同。碱性感应电炉炼钢，由于合金元素烧损小，适宜于冶炼合金钢。

3. 铝合金的熔炼

工业上应用的铸造铝合金（aluminum alloys）可分为5个系列、Al-Si 系、Al-Cu 系、Al-Mg 系、Al-Zn 系、Al-RE（混合稀土）系合金。其中 Al-Si 系合金兼有良好的力学性能和铸造性能，是铸造铝合金中品种最多、用途最广的一类合金。

铸铝合金的熔炼是铸铝件生产过程中的一个重要环节。据统计，与熔炼工艺过程有关的废品，如渗漏、气孔、夹渣等，主要是由于 H_2 和 Al_2O_3 氧化夹渣引起的。因此，在确保化学成分合格的前提下，熔炼工艺过程主要是提高铝液的纯净度。

1）铝合金熔炼过程的一般原理

铝合金有产生气孔的强烈倾向，同时也易产生氧化夹杂。因此，防止和去除气体和氧化夹杂就成为铝合金熔炼、浇注过程中最突出的问题。

（1）铝液中的气体和夹杂物的防止。铝液中的气体（H_2）和夹杂物（Al_2O_3）的主要来源是水，此外，铝锈[$Al(OH)_3$]、油脂也会通过反应成为铝液吸氢的来源。为此，应在熔炼和浇注过程中注意以下几点。

① 熔炼前要认真做好金属炉料、熔剂、坩埚和工具的准备工作，严防水气、铝锈及各种油污被带入熔炉。

② 在熔炼过程中，要尽量减少搅动金属液，避免铝液过热。应尽量缩短熔炼及浇注的持续时间。一般规定在精炼后2h内浇完，否则应重新精炼。

③ 浇注时浇包嘴应尽量接近浇口杯，并应匀速浇注，使铝液的飞溅及涡流减至最少。在坩埚底部50～100mm深处的铝液中，沉积有较多的 Al_2O_3 等夹杂物，因此不能用来浇注铸件。

（2）铝液中气体及夹杂物的去除

在铝液出炉前，应对其进行除气处理，以脱除铝液中所吸收的氢气及夹杂物，通常称此工艺为除气精炼。铝合金的精炼通常采用浮游法。其原理是在铝液中通入气体（通常为氯气、氮气或加入氯盐后而生成气体）产生气泡，溶入铝液中的氢不断进入气泡而排除，同时也去除了吸附在气泡表面的 Al_2O_3 夹杂物。其中发生的反应详见二维码。

通氯法与加入氯盐法发生的化学反应

2）亚共晶和共晶铝硅合金的变质处理

为了细化组织，提高力学性能，含硅量高的铝合金需要进行变质处理。

(1) 变质剂。目前在生产中应用最广的变质剂是由钠和钾的卤素盐类组成的，见表2-12。变质剂的组成中，NaF起变质作用：

$$3NaF + Al \longrightarrow AlF_3 + 3Na$$

反应生成的Na进入铝液中即起变质作用。加入NaCl、KCl助熔剂可降低NaF的熔点，提高变质的速度和效果及覆盖作用。有的变质剂中加入适量的冰晶石(Na_3AlF_6)，对铝液有精炼作用。这种具有变质、精炼和覆盖作用的变质剂称为"通用变质剂"。

表2-12 铝硅合金用变质剂成分及其变质温度

变质剂名称	w/%				熔点/℃	变质温度/℃	应用范围（浇注温度）/℃
	NaF	NaCl	KCl	Na_3AlF_6			
二元变质剂	67	33	—	—	810～850	800～820	780～800
三元变质剂(1)	45～47.5	40	15～12.5	—	730	740～760	750左右
三元变质剂(2)	25	62.5	12.5	—	606	725～740	700左右
通用变质剂(1)	60	25	—	15	750	800～820	770～790
通用变质剂(2)	40	45	—	15	700	760～780	740～760
通用变质剂(3)	30	50	10	10	650	720～750	700～730

(2) 变质工艺。变质工艺因素主要为变质温度、变质时间、变质剂用量。变质温度一般以稍高于浇注温度为宜。变质时间由两部分组成：变质剂覆盖时间一般为10～15min；压入时间一般为2～3min。变质剂用量一般为炉料的1%～3%。通常加入2%的变质剂，就可以保证良好的变质效果。用通用变质剂时，加入量为2%～3%。

3）熔炼工艺

铝硅系合金的典型熔炼工艺见表2-13。

表2-13 铝硅系合金熔炼工艺要点

工　序	熔炼工艺要点	
	ZL-101	ZL-102
装料顺序	1. 未重熔的回炉料 2. 重熔的回炉料 3. 纯铝 4. 铝硅合金 5. 熔化后搅拌均匀 6. 680～700℃时加镁	1. 未重熔的回炉料 2. 重熔的回炉料 3. 纯铝 4. 铝硅合金 5. 熔化后搅拌均匀
熔化精炼	1. 730～750℃时加入0.5%～0.6%的六氯乙烷，精炼8～10min 2. 静置15～20min 3. 扒除熔渣	1. 700～720℃时加入0.2%～0.4%的六氯乙烷，精炼8～10min 2. 静置15～20min 3. 扒除熔渣
变质处理	2%的三元（或通用）变质剂，处理温度为730℃左右	2%的二元或三元变质剂，处理温度分别为790℃和730℃左右
浇注	按铸件工艺要求进行浇注	按铸件工艺要求进行浇注

4）铸造铝合金的熔炼设备

铝、铜等有色合金熔炼中突出的问题是元素容易氧化，合金容易吸气。因此，对铝、铜合金熔炼设备的要求是：有利于金属炉料的快速熔化和升温，元素烧损和吸气小；炉温便于调节和控制；燃料、电能消耗低，热效率和生产率高。铝合金的熔炼炉种类很多，常用的有燃料炉和电炉两类，燃料炉主要包括坩埚炉和火焰炉。电炉主要包括电阻炉和感应炉，如图 2-36 所示。

(a) 感应炉熔炼铝合金过程　　(b) 电阻炉

图 2-36　电炉

每种熔炉在结构和熔炼工艺等方面各有特点，所适用的生产条件也不同。所以，在选用铝合金熔炼炉时，必须从热能来源、合金种类、质量要求、铸件大小、产量、操作及劳动条件等方面综合考虑，合理地选用。例如，在很多方面电炉比燃料炉先进，使用液体或气体燃料的坩埚炉又比焦炭地坑炉优越，但在缺电、缺油地区及产量又不大的小型车间，使用焦炭或燃煤坩埚炉还是适宜的。

2.3　铸造成形工艺设计

铸造成形工艺设计是根据铸件的结构特点、技术要求、生产批量、生产条件等，确定每个铸件的铸造成形工艺方案和参数，编制铸造成形工艺规程等，如图 2-37 所示，铸造成形工艺设计是铸造生产中关键的一环。

在进行工艺设计过程中应当考虑：①保证获得优质的铸件；②利用可能的条件，尽量提高劳动生产率和减轻体力劳动；③减少机械加工余量，节约材料和能源；④降低铸件成本；⑤减少污染，保护环境。

2.3.1　铸件工艺设计内容和表达方式

铸造工艺设计的内容主要包括铸件工艺图的设计、铸件图的设计、铸型装配图的设计、工艺卡的制作等。依据铸件尺寸的大小、铸件批量的大小，对铸造工艺设计的要求各有不同。

1. 铸造工艺图(红蓝工艺图)

铸造工艺图指在零件图纸图样上将浇注位置、分型面和铸造工艺参数(加工余量、起模

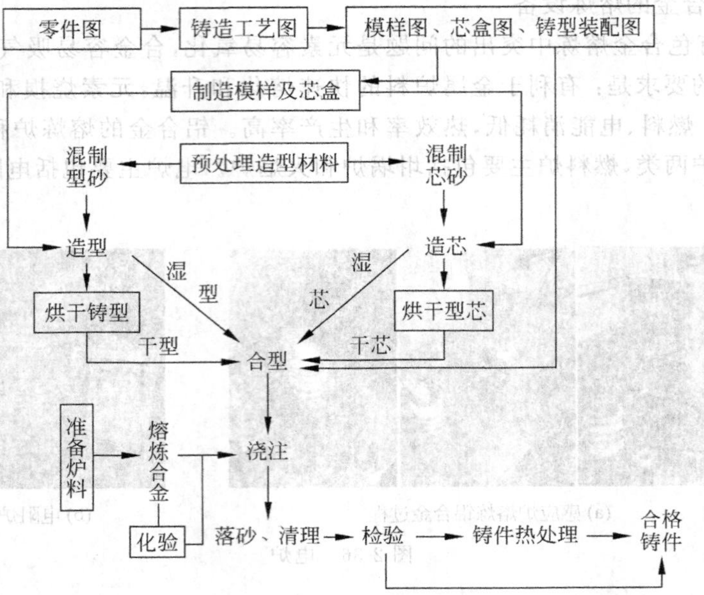

图 2-37　铸造工艺生产流程

斜度、铸造圆角、收缩率、芯头尺寸和砂芯负数、反变形量、分型负数、工艺补正量、浇注系统、冒口、补贴、铸肋、冷铁、砂芯形状和数量等)等用铸造工艺规定(符合国家统一标准 JB/T 2435—2013)的符号和颜色表示出来,如图 2-38 所示,是完成后续工艺装备设计的技术依据。若生产批量较小甚至单件生产时,可能不再绘制铸造工艺卡片,则必须补注铸件/浇注重量、工艺注意点等,此时铸造工艺图既可以作为指导性工艺文件,也可作为铸件尺寸的验收依据。

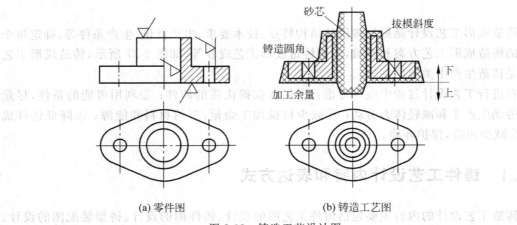

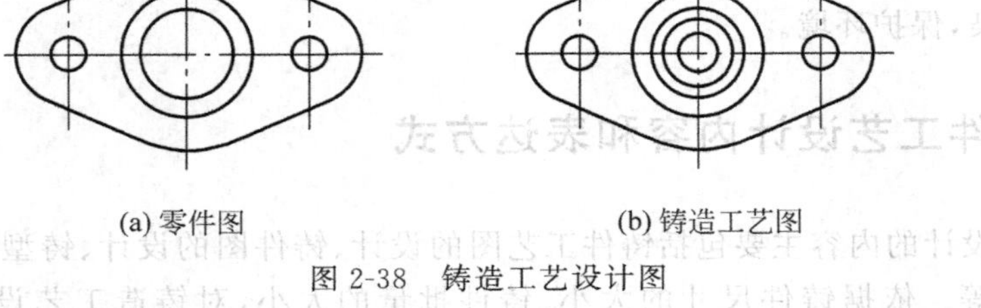

(a) 零件图　　(b) 铸造工艺图

图 2-38　铸造工艺设计图

铸件工艺图是铸造生产的技术文件,适用于各种批量的生产,对于整个铸造生产工作有很重要的意义,在绘制铸件工艺图时注意以下几点:

(1) 对于工艺符号的表示,每一项工艺符号只需要在其中一个视图或者剖视图上表示清楚就可以,不需要在每一个视图上都反映所有的工艺符号,容易造成互相重叠。

(2) 对于相同尺寸的等角度拔模斜度、铸造圆角等，可以只在技术条件中写明而不在图形上具体标注。

(3) 对于加工余量的尺寸，若顶面、底面、侧面和孔内的数值都一样，可以不在图面上标注尺寸，而填写在工艺卡中或者技术条件中。

(4) 为了避免误会，各种工艺尺寸或数据的标注，不能遮挡原产品图上的数据，同时应符合工厂的实际条件，便于工人操作。比如，拔模斜度的标注，对于手工木模和金属模应该有所不同。对手工木模，应该尽量标注尺寸(mm、cm)或者比例(1/50、1/500)；对金属模，应该尽量标注角度，同时所标注的角度应该能和工厂一般常用的铣刀相对应。

(5) 对于砂芯边界线，特殊情况下若砂芯边界线和冷铁线、零件线或者加工余量线等重合时，可以省去砂芯边界线的表示。

(6) 关于剖视图上砂芯线和加工余量的处理目前主要有两种不同的做法：第一种是把被砂芯遮挡部分的加工余量线全部画出，把砂芯看做透明不存在，会直接导致加工余量的红线贯穿整个砂芯的剖面；第二种是不画出被砂芯遮挡的加工余量线，认为砂芯不是透明体。这种处理方法画出来的图面线条合理，清晰明了，便于观察。

铸件工艺图的用途：用于制造模板、模样和芯盒等，同时可以作为模样、模底板和芯盒等工装以及进行生产准备和验收依据；无工艺卡时，可作为尺寸验收依据。

2. 铸件图

铸件图是按照铸造工艺及零件产品图绘制的图样(按零件图样添加加工余量以后的墨线铸造图样)，如图2-39所示。因此，对于轮廓尺寸、非加工位置尺寸铸件图与零件图保持一致。对于需机械加工的部位，则零件图尺寸再加上相应位置的机械加工尺寸就是铸件图相应位置尺寸。把经过铸造工艺设计之后，改变了零件尺寸、形状等的地方都反映在铸件图上。铸件图立足于铸造工艺图，在完成了铸造工艺图的基础上，再作出铸件图。一般用于大批量或者常年性生产的铸件。铸件图包含铸件毛面上的加工定位点(面)、夹紧点(面)、拔模斜度、加工余量、分型面、内浇口和冒口残余、未注明的壁厚、圆角、涂漆种类、铸件全部形状、

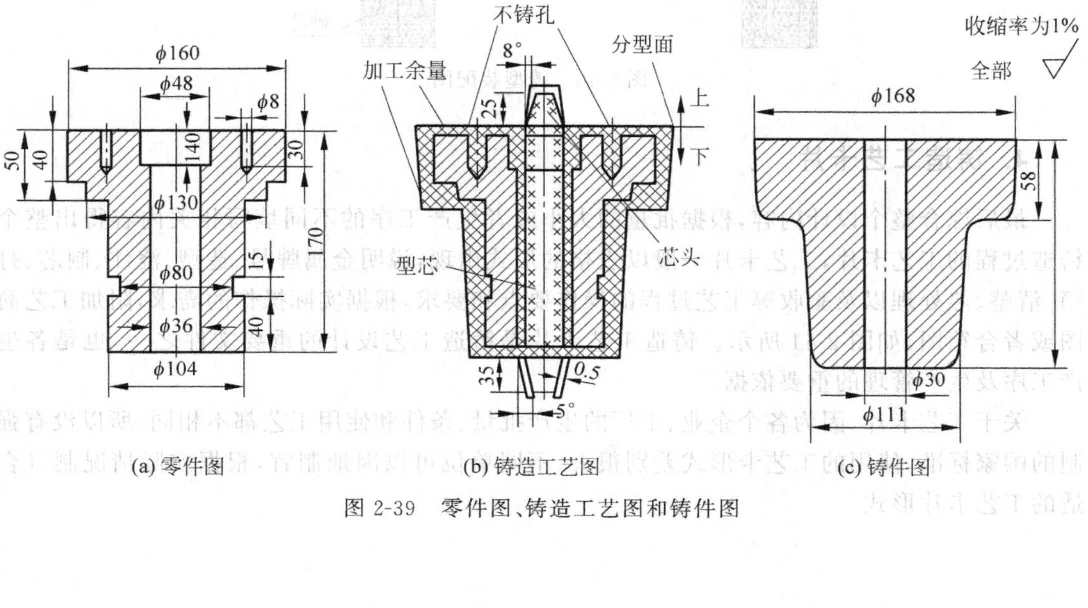

图2-39 零件图、铸造工艺图和铸件图

尺寸以及铸件允许的缺陷等。即使用同一张零件图，采用不同的铸造工艺铸造出来的零件，其尺寸和形状也不尽相同。因为在铸造过程中，不同工艺铸造的分型面、起模斜度大小和方向都有差异。所以在大批量生产中，无法使用零件图代替铸件图，所有铸件的冷加工生产线工装都必须依照铸件图上的真实形状设计，而对于单件或者小批量的生产其生产准备、施工和验收都可以直接依据铸造工艺图，而后续的冷加工可以直接依照产品零件图，就不一定非要绘制铸件图了。

铸件图的用途如下：

(1) 铸件图是铸件验收的依据；

(2) 铸件图也是交付下一步冷加工车间进行铸件加工工装设计的重要依据；

(3) 铸件图同时还是机械加工夹具设计的依据。

3. 铸型装配图

铸型装配图同样是用不同粗细和形状的墨线组成的工程图样，如图2-40所示。在铸型装配图中通常标注出浇注位置和分型面、砂芯数量及形状、排气、固定和下芯顺序，浇注系统、冒口、冷铁布置等的尺寸和位置，砂箱结构和尺寸等。在完成砂箱设计以后才画出，适用于大批量生产的重要件或者单件的大重型铸件，是生产准备、合箱、检验以及工艺调整的依据。

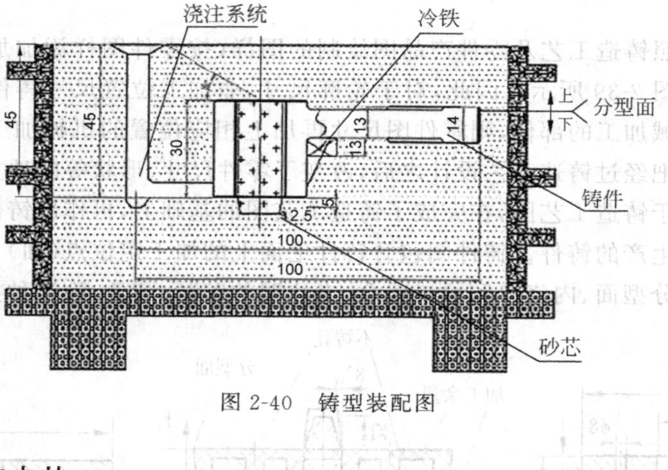

图2-40　铸型装配图

4. 铸造工艺卡片

最后综合整个设计内容，根据批量的大小或者生产工序的不同填写相关内容得出整个铸造过程的工艺卡片，工艺卡片一般以表格的形式出现，说明金属牌号、造型、浇注、制芯、打箱、清整、热处理以及验收等工艺过程的操作要点和要求，根据实际操作的需求，附加工艺简图或者合箱图，如图2-41所示。铸造工艺卡片是铸造工艺设计的重要文件之一，也是各生产工序及生产管理的重要依据。

关于工艺卡片，因为各个企业、工厂的生产批量、条件和使用工艺都不相同，所以没有强制的国家标准，使用的工艺卡形式差别很大，不同单位可以因地制宜，根据实际情况制订合适的工艺卡片形式。

铸造工艺卡片	产品型号		铸件图号		每台件数	
	产品名称		铸件名称	杠杆	每箱件数	4

铸件材料	HT200	单件毛重/kg	0.680	浇冒口重量/kg	1.246	浇注总重	3.966	工艺出品率/%	70%	模型类别	木模

工 艺 简 图

浇冒口			
名称	面积	材料	数量
直浇道	$4cm^2$	木模	1
横浇道	$2cm^2$	木模	2
内浇道	$0.5cm^2$	木模	8
补缩冒口			
出气冒口	$0.5cm^2$	木模	4

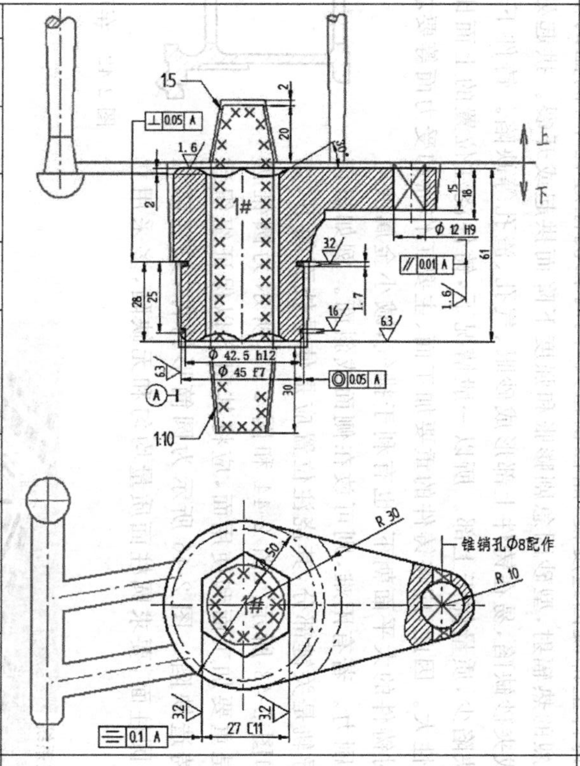

工序	工序内容							
模型	工艺参数	缩尺/%		加工余量/mm		拔模斜度		
		外模	芯盒	2mm		外型	内腔	
		0.9%				a=1.0mm		
造型		方法	铸型种类	型砂名称	通气方式	合型方式	铸型重/kg	
		手工造型	湿型	湿型	通气孔	上下	3.966	
浇注		浇注温度/℃	浇注时间/s	冒口浇高	零件最小壁厚	冷铁		芯撑	
						规格	数目	材料	数目
		1350	4.1		9		0		0
造芯		型芯标号	型砂号	数量	造芯方式	芯骨		
						材料	数量	
		1		1	芯盒		0	

				编制	校对	审核	会签	批准
标记	处数	更改文件名	签字	日期				

图 2-41 铸造工艺卡片

2.3.2 铸造工艺方案的确定

合金的成分、生产的批量、生产的条件以及零件的结构和技术要求是制订铸造工艺方案的依据。确定先进又切合实际的铸造工艺方案,对保证铸件质量、提高生产率、改善劳动条件、降低成本起着决定性的作用。因此,要予以充分的重视,认真分析研究,往往要首先制订出几种方案进行分析对比,最后选取最优方案进行生产。而确定铸造工艺方案最主要的步骤是确定合理的浇注位置和分型面。

1. 铸件浇注位置的确定

铸件的浇注位置是指浇注时铸件在铸型中所处的位置。浇注位置是根据铸件的结构特点、尺寸、质量、技术要求、铸造合金特性、铸造方法以及生产车间的条件决定的。正确的浇注位置应能保证获得健全铸件,并使造型、造芯和清理方便。判定浇注位置的优先次序为保证铸件质量→凝固方式→充型→工艺操作。确定铸件浇注位置时,要注意以下几个原则。

1) 铸件的重要加工面处于底面或侧面

因为铸件上部凝固速度慢,晶粒较粗大,同时在浇注过程中,高温的液态金属对型腔上表面有强烈的热辐射,型砂因急剧膨胀和强度下降而拱起或开裂。拱起处或裂口浸入金属液中,形成夹砂缺陷,易在铸件上部形成砂眼、气孔、渣孔等缺陷。铸件下部的晶粒细小,组织致密,缺陷少,质量优于上部。所以一般情况下,铸件浇注位置的上面比下面出现铸造缺陷的可能性大。因此,应将铸件的重要加工面、主要工作面和受力面等要求较高的部位放在下面,同时铸件的大平面朝下,也有利于排气,减小金属液对铸型的冲刷力。若有困难,则可放在侧面或斜面。例如机床床身,其导轨是关键部分,其浇注位置应是使导轨面朝下,如图2-42和图2-43所示。图2-44和图2-45所示为圆锥齿轮,轮齿是重要加工面和使用面,应将其朝下以保证组织致密,防止铸造缺陷。图2-46所示为圆筒形铸件,关键部位是内或外圆柱面,要求圆柱面质量均匀和无缺陷,多采用立浇方案。

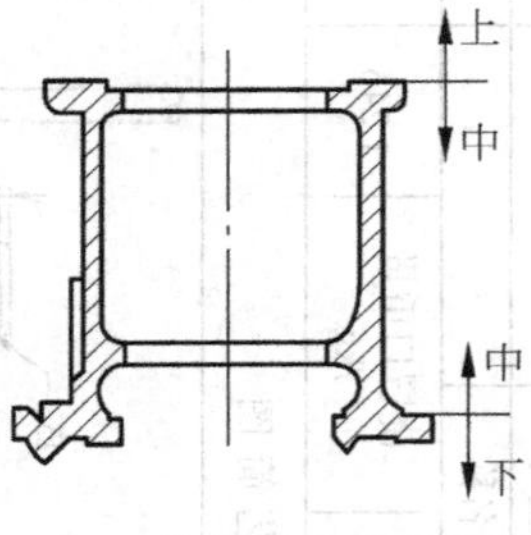

图2-42 车床床身的浇注位置

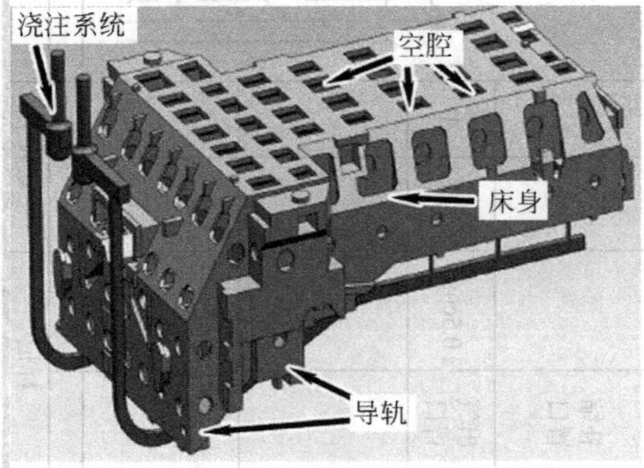

图2-43 机床床身浇注示意图

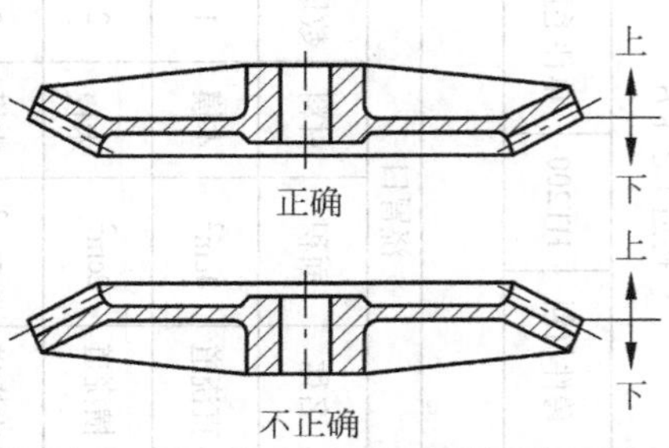

图2-44 圆锥齿轮浇注位置

图 2-45　圆锥齿轮实物图

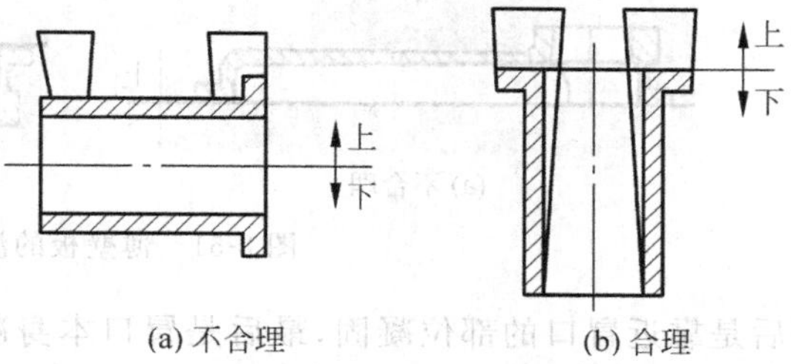

图 2-46　起重机卷筒的浇注位置

2）铸件的大平面尽可能朝下

铸件的重要加工面应朝下或位于侧面，上表面易产生砂眼、气孔、夹渣等缺陷，不如下表面致密。对于有大平面的铸件，也应将大平面放在下面，如图 2-47 所示；必要时可采用倾斜浇注，以增加液体合金的上升速度，防止夹砂，如图 2-48 所示。当倾斜浇注时，依砂箱大小，一般 H 值控制在 200～400mm 范围内。大平面还常产生夹砂缺陷，故对平板、圆盘类铸件，应朝下，如图 2-49 和图 2-50 所示。

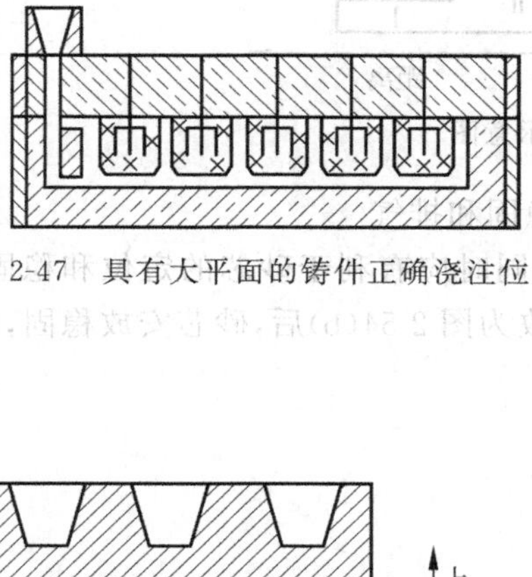

图 2-47　具有大平面的铸件正确浇注位置

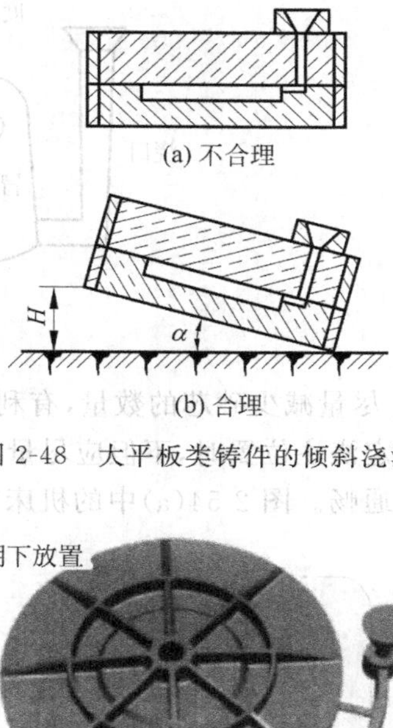

图 2-48　大平板类铸件的倾斜浇注

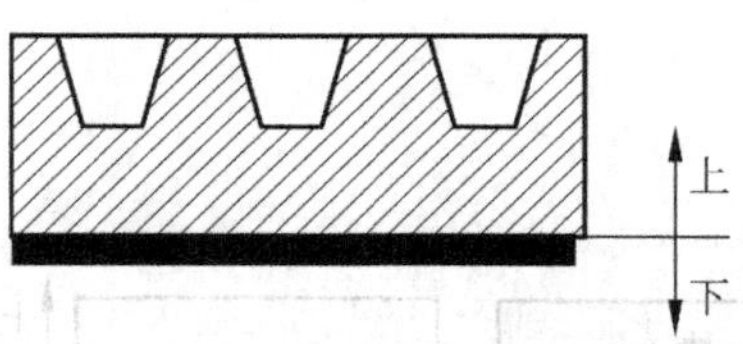

图 2-49　平板的浇注位置剖面图

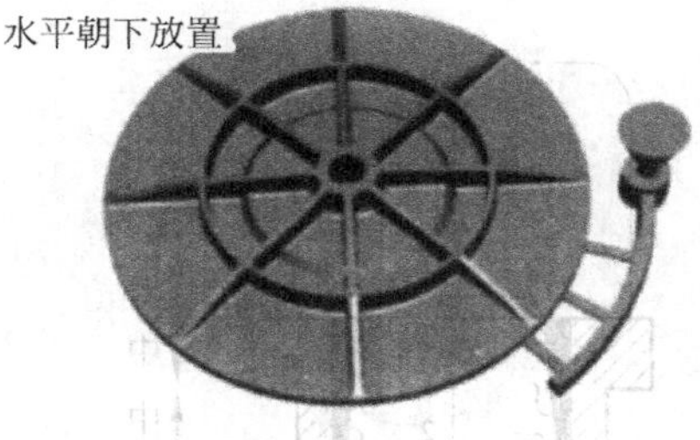

图 2-50　平板的浇注位置实物图

3）保证铸件能充满

对于具有薄壁部分的铸件，应把薄壁部分放在铸件的下部，或在内浇道以下，以免形成浇不到、冷隔等缺陷。例如，某薄壁板的正确浇注位置如图 2-51 所示。

4）有利于实现顺序凝固

铸件上的厚大部位可能出现缩孔，在这些部位安置冒口，使铸件上远离冒口的部位先凝

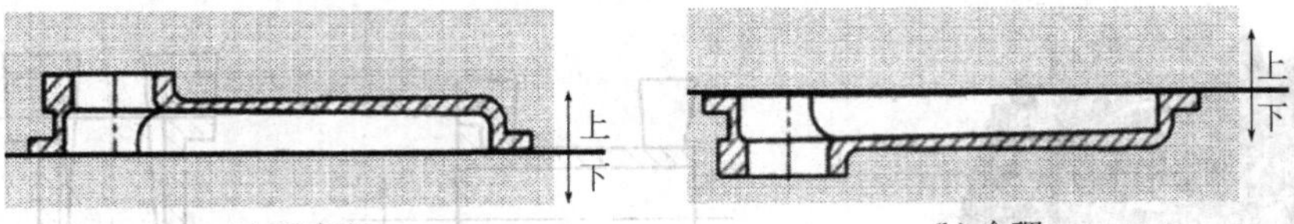

图 2-51　薄壁板的浇注位置

固,而后是靠近冒口的部位凝固,最后是冒口本身凝固。图 2-52 展示了铸件顺序凝固的示意图,按照这样的凝固方式,先凝固区域的收缩由后凝固部位的金属液补充,后凝固部位的收缩由冒口中的金属液补充,从而使铸件各个部位的收缩都能得到补充。因此当合金体收缩率大或铸件壁厚不均,需要补缩时,应从顺序凝固的原则出发,将厚大部分放到上面或侧面,以便于安放冒口和冷铁。例如,某铸钢双排链轮的正确浇注位置如图 2-53 所示。对收缩较小的灰铸铁件,当壁厚差别不大时,也可以将厚大部分放到下面靠自身上部的铁液补缩而不用冒口。

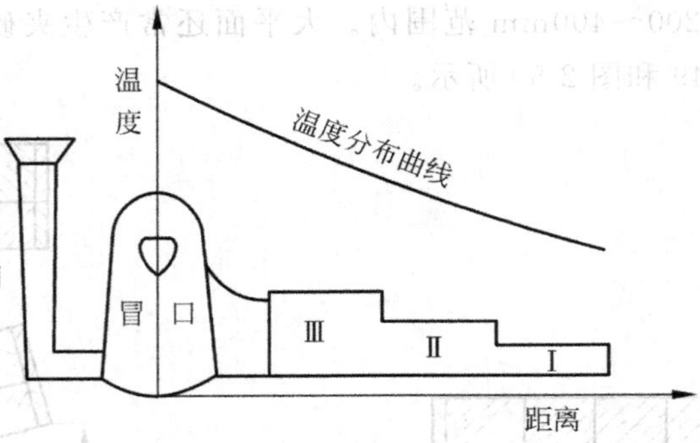

图 2-52　顺序凝固示意图

5) 尽量减少砂芯的数量,有利于砂芯的定位、稳固和排气

确定浇注位置时,不但应尽量减少砂芯的数量,同时应有利于砂芯的定位和稳固支撑,使排气通畅。图 2-54(a)中的机床支架的浇注位置改为图 2-54(b)后,砂芯安放稳固,排气通

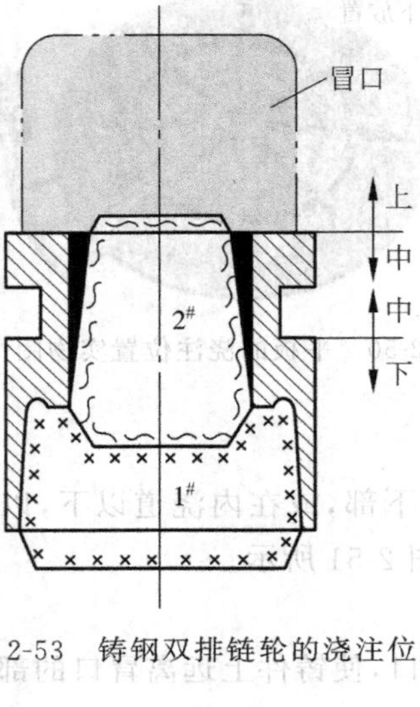

图 2-53　铸钢双排链轮的浇注位置

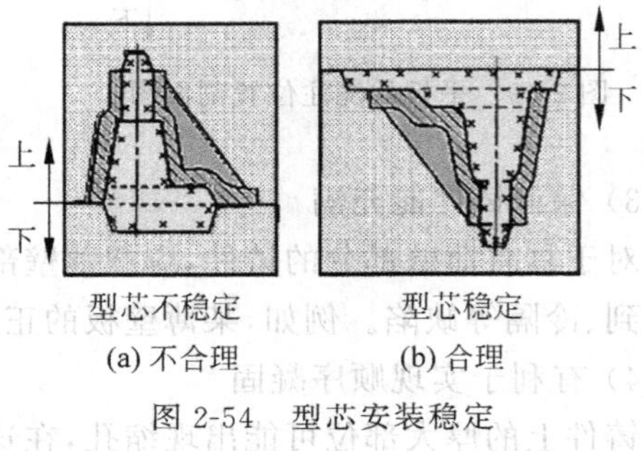

图 2-54　型芯安装稳定

畅。对于体积较大的砂芯,最好能使芯头朝下,尽量避免吊芯、悬臂芯(见图 2-55)或使用芯撑来定位砂芯。可采用多个铸件共用一个砂芯(如图 2-56 所示的挑担砂芯)来避免上述困难。

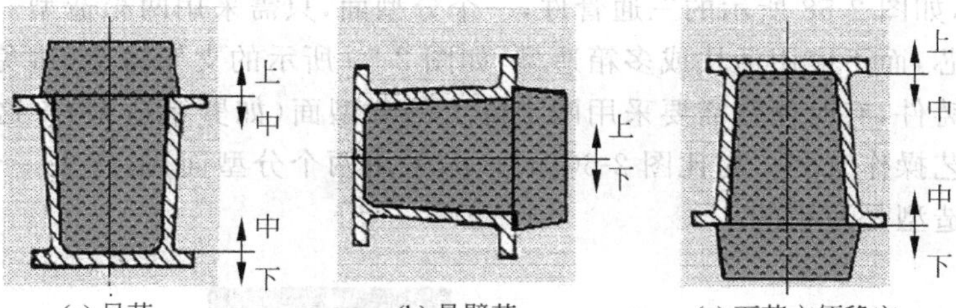

(a) 吊芯　(b) 悬臂芯　(c) 下芯方便稳定

图 2-55 型芯安装方便

6) 应使合箱位置、浇注位置和铸件的冷却位置相一致

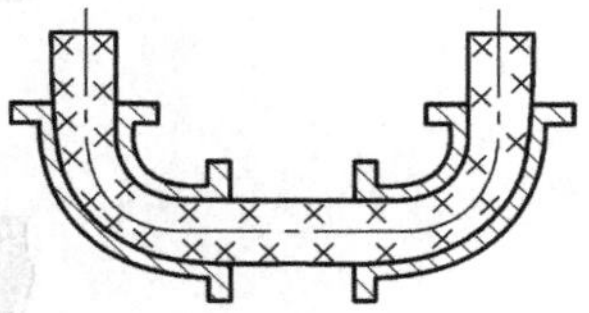
图 2-56 挑担砂芯

一般情况下,铸件的冷却位置和浇注位置是一致的,但有时工艺上要求,在浇注完后需改变铸件的冷却位置。例如,我国有些工厂小批量生产球铁曲轴时,采用卧浇立冷工艺方案,浇注完后,将曲轴直立或倾斜冷却。这样,既可使造型、浇注操作方便,又提高了冒口的补缩效果。但是,在机械化的生产线上进行大批量生产时,尽量不采用,而应采用卧浇卧冷,使造型、浇注和冷却位置一致。在工艺设计时,当冷却位置和浇注位置不一致时,应在铸件工艺图上注明。

2. 分型面的确定

铸造分型面(parting surface)是指铸型组元间的结合面。在砂型铸造工艺过程中,由于需要造型、取模、设置浇注口和安装砂芯等步骤,砂型由两个或多个部分组成,而这多个部分的分割面或者装配面被称为分型面。合理地选择分型面,对于简化铸造工艺、提高生产率、降低成本、提高铸件质量都有直接关系。分型面的选择应尽量与浇注位置一致,以避免合型后翻转。分型面的选择主要取决于铸件的结构。

确定分型面时应注意以下原则:

1) 应尽量使铸件全部或大部分置于同一半型内

为了保证铸件精度,至少应把铸件的加工面和加工基准面放在同一半型内。图 2-57 所示为管子堵头,铸件加工时,以四方中心线为基准加工外螺纹。图 2-57(a)所示工艺方案,不能保证四方头与圆柱面同心,给加工带来困难,甚至无法加工。分型面主要是为了取出模样而设置的,但它对铸件的精度会造成损害。因此,凡是铸件上要求最严格的尺寸部分,应当不为分型面所穿越。

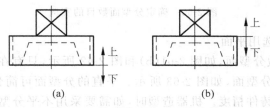

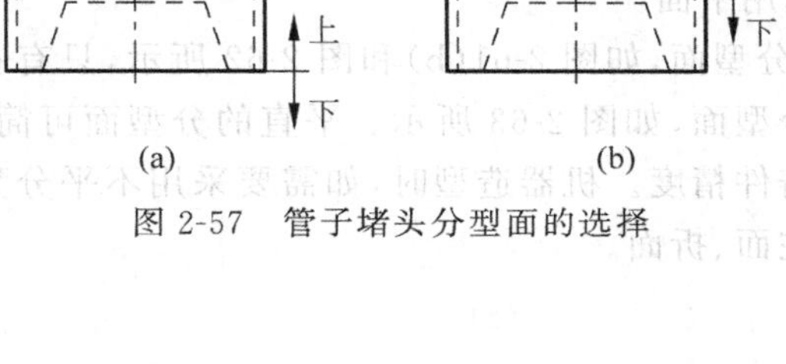

(a)　(b)

图 2-57 管子堵头分型面的选择

2）应尽量减少分型面的数目

对于大量生产的机器造型的中、小铸件，通常只许可有一个分型面，以便充分发挥造型机生产的效率，如图 2-58 所示的三通管件，一个分型面，只需采用两箱造型。对于不能出砂的地方采用砂芯，而不应用活块或多箱造型，如图 2-59 所示的支架铸造，避免使用活块。但对于大型复杂铸件，有时往往需要采用两个以上的分型面(如劈箱造型)。这样反而对保证质量和简化工艺操作有利。对比图 2-60(a)，(b)采用两个分型面，可省去一个芯盒，对于单件生产的手工造型是适用的。

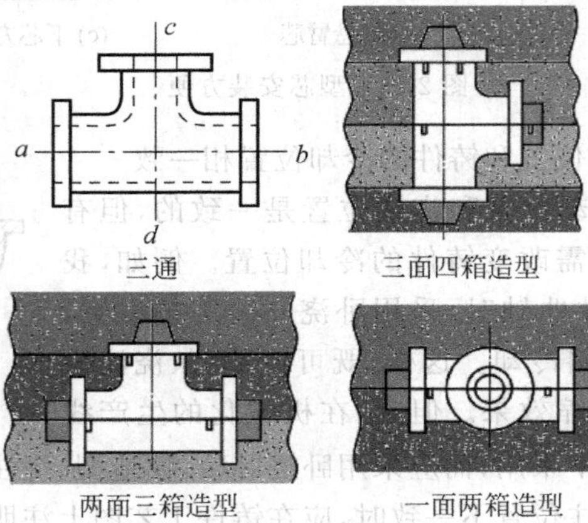

图 2-58　三通管件铸造分型面的选择

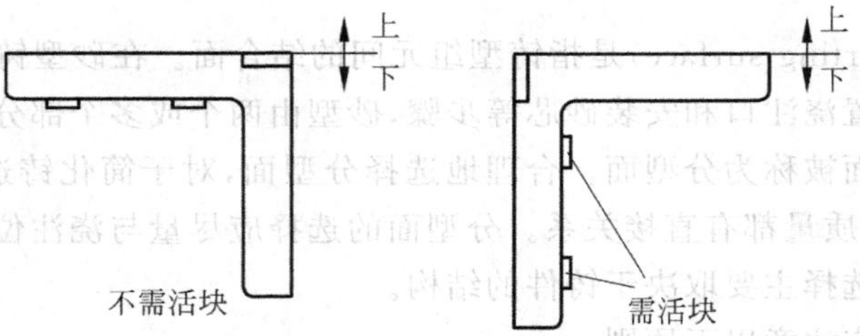

图 2-59　支架铸造分型面的选择

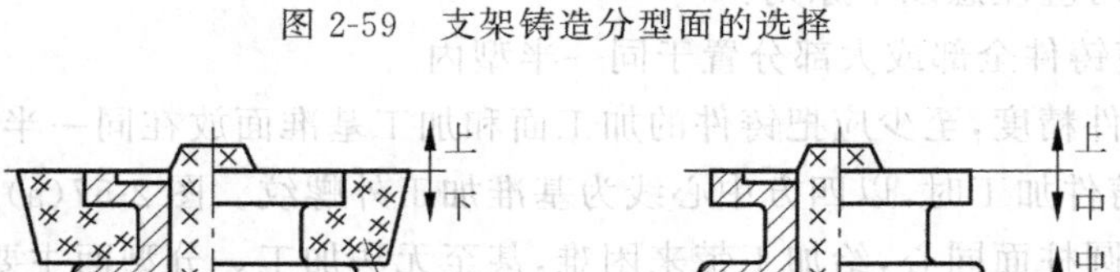

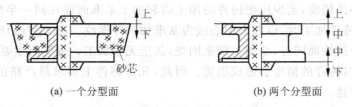

(a) 一个分型面　　(b) 两个分型面

图 2-60　确定分型面数目的实例

3）分型面应尽量选用平面

应优先选用平面做分型面，如图 2-61(b)和图 2-62 所示，只有在必要时，依铸件形状选用不平(如曲面、折面)分型面，如图 2-63 所示。平直的分型面可简化造型过程和模板的制造工作量，并易于保证铸件精度。机器造型时，如需要采用不平分型面，也应选用有一定规则的简单曲面，例如圆柱面、折面。

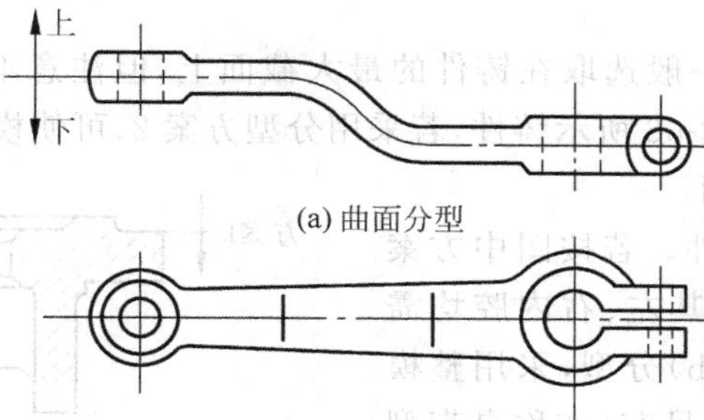

(a) 曲面分型

(b) 平面分型

图 2-61　起重臂的分型面

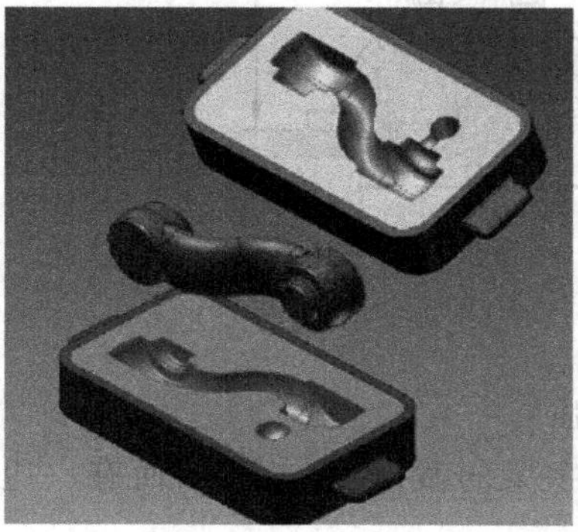

图 2-62　起重臂平直分型面的造型图

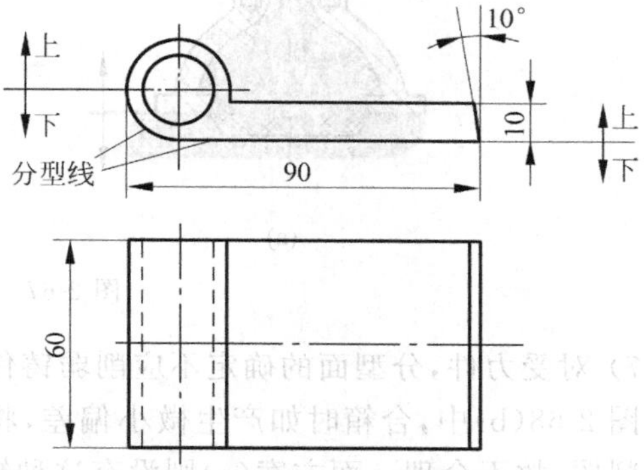

图 2-63　曲面分型面的实例

4）便于下芯、合箱及检查型腔尺寸

为此，应尽量把主要砂芯放在下半砂箱中。在手工造型中，模样及芯盒尺寸精度不高，在下芯、合箱时，造型工需要调整砂芯，才能保证铸件壁厚均匀。分型面的选择应便于检查有关型腔尺寸。例如图 2-64 所示为中心距大于 700mm 的减速箱盖铸件，采用两个分型面的主要目的就是便于合箱时检查尺寸。图 2-65 所示为机床支柱的两种分型方案，若分型面取在Ⅱ处，则很容易检查出砂芯的偏移情况，便于调整砂芯，保证支柱壁厚。

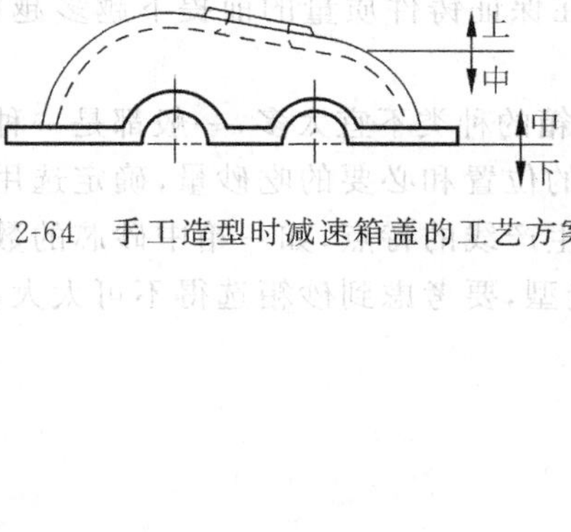

图 2-64　手工造型时减速箱盖的工艺方案

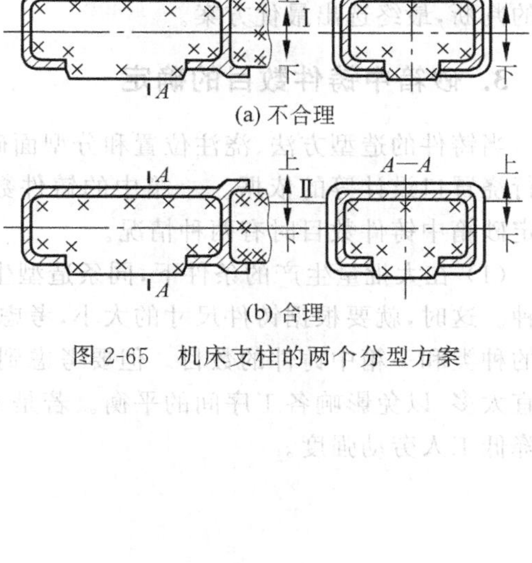

(a) 不合理

(b) 合理

图 2-65　机床支柱的两个分型方案

5）不使砂箱过高

为了起模方便，分型面一般选取在铸件的最大截面上，但注意不要使模样在一箱内过高，会给造型带来困难。图 2-66 所示铸件，若采用分型方案 2，可使模样在下箱的高度减少。

6）尽量减少砂芯的数目

图 2-67 所示为底座铸件。若按图中方案(a)分型，采用分开模造型，其左、右内腔均需采用砂芯。若按图中方案(b)分型，采用整模造型，则左、右内腔均可由堆吊芯(亦称自带型芯)形成，省掉了砂芯。

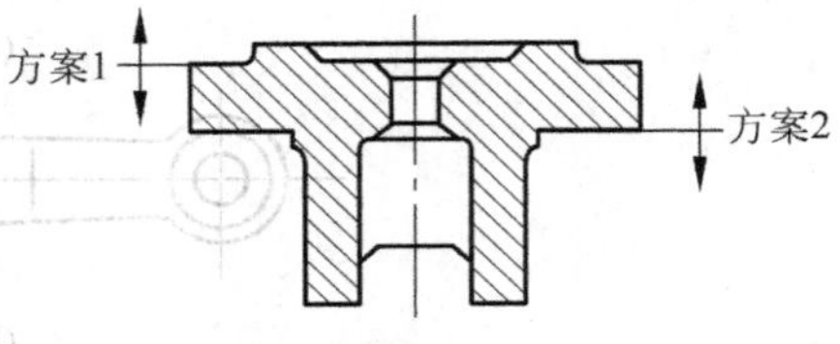

图 2-66 分型面的选择注意减低砂箱高度

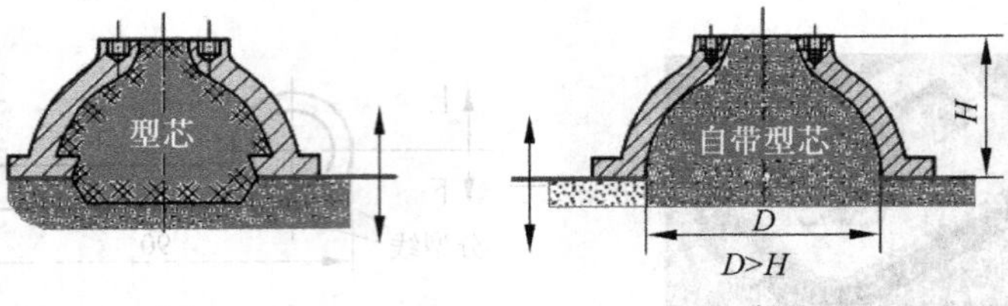

图 2-67 底座铸件

7）对受力件，分型面的确定不应削弱铸件的结构强度

图 2-68(b)中，合箱时如产生微小偏差，将改变工字梁的截面积分布，因而有一边的强度会削弱，故不合理。而方案(a)则没有这种缺点。

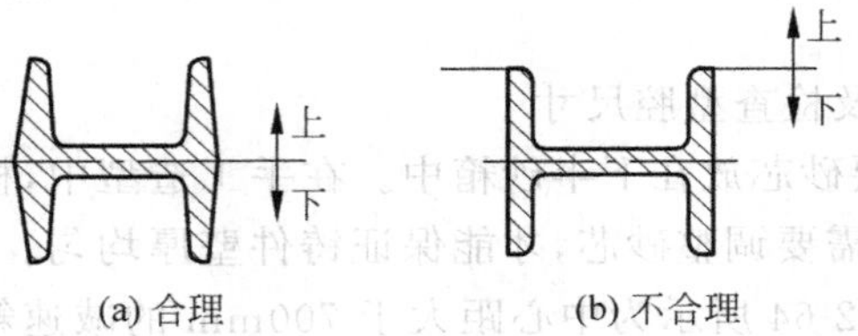

图 2-68 工字梁分型面的选择

以上简要介绍了分型面的确定原则。一个铸件的分型面究竟以满足哪几项原则为最重要，这需要进行多方案的分析对比，也需要对生产的深入了解，有一定实践经验才能作出正确的判断，最终选出最优方案。

3. 砂箱中铸件数目的确定

当铸件的造型方法、浇注位置和分型面确定以后，应当初步确定一箱放几个铸件，作为进行浇冒口设计等的依据。一箱中的铸件数目，应该在保证铸件质量的前提下越多越好。确定砂箱中铸件数目时有两种情况。

(1) 在大批量生产的条件下，同条造型生产线上砂箱的种类不宜太多，一般都是一种到两种。这时，就要根据铸件尺寸的大小，考虑浇注系统的位置和必要的吃砂量，确定选用砂箱的种类和一箱中铸件的数目。但要考虑到机器造型生产线的特点，如一箱中砂芯的数量不宜太多，以免影响各工序间的平衡。若是人工脱箱造型，要考虑到砂箱选得不可太大，以便降低工人劳动强度。

(2) 在单件、小批生产中，当车间已有的砂箱满足不了要求，需设计新砂箱时，应根据造型方法、铸件尺寸大小、吃砂量、车间起吊能力等，大致确定砂箱尺寸，然后，以此考虑砂箱中的铸件数目。应当指出的是上面所确定的砂箱尺寸只是一个参考值，确切地设计砂箱尺寸，还要考虑芯头形状和尺寸，浇冒口尺寸及模样在模底板的布置等因素。

2.3.3 铸造工艺参数的确定

铸件的铸造工艺方案确定以后，还需要选择铸造工艺参数。铸造工艺参数包括所有铸件都要考虑的铸造收缩率、机械加工余量、起模斜度、最小铸出孔的尺寸和型芯头，以及在特殊场合下才要考虑的工艺补正量、分型负数、反变形量、砂芯负数和分芯负数等。

1. 基本的铸造工艺参数

基本的铸造工艺参数，是所有铸件在制作模样时都必须正确选定的，它是保证生产的铸件符合形状、尺寸和其他质量要求所不可少的工艺内容。

1）铸造收缩率

铸造收缩率又称铸件收缩率或铸件线收缩率，是铸件从线收缩开始温度冷却至室温时的相对线收缩量，以模样与铸件的长度差除以模样长度的百分比表示：

$$\varepsilon = \frac{L_1 - L_2}{L_1} \times 100\%$$

式中，L_1 为模样长度；L_2 为铸件长度。

铸造工艺设计时，通过铸造收缩率 ε 确定模样和芯盒的工作尺寸。铸造收缩率大小可查相关手册，但由于铸件各部分收缩阻力、起模和浇注过程等可能会改变型腔的尺寸，故手册中数据还应通过实践加以调整。对结构复杂或精度要求较高的铸件，模样尺寸必须经过多次实验确定。

表 2-14 列出了各种铸铁件的铸造收缩率数据。

表 2-14 各种铸铁件的铸造收缩率

铸件的种类			收缩率/%	
			阻碍收缩	自由收缩
灰铸铁	中小型铸件		0.8～1.0	0.9～1.1
	大中型铸件		0.7～0.9	0.8～1.0
	特大型铸件		0.6～0.8	0.7～0.9
	特殊的圆筒形铸件	长度方向	0.7～0.9	0.8～1.0
		直径方向	0.5	0.6～0.8
球墨铸铁	球光体球墨铸铁		0.8～1.2	1～1.3
	铁素体球墨铸铁		0.6～1.2	0.8～1.2
可锻铸铁	球光体可锻铸铁		1.2～1.8	1.5～2.0
	铁素体可锻铸铁		1.0～1.3	1.2～1.5
白口铸铁			1.5	1.75

2）机械加工余量

在铸件加工表面上留出的、准备切去的合金层厚度，称机械加工余量（machining

allowance)。加工余量过大,浪费金属和机械加工工时,增加零件成本;加工余量过小,则不能完全去除铸件表面的缺陷,甚至露出铸件表皮,达不到设计要求。

影响机械加工余量的主要因素有:铸造合金及铸造方法所能达到的铸件精度,加工表面所处的浇注位置(上面、侧面、底面),铸件尺寸和结构,公称尺寸大小等几个方面。

《铸件尺寸公差》(GB 6414—1986),将铸件尺寸公差等级(精度等级)分为16级,表示为CT1—CT16。《铸件机械加工余量》(GB/T 11350—1989),将机械加工余量由精到粗分为A、B、C、D、E、F、G、H、J共9个等级。在应用时,首先要判明所生产的铸件能达到几级精度,然后,根据不同精度等级要求给出不同的加工余量。铸件机械加工余量可在有关标准、各类铸造工艺手册和企业工艺文件中查得。表2-15列出一般灰铸铁件的机械加工余量。

表 2-15 灰铸铁件的机械加工余量 mm

铸件最大尺寸	浇注时位置	加工面与基准面的距离					
		<50	50~120	120~260	260~500	500~800	800~1250
<120	顶面	3.5~4.5	4.0~4.5				
	底、侧面	2.5~3.5	3.0~3.5				
120~260	顶面	4.0~5.0	4.5~5.0	5.0~5.5			
	底、侧面	3.0~4.0	3.5~4.0	4.0~4.5			
260~500	顶面	4.5~6.0	5.0~6.0	6.0~7.0	6.5~7.0		
	底、侧面	3.5~4.5	4.0~4.5	4.5~5.0	5.0~6.0		
500~800	顶面	5.0~7.0	6.0~7.0	6.5~7.0	7.0~8.0	7.5~9.0	
	底、侧面	4.0~5.0	4.5~5.0	4.5~5.5	5.0~6.0	6.5~7.0	
800~1250	顶面	6.0~7.0	6.5~7.5	7.0~8.0	7.5~8.0	8.0~9.0	8.5~10
	底、侧面	4.0~5.5	5.0~5.5	5.0~6.0	5.5~6.0	5.5~7.0	6.5~7.5

注:加工余量数值下限用于大批大量生产,上限用于单件小批量生产。

3) 起模斜度

为了方便起模,在模样、芯盒的出模方向留有一定斜度(draft),以免损坏砂型或砂芯。这个在铸造工艺设计时所规定的斜度,称为起模斜度,亦称为拔模斜度。

起模斜度应在铸件上没有结构斜度的、垂直于分型面(分盒面)的表面上应用。其大小应依模样的起模高度、表面粗糙度以及造型(芯)方法而定。起模斜度的取法有三种形式,见图2-69,一般加工表面可用增加厚度法,非加工面可用加减厚度法或减小厚度法。铸件上起模

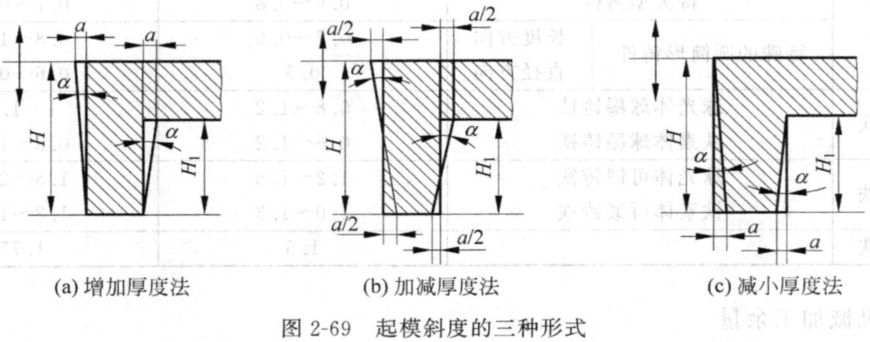

图 2-69 起模斜度的三种形式

斜度，原则上不应超过铸件的壁厚公差。关于起模斜度大小的具体数值可参考表 2-16。

表 2-16　砂型铸造用起模斜度

测量高度 H/mm	金属模		木模	
	a/mm	α	a/mm	α
≤20	0.5～1	1°30′～3°	0.5～1	1°30′～3°
20～50	0.5～1.2	0°45′～2°	1.0～1.5	1°30′～2°30′
50～100	1.0～1.5	0°45′～1°	1.5～2.0	1°～1°30′
100～200	1.5～2.0	0°30′～0°45′	2.0～2.5	0°45′～1°
200～300	2.0～3.0	0°20′～0°45′	2.5～3.5	0°30′～0°45′
300～500	2.5～4.0	0°20′～0°30′	3.5～4.5	0°30′～0°45′
500～800	3.5～6.0	0°20′～0°30′	4.5～5.5	0°20′～0°30′
800～1200	4～6	0°15′～0°20′	5.5～6.5	0°20′
1200～1600			7.0～8.0	0°20′
1600～2000			8.0～9.0	0°20′
2000～2500			9.0～10	0°15′
>2500			10～11	0°15′

4）最小铸出孔及槽

机械零件上往往有许多孔、槽和台阶，一般应尽可能在铸造时铸出。但是，若铸件上的孔、槽太小，而铸件的壁厚又较厚，反而会使铸件产生粘砂，则不宜铸出孔、槽，直接依靠机械加工反而方便。表 2-17 为最小铸出孔的数值，供参考。

表 2-17　铸件的最小铸出孔

生产批量	最小铸出孔直径/mm	
	灰铸铁件	铸钢件
大量生产	12～15	
成批生产	15～30	30～50
单件、小批生产	30～50	50

注：最小铸出孔直径指的是毛坯孔直径。

5）型芯头

型芯头(core print)的形状和尺寸，对型芯装配的工艺性和稳定性很大影响。垂直型芯一般都有上、下芯头，如图 2-70(a)所示，但短而粗的型芯也可省去上芯头。芯头必须留有一定的斜度 α。下芯头的斜度应小些(6°～7°)，上芯头的斜度为便于合型应大些(8°～10°)。水平芯头的长度(L)取决于型芯头直径(d)及型芯的长度，如图 2-70(b)所示。悬臂型芯头必须加长，以防合型时型芯下垂或被金属液抬起。型芯头与铸型型芯座之间应有 1～4mm 的间隙(S)，以便于铸型的装配。

2. 其他铸造工艺参数

制造模样时，除了每个铸件都要正确选择基本的铸造工艺参数外，对于某些特殊铸件和

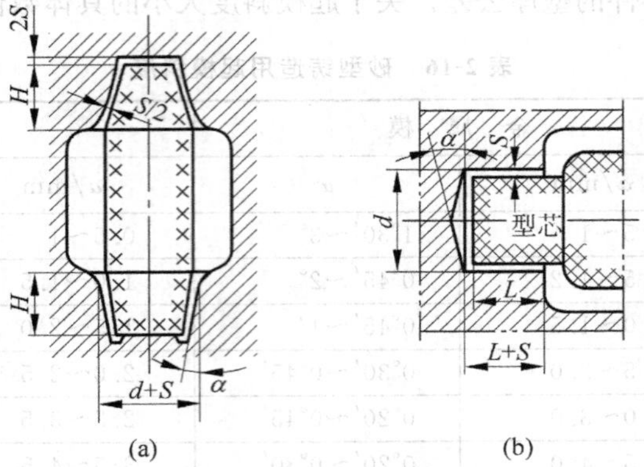

图 2-70 型芯头的构造

特殊生产条件用的模样，还要按实际情况选定工艺补正量、分型负数、反变形量、砂芯负数和分芯负数等工艺参数。

1）工艺补正量

在铸造生产中，铸件收缩率与铸件的实际不符，或者由于微小的错型和偏芯等原因，使铸件某部分厚度太薄。为防止这种现象出现，工艺上需要增加该部分的厚度，所加厚的尺寸称为工艺补正量。成批、大量生产时，因工艺严格，可以不考虑工艺补正量。工艺补正量可由有关资料查得。

2）分型负数

干型、半干型以及尺寸很大的湿型，分型面由于修整、烘烤等原因一般都不平整，上下型接触面不会很严密。为了防止浇注时跑火，合箱前需要在分型面之间放耐火泥条或石棉绳，这就增加了型腔的高度。为了保证铸件尺寸符合图样要求，在模样上必须减去相应的高度，减去的数值称为分型负数，一般分型负数为 0.5～6mm，也可从有关资料查得。

3）反变形量(又称反挠度、反弯势、假曲率)

在铸造较大平板类、床身类等铸件时，由于冷却速度的不均匀性，铸件冷却后常出现变形。为了解决挠曲变形问题，在制造模样时，按铸件可能产生变形的方向做出反变形模样，使铸件冷却后变形的结果正好将反变形抵消，得到符合图纸要求尺寸的铸件。这种在模样上做出的预变形量称为反变形量。反变形量一般依工厂实际经验确定，也可参照一些有关手册选取，并通过实践校正。

4）砂芯负数(砂芯减量)

大型黏土砂芯，在舂砂过程中砂芯向四周涨开，刷涂料以及在烘干过程中发生的变形，使砂芯四周尺寸增大。为了保证铸件尺寸准确，将芯盒的长、宽尺寸减去一定量，这个被减去的尺寸称为砂芯负数，亦称为砂芯减量。其数值依工厂实际经验确定，例如铸钢件的砂芯负数为 1.5～7mm。

5）分芯负数

对于分段制造的长砂芯或分开制造的大砂芯，在接缝处应留出分芯间隙量，即在分芯线处，将砂芯尺寸减去间隙量，称为分芯负数。分芯负数是为了砂芯拼合及下芯方便而采用的，根据砂芯接合面的大小，一般留 1～3mm。

2.3.4　浇注系统和冒口的设置

1. 浇注系统的设置

把液体合金引进铸型内的通道称为浇注系统，简称浇口。对浇注系统的要求是能平稳地将液体合金导入型腔，避免冲坏型壁和型芯，防止熔渣等进入型腔并能调节铸件凝固顺序。选择浇注系统各部分的形状、尺寸和位置，对于获得合格铸件，减少金属消耗，具有重要的作用。若浇注系统设计得不合理，铸件便易产生冲砂、夹砂、夹渣、浇不到、气孔、缩孔和裂纹等缺陷。

1) 浇注系统的组成和作用

完整形式的浇注系统是由外浇口(浇口杯)、直浇道、横浇道和内浇道等部分组成，如图 2-71 所示。

(1) 浇口杯。浇口杯(pouring cup)通常单独制成或直接在铸型中形成，成为直浇道顶部的扩大部分。其作用是：接纳来自浇包的合金液，避免合金液飞溅；当浇口杯储存有足够的合金液时，可减少或消除在直浇道顶面产生的水平旋涡，防止熔渣和气体卷入型腔；能缓和合金液对铸型的冲击；增加静压头高度，提高合金液的充型能力。浇口杯主要分为漏斗形和池形两大类。

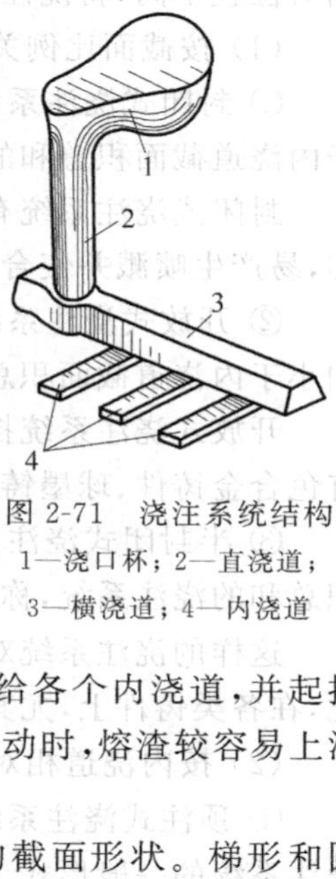

图 2-71　浇注系统结构
1—浇口杯；2—直浇道；3—横浇道；4—内浇道

(2) 直浇道。直浇道(sprue)是浇注系统中的垂直通道，通常带有一定的锥度，其断面多为圆形。直浇道的作用是从浇口杯向下引导合金液进入浇注系统其他组元或直接进入型腔，并提供足够的压力头，使合金液在重力作用下能克服流动过程中的各种阻力，充满型腔的各个部分。

(3) 横浇道。横浇道(runner)是指浇注系统中连接直浇道和内浇道的水平通道部分。横浇道的作用是将合金液平稳而均匀地分配给各个内浇道，并起挡渣作用。挡渣是横浇道的主要作用，合金液在横浇道中呈水平方向流动时，熔渣较容易上浮而留在横浇道中，阻碍其进入型腔。

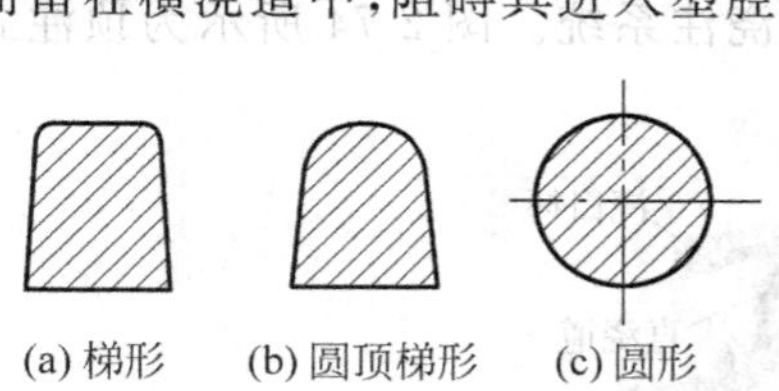

图 2-72　横浇道截面形状

图 2-72 所示为常用横浇道的截面形状。梯形和圆顶梯形横浇道主要用于浇注灰铸铁和有色合金铸件。其特点是开设容易，挡渣效果好。圆形截面的横浇道通常用耐火砖管形成，多用于浇注铸钢件。其特点是散热量少，但挡渣效果差。

(4) 内浇道。在浇注系统中，引导液态合金进入型腔的部分称为内浇道。内浇道的作用是控制合金液的充型速度和方向，使之平稳地充填型腔，并调节铸型和铸件各部分的温差和顺序凝固。

常用的内浇道截面形状见图 2-73。扁平梯形内浇道有助于横浇道发挥挡渣作用，并且模样制造方便，易于从铸件上去除，故应用最广；新月形和三角形内浇道，虽然易于从铸件上去除，但冷却快，一般用于小型铸铁件；方梯形和半圆形内浇道散热慢，具有一定的补缩作用，常用于厚壁铸件；圆形内浇道散热慢，主要用于铸钢件。

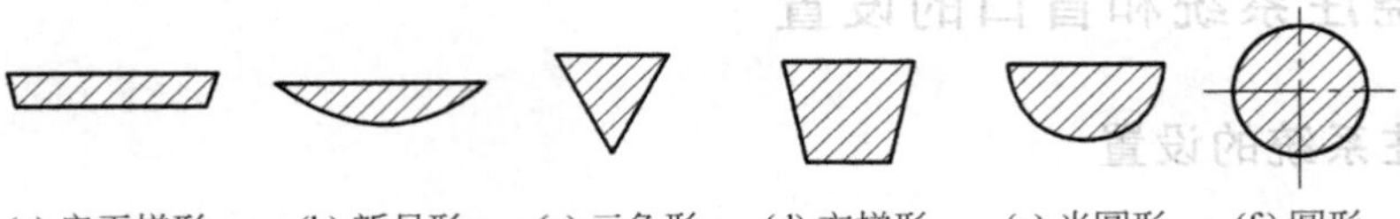

图 2-73 内浇道的截面形状

为了避免铸型局部过热，在内浇道附近引起粘砂、缩松和晶粒粗大等缺陷，除小型铸件只开设一个内浇道外，大多数铸件常可设两个或多个内浇道，使合金液均匀分散地充填铸型。

2）浇注系统的类型

浇注系统常用的分类方法有两种：一种是根据各组元断面比例关系的不同，即阻流截面位置的不同，可分为封闭式、开放式和半封闭式浇注系统；另一种是按内浇道在铸件上的相对位置不同，将浇注系统分成顶注式、中间注入式、底注式和阶梯注入式等类型。

（1）按截面比例关系分类

① 封闭式浇注系统。直浇道出口截面积大于横浇道截面积总和，横浇道截面积总和大于内浇道截面积总和的浇注系统，称为封闭式浇注系统。

封闭式浇注系统有较好的挡渣能力，但合金液进入型腔的线速度高，易冲坏砂型和砂芯，易产生喷溅并使合金液的氧化加剧。因此，封闭式浇注系统主要用于中、小型铸铁件。

② 开放式浇注系统。直浇道出口截面积小于横浇道截面积总和，横浇道出口截面积总和小于内浇道截面积总和的浇注系统，称为开放式浇注系统。

开放式浇注系统挡渣能力很差，消耗的合金液也较多，但充型平稳，主要用于易氧化的有色合金铸件、球墨铸铁件及使用漏包浇注的铸钢件。

③ 半封闭式浇注系统。直浇道出口截面积小于横浇道截面积总和，但大于内浇道截面积总和的浇注系统，称为半封闭式浇注系统。

这样的浇注系统对铸型的冲刷比封闭式浇注系统小得多，挡渣作用则比开放式好，因此，在各类铸件上，尤其在球墨铸铁件及表面干型中广泛应用。

（2）按内浇道相对位置分类

① 顶注式浇注系统。合金液从铸型顶部引入型腔的浇注系统。图 2-74 所示为顶注式浇注系统的一般形式。

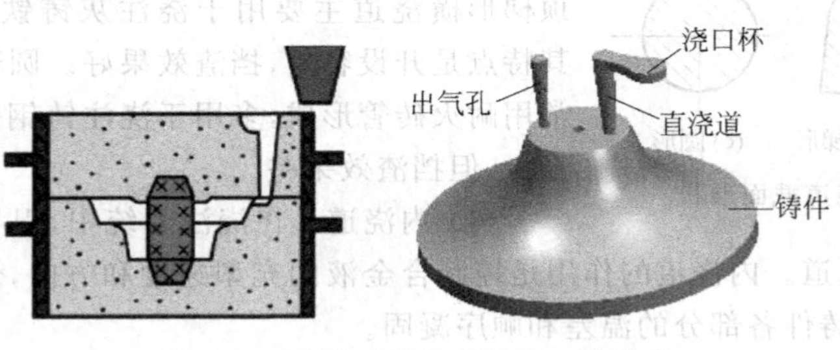

图 2-74 顶注式浇注系统的一般形式

这种浇注系统的优点是合金液从铸件上部自由落下，能很快充满型腔，并能很好地造成顺序凝固条件，有利于设置冒口补缩，防止铸件缩孔，同时金属消耗少，造型也方便。顶注式浇注系统的主要缺点是容易把铸型和砂芯冲坏，形成砂眼等缺陷，不宜保证很好地除渣且流动不平稳。因此只用于一些结构比较简单、高度不大而要求补缩的厚壁铸件。

② 底注式浇注系统。合金液从铸型的底部引入型腔的浇注系统，称为底注式浇注系统。图 2-75 所示为底注式浇注系统的一般形式。

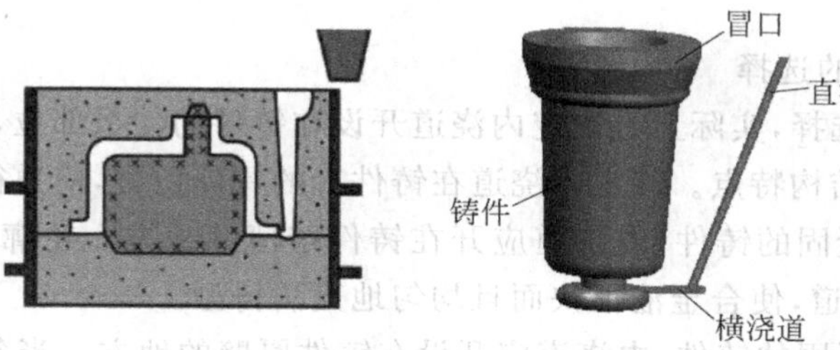

图 2-75 底注式浇注系统的一般形式

底注式浇注系统的特点是：充型平稳，不会产生激溅，型腔内的气体易于排出，金属氧化少；但合金液在上升过程中长时间与空气接触，表面易形成氧化膜从而影响铸件的表面质量；对铸件补缩不利。底注式浇注系统主要用于高度不大、结构复杂的铸件。铸钢件极易氧化的铝镁合金、铝青铜及黄铜等也多采用底注。

③ 中注式浇注系统。型腔分布在上下箱时，内浇道开设在分型面上，使合金液由铸型中部引入型腔的浇注系统，称为中注式浇注系统，见图 2-76。

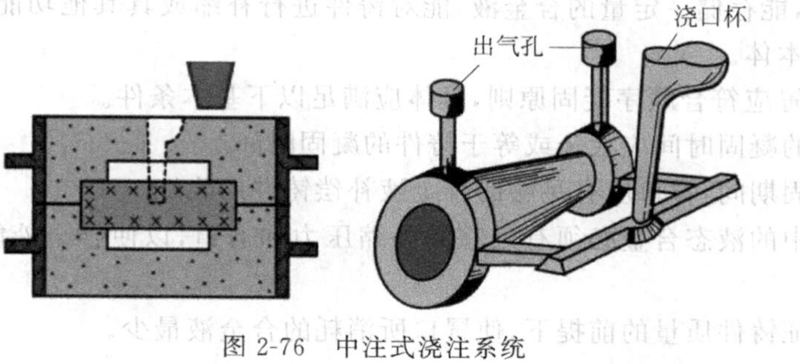

图 2-76 中注式浇注系统

中注式浇注系统对于铸件在分型面以下的部分是顶注，对上半部分则是底注，故兼有顶注式和底注式的特点。其广泛用于各种壁厚均匀、高度较低以及水平尺寸较大的中、小型铸件上。

④ 阶梯式浇注系统。在铸件的高度方向上开设若干内浇道，使合金液从底部开始，逐层地从若干不同高度引入铸型的浇注系统，称为阶梯式浇注系统，见图 2-77。

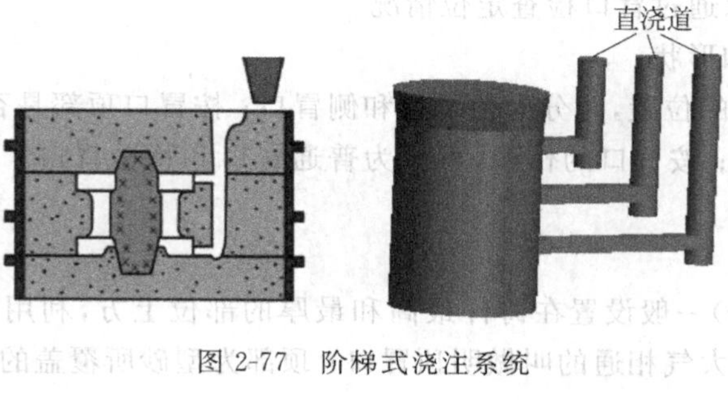

图 2-77 阶梯式浇注系统

这种浇注系统的特点是：与顶注式比较，合金液注入铸型时平稳，不易飞溅，减少了对砂型的砂芯的冲击，气体也容易排出；与底注式比较，合金液自上部注入，使铸件上部的温度高于下部，有利于实现顺序凝固，可使冒口充分补缩铸件；内浇道分散，减轻了局部过热现象。但其结构复杂，造型和清理也较复杂。阶梯式浇注系统广泛应用于高大、复杂、大型及重型铸件。

3) 浇注系统位置的选择

浇注系统位置的选择，实际上是确定内浇道开设在铸件的什么部位，这主要取决于合金的铸造性能和铸件的结构特点。确定内浇道在铸件上的具体位置，应遵循下面一些原则。

(1) 对要求同时凝固的铸件，内浇道应开在铸件壁薄的地方。轮廓尺寸较大的薄壁铸件，要设置较多的内浇道，使合金液很快而且均匀地充满铸型。

(2) 对要求顺序凝固的铸件，内浇道应开设在铸件厚壁的地方。当条件许可时，最好把内浇道开设在冒口处，使合金液通过冒口进入型腔，以提高冒口的补缩效率。

(3) 内浇道不要开设在铸件的重要部位，也不应开设在靠近冷铁和芯撑的地方，以免削弱冷铁的激冷作用，防止芯撑熔化而失去支撑作用。

(4) 内浇道应使合金液沿着型壁注入型腔，而不要从正面冲击砂型和砂芯。

(5) 浇道开设不应妨碍铸件收缩，另外，应使落砂和清理方便。

2. 冒口的设置

在铸型内，能存储一定量的合金液，能对铸件进行补缩或具其他功能的空腔称为冒口，它不属于铸件本体。

冒口的设置应符合顺序凝固原则，具体应满足以下基本条件。

(1) 冒口的凝固时间应大于或等于铸件的凝固时间。

(2) 在凝固期间，冒口应有足够的合金液补偿铸件的收缩。

(3) 冒口中的液态合金必须有足够的补缩压力和通道，以使合金液能顺利地流到需补缩的部位。

(4) 在保证铸件质量的前提下，使冒口所消耗的合金液最少。

1) 冒口的作用

冒口的主要作用是补缩铸件，防止缩孔和缩松。此外，还有如下一些作用。

(1) 起排气作用。在浇注过程中，型腔中的气体可通过冒口逸出。

(2) 有聚集浮渣作用，从而避免造成铸件夹渣、砂眼等缺陷。

(3) 明冒口可作为浇满铸型的标记。

(4) 合型时，可以通过冒口检查定位情况。

2) 冒口的种类和形状

按冒口在铸件上的位置，可分为顶冒口和侧冒口；按冒口顶部是否被型砂所覆盖，又可分为明冒口和暗冒口；按冒口的作用，可分为普通冒口和特种冒口。冒口的种类和形状如图 2-78 所示。

(1) 顶冒口

顶冒口(top riser)一般设置在铸件最高和最厚的部位上方，利用重力作用能有效地补缩铸件。顶部敞开和大气相通的叫做明顶冒口；顶部为型砂所覆盖的称为暗顶冒口。

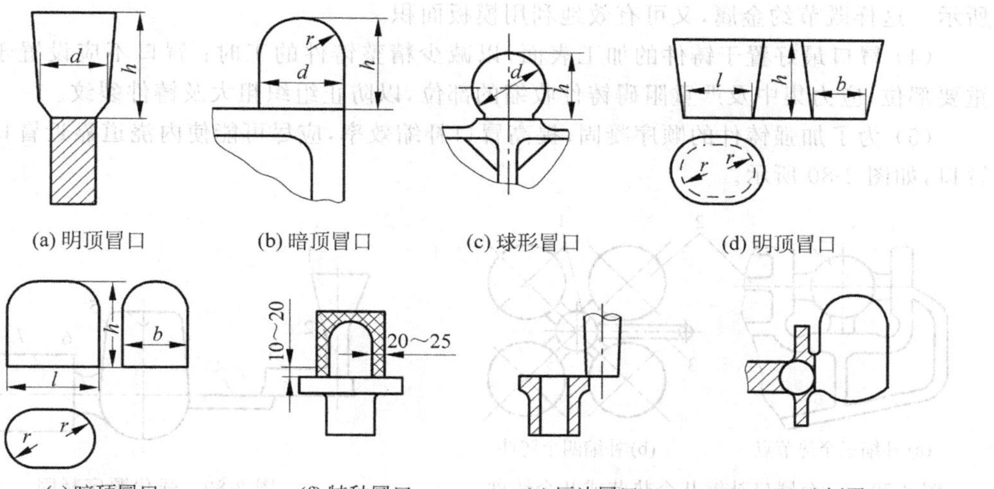

图 2-78　冒口的形状

① 明顶冒口。其特点是：造型方便，便于检查合型情况和观察浇注情况；有利于浇注时型腔内气体的排出，便于向冒口中补浇合金液和加保温剂；但消耗的金属量多，且杂物易落入型腔。其形状见图 2-78(a)和(d)。

② 暗顶冒口。其特点正好与明顶冒口相反。通常在上砂型很高时，为减少冒口的金属消耗而采用暗顶冒口。由于暗顶冒口不能实现补浇合金液，故不适用于大型铸件。其常用形状见图 2-78(b)和(e)。暗顶冒口的应用非常普遍。

③ 球形冒口。属于特殊形式的暗冒口，见图 2-78(c)，由于其散热面积最小，能有效地利用冒口中的合金液实现对铸件的补缩，故铸件工艺出品率高，但造型时冒口模样须做成可拆卸式的。

④ 压边冒口。可做成明或暗的两种形式，常用于热节不大的小型铸铁件，其形状见图 2-78(g)。

(2) 侧冒口

侧冒口(side riser)又称边冒口，是指设置在铸型被补缩部分侧面的冒口。可分为明侧冒口和暗侧冒口，以暗侧冒口应用最多。暗侧冒口形状见图 2-78(h)。为了更有效地发挥暗冒口的补缩作用，常做成大气压力冒口，即在冒口顶部安放气压砂芯或造型时做出凹砂顶。

(3) 特种冒口

常用的特种冒口有加压冒口和发热冒口。图 2-78(f)所示为腰圆形发热保温冒口。特种冒口比普通冒口具有更高的补缩效率，使铸件工艺出品率提高。

3) 冒口位置的选择

冒口的位置首先应根据缩孔的位置决定，具体可根据以下原则选择。

(1) 冒口应尽量放在铸件被补缩部位的上部或最后凝固的热节点旁边。

(2) 冒口应尽量放在铸件最高最厚的地方，以利于冒口中合金液的重力补缩。

(3) 力求用一个冒口同时补缩一个铸件的几个热节，或者几个铸件的热节，如图 2-79

所示。这样既节约金属,又可有效地利用模板面积。

(4) 冒口最好置于铸件的加工表面,以减少精整铸件的工时;冒口不应设置于铸件的重要部位、应力集中及严重阻碍铸件收缩的部位,以防止组织粗大及铸件裂纹。

(5) 为了加强铸件的顺序凝固,提高冒口补缩效率,应尽可能使内浇道靠近冒口或通过冒口,如图2-80所示。

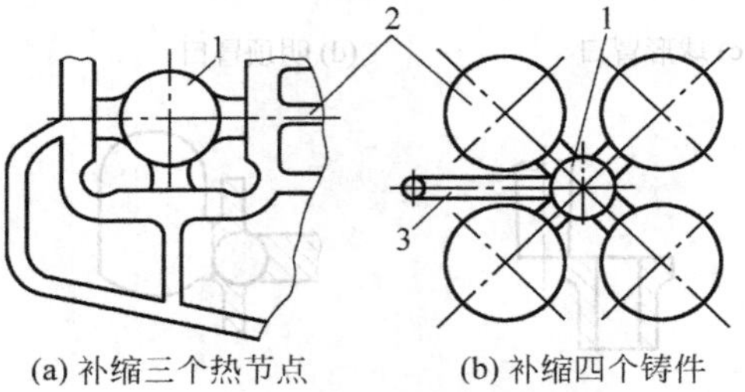

(a) 补缩三个热节点　(b) 补缩四个铸件

图2-79　一个冒口补缩几个热节或几个铸件

1—冒口;2—铸件;3—浇道

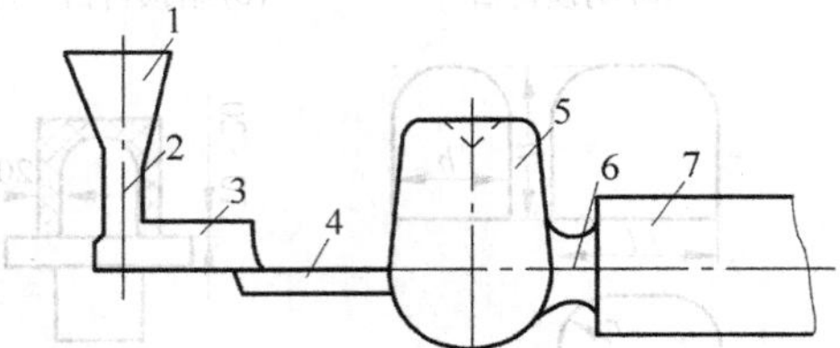

图2-80　强化顺序凝固

1—浇口杯;2—直浇道;3—横浇道;4—内浇道;5—冒口;6—冒口颈;7—铸件

2.4　铸件结构的铸造工艺性分析

在设计铸件结构时,不仅应考虑能否满足铸件的使用性能和力学性能需要,还应考虑铸造工艺和所选用合金的铸造性能对铸件结构的要求,也就是铸件结构的铸造工艺性。铸件结构的铸造工艺性通常指的是铸件的本身结构应符合铸造生产的要求,既便于整个工艺过程的进行,又利于保证产品质量。对铸件结构进行工艺性审查,不但对简化铸造工艺、降低成本和提高生产率起到很大作用,而且可预测在铸造过程中可能出现的主要缺陷,以便在生产中采取相应的措施予以防止。

2.4.1　铸造工艺对铸件结构的要求

为了简化造型、制芯以及减少工艺装备的制造工作量,便于下芯和清理,应着重从以下几方面进行要求。

1. 铸件外形的设计要求

1) 铸件结构应力求简化,造型时方便起模

合理的铸件结构设计,除了满足零件的使用性能要求外,还应使其铸造工艺过程尽量简单,以提高生产效率,降低废品率,为生产过程的机械化创造条件。铸件侧壁上的凸台(搭子)、突缘、侧凹、筋条等,常常妨碍起模。为此,在大量生产中,不得不增加砂芯;在单件小批生产中,亦不得不把这些凸台、突缘、筋条等制成活动模样(活块)。如果能对其结构稍加改进,就可使铸造工艺大大简化,见图2-81。

造型时为便于起模,在垂直于分型面的非加工侧壁也就是平行于起模方向的铸件侧面,

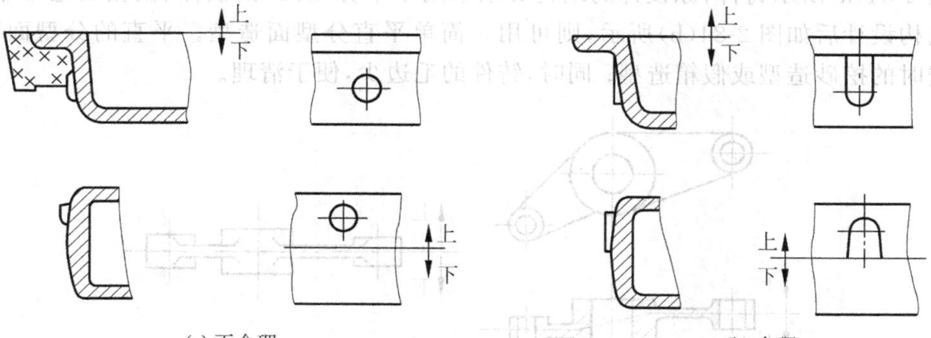

(a) 不合理　　(b) 合理

图 2-81　改进妨碍起模的铸件结构

一般应设计 1°～3°的结构斜度。结构斜度的大小随壁的高度增加而减小，并且内壁的斜度大于外壁的斜度，如图 2-82 所示。这样不仅起模方便，也可使起模时模样松动量减少，从而提高铸件尺寸的精度。

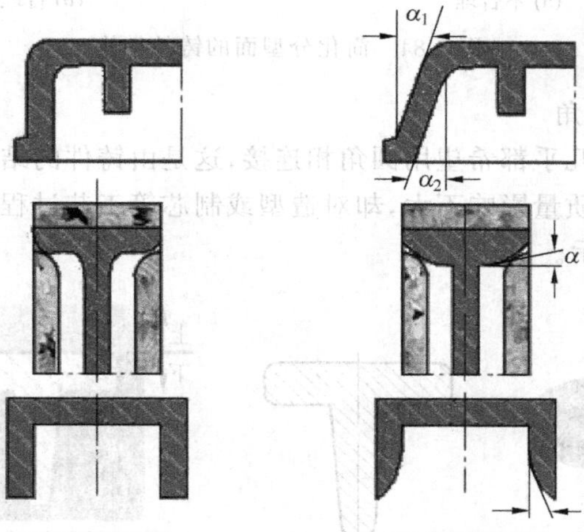

(a) 无结构斜度　　(b) 有结构斜度

图 2-82　铸件结构斜度

2）尽量减少和简化分型面

铸件的分型面数目减少，不仅减少砂箱数目、降低造型工时，还可以减少错箱、偏芯等的机会，提高铸件的尺寸精度。图 2-83(a)所示为端盖铸件，按原设计需采用三箱造型。结构改进后，只需一个分型面，两箱造型，如图 2-83(b)所示。

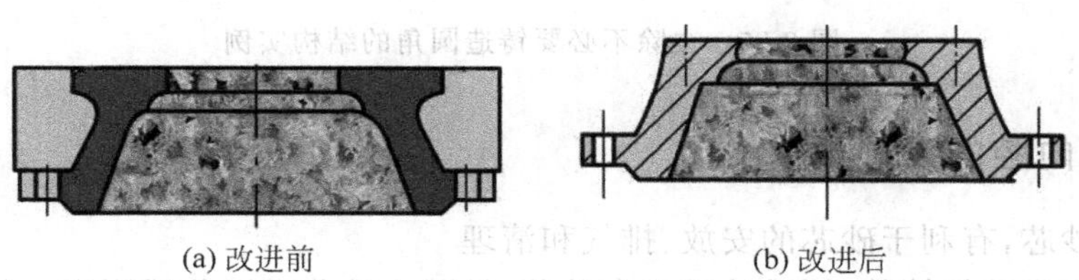

(a) 改进前　　(b) 改进后

图 2-83　端盖铸件结构的改进

图 2-84(a)所示铸件，原设计的结构必须采用不平分型面，给模样、模板制造带来困难。改进结构设计后如图 2-84(b)所示，则可用一简单平直分型面造型。平直的分型面可避免操作费时的挖砂造型或假箱造型；同时，铸件的毛边少，便于清理。

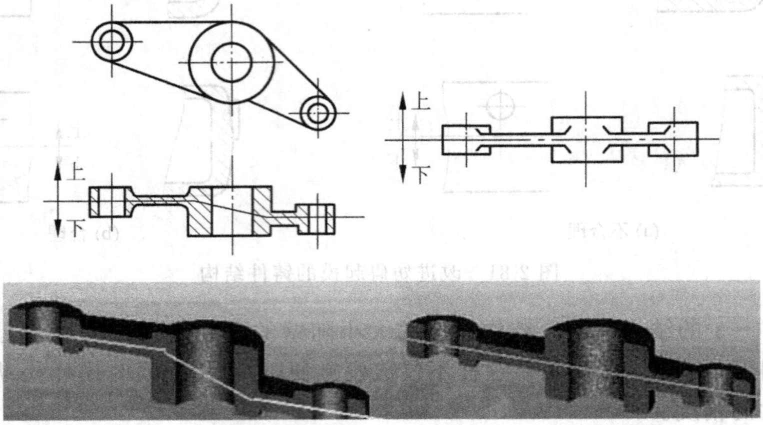

(a) 不合理　　(b) 合理

图 2-84　简化分型面的铸件结构

3）去除不必要的圆角

虽然铸件的转角处几乎都希望用圆角相连接，这是由铸件的结晶和凝固合理性决定的。但是有些外圆角对铸件质量影响不大，却对造型或制芯等工艺过程有不良效果，这时就应将圆角取消，如图 2-85 所示。

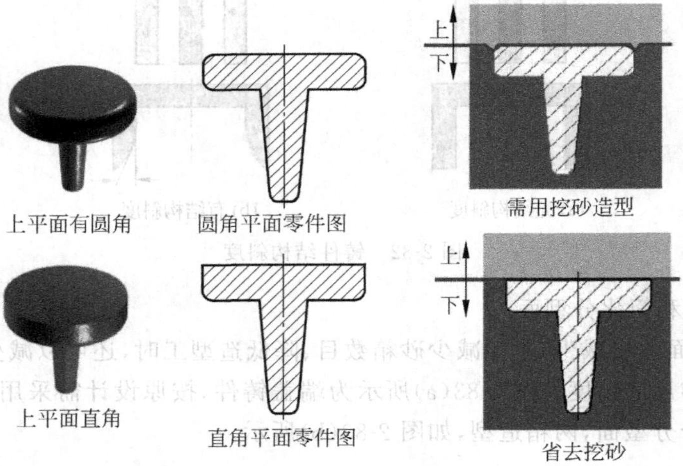

图 2-85　去除不必要铸造圆角的结构实例

2. 铸件内腔的设计要求

1）减少砂芯，有利于砂芯的安放、排气和清理

图 2-86 所示撑架铸件，原设计需两个砂芯，悬臂式砂芯需用芯撑固定。经修改设计后，悬臂式砂芯和轴孔砂芯连成一体，这样就不需采用芯撑。

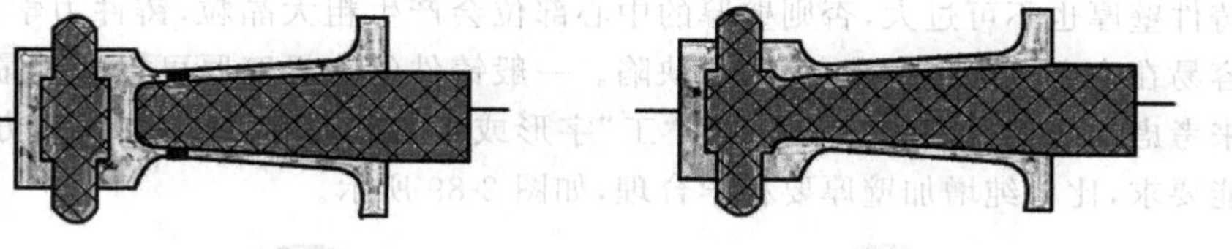

(a) 不合理　　(b) 合理

图 2-86　撑架结构实例

2）复杂铸件的分体铸造以及简单小铸件的联合铸造

有些大而复杂的铸件，可以考虑分成几个简单铸件，铸造后再用螺栓或焊接法连接起来，常常可以简化铸造过程，使本来受工厂条件限制无法生产的大铸件成为可能。图 2-87 和图 2-88 为床身的分体铸造和铸钢底座的铸焊结构示意图。

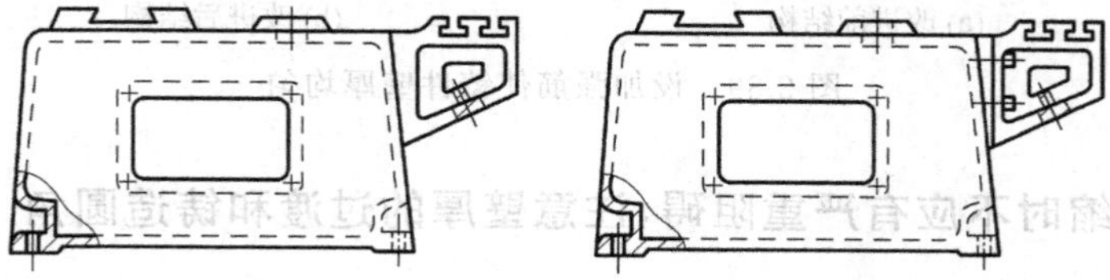

(a) 不合理　　(b) 合理

图 2-87　床身的分体铸造实例

与分体铸造相反，一些小而简单的铸件，如轴套、活塞环等，可以联合起来铸成一个较长的铸件，然后加工时切开。这对铸造和机械加工都很方便。

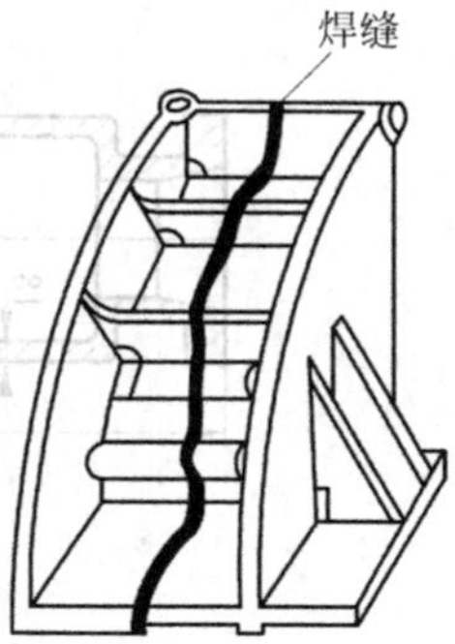

图 2-88　底座的铸焊结构实例

2.4.2　铸造性能对铸件结构的要求

合理的铸件结构可以消除许多铸造缺陷。为保证获得优质铸件，对铸件结构要求应考虑以下几个方面。

1. 铸件应有合适的壁厚

为了避免浇不到、冷隔等缺陷，铸件应有一定的厚度。铸件的最小允许壁厚和铸造合金的流动性密切相关。在一般生产条件下，几种常用的铸造合金在砂型条件下的铸件最小允许壁厚如表 2-18 所示。

表 2-18　砂型铸造时铸件的最小允许壁厚　　mm

铸件尺寸	最小允许壁厚						
	铸钢	灰铸铁	球铁	可锻铸铁	铝合金	铜合金	镁合金
200×200 以下	6～8	5～6	6	4～5	3	3～5	
200×200～500×500	10～12	6～10	12	5～8	4	6～8	3
500×500 以上	18～25	15～20			5～7		

注：① 如有特殊需要，在改善铸造条件的情况下，灰铸铁最小允许壁厚可小于等于 3mm，其他合金壁厚亦可减小。
② 铸件结构复杂，铸造合金的流动性差，应取上限值。

但铸件壁厚也不可过大，否则壁厚的中心部位会产生粗大晶粒，铸件力学性能降低，而且常常容易在中心区出现缩孔、缩松等缺陷。一般铸件的临界壁厚可以按其最小允许壁厚的3倍来考虑。采用薄壁的“T”字形和“工”字形或箱型截面等，或用加强筋方法满足铸件力学性能要求，比单纯增加壁厚要科学合理，如图2-89所示。

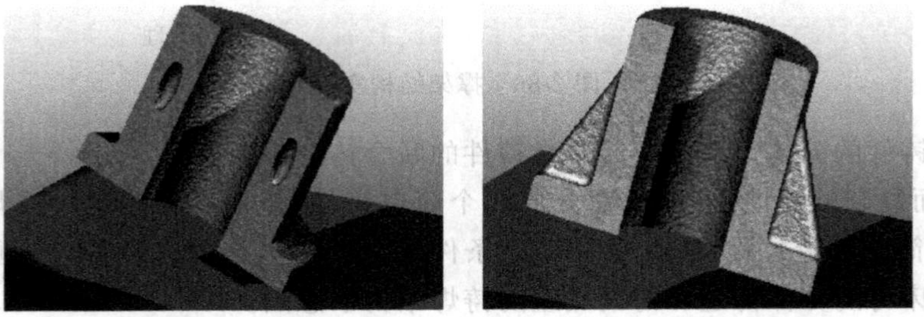

(a) 改进前结构　　(b) 改进后结构

图2-89　设加强筋使铸件壁厚均匀

2. 铸件收缩时不应有严重阻碍，注意壁厚的过渡和铸造圆角

对于收缩大的合金铸件尤应注意，以防止因严重阻碍铸件收缩而造成裂纹。图2-90给出两种铸钢件结构。图2-90(a)结构由于两截面交接处呈直角形拐弯并形成热节，故在此处易形成热裂。改进设计后如图2-90(b)所示，热裂即消除。

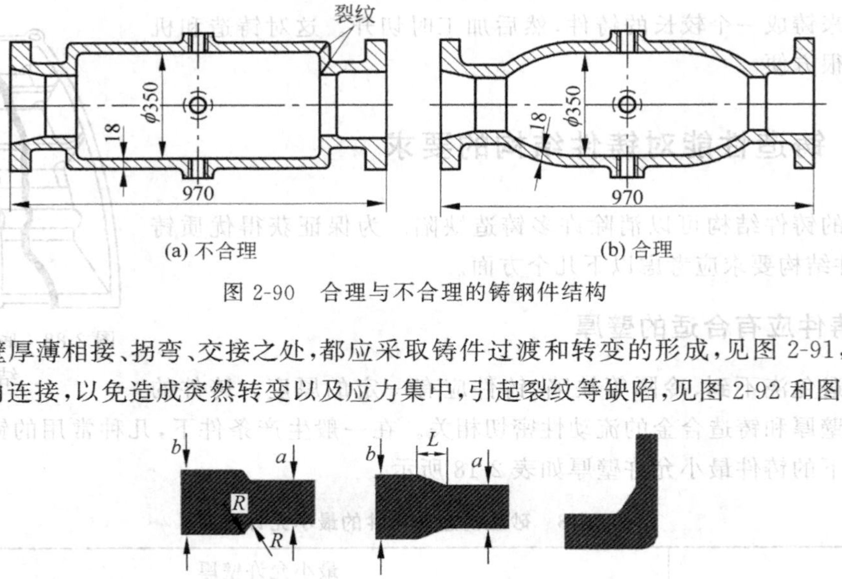

(a) 不合理　　(b) 合理

图2-90　合理与不合理的铸钢件结构

铸件壁厚薄相接、拐弯、交接之处，都应采取铸件过渡和转变的形成，见图2-91，并应采用较大的圆角连接，以免造成突然转变以及应力集中，引起裂纹等缺陷，见图2-92和图2-93。

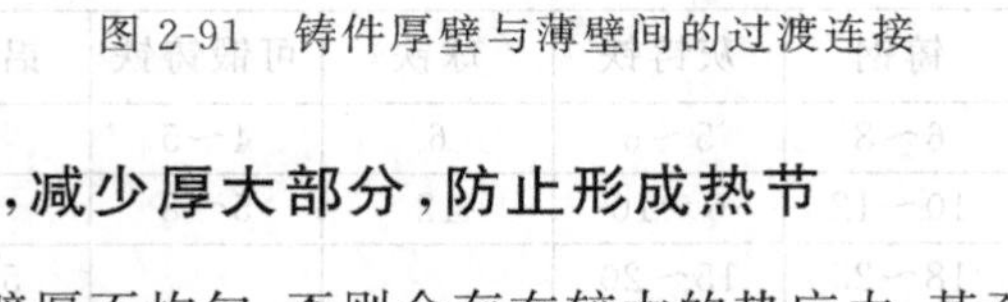

图2-91　铸件厚壁与薄壁间的过渡连接

3. 壁厚力求均匀，减少厚大部分，防止形成热节

铸件应避免明显的壁厚不均匀，否则会存在较大的热应力，甚至引起缩孔、裂纹或变形，筋条布置应尽量减少交叉，防止形成热节，见图2-94。

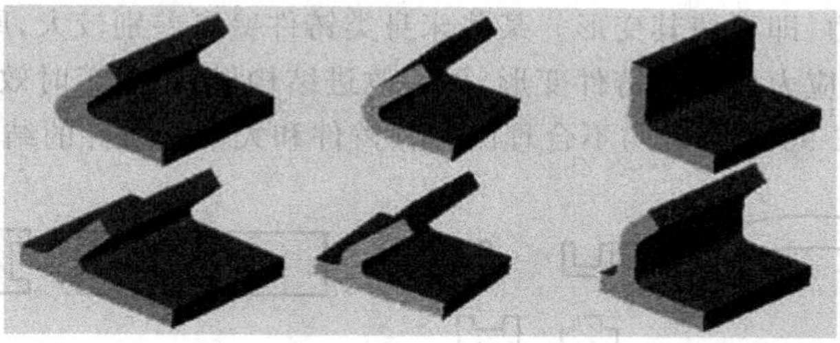

(a) 不合理　　(b) 允许　　(c) 合理

图 2-92　接头的合理连接方式

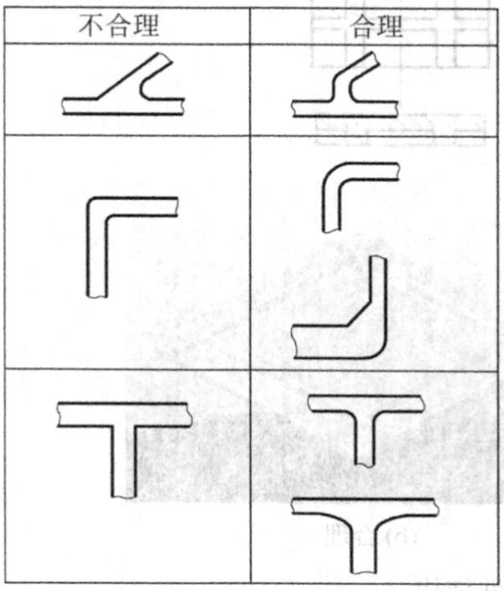

图 2-93　壁转变的几种形式

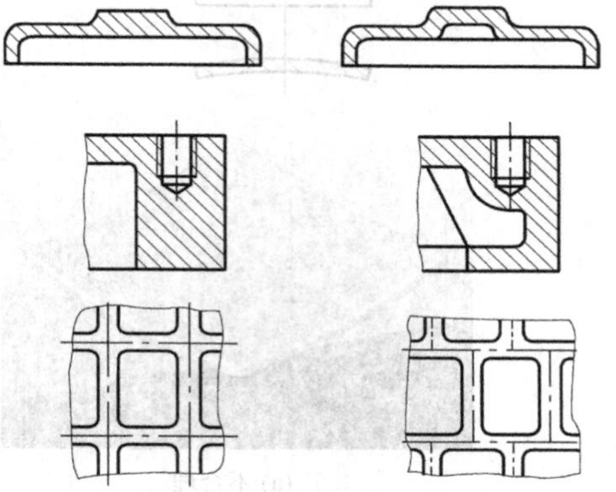

(a) 不合理　　(b) 合理

图 2-94　壁厚力求均匀的实例

4. 避免水平方向出现较大的平面

在浇注时，如果型内有较大的水平型腔存在，当液体合金上升到该位置时，由于断面突然扩大，上升速度缓慢，高温的液体合金较长时间烘烤顶部型面，极易造成夹砂、浇不到等缺陷，同时，也不利于夹杂物和气体的排出。因此，应尽量避免铸件在水平方向上出现较大的平面，如图 2-95 所示。

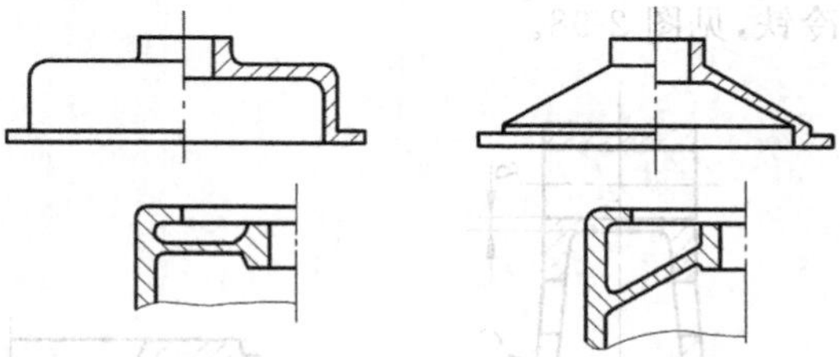

(a) 不合理　　(b) 合理

图 2-95　避免大水平面的铸件结构

5. 注意防止铸件的翘曲变形

某些壁厚均匀的细长铸件、较大面积的平板铸件结构刚度差，铸件各面冷却条件的差别所引起的不大的应力，即可使其变形。某些床身类铸件壁厚差别较大，厚处冷却速度慢于薄处，则引起较大的内应力而促使铸件变形，可用改进结构设计、人工时效、采用反变形模样等方法予以解决。图 2-96 为合理与不合理的细长铸件和大平板铸件的结构设计。

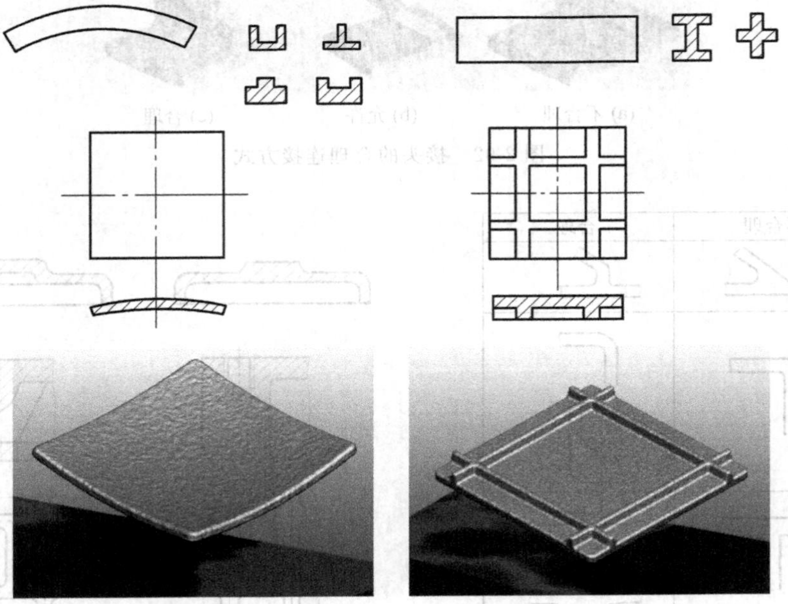

(a) 不合理　　(b) 合理

图 2-96　防止变形的铸件结构

6. 铸件内壁厚度应小于外壁

铸件内部的筋和壁等，散热条件差，因此应比外壁薄些，以便使整个铸件的外壁和内壁能均匀地冷却，防止产生内应力和裂纹，见图 2-97。

7. 有利于补缩和实现顺序凝固

合金体收缩较大的铸件容易形成缩孔及缩松缺陷，因此，铸件的结构要有利于实现顺序凝固，以便于安放冒口、冷铁，见图 2-98。

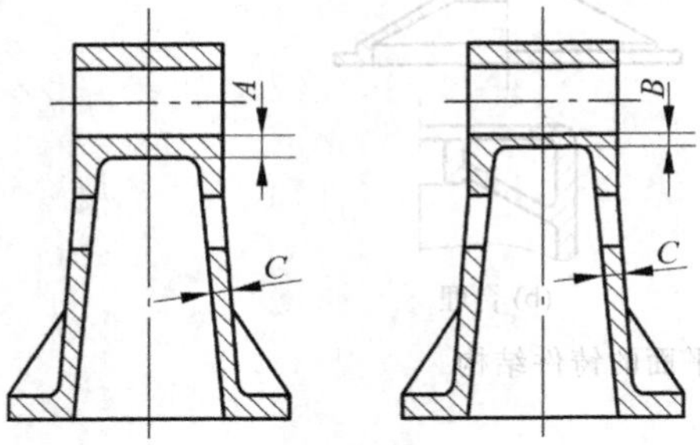

(a) 不合理　　(b) 合理

图 2-97　铸件内部壁厚相对减薄的实例

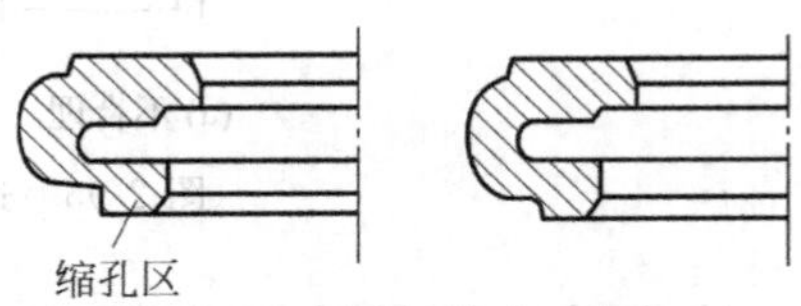

(a) 不合理　　(b) 合理

图 2-98　按顺序凝固原则设计铸件结构

2.4.3 常用合金的铸造工艺性能

合金的铸造性能是保证铸件质量的重要性能，它包括合金的吸气、氧化倾向、流动性、收缩、铸造应力、变形和裂纹倾向等。铸造性能的好坏是衡量铸造合金优劣的一个重要方面。本节介绍灰铸铁、球墨铸铁、可锻铸铁、铸钢、低合金钢、铬镍不锈钢、铝合金、锡青铜以及黄铜的铸造性能，详见二维码。

常用合金的铸造工艺性能

2.5 铸造成形的新技术

2.5.1 金属成形工艺间的相互竞争和铸造成形技术的发展

随着现代工业的发展，各种金属成形方法得到迅速发展，金属成形方法之间也形成了相互渗透、相互融合和相互竞争的局面。就目前来说，与铸造材料、铸造工艺相竞争的相关材料与工艺，大体可用图 2-99 说明。在工业发展对铸件提出了越来越高的要求和金属成形方法间相互竞争的形势下，已驱使铸造成形技术向着如下方向发展。

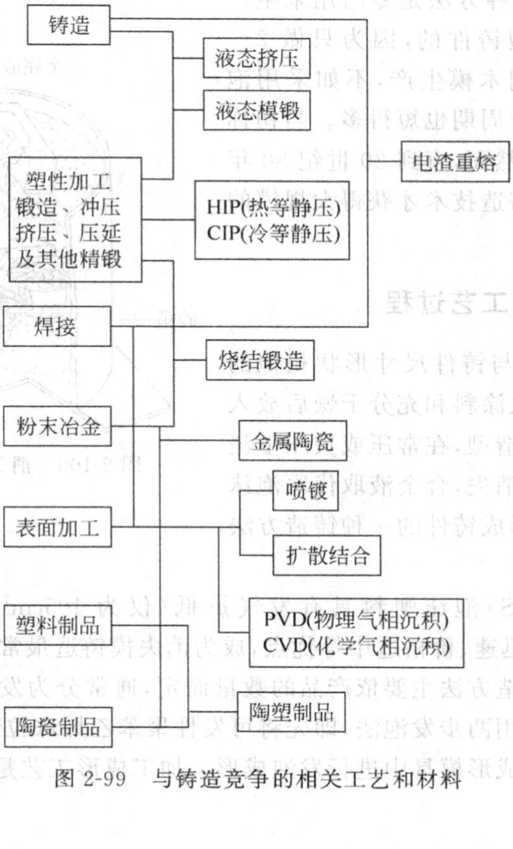

图 2-99 与铸造竞争的相关工艺和材料

(1) 大幅度提高铸造合金的性能，扩大其应用范围；而铸件成本越低越好。

(2) 铸件尺寸精度要高，尺寸稳定性(抗变形能力)要好，以保证机械产品的精密化要求；铸件尽可能少作或不作机械加工。

(3) 要充分发挥铸造工艺的特点，铸件的设计可进一步“复杂化”“一体化”，将要由多个零件加工组装的结构整体铸出，以简化或省略零件的加工和装配过程。

(4) 铸造生产过程要引入计算机，逐步扩大自动化或机器人的应用，使落后而繁重的铸造生产过程得到根本改善。

(5) 铸件要向轻量化及薄壁化发展。

总之，当前铸造成形技术发展的趋势是：在加强铸造成形基础理论的同时，充分利用电子技术、计算机技术、控制技术、信息管理技术和材料科学的新成果，大力发展和应用铸造新材料、新技术、新工艺，在稳定和不断提高铸件质量的前提下，发展机械化、自动化、专业化的铸造生产，使铸造生产进一步成为优质、高产、低耗、无害和价廉的成形工艺。

2.5.2　消失模铸造技术

消失模铸造技术(lost foam casting，LFC)是将与铸件尺寸形状相似的石蜡或泡沫模型粘结组合成模型簇，刷涂耐火涂料并烘干后，埋在干石英砂中振动造型，在负压下浇注，使模型汽化，液体金属占据模型位置，凝固冷却后形成铸件的新型铸造方法(见图2-100)，是一种精确成形的铸造新技术。此法是美国人H. F. Shroyer于1958年发明的。专利批准后，1962年实用化。以前这种方法是专门用来生产汽车用压模等单件大型铸件的，因为只做2～3件以下的铸件，与其用木模生产，不如采用泡沫塑料模来得便宜，生产周期也短得多。当初称这种方法为实型铸造。然而，直到20世纪80年代专利期满后，消失模铸造技术才获得大规模的应用。

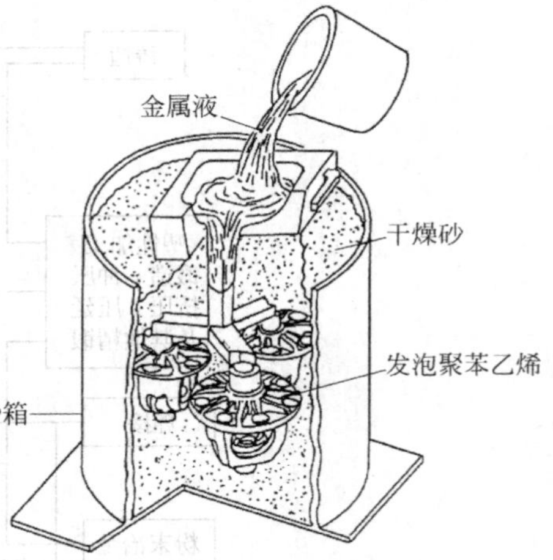

图2-100　消失模铸造技术示意图

1. 消失模铸造的工艺过程

消失模铸造是采用与铸件尺寸形状相似的泡沫塑料模样，刷涂耐火涂料和充分干燥后放入砂箱内，充填干砂、振动造型，在常压或负压下浇注，使泡沫塑料模汽化、消失，合金液取代原泡沫塑料模样，凝固冷却后形成铸件的一种铸造方法。

1) 模样材料与制模

由于聚苯乙烯(EPS)泡沫塑料具有发气量低(仅为105cm^3/g)、残留物量少(仅为0.015%)、密度小、汽化迅速、价格适中等优点，成为消失模铸造最常用的模样材料。

泡沫塑料模样的制造方法主要依产品的数量而定，通常分为发泡成形和加工成形。压机发泡成形工艺一般采用两步发泡法，即先将可发性聚苯乙烯珠粒预发泡，然后将经过熟化处理的预发泡珠粒填入成形模具中进行发泡成形。加工成形工艺是采用聚苯乙烯泡沫塑料板材，通过机械加工或手工加工制成局部模样，再粘结成整体模样。通常将采用聚苯乙烯泡沫塑料制作的模样简称为EPS模样。

2）黏合模样及上涂料

在泡沫塑料模型上用黏合剂黏上浇口、内浇口及冒口等。将数个泡沫塑料模样黏合成串称为模样组。

消失模铸造用涂料除应具备耐火度高、热稳定性好等要求外，还应具有高的强度、好的透气性和良好的涂挂性。通常使用水基石英粉或锆英粉涂料，涂料的涂覆多采用浸涂法和刷涂法。涂覆好涂料的模型，放置在50～60℃的热风循环干燥室内烘干。

3）造型

先向砂箱内放干砂100mm做成平砂床，将模型组放置在砂床上，将模型与浇口杯组装，将干砂逐层填入砂箱，同时用三维振动台振实。一般振动的频率不大于50Hz，振幅小于3mm，时间在5min以内。最后将干砂刮平，覆盖塑料布，在其上盖上20mm的干砂，以免浇注时合金液飞溅，损坏塑料布，破坏真空。

4）浇注

消失模铸造宜采用开放式、底注或阶梯式浇注系统，浇注系统各组元截面积应比普通铸造大。通常，铸钢件约大10%～20%，铸铁件约大20%～50%。消失模铸造浇注原则是高温快浇，先慢后快。铸铁件浇注温度一般比普通铸造法提高20～80℃，比铸钢件提高10～40℃。

浇注前开动真空泵抽真空，将负压控制在0.025～0.10MPa范围内进行浇注，浇注过程不可中断，必须保持连续地注入合金液，直至铸型全部充满。

采用聚苯乙烯泡沫塑料模样（EPS模）的消失模铸造工序如图2-101所示，消失模铸造实例如图2-102所示。

2. 消失模铸造工艺的主要特点

（1）由于消失模铸造的特点是采用聚苯乙烯（EPS）或共聚物珠粒压机发泡成形组合成模，泡沫塑料模样可实现无起模斜度，既无分型面又无型芯，减少由于型芯块组合而造成的尺寸误差。铸件尺寸精度可达到CT5～CT7，表面粗糙度可达到$Ra=6.3\sim12.5\mu m$，介于砂型铸造和熔模铸之间。由于充填砂采用干砂，根除了水分、粘结剂和附加物带来的缺陷，铸件废品率下降，铸件表面质量明显提高。

（2）容易实现清洁生产。低温下聚苯乙烯（EPS）有机物排放量仅占浇注铁液的0.3%，而自硬砂为5%。同时产生有机排放物的时间短，地点集中，易于收集，可以采用负压抽吸式燃烧净化器处理，燃烧产物净化后对环境无公害，旧砂回用率在95%以上。

（3）为铸件结构设计提供了充分的自由度。原先要由多个零件加工组装的结构，采用消失模铸造工艺后，可以通过分片制模然后黏合的方法整体铸出（例如，复杂的六缸缸体、缸盖模样可以由若干个模片组装成一个整体），而且可以省去型芯，孔、洞可以直接铸出，这就大大节约了加工装配的费用，同时也可减少加工装备的投资。

（4）消失模铸造的发泡模具制造成本高，没有一定的生产批量，很难获得好的经济效益。

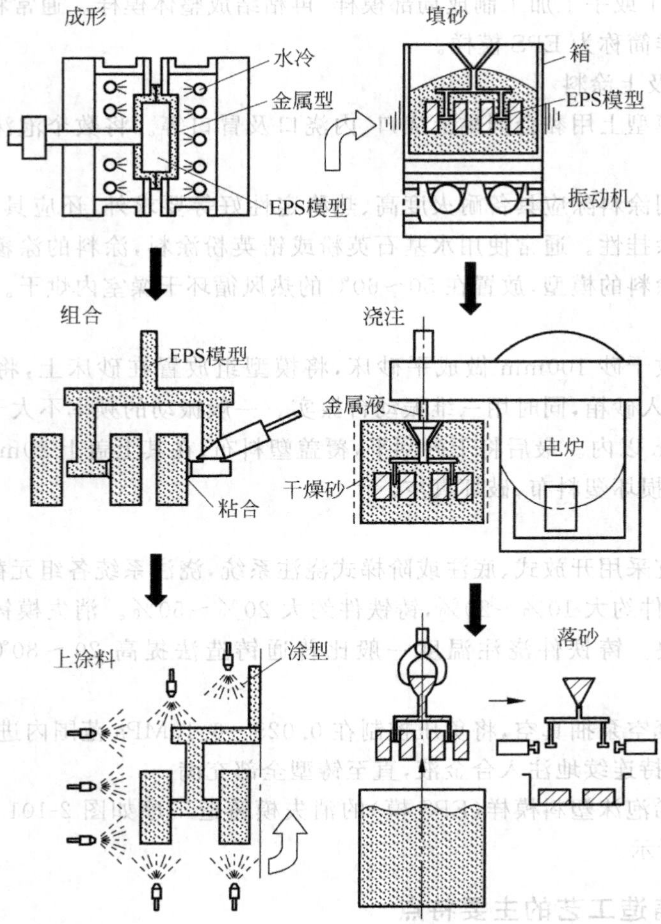

图 2-101　采用 EPS 模的铸造工艺方法

3. 消失模铸造工艺的应用和发展

从国内外应用发展看,采用消失模铸造工艺生产铸件的厂家,不论在产品数量、铸件品种方面,还是在铸件产量等方面都在逐年增加,生产规模从小逐渐变大,产品种类也逐渐变多,见图 2-102。在国外,用消失模铸造生产的铸件材质以铝合金居多,国内主要以生产铸铁、铸钢件为主。

1981 年,美国通用汽车公司(General Motors Powertrain,GMPT)利用消失模铸造技术试制铝合金发动机缸盖,1985 年试制成功。2001 年 GMPT 所属的 Saginaw 铸造厂消失模生产线正式投产。该厂共有 5 条生产线,生产铝合金缸体和缸盖。20 世纪 90 年代中后期,消失模铸造工艺在我国获得广泛应用和发展。有众多的厂家采用消失模铸造工艺生产耐磨、耐热、耐腐蚀等合金钢铸件以及普通碳素钢铸件,而且中、大型件的生产能力逐渐提高,铸钢单件的最大质量可达到 1. 5t。国内已建成消失模铸造球铁管件生产线和汽车箱体类铸件生产线。

名称	产品泡沫模型图	成形模具	浇注系统模型簇
排气管			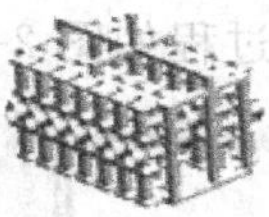
飞轮壳			
离合器壳			
汽缸盖			
汽缸体			

图 2-102 消失模铸造实例

将消失模铸造技术与其他技术复合，就形成了特种消失模铸造技术，它们各有其特点和应用前景。特种消失模铸造技术包括压力消失模铸造、真空低压消失模铸造、振动消失模铸造、半固态消失模铸造、消失模壳型铸造和消失模悬浮铸造等。这些特种消失模铸造技术的研究及应用是消失模铸造技术的发展方向。

2.5.3 V 法铸造

V 法铸造是日本长野县工业实验场和タキタ(株)联合开发的一种新的造型方法，在世界范围内得到迅速的发展。中国是在 20 世纪 80 年代初引进这项技术并得到广泛发展的。其原理是在砂箱内充填不含粘结剂的干燥砂，砂型的外表与内腔表面都以塑料薄膜密封，用真空泵将铸型中砂粒间隙内的空气抽出，使铸型呈负压(真空)状态。由于型砂被薄膜所包覆，于是有一个与大气压的差压加在其上。砂粒之间产生了摩擦力以保持铸型形状的稳定。所以本法也叫真空密封造型，简称真空造型，又称为真空薄膜造型、减压造型和负压造型，通常称为 V 法铸造或 V 法造型。近年来 V 法铸造对生产厚大灰铸铁件成为了一项重要的铸造工艺，并且因其所需投资少、效率高、铸件表面质量好而迅速取代了部分黏土砂造型工艺。同时由于其在经济效益方面的优越性在一定范围内取代了树脂砂、水玻璃砂的生产。

1. V法铸造的工艺过程

V法铸造的工艺过程如图2-103所示。

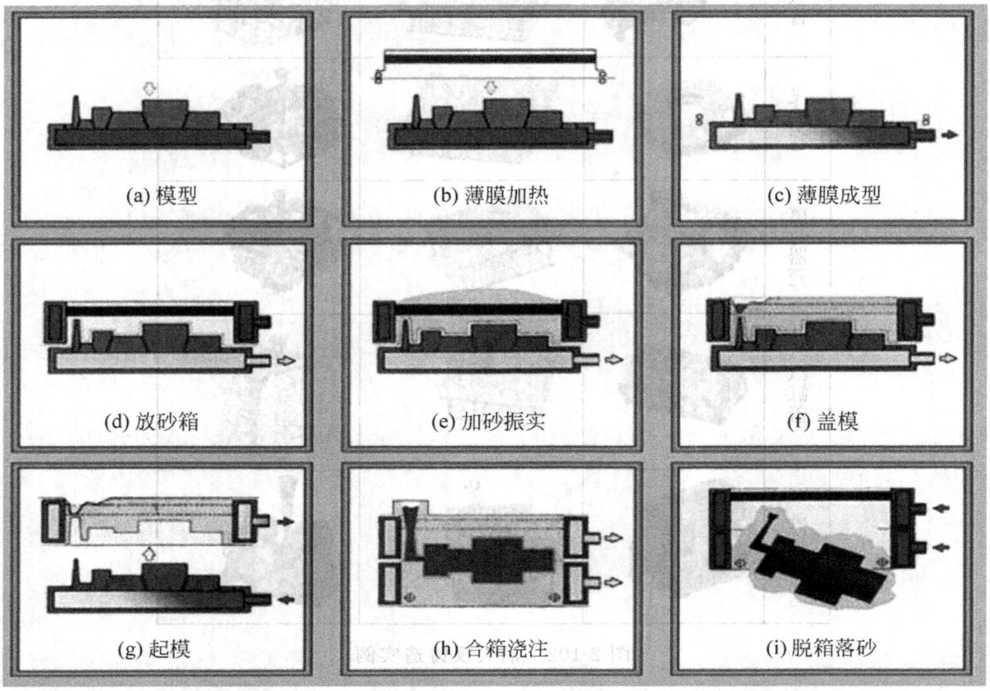

图2-103 V法铸造工艺过程示意图

(1) 制造带有抽气箱和抽气孔的模板。

(2) 烘烤塑料薄膜呈塑性状态后，覆盖在模板上，真空泵抽出覆膜时带有的空气，使薄膜贴在模板上成形(称为覆膜成形)，喷上快干涂料。

(3) 将带有过滤抽气管的砂箱，放在已覆好塑料薄膜的模板上。然后向砂箱内充填没有粘结剂和附加物的干石英砂。开启振实台紧实箱内的型砂，刮平，放上密封用的塑料薄膜，打开真空泵的抽气阀门，抽去型砂中的空气，使铸型内外产生压力差(约300～400mmHg，1mmHg=133.322Pa)，由于压力差的作用，使铸型具有较高的硬度，砂型硬度计读数可以达到90～95。

(4) 解除模板内的真空，然后进行起模。但铸型要继续抽真空，并一直到浇注，开箱、落砂才可停止；依上述工艺过程制作下箱。

(5) 下芯(下冷铁)、合箱、浇注。待合金液凝固后，停止对铸型抽气，型内压力接近大气压时，铸型就自行溃散。

V法铸造的基本装置有：带抽气滤管的砂箱、塑料薄膜加热器、充填型砂用的振实台以及真空泵等。塑料薄膜是V法铸造主要材料之一，分为型腔薄膜和背膜两种。型腔薄膜又称"V密封膜"，大多使用乙烯-醋酸乙烯共聚物(EVA)薄膜，背膜用于砂箱背面的密封，一般选用聚乙烯(PE)薄膜。涂料是在覆膜成形之后，放置砂箱填砂之前喷涂在型腔薄膜上的。涂料的骨料使用石墨粉、石英粉或锆英粉等，粘结剂用酚醛树脂，溶剂一般采用工业酒精。

2. V 法铸造的特点

1）优点

（1）提高铸件质量，铸件表面光洁，轮廓清晰，尺寸准确，铸型硬度均匀，起模容易。

（2）型砂中不加粘结剂、水和附加物，简化了砂处理工作，旧砂回用率可达 95%以上；造型时基本不用舂砂，铸件落砂清理方便，劳动量可减少 35%左右；浇注产生的有害气体少，作业环境卫生较好。

（3）铸件成本有所降低。V 法铸造设备所需动力约为湿型设备的 60%，模板和砂箱的使用寿命延长，生产周期缩短，金属利用率较高，废品率降低。

（4）V 法铸造，合金流动性好，充型能力强，可以铸造出 3mm 的薄壁件。

2）缺点

（1）因受塑料薄膜伸长率和成形的限制，对于形状复杂和冒口多的铸件覆膜较难。

（2）型砂经长期反复使用后，砂粒表面被冷凝的塑料薄膜蒸气所覆盖，使型砂流动性降低，紧实度下降，性能变坏。

（3）塑料薄膜成形和软管抽真空等工序难以机械化，生产率较低。

3. V 法铸造的应用和发展

由于 V 法铸造一系列的优点，使其得到较快的发展。20 世纪 80 年代国内引进 V 法铸造后，在研究和应用方面发展很快。采用 V 法铸造生产的铸件有：铸铁浴缸、浴盆、锅、配重、平衡块等；铁路货车铸钢摇枕、侧架以及汽车后桥等。还有一些工厂用 V 法铸造生产高锰钢、合金钢铸件。同时，V 法铸造也适用于有色合金铸件。

对于复杂内腔的铸件，可以采用 V 法加树脂砂、V 法加消失模的复合铸造工艺，使 V 法铸造的应用范围进一步拓展，并可推广应用于机床铸件、汽车铸件的生产中。随着对铸件尺寸精度要求的提高和环境保护意识的增强，V 法铸造工艺的应用范围会继续扩大和发展。

2.5.4 铸铁型材连续铸造技术

铸铁型材连续铸造技术（简称连铸）是一种比较先进的技术，应用价值大、成品率高、成本低和质量好。1952 年 A. N. Myassoydov 等提出了灰铸铁型材连续铸造的报告。1954 年 Harold-Andrews 公司解决了结晶器的密封系统，成功地用于垂直系统的连铸机，接着英国的 Sheepbriedge Alloy Casting 公司又将水平式连铸机投入生产。1958 年由瑞士的 Wertli 公司设计制造出第一台目前普遍应用的短结晶器的密封式水平连续铸造机。采用这种连续铸造机，不仅可生产灰铁、球铁，而且可用于生产高铬及镍的白口铸铁。之后，苏联、美国、日本等也引进了铸铁型材连续铸造技术。

1. 连铸型材的生产特点

图 2-104 所示为水平式连续铸造机的简图。由于采用水冷石墨模具，连铸型材冷却速度高于采用砂型时的 30 倍，组织非常致密。连铸型材由石墨模具拉出来，尚有一部分（中

心)未凝固,这部分铁液在凝固时放出凝固潜热,加热了已凝固的连铸型材边缘部分,从而进行了自退火过程。

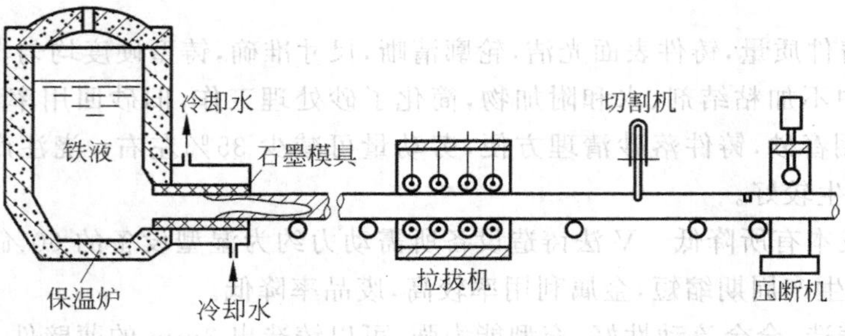

图 2-104 水平式连铸装置简图

在连铸型材的生产过程中,应严格控制保温炉内铁液的压头和温度。不同直径的连铸型材,浇注时需要不同的铁液压头。例如,当连铸型材直径为 ϕ11～45mm 时,铁液压头高度为 250～450mm;直径为 ϕ50～145mm 时,则压头高度应为 290～540mm。铁液经熔化并进行成分和温度调整后,根据需要向连铸机的保温炉内运送,保温炉中铁液的温度随型材尺寸而变化,一般为 1230～1300℃,并要求炉内铁液温度变化在±15℃之内。

连铸型材的拉拔速度对型材质量有重要影响。以 ϕ435mm 的型材为例,在连铸过程中,拉拔步距约 30～40mm,停止时间约 10～20s,拉拔速度约 7m/h。由于大型的连铸型材,其中心完全凝固约需 1h,因此,拉拔速度过快时,除易发生铁液泄漏事故外,断面形状也有变化。连铸型材生产一般 8h 换一次石墨模具。德国设计的连铸设备可连续工作 10h,拉拔参数(拉拔步距、速度和停留时间)可以调节,步距精度达±0.1mm 以下。

2. 连铸型材的优点

(1) 连铸型材没有砂眼、起皮、夹砂、缩孔、缩松、夹渣等铸造缺陷,废品率低。

(2) 连铸型材的铸造工艺特点主要是水冷石墨型,因此其组织和力学性能都大大优于砂型。

(3) 由于连铸型材的组织细密均匀,因而耐油压性能优良,很适于生产液压件等耐油压零件。耐油压实验结果表明,当实验周期为 20min 时,直径 ϕ130～160mm 的型材,其中心部分只要有 1.1mm 厚,即可耐压 65MPa;而外部只要有 0.75mm 厚,也可以耐 65MPa 的油压。

(4) 连铸型材具有优良的疲劳性能。与砂型铸造相比,虽然连铸型材直径增大,但疲劳强度几乎还增加 1 倍,从而大幅度提高运动零件的寿命。

(5) 连铸型材还有良好的加工切削性能。因为连铸型材需要机械加工,所以切削性能好是很重要的。在切削速度和进刀一样时(0.125～0.25mm),连铸型材所用电力比砂型铸件少 30%～35%,切屑掉离性好,从而可以进行高速切削。

(6) 由于连铸型材是连续生产,所以生产率很高;由于没有砂处理、清理等工序,成品率高达 95%,使得成本下降 20%～40%。

3. 连铸型材的应用

由于铸铁型材连续铸造工艺的优点很多，所以推广迅速，产量增长很快。例如，日本神户铸铁所的产量占日本铸铁连铸型材的 60%，可以生产共晶石墨铸铁型材、球墨铸铁型材及镍铬特种球铁型材等。所生产连铸型材的品种有：直径 ϕ11～500mm，长度 300～3000mm 的圆形型材；40mm×40mm～400mm×400mm，长度 500～3000mm 的正方形型材；20mm×45mm～180mm×290mm，长度 500～3000mm 的矩形型材以及半圆形、槽形、L 形等形状的型材。

在日本，铸铁连铸型材的用途为：液压件、空压机零件约占总产量的 35%，其中液压件的用量比较大；一般机械占 20%；汽车零件占 10%，主要用于缓冲器零件和汽缸内的零件；电气、日用机械约占 5%，用于冰箱和空调器零件；纺织机械占 5%；金属型及模具占 5%，用于玻璃瓶模具、连铸机辊道、塑料模具等；其他用途为 20%。

2.5.5 双金属铸造

双金属铸造是指把两种或两种以上具有不同特征的金属材料铸造成为完整的铸件，使铸件的不同部位具有不同的性能，以满足使用要求，通常一种合金具有较高的力学性能，另一种合金则具有抗磨、耐蚀、耐热等特殊使用性能。目前，采用双金属铸造工艺制造双金属抗磨材料，取得了良好的应用效果。

双金属铸造工艺常见的有双液复合铸造工艺（包括重力铸造和离心铸造等）和镶铸工艺。将两种不同成分、性能的铸造合金分别熔化后，按特定的浇注方式或浇注系统，先后浇入同一铸型内，即称双液复合铸造工艺。将一种合金预制成一定形状的镶块，镶铸到另一种合金内，得到兼有两种或多种特性的双金属铸件，即为镶铸工艺。

1. 双液双金属复合铸造抗磨材料

1）选材

双液双金属铸件由衬垫层、过滤层和抗磨层所组成。衬垫层常用中低碳铸钢或球墨铸铁、灰铸铁等。抗磨层多用高铬抗磨白口铸铁，过渡层为两种合金的熔融体。双液双金属复合铸造用材料的化学成分见表 2-19。

表 2-19 双液双金属复合铸造用材料的化学成分

复合铸造用材料		w/%								备注
		C	Si	Mn	P	S	Cr	Mo	Cu	
碳钢	ZG230-450	0.20	0.50	0.80	≤0.04	≤0.04	—	—	—	衬垫层（母材）
	ZG270-500	0.40	0.50	0.80	≤0.05	≤0.05	—	—	—	
高铬铸铁		2.2～3.3	0.6～1.2	0.5～1.5	≤0.06	≤0.06	14～15	0.5～3.0	0.3～0.8	抗磨层

2）铸造工艺

（1）双液平浇工艺

两种不同的铸造合金液体，按先后次序通过各自的浇道注入同一个铸型内。两种合金液体的浇注时间需保持一定的时间间隔。熔点高、密度大的钢液先浇注,熔点低、密度小些的铁液后浇注。浇注工艺的关键是严格控制两种合金液体的浇注间隔时间。一般当钢层表面温度达900～1400℃时,可浇注铁液。浇注速度应采取快浇为宜。

实际生产中,通过冒口或铸型专设的窥视孔用肉眼判断钢层表面温度,也可用测温仪测定钢层表面温度,以便确定铁液注入型腔的最佳时间间隔。为防止结合层氧化,在钢液表面覆盖脱水硼砂作为保护剂。当铁液随后浇入型腔时,覆盖在钢表面的保护剂被铁液流冲溢至铸型的溢流槽或冒口中,完成其保护结合层的作用。

风扇磨煤机冲击板的铸型工艺示意图如图2-105所示。

(2) 双液隔板立浇工艺

采用水平造型立浇的方式。在铸型中间设一薄的碳素钢隔板,将铸型的型腔分为两部分。浇注时,两种合金即中低碳钢和高铬铸铁同时浇注,分别浇入各自的型腔,应尽量使钢液和铁液的液面同时上升,防止隔板在浇注过程中变形或烧穿。对质量在50～150kg之间的磨煤机衬板铸件,碳素钢隔板的厚度δ(mm)可用下式计算:

$$\delta = ah + b$$

式中,h为铸件厚度;a取0.03;b取−0.15。

(3) 双液离心铸造工艺

采用离心铸造工艺,可铸造合金白口铸铁-灰铸铁双金属中速磨煤机辊套、高铬铸铁-球墨铸铁复合冷轧轧辊、高铬铸铁-碳钢泥浆泵钢套等回转体形状的抗磨件。铸造工艺的关键是双金属的浇注温度和浇注间隔时间。

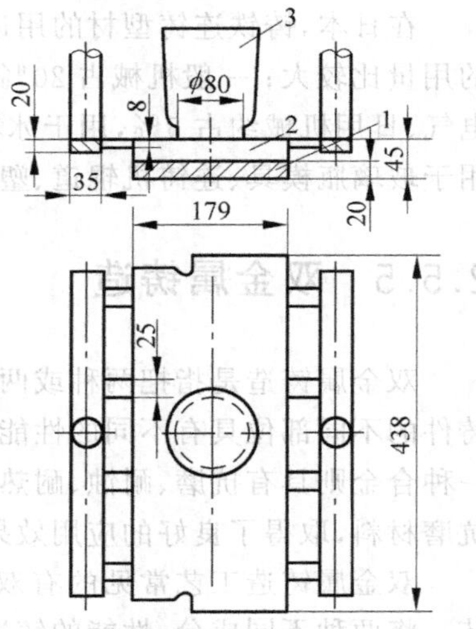

图2-105 风扇磨煤机冲击板的铸型工艺示意图

1—碳素钢;2—高铬铸铁;3—冒口兼窥视孔

3) 双液双金属抗磨材料的应用

双液双金属抗磨材料可用于生产风扇式磨煤机冲击板、反击式破碎机板锤、球磨机衬板及中速磨辊套,在保证不断裂的前提下,大幅度提高了抗磨性能。

2. 镶铸双金属复合铸造抗磨材料

1) 镶铸用材的选用

双金属镶铸用材由镶块(条)和母材组成。镶块(条)的材质要具有高的硬度和抗磨性,常选用高铬白口铸铁和硬质合金。母材的材质应有高的韧度,良好的耐磨性,较好的流动性,与镶块的热膨胀系数接近,与镶块的热处理工艺相匹配。常用30CrMnSiTi等中低合金耐磨铸钢和高锰铸钢、铸造碳钢。

应根据镶块部位的铸件形态来设计镶块的几何尺寸,一般镶块的横断面多呈方形、圆形或椭圆形。镶块应布置在铸件磨损最严重的部位,同时又要避免使母液流动过度受阻,以免在镶块之间出现冷隔或浇不到缺陷。

镶块(条)总重占母材总重的比例视镶铸部位所要求的抗磨性和韧度而定。母材重与镶块重之比一般为10∶1。要求镶铸部位有更好的抗磨性能时,此比值可小于10;对韧度要求更高时,此比值可大于10。镶块的固定采用固定内冷铁的固定方法或泡沫塑料的固定方法等。

2）造型工艺

铸型为干砂型或金属型。浇注系统采取母液(如铸钢等)的浇注系统。在铸件最冷端开设溢流槽,排出最冷的母液。利用最先进入型腔的高温母液加热镶块是得到结合牢固的镶铸件的有效工艺措施。

3）镶铸件镶铸工艺实例

镶铸破碎机锤头。铸件质量：7.2～12.7kg；镶块材质：Cr15 白口铸铁或 GT35 钢结硬质合金,呈圆柱形；母材：ZG270-500 铸钢或 ZGMn13 高锰钢。锤头镶铸工艺示意图见图 2-106。

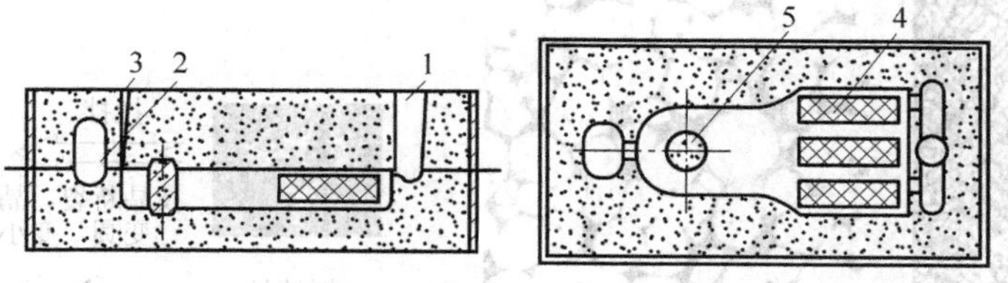

图 2-106　锤头镶铸工艺示意图

1—直浇道；2—溢出槽；3—排气孔；4—镶块；5—砂芯

2.5.6　半固态铸造成形

步入 21 世纪以来,半固态铸造成形技术成为前沿性铸造成形技术。其发展始于 20 世纪 70 年代初,美国麻省理工学院的博士研究生 Spencer 等人研究 Sn-Pb 合金的高温热裂特性,在使用自制的高温黏度计中测量其高温黏度的时候,偶然发现了金属的半固态力学行为和组织特点。当时 Spencer 和同学们使用一定温度下合金所承受的剪切应力值的大小来表征合金溶液的高温黏度值高低,然后即使在固相分数较高的时候,发现处于固-液相区间的合金依然出现了剪切应力大幅下降的异常情况,表现出较低的黏度,这是因为在对合金溶液剪切应力的多次测量实验中,随着热传导的发生,金属溶液的温度逐渐降低,凝固过程也逐渐发生,在金属凝固的过程中,因为黏度测试的装置依然不停对金属溶液进行搅拌,对先析出的初生相有破碎的作用。这些发现引起麻省理工学院 Flemings 教授的特别重视,投入大量人力、物力,进行了深入、广泛的研究,把这种反常力学性能的金属溶液迅速凝固以保存其高温组织,接着进行微观组织表征,发现合金基体中的初生相都呈现类球状,这种颗粒状而非正常铸造枝晶状的显微组织,在固相率高达 60% 的时候,仍然具有一定的流变性。Flemings 和相关的科研工作人员创建了半固态金属铸造技术,并将这种初生固相组分呈细球状均匀悬浮在液态金属母液中的金属熔体称为半固态金属。这种半固态状的金属浆料,因为流变性好,在很小的外力作用下就可以很轻松完成复杂的充型,可以使用挤压、轧制、压铸和锻造等常规成形工艺进行加工成形制成产品。接着,麻省理工学院的众多研究者们又分别对不同组分的合金半固态金属浆料的力学行为、半固态浆料组织的形成原理以及半固态金属的成形工艺特点进行了详细的研究,为金属半固态铸造成形的理论深化和技术推广做出了重要贡献,使其成为金属材料成形的新方法。

1. 半固态铸造成形的原理

半固态铸造成形是集传统的铸造技术和锻压技术于一体的新的金属成形技术，半固态铸造成形的基本过程如下：

(1) 熔化合金使其成为液态金属。

(2) 对逐渐冷却凝固的液态金属进行强烈的搅拌，使先形成的树枝晶网络(见图 2-107(a))被打碎而变成大量弥散分布的球状颗粒初生相，如图 2-107(b)和(c)所示，由此制得半固态金属浆料。

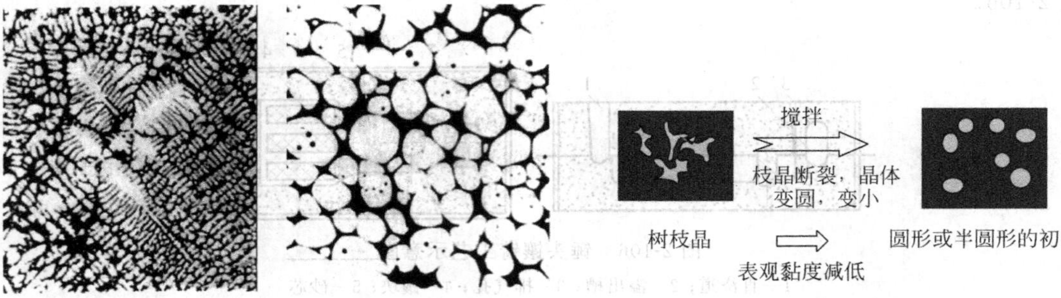

(a) 枝晶组织　　(b) 非枝晶组织　　(c) 搅拌

图 2-107　半固态浆料制备过程示意图

(3) 使用半固态金属浆料通过压铸的方法加工成铸件。采用这种既不是完全的液态，也并非完全固态的金属浆料铸造成形的方法，称为半固态铸造成形(semi-solid metal forming 或者 semi-solid metal process)。半固态铸造成形集铸造和锻压所长，和传统锻压相比，其成本低，充型性好，可制作复杂零件，且对模具要求低；和传统铸造相比，其尺寸精度高，铸造性能高，力学性能好。

2. 半固态铸造成形的工艺过程

半固态金属浆料的制备是半固态金属铸造成形的第一步，也是关键的一步。在一般常规的铸造过程中，初生晶粒以树枝状晶粒的形式长大，而当固相率达到大约 20%的时候，树枝状的晶粒就会互相连接形成网络状的骨架，从而使得整个金属溶液失去流动性。而若在液态金属冷却凝固的过程中加入强烈的搅拌过程，则一般铸造凝固过程中形成的枝晶网络就会被打碎而形成弥散分布的球状颗粒，金属溶液也就成为金属浆料。目前金属浆料的制备方法主要有机械搅拌法、电磁搅拌法、应变诱导熔化激活法、倾斜冷却板制备法、液态异步轧挤法、超声振动法和粉末冶金法等。目前最主流的，也是工业应用中最多的是电磁搅拌法。

1) 机械搅拌法

机械搅拌是最原始也是最早使用的制备半固态合金的方法。Flemings 等最初开发半固态成形时，使用一套由同心带齿内外筒组成的搅拌装置(外筒旋转而内筒静止)，成功制备了锡铅合金的半固态浆料。后来人们对搅拌器进行了一定改进，采用螺旋式搅拌器来制备合金的半固态浆料，如图 2-108(a)所示。机械搅拌结构简单、有利于形成弥散细小的球状颗粒(搅拌剪切速度快)；但是对设备材料如叶片等要求较高、材料的高温稳定性和耐蚀性问题、叶片等材料对半固态金属浆料的污染问题等都会对半固态铸造成形带来不利的影响。

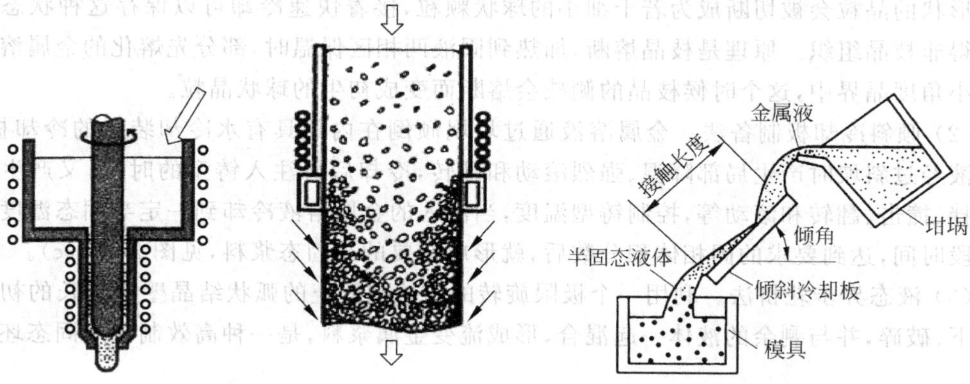

(a) 机械搅拌　　(b) 电磁搅拌　　(c) 倾斜冷却板制备法

图 2-108　金属浆料的制备方法

2）电磁搅拌法

在半固态金属浆料中使用非接触式电磁搅拌法的启发源自连铸工艺中的电磁搅拌技术。其原理是利用高速旋转的磁场在金属溶液中产生感应电流，如图 2-108(b)所示，使得金属溶液在洛伦兹力的作用下产生旋转运动，从而达到搅拌金属溶液的目的。使用这种非接触式搅拌，同样可以不断改变凝固过程中初生固相的形态，使得弥散分布的球状颗粒逐渐增多，成功制备出半固态的金属浆料。而在电磁搅拌的工艺中，产生旋转磁场的电磁装置是核心技术，目前电磁搅拌主要采用如下两种技术：第一种是在感应线圈里加载交变电流的传统电磁方法；第二种是旋转永磁体法，电磁感应器用高性能的永磁体组成，可以使得金属溶液产生较大幅度的三维流动。作为一种非接触式搅拌方法，电磁搅拌可以完美解决上文中机械搅拌中叶片或者搅拌棒对半固态金属浆料造成污染的问题，而且基于电磁控制，电磁搅拌的参数控制比较灵活和精准。经过多年的发展，实验室和工业生产对电磁搅拌工艺的不断升级，对搅拌器的不断改进(变频、变强度)，目前电磁搅拌法已然成为制备各种合金浆料的主要方法，可以连续、环保、高效率、大批量和高质量地进行工业生产。虽然电磁搅拌有如上种种优点，但是也存在能耗高、成本大、设计难度大等缺陷，使其在各方面的应用都受到了限制。而且因为电磁搅拌液体运动的不均匀性，所以金属浆料在横断面上的微观组织也不均匀，在浆料表层，液体运动速度慢，初生相还是原来铸造的细小枝晶为主，向心部靠近，随着液体运动速度加快，初生相铸件从枝晶球化。

3）其他方法

随着工业现代化的发展，半固态成形给工业界带来了极大的生产提升和经济效益，人们也越来越关注这个新型的材料成形技术，而在半固态成形工艺中，关键的一个步骤就是金属浆料的制备，除了机械搅拌和电磁搅拌两种主流的搅拌方式之外，研究者们又开发了其他多种制备金属浆料的方法，概括有以下几种：

(1) 应变诱导熔化激活法。工艺过程是先利用传统连铸方法预先连续铸造出晶粒细小的金属锭坯，接着将该金属锭坯在回复再结晶的温度范围内进行大变形量的热态挤压变形，通过变形破碎铸态组织，然后在室温下通过挤压、拉拔或者轧制等塑性变形的方法制备出具有强烈拉长形状结构微观组织的坯料，再加热到固液两相区保温一段时间，之前制备得到的拉长形状的晶粒会被切断成为若干细小的球状颗粒，接着快速冷却可以保存这种状态的组织获得非枝晶组织。原理是枝晶熔断，加热到固液两相区保温时，部分先熔化的金属溶液会渗进小角度晶界中，这个时候枝晶的侧枝会熔断而变成初生的球状晶粒。

(2) 倾斜冷却板制备法。金属溶液通过坩埚倾倒在内部具有水冷却装置的冷却板上，金属液经过斜坡时产生局部降温、强烈滚动和翻转，冷却后再注入铸型的时候，又产生强烈的搅拌、撞击、翻转和滚动等，控制铸型温度，当注入的金属熔液冷却到一定半固态温度后保温一段时间，达到要求的固相体积分数后，就形成所要的半固态浆料，见图 2-108(c)。

(3) 液态异步轧挤法。利用一个极限旋转的辊轮把静止的弧状结晶壁上生长的初晶不断碾下、破碎，并与剩余的液体一起混合，形成流变金属浆料，是一种高效制备半固态坯料的方法。

(4) 超声处理法。利用超声机械振动波扰动金属的凝固过程，细化金属晶粒，利用超声波的气蚀作用来促进形核，枝晶的侧枝断裂后就可以成为新晶粒的形核核心，获得球状初晶的金属浆料。

(5) 粉末冶金法。首先制备金属粉末，然后进行不同种类金属粉末的混合，再进行粉末预成形，并将预成形坯料重新加热至半固态区，进行适当保温，即可获得半固态金属坯料。

半固态金属浆料的制备方法种类多，各有特点，但是从经济原则、生产效率、可靠性等方面考虑，目前使用面最广的仍然是机械搅拌和电磁搅拌，但是对于具有电磁屏蔽性的合金，不适合使用电磁搅拌。

从图 2-109 可以看出，半固态金属铸造成形的工艺路线主要分为两条：一条是将经过各种处理方法得到的半固态金属浆料在保持其半固态形态时直接在压力作用下流变成形(rheoforming)，称为流变铸造。流变铸造有一个局限性，即浆料的制备和压力作用

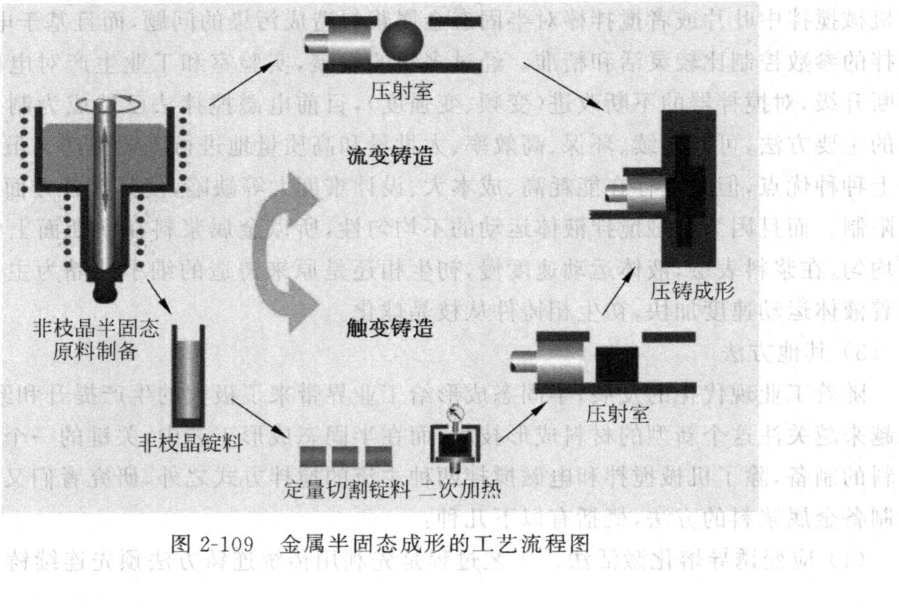

图 2-109　金属半固态成形的工艺流程图

下的成形过程必须紧密结合，如果金属浆料的制备和压力加工成形过程之间间隔的距离或者时间过长，由于半固态浆料的储存和运输实际很难实施，因此在生产中很难实现，目前成功应用的工业流变成形都是将金属浆料制备和压力成形这两个步骤紧密结合。但是由于直接制备的金属浆料储存和运输的困难，生产中往往存在各种技术难题，所以流变成形技术发展缓慢，工业应用也不多，但是由于流变成形具有流程短、节能省时、节约材料和成本等特点，仍然是当今的一个重要研究方向，另一条是先将半固态金属浆料冷却凝固成非枝晶锭料，然后根据产品尺寸定量切割锭料，再二次加热到半固态温度，进行压铸、挤压等成形加工，称为触变成形(thixoforming)。在实际工业生产中，一般采用触变成形法。

综上所述，金属半固态成形主要包括两条线路，三个技术关键环节。金属半固态成形的基础研究主要包括：①半固态金属浆料的制备方法；②半固态材料的重新加热；③合金组织和触变性能的研究。

3. 半固态成形的技术特点

半固态工艺铸造的金属零件具有组织优良、流动性能好和成形力小等特点。金属半固态成形工艺和传统铸造工艺相比，有如下优点：

(1) 应用范围广，对于金属和合金，只要具有固液两相区就可以使用半固态成形，在半固态金属浆料的基础上，可以实现多重加工工艺，比如挤压、铸造、锻造和轧制等。

(2) 产品性能好，半固态成形的特殊机理决定了半固态成形的零件具有优良的微观组织和宏观性能。铸件性能如图 2-110 所示，半固态铸造的合金比普通铸造、低压铸造、挤压铸造零件的性能都要好很多(强度更高，塑性更好)。半固态成形零件的性能之所以比普通铸造零件好，主要原因可以归结为以下三点：一是采用了非枝晶的半固态金属浆料，直接得到均匀弥散分布的球状细晶组织，改善了铸造零件的微观组织；二是半固态金属浆料在进入压型铸造的时候已经部分呈现固态，所以能产生的气孔、疏松较少，并且这些缺陷的分布比较均匀，而且在半固态浆料的制备过程中，对合金进行的剪切搅拌也可以消除多种缺陷；三是从包含气体的角度来看，半固态金属浆料的黏度比全液态的金属熔液高，所以同样在压射入型腔模具的时候，半固态金属浆料的喷溅小，包含气体也少，并且这样一个平滑的液态充型界面可以减轻成分偏析，提高材料的致密度、强度和组织性能的均匀性。

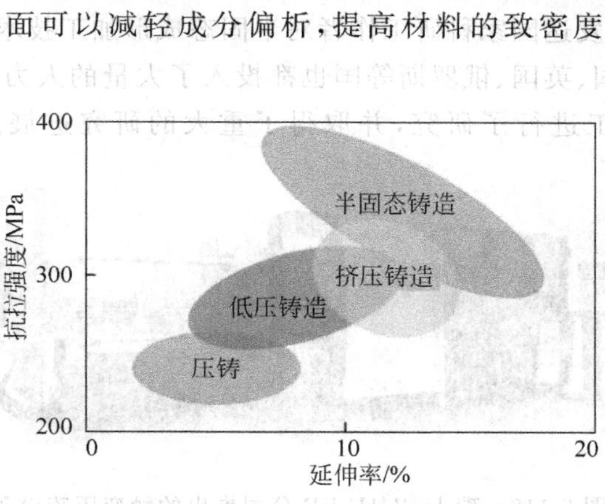

图 2-110 几种铸造方法铸件性能比较

(3) 成形模具寿命长,半固态铸造成形在半固态浆料制备的时候已经释放掉一部分结晶潜热,而且,半固态合金的温度也比全液态合金的温度低,所以减轻了对成形装备(特别是对成形模具)的热冲击,扩大了成形装备的选择范围,降低了设备的制造难度。

(4) 净形化成形,减少切削加工。半固态金属浆料充型平稳,没有湍流和喷射,并且加工温度低,凝固收缩小,所以铸件尺寸精度较高,和传统液态铸造相比,减少了机械加工量,如图2-111所示,可以做到少切削甚至无切削的近净形加工,从而节约资源。

(5) 便于实现高度自动化、提高生产率。半固态成形工艺简单快捷,与传统铸造相比省去了其中的熔化、输送、浇注以及去渣控制污染等设备,可以直接从锭料厂购买半固定锭料,所以设备可以更加小型化甚至微型化,减少了设备投资,改善劳动环境,使生产更加趋于安全,同时也便于实现生产的自动控制。

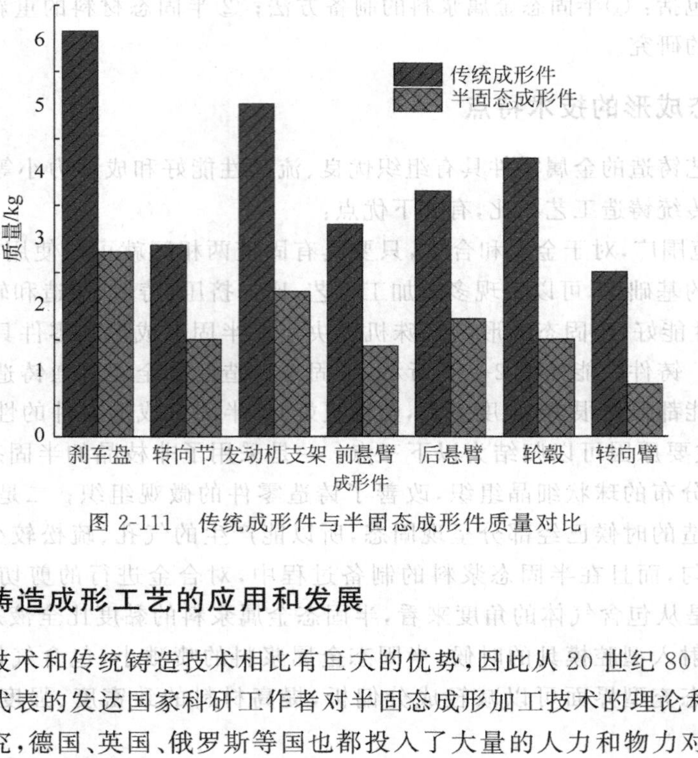

图 2-111 传统成形件与半固态成形件质量对比

4. 半固态铸造成形工艺的应用和发展

半固态加工技术和传统铸造技术相比有巨大的优势,因此从20世纪80年代后期以来,以美国和日本为代表的发达国家科研工作者对半固态成形加工技术的理论和实践都进行了深入且广泛的研究,德国、英国、俄罗斯等国也都投入了大量的人力和物力对半固态金属浆料的制备及其后续加工进行了研究,并取得了重大的研究进展。图2-112所示为瑞士

图 2-112 瑞士 BÜHLER 公司推出的触变压铸设备

BÜHLER 公司推出的触变压铸设备。我国的一些科研院所也相继对半固态成形的理论和技术进行了研究，在半固态金属浆料的制备技术与成形工艺方面都取得了一定进展，目前已经能够利用电磁搅拌设备生产出一定尺寸的铝合金半固态锭料。

金属半固态成形需要选择一定的合金成分，适用于有液固共存区的合金体系，不仅有镁合金、铝合金、锌合金和铜合金等有色金属，而且也有适用于钢铁等黑色金属。此外，可以制造金属基复合材料。目前已成功用于主缸、转向系统零件、摇臂、发动机活塞、轮毂(见图 2-113)、传动系统零件、燃油系统零件和空调零件等制造，另外，在军事、航空、电子以及消费品等方面也得到应用。触变成形种类及制备详见二维码。

图 2-113 半固体成形制备的轮毂

触变成形种类及制备

2.6 工程实例——汽车发动机缸体铸造

从缸体铸件精度、造型工艺、型芯制作、铁液成分控制以及气孔与缩松的防止 5 个方面介绍汽车发动机缸体铸件的生产技术，详见二维码。

阅读材料——熔模铸造

首先介绍熔模铸造的概念及工艺特点，然后介绍了熔模铸造的历史，最后概述了现代熔模铸造的工艺改进过程。

工程实例——汽车发动机缸体铸造

阅读材料——熔模铸造

本章小结

本章介绍了液态金属铸造成形的理论基础、原理和方法、工艺设计以及新技术等方面的知识。与其他成形工艺相比，铸造具有很多特点，是生产零件毛坯的主要方法之一。由于铸造技术与物理、化学、冶金、机械等多种学科有关，影响铸件质量和成本的因素很多，所以，不但要正确选择合理的铸造成形技术，而且要严格控制铸造成形过程中的每个环节，才能生产出质量好、成本低的铸件。

(1) 液态金属铸造成形理论基础，讨论了合金的流动性、充型能力、铸件的收缩、铸造应力、变形、裂纹等铸造性能；简述了铸件的凝固方式及其与铸件质量的关系；介绍了铸件缺陷的分类，常见铸件缺陷的形成原因和防止措施，以及铸件质量的检验内容和方法。

(2) 铸造成形的原理和方法，介绍了砂型铸造的各种造型方法，包括传统的手工造型和制芯方法，以及目前应用日益广泛的机器造型和制芯方法。热芯盒法和壳芯法制芯发展迅速，应用普遍。简述了型砂的主要性能要求，湿型砂、水玻璃砂和呋喃树脂自砂的配比及其混制工艺。另外，还介绍了铸铁、铸钢、铝合金和铜合金的熔炼方法。

(3) 铸造成形工艺设计是铸造成形的核心，是生产优良铸件的关键。其中介绍了铸件结构的工艺性分析，包括铸造工艺对铸件结构的要求和从避免铸造缺陷方面审查铸件结构；铸造工艺方案的确定，包括铸件浇注位置、分型面和砂箱中铸件数目的确定原则；铸造工艺参数的确定，主要工艺参数有铸造收缩率、机械加工余量、起模斜度、工艺补正量、分型负数、反变形量等。简述了浇注系统的类型和设置以及冒口的种类和设置。

(4) 铸造成形新技术介绍了消失模铸造、V法铸造、铸铁型材连续铸造、双金属铸造和半固态成形的工艺特点及应用。

习　题

2.1　什么是铸造成形？砂型铸造包括哪些主要工艺过程？

2.2　什么是合金的流动性？什么是合金的充型能力？影响合金充型能力的主要因素有哪些？

2.3　何谓凝固？铸件有哪几种凝固方式？凝固方式取决于哪些因素？凝固方式与铸件质量之间的关系如何？

2.4　什么叫合金的收缩？它分几个阶段？每个阶段的收缩都会对铸件产生什么影响？

2.5　什么是定向凝固(顺序凝固)原则？什么是同时凝固原则？各需用什么措施来实现？上述两种凝固原则各适用于哪种场合？

2.6　铸件热裂和冷裂各是在什么条件下形成的？主要影响因素有哪些？防止措施有哪几方面？

2.7 常用铸件缺陷都有哪些？这些缺陷形成的原因是怎样的？怎样防止这些缺陷？

2.8 铸件质量检验的方法有哪几种？

2.9 型砂(芯砂)由哪些材料组成？常用的型砂(芯砂)有哪几种？

2.10 型砂(芯砂)应具备哪些主要性能？

2.11 如水玻璃的 $w_{SiO_2}=29.1\%$，$w_{Na_2O}=9.1\%$，求此水玻璃的模数。如欲将水玻璃的密度由 $1.5g/cm^3$ 降为 $1.4g/cm^3$，求每千克水玻璃应加水多少克？(本题来源于二维码拓展知识)

2.12 常用手工与机器造型和制芯方法有哪些？各有何特点？

2.13 冲天炉由哪几部分组成？简述冲天炉的熔化过程和底焦燃烧反应过程。

2.14 冲天炉的炉料由哪些材料组成？各种材料的作用是什么？

2.15 感应电炉熔化的原理是什么？简述 ZG1Cr25Ni20Si2 钢酸性感应电炉的炼钢工艺。

2.16 三相电弧炉是由哪几部分构成的？电弧炉炼钢用原材料包括哪些？各种材料的作用是什么？

2.17 简述碱性电弧炉氧化法炼钢的工艺过程。

2.18 铝液中气体和夹杂物的主要来源是什么？如何防止？去除方法有哪几种？

2.19 熔炼铸造铝硅合金为什么要进行变质处理？简述变质处理工艺过程。

2.20 什么是铸件结构的工艺性？设计或审查铸件结构的工艺性时应考虑哪些方面？

2.21 浇注位置的选择或确定应遵循哪些原则？

2.22 什么是分型面？如何合理地选择分型面？

2.23 铸造工艺参数包括哪些主要内容？

2.24 什么是铸件的收缩率？怎样计算线收缩率？线收缩率是否为一固定值？为什么？

2.25 典型的浇注系统由哪几部分组成？分别说出各部分的作用是什么？

2.26 顶注式和底注式浇注系统各有什么特点？

2.27 什么是开放式浇注系统？什么是封闭式浇注系统？各有什么优点？

2.28 冒口的主要作用是什么？常用冒口有哪几种？应根据哪些原则选择冒口的位置？

2.29 简述灰铸铁、球墨铸铁、可锻铸铁的铸造性能特点。(本题来源于二维码拓展知识)

2.30 影响铸钢件形成热裂的主要因素有哪些？

2.31 为什么说 Al-Si 系合金具有优良的铸造性能？

2.32 简述锡青铜的铸造性能特点。为什么黄铜的铸造性能比其他铜合金好？

2.33 简述消失模铸造的工艺过程。试比较消失模铸造与 V 法铸造的工艺特点。

2.34 悬浮铸造对铸件的组织和性能有什么影响？

2.35 什么是双金属铸造？常见的双金属铸造工艺有哪几种？工艺特点如何？

2.36 根据图 2-114 所示轨道铸件，分析热应力的形成原因，用虚线表示铸件的变形方向，并简述防止铸件变形的主要工艺措施。

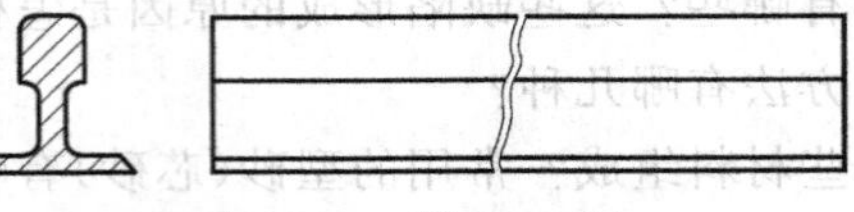

图 2-114 题 2.36 图

2.37 图 2-115 所示铸件的结构是否合理？应如何改正？

2.38 图 2-116 所示铸件在大批量生产时，其结构有何缺点？该如何改正？

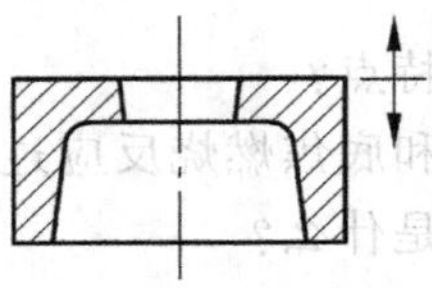

图 2-115 题 2.37 图

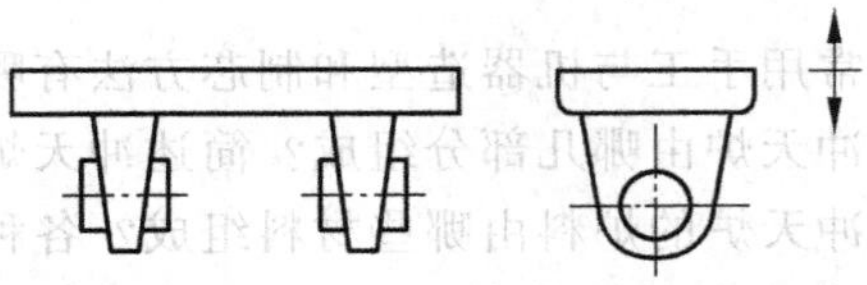

图 2-116 题 2.38 图

2.39 试确定图 2-117 所示铸件的分型面和浇注位置。

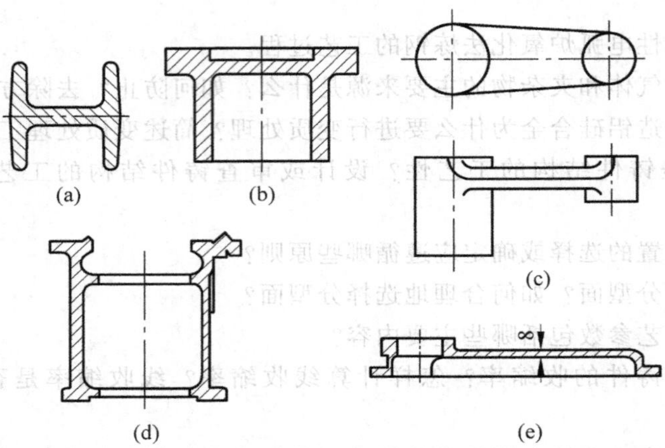

图 2-117 题 2.39 图

2.40 有一测试铸造应力用的应力框铸件，如图 2-118 所示，凝固冷却后，用钢锯沿 $A—A$ 线锯断，此时端口间隙的大小会发生什么变化？为什么？

图 2-118 题 2.40 图

2.41 如图 2-119 所示为铸铁底座,在保证 $\phi 50$ 的孔和 H 不变的前提下,请回答:

(1) 判断下列铸件的结构工艺性,若不合理,请进行修改;

(2) 在图上标出最佳分型面和浇注位置。

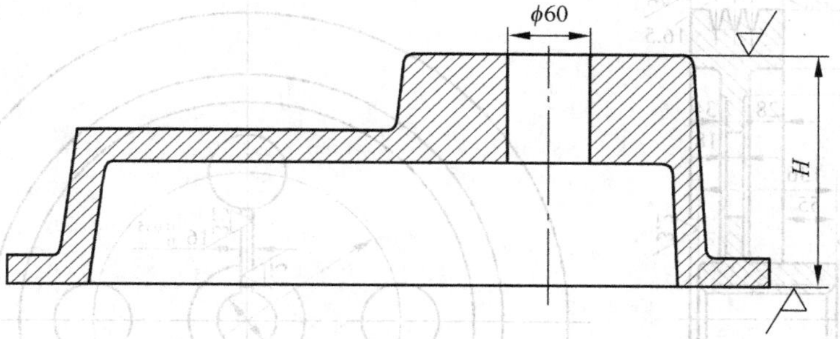

图 2-119 题 2.41 图

2.42 某厂铸造一个 $\phi 1500$ 的顶盖,有如图 2-120 所示两种设计方案,试分析哪种方案易于生产?简述其理由。

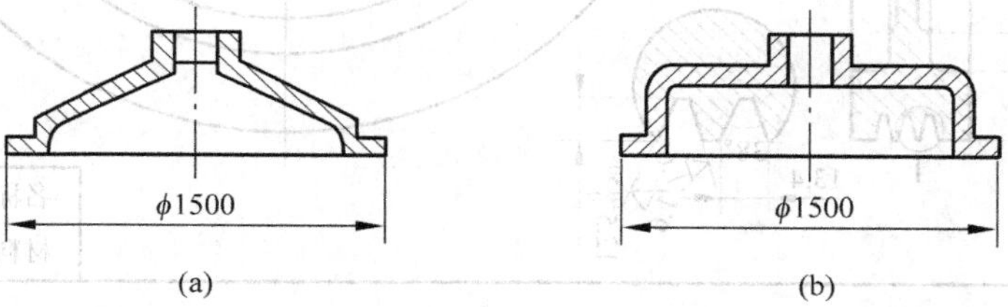

图 2-120 题 2.42 图

2.43 确定如图 2-121 所示铸件的铸造工艺方案。要求如下:

(1) 在单件、小批生产条件下,分析最佳工艺方案;

(2) 按所选最佳工艺方案绘制铸造工艺图(包括浇注位置、分型面、机械加工余量、起模斜度、铸造圆角、型芯及芯头等)。

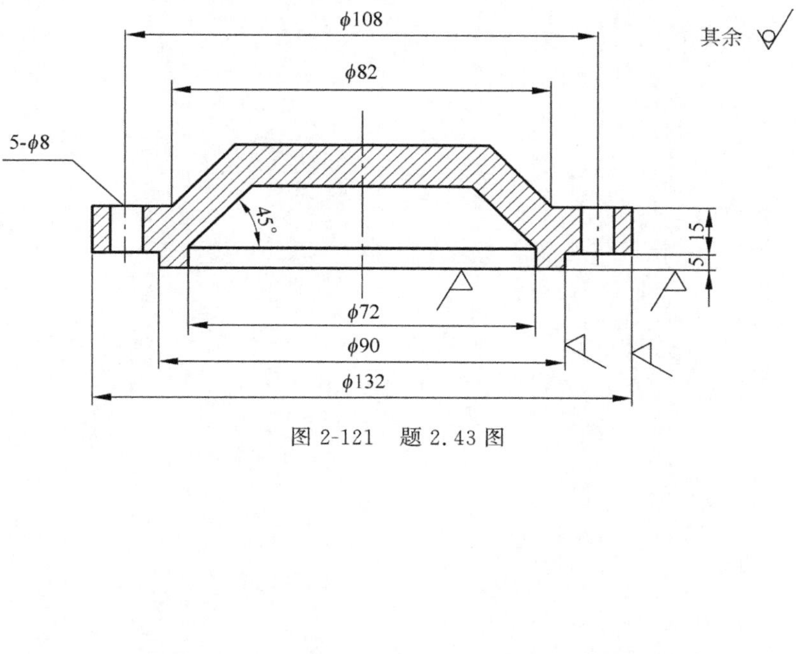

图 2-121 题 2.43 图

2.44 设计图2-122所示剪板机飞轮的铸造成形工艺(小批量生产,手工造型)。

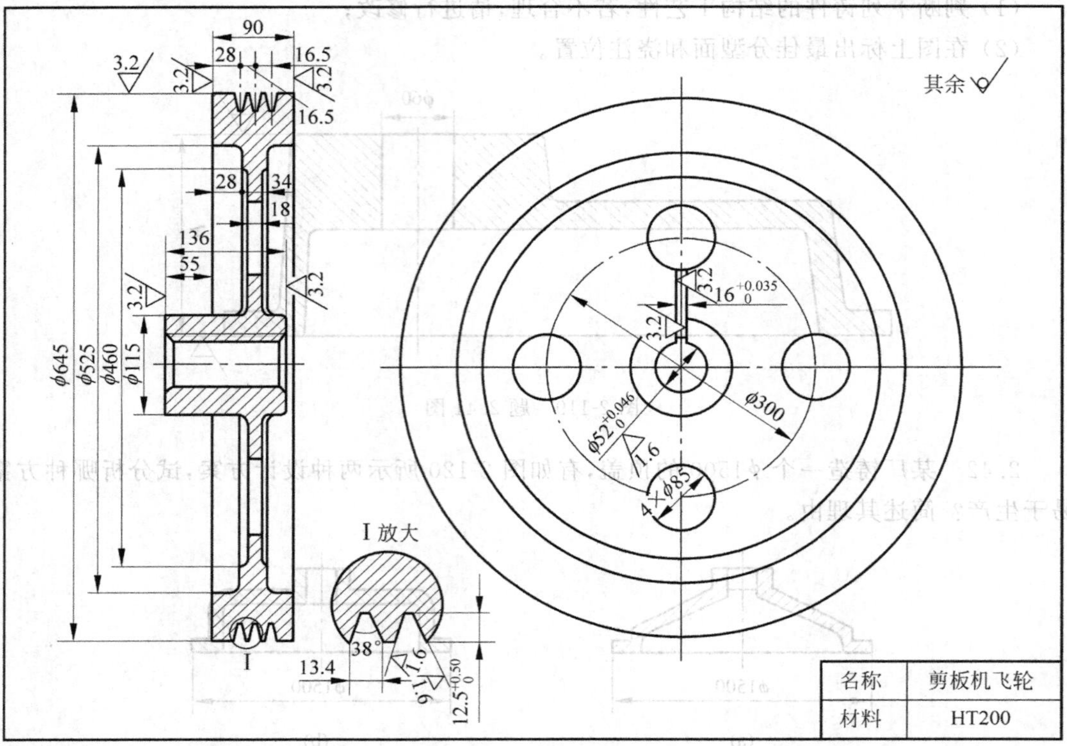

图 2-122 题 2.44 图

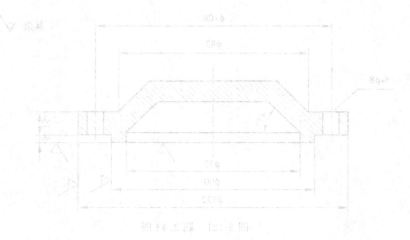

第 3 章

固态金属塑性成形

前驱动轿车约有 20 多种轴类零件,这些轴类件可以采用很多种方法制造,例如,模锻、楔横轧、冷挤压、棒料车削等。对于图 3-1 中的变速器传动轴,采用什么制造工艺效率最高、材料利用率最高?冲压可以称为汽车制造的四大工艺之首,汽车中有 60%～70%的零件通过冲压工艺生产出来,例如,车身(见图 3-2)、底盘、油箱、散热器片、容器壳体以及电机、电器的铁芯硅钢片等零件。通过本章内容的学习,同学们可以进一步理解和掌握上述汽车零件的制造过程。

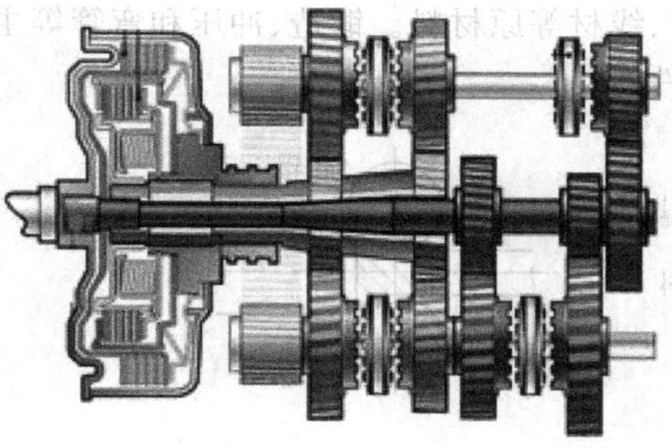

图 3-1　汽车变速器轴

图 3-2　冲压的汽车车身

固态金属塑性成形是指利用力、热能场的作用,使固态金属产生塑性变形,改变其形状、尺寸和性能,获得一定的材料、毛坯或零件的成形工艺。

3.1　固态金属塑性成形的技术基础

3.1.1　概述

固态金属塑性成形是利用金属材料在热力能场的作用下所产生的不可恢复的塑性变形,获得具有一定的形状、尺寸、组织和力学性能的原材料、坯料或零件的成形制造方法。金属材料经塑性变形后,除了获得形状与尺寸、实现"成形"外,还由于外能场的作用改善金属材料的内部组织,提升力学性能、实现"成性",从而实现成形件的成形、成性一体化制造。

塑性成形要求金属具备良好的塑性,常用的材料有各类钢材、有色金属及复合材料,它们都具有一定的塑性,可以在冷态、热态或者利用冷态变形时产生的热来提高塑性从而进行成形。

各种钢材,如各种型材、板材、带材、管材、线材等均通过塑性成形(主要是轧制)获得后投入市场。有色金属,如铝合金、镁合金、钛合金等高性能构件在航空航天、汽车工业等领域中发挥着重要的角色,主要是轻量化构件经锻造及其他特种成形方式,如等温锻、液力成形、蠕变时效等塑性成形方法获得。这些方法成形的产品可以是零件,也可以作为近终形坯料进一步加工成零件。铸铁、青铜、高硅钢等脆性材料难以进行塑性成形,目前还需要开发难加工脆性材料的增塑增韧的塑性成形技术方可实现其成形制造。

热力能场除了主要通过常规的坯料加热或设备提供的外载作用实现外,还可以通过电场、磁场、超声等附加场单独或耦合施载,多物理场耦合加载使塑性成形的领域极大地拓宽,取得了许多意想不到的成形效果,突破了许多塑性成形工艺的成形极限,抑制了产品的缺陷,改善了成形质量,如电致塑性、磁致塑性、声致塑性等新型成形技术的新原理、新工艺和新技术的开发利用。

固态金属塑性成形的分类方法有多种。根据加工时金属受力和变形特点不同,固态金属塑性成形可分为体积成形和板料成形两大类。体积成形包括轧制、锻造、挤压和拉拔等,锻造有自由锻和模锻等;板料成形有板料冲压、管料弯曲、管料胀形等,具体如图3-3所示。轧制、挤压和拉拔等主要生产型材、板材、带材、管材、线材等原材料。锻造、冲压和弯管等主要用于原材料的深加工,生产复杂轮廓的毛坯或零件。

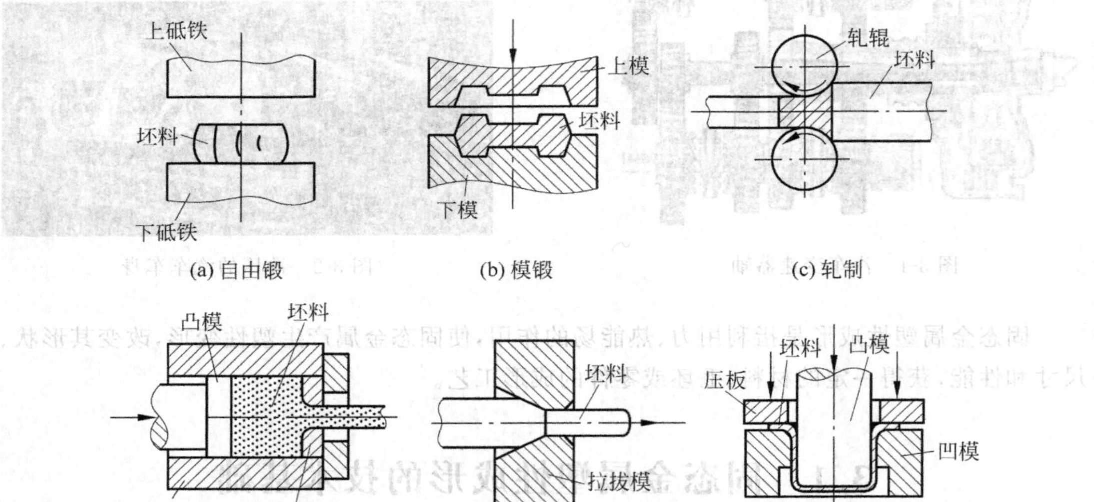

图 3-3 常用的固态金属塑性成形方法

纯铁、一般钢和大多数非铁金属及其合金都具有一定的塑性,它们可在室温或高温下进行塑性成形。与铸造相比,金属塑性成形工艺具有以下几个方面的特点:

(1) 材料利用率高。塑性成形是近等材制造,主要是利用金属在塑性状态下的体积转移来实现形状的变化,不产生类似铸造的浇冒口金属的损失,可以节约大量的金属材料。

(2) 力学性能好。金属在塑性成形过程中,其内部组织得到改善,塑性成形能使坯料的内部缺陷如缩松、气孔、微裂纹等消减或压合,促使组织致密,或使微观组织发生再结晶,细化晶粒，实现细晶强化。因此，塑性成形件的力学性能优于铸件，铸件往往需要后续的塑性成形消除铸造缺陷，提升力学性能，如传统的铸造开坯锻造，以及工艺升级后的连铸连轧等短流程工艺。另外，塑性成形纤维流线完整，工件强度高，具有良好的力学性能。

(3) 尺寸精度高。铸件为消除表面缺陷，往往需要预留较大的加工余量。金属塑性成形的许多工艺已经达到了少/无切削加工、近净成形或净成形的要求，如齿轮精锻、冷挤压花键、冷摆辗锥齿轮工艺等，部分成形件可以作为零件直接使用；汽轮机叶片的精锻甚至达到了只需磨削的程度。

(4) 生产效率高。砂型铸造的流程较长，而塑性成形是以板材、棒材、管材等作为坯料，流程较短，适合大批量生产，随着塑性成形工具和模具的改进及设备机械化、自动化程度的提高，生产效率得到了大幅度提高。

由于塑性成形工艺具有上述特点，所以在机械、航空、航天、船舶、军工、仪器仪表、电器和五金日用品等工业领域得到广泛应用。

3.1.2 金属塑性变形

塑性成形是借助热力能场使金属产生一定的塑性变形，坯料在能场的作用下，可以在有模或者无模的条件下成形。深入学习塑性成形机理，从本质上认识掌握塑性成形的原理、工艺及保证产品的质量有着重要的意义。

固体金属均是晶体。晶体有三个特征：①有一定的几何外形；②有固定的熔点；③有各向异性(不同方向上性能不同)的特点。单晶体一般其性能具有各向异性，而多晶体则为各向同性，具体到某个小晶体仍是各向异性。如果整个晶体是由很多具有相同排列方式但位向不同的很多小晶体组成的则称为多晶体，例如常用的金属。多晶体是由许多小晶体组成的晶体。原子在整个晶体中不是按统一的规则排列的，无一定的外形，其物理性质在各个方向都相同。

1. 金属塑性变形的实质

1) 单晶体的塑性变形

单晶体是由一个晶核生长成的晶体。根据晶体结构理论，任何一个晶粒包含若干个方位的晶面，当一个单晶体受到外力拉伸或压缩时，某一个晶面产生的拉伸或压缩应力可以分解为垂直于晶面的正应力和平行于晶面的切应力。以拉伸为例，分析正应力与切应力的作用特征。

在正应力的作用下，单晶体的晶格沿正应力方向被拉长，该作用类似于弹簧。若正应力小于原子间的结合力，变形使原子的位能升高，高位能状态下的原子有返回低位能状态的倾向。所以，如果正应力消除，晶格将会回复到变形前的位置，产生的变形为弹性变形。若正应力大于原子间的结合力，晶体将会被拉断。正应力的作用是晶体会发生弹性变形或者断裂，不引起晶体的塑性变形。

在切应力的作用下，晶体产生剪切变形，发生晶格的扭曲。若切应力小于原子间的结合力，发生弹性变形。如果正应力大于原子间的结合力，原子沿某些滑移面移动一个或若干个原子间距。切应力消除后，晶格的扭曲可以回复，但是滑移的原子不能回到原来变形前的位置,在新的位置上稳定下来,产生了塑性变形。

滑移是产生塑性变形的基本形式。位错理论证明,滑移是通过晶体中的位错缺陷的移动来实现的。

2) 多晶体的塑性变形

多晶体的塑性变形与单晶体类似,也主要是以滑移的方式进行的。金属是由许多位向不同的晶粒组成的,晶粒之间存在晶界,晶界附件的原子排列杂乱无章,杂质原子一般较多,加剧晶格畸变,晶界处滑移阻力加大。

塑性变形时,晶粒发生滑移的倾向不同,处于切应力最大方向或其他有利位向的晶粒最先滑移,在滑移过程中,已发生滑移的晶粒位向将发生转动,逐步转到不利于发生滑移的位向,则停止滑移。与此同时,另外的晶粒也开始滑移,塑性变形在金属的不同晶粒中依批次逐步发生。由于滑移不能穿过晶界,还受邻近位向不同晶粒的阻碍,多晶体变形抗力较单晶体大,变形过程也较单晶体复杂。

实际使用的材料通常是由多晶体组成的。

3) 加工的硬化、回复和再结晶

加工硬化是由于金属在塑性滑移过程中,在滑移面上产生细小的碎晶粒,使滑移面附近的晶格产生畸变,同时还存在较大的内应力,增加了继续滑移的阻力,塑性变形愈加困难。因此,在塑性变形时,随变形程度的加大,发生了强度与硬度升高,塑性与冲击韧性下降的现象,这种现象称为加工硬化,如图 3-4 所示。

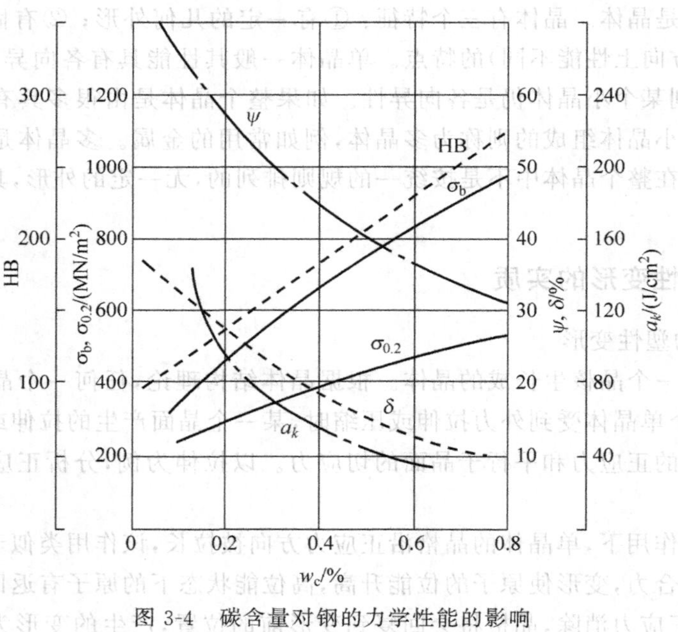

图 3-4 碳含量对钢的力学性能的影响

加工硬化是强化金属材料的手段之一,对于一些不能进行热处理强化的金属,可以通过冷变形,如冷轧、冷拔、冷挤或冷冲等方法来提高强度与硬度。

塑性变形造成的晶格畸变使金属原子处于高位能的不稳定状态,原子具有回到稳定状态的倾向和趋势。在常温下,金属原子的扩散能力较弱,高位能的不稳定状态将长期保持,力学性能不发生明显的变化。但是,如果将金属进行加热,原子获得了足够的能量,原子热运动加剧，扩散能力加强，将回到稳定状态的重新排列，消除晶格畸变，内应力消减，强度与硬度降低，塑性与韧性略有提高，这一过程称为回复。

如果将金属加热到更高的温度，原子的扩散能力将更强，在滑移面上的碎晶块和杂质为晶核长出新的等轴晶粒，这个过程称为再结晶。再结晶后，晶粒得到细化，力学性能得到改善。

如果继续升温，或延长加热时间，晶粒将会不断长大，力学性能将会下降。再结晶退火应掌握好温度与保温时间。

4）冷变形、温变形与热变形

根据塑性成形中材料的加工硬化、回复和再结晶程度的不同，可分为冷变形、温变形和热变形。因此，塑性变形温度不同，对组织与力学性能产生不同的影响。

冷变形是指在金属不产生回复和再结晶温度以下进行的塑性变形，如冷轧、冷冲、冷锻、冷挤压等。变形过程中没有再结晶现象，但具有加工硬化组织。因此，冷变形的变形程度不能过大，易产生裂纹。冷变形的显著优势是能获得较低的表面粗糙度及较高的硬度。

$$T_{回}=(0.1\sim0.3)T_{熔}$$

例如，金属钨的再结晶温度约为1200℃，在1000℃进行的变形也属于冷加工。

热变形是指金属在再结晶温度以上进行的塑性变形，如热轧、热锻、热挤压等。变形过程中有再结晶现象，产生再结晶组织，无加工硬化。热变形的显著优势是细化晶粒组织，提高力学性能。因此，塑性成形多基于热变形。

$$T_{再}=0.4T_{熔}$$

例如，铅、锡等低熔点金属的再结晶温度在0℃以下，室温下的变形也属于热加工。

综上所述，提高力学性能需要“以热代冷”，提高表面精度需要“以冷代热”。根据产品需要达到的指标，综合起来考虑变形温度，由此还产生了温变形技术。

温变形是介于冷变形与热变形之间进行的成形制造，如温锻、温轧、温挤等。

实际上，还有非均温的成形技术，如坯料表里温度不一的差温锻造、差温轧制等，目前该成形技术正在发展当中。

根据变形温度的不同，金属塑性变形的机制也不尽相同。

2. 金属的冷变形

冷变形（又称冷加工），是指变形温度低于回复温度，在变形过程中只有加工硬化作用而没有回复与再结晶现象。冷变形时，金属的变形抗力较大，随着变形程度的增加而持续上升，金属的塑性则随着变形程度的增加而逐渐下降，表现出明显的加工硬化现象。

当冷变形量过大时，金属要达到零件所要求的形状、尺寸以前，极有可能因塑性变形能力的衰退而发生裂纹或断裂。所以，冷变形一般要分几次进行，每次的变形量需要根据金属本身的材料性质与具体的变形工艺条件来制订，在各道次中间，要将硬化致使不能继续变形的坯料进行退火处理，以恢复金属的塑性。说明适当的冷变形-退火循环交替过程可以将金属加工出更复杂的形状和大小的成形件。图3-5表示冷加工-退火时金属性能的变化情况。

冷变形的优点是成形件表面光洁、形状规则、尺寸精确，而热变形很难实现。

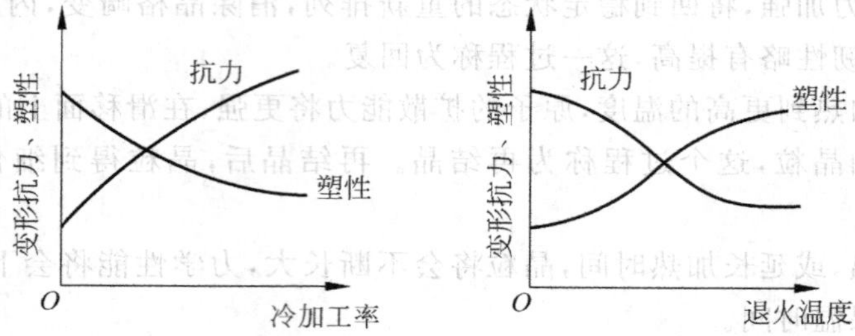

(a) 冷加工后性能　　(b) 退火后性能

图 3-5 冷加工-退火时性能变化

1) 冷塑性变形机理

多晶体金属塑性变形由晶内变形和晶界变形所组成,见图 3-6。

(1) 晶内变形

晶内塑性变形与单晶体一样,主要方式为滑移和孪生。滑移变形容易进行,是主要的变形方式;孪生变形较困难,是次要的变形方式。但是在冲击载荷或低温下,体心立方和密排六方金属塑性变形的主要方式是孪生。滑移是指单晶体或多晶体的一个晶粒,在力的作用下,晶体内的一部分沿着晶面(滑移面)和晶向(滑移方向)相对于另一部分发生相对移动。孪生是指在切应力作用下,晶体内的一部分沿着晶面(孪生面)和晶向(孪生方向)发生均匀切变,孪生变形后,晶体变形部分相对于未变形部分形成镜面对称关系,相对位向发生改变,晶体点阵结构未改变。

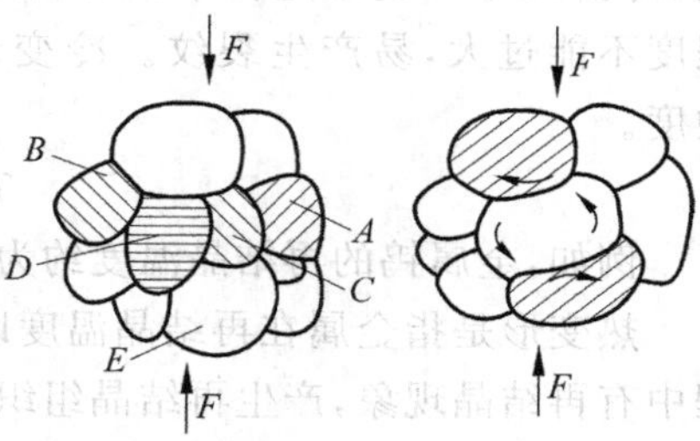

(a) 晶内变形　　(b) 晶界变形

图 3-6 多晶体的塑性变形

(2) 晶界变形

晶界变形是指晶粒间的相对移动和晶粒的转动。多晶体受力变形时,沿晶界处产生切应力,该切应力足以克服晶粒之间的相对滑动阻力时,晶粒沿晶界产生相对移动。晶粒位向各不相同,变形程度各异,晶粒间引起力的相互作用产生力偶,在力偶的作用下,晶粒产生相互转动。

多晶体的冷塑性变形主要是晶内变形,晶界变形起次要作用。

2) 冷变形对组织的影响

(1) 纤维组织的形成

冷变形后的多晶体金属零件,试样经腐蚀后,发现原来坯料的等轴晶粒沿着主变形方向被拉长。冷变形量越大,晶粒拉长的程度越显著。当变形量很大时,各个晶粒已不能很清晰地分辨出来,呈现纤维状的纤维组织。图 3-7 为冷轧前后的等轴晶粒形状的变化。

(2) 亚结构

随着冷变形的进行,位错密度迅速增加。经透射电镜观察,这些位错在变形晶粒中的分布很不均匀,尤其在变形量大且层错能较高的金属中,这种不均匀现象非常明显。杂乱无章的位错纠缠起来,形成位错纠结的高密度位错区,将低密度位错的部分分隔开来,好像在晶粒的内部又出现许多"小晶粒",只是它们的取向差不大,这种结构称为亚结构。

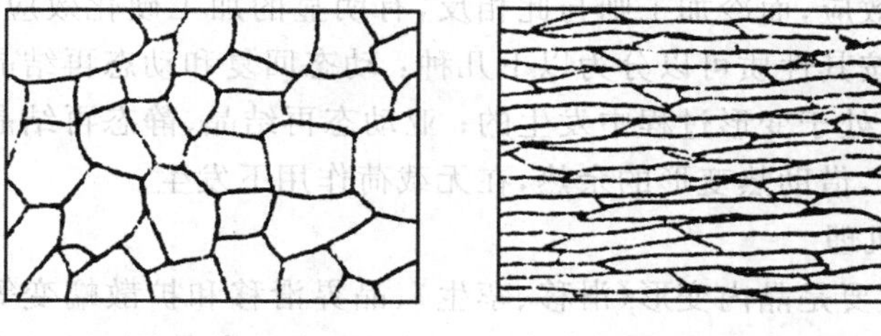

(a) 变形前的退火状态组织　　(b) 变形后的冷轧变形组织

图 3-7　冷轧前后晶粒形状变化

许多金属(如铜、铁、钼、钨、钽、铌等)在冷变形过程中,形成亚结构是普遍存在的现象。一般认为,亚结构对金属加工硬化起着重要作用,又由于各晶块的方位不同,其边界存在大量位错缠结,对晶内的进一步滑移起到阻碍作用。因此,亚结构可提高金属材料的强度。

经冷变形的金属,其他晶体缺陷(如空位、间隙原子及层错等)也明显增加。

(3) 变形织构

多晶体塑性变形时,各晶粒滑移的同时,晶体取向相对于外力作有规律的转动。尽管各晶粒因晶界的联系,这种转动受到一定的制约,但当变形量较大时,原来为任意取向的各个晶粒将会逐渐调整,发生使取向大体趋于一致的现象,该现象叫做"择优取向",具有择优取向的物体的组织称为"变形织构"。

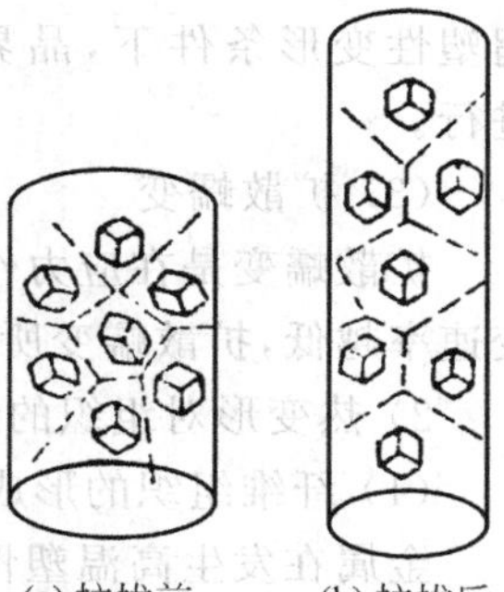

(a) 拉拔前　　(b) 拉拔后

图 3-8　丝织构示意图

金属经轧制、锻造、挤压和拉拔后,都会产生变形织构。加工方式不同,织构的类型也不同。通常,变形织构可分为丝织构和板织构。

丝织构多在拉拔和挤压加工中产生,变形后晶粒有一共同晶向趋向于平行最大主变形方向,用该晶向来表示丝织构。如图 3-8 所示,金属经拉拔后,其晶向平行于拉拔主变形方向,形成丝织构。

板织构是某一特定晶面平行于板面,某一特定晶向平行于轧制方向(见图 3-9)。

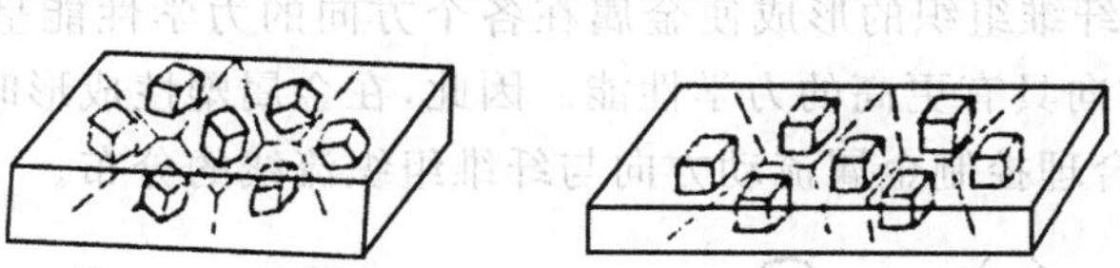

(a) 轧制前　　(b) 轧制后

图 3-9　板织构示意图

3. 金属的热变形

热变形(又称热加工)是指变形金属在完全再结晶条件下进行的塑性变形。一般在热变形时金属所处温度范围是其熔点绝对温度的 0.75～0.95 倍,在变形过程中,同时产生软化与硬化,且软化进行得很充分,变形后的产品无硬化的痕迹。

金属的热加工与冷加工的主要区别在于:金属在热加工时,硬化(加工硬化)和软化(回复过程与再结晶)两种对抗过程同时出现。热加工中,由于软化作用可以抵消或超过硬化作用,可以无加工硬化效应,而冷加工则与此相反,有明显的加工硬化效应。热加工中的软化过程是比较复杂的,按其性质可以分为以下几种:动态回复和动态再结晶,所谓“动态”含义是指,在外力作用下,处于变形过程中发生的;亚动态再结晶、静态再结晶和静态回复,是在热变形停止或中断时,借助热变形的余热,在无载荷作用下发生。

1)热塑性变形机理

热变形的机制主要是晶内变形(滑移、孪生)、晶界滑移和扩散蠕变等。一般而言,晶内变形是最主要的变形机制;孪生变形多发生在高温、高速条件下,对于密排六方金属,孪生是主要变形机制;晶界滑移和扩散蠕变在高温条件发挥作用。

(1)晶内变形

热变形的主要机制依然是晶内滑移,高温时,原子间距增大,热振动和扩散速度增加,位错的滑移、交滑移、攀移等较低温时容易,滑移系增多,改善了晶粒间的变形协调性。

(2)晶界滑移

热变形时,晶界强度低于晶内,晶界滑动也易于进行;同时,扩散作用的增加,消除了晶界滑动引起的破坏。热变形晶界滑动较冷变形的变形量大得多。但是,常规热变形的晶界滑动较晶内滑移变形量而言,晶界变形相对于晶内变形量较小,只有在微小晶粒的超塑性变形条件下,晶界变形才能发挥主要作用,并且晶界变形是在扩散蠕变调节下进行。

(3)扩散蠕变

扩散蠕变是在应力作用下,由空位的定向移动诱导的。变形温度越高,晶粒越细小,应变速率越低,扩散蠕变所起的作用越大。同时,扩散蠕变还对晶界的滑移起调节作用。

2)热变形对组织的影响

(1)纤维组织的形成

金属在发生高温塑性变形时,随着变形程度的增加,铸坯内部粗大的树枝晶逐渐沿主变形方向延伸,晶间的杂质和非金属夹杂物也逐渐与主变形方向一致,脆性夹杂物呈现链状分布,塑性夹杂物被拉长而呈带状、线状或者片状。试样经腐蚀后,表面就成为纤维组织。由于热变形过程中发生再结晶,被拉长的晶粒演变成细小的等轴晶,但是流线能很好地保留下来,如图3-10所示。纤维组织的形成使金属在各个方向的力学性能呈现各向异性,沿着纤维方向比垂直纤维方向具有更高的力学性能。因此,在金属塑性成形时,应根据零件在使用过程中的受力特点,合理控制金属流动方向与纤维组织流线的分布。

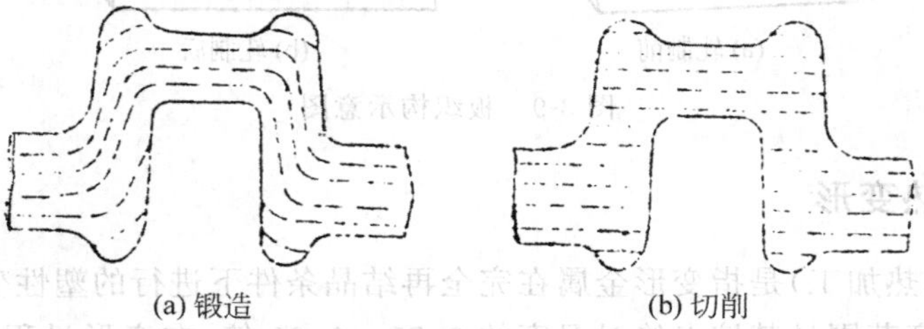

(a) 锻造　　(b) 切削

图3-10　流线分布示意图

(2)热变形锻合铸态组织缺陷

一般来说,金属在高温下塑性高、变形抗力小,加之原子扩散过程加剧,伴随有完全再结晶时，更有利于组织的改善。所以热变形多作为铸态组织初次加工的方法。

铸态组织的不均匀，可从铸锭断面上看出三个不同的组织区域，最外面是由细小的等轴晶组成的一层薄壳，和这层薄壳相连的是一层相当厚的粗大柱状晶区域，中心部分则为粗大的等轴晶。从成分上看，除了特殊的偏析造成成分不均匀外，一般低熔点物质、氧化膜及其他非金属夹杂，多集结在柱状晶的交界处。此外，由于存在气孔、分散缩孔、疏松及裂纹等缺陷，使铸锭密度较低。组织和成分的不均匀以及较低的密度，是铸锭塑性差、强度低的基本原因。

在三向压缩应力状态占优势的情况下，热变形能最有效地改变金属和合金的铸锭组织。给予适当的变形量，可以使铸态组织发生下述有利的变化。

① 一般热变形是通过多道次的反复变形来完成。由于在每一个道次中硬化与软化过程是同时发生的，这样，变形而破碎的粗大柱状晶粒经过反复的变形而改造成较均匀、细小的等轴晶粒，还能使某些微小裂纹得到愈合。

② 由于应力状态中静水压力分量的作用，可使铸锭中存在的气泡焊合，缩孔压实，疏松压密，变为较致密的结构。

③ 由于高温下原子热运动能力加强，在应力作用下，借助原子的自扩散和互扩散，可使铸锭中化学成分的不均匀性相对减少。

上述三方面综合作用的结果，可使铸态组织改造成变形组织（或加工组织），与铸锭相比，它有更高的密度、均匀细小的等轴晶粒及比较均匀的化学成分，因而塑性和抗力的指标都明显提高。

(3) 热变形改善晶粒度

在热变形过程中，为了保证产品性能及使用条件对热加工制品晶粒尺寸的要求，控制热变形产品的晶粒度是很重要的。热变形后制品晶粒度的大小，取决于变形程度和变形温度（主要是变形终了温度）。

有关材料在热变形过程中的软化过程，详见二维码。

材料在热变形过程中的软化过程

3.1.3 锻前加热与锻后冷却

1. 锻造前加热

锻造前加热的目的是提高金属的塑性，降低变形抗力，使金属易于流动并锻造成形，且获得好的锻后组织和力学性能。按加热热源不同可分为以下两类。

1) 燃料加热

燃料加热属于火焰加热，燃料（固体、液体、气体）来源方便，加热炉修造简单，通用性强，加热费用较低，适应范围广，用于各种大中小型坯料的加热。缺点是劳动环境条件差，加热速度慢，加热质量难以控制。

2) 电加热

电加热主要有电阻加热与感应加热。电阻加热包括接触加热、电阻炉加热和盐浴加热。感应加热包括中频和高频加热。电加热加热速度快，炉温控制准，加热质量好，工件氧化少，劳动条件好，自动化程度高，加热成本高，主要用于模锻。

2. 锻造温度范围

锻造温度范围是指始锻温度和终锻温度之间的一段温度区间,如图 3-11 所示。

1) 始锻温度

始锻温度是指开始锻造的温度。始锻温度高,金属的塑性增强,可锻性好,变形抗力下降,便于成形加工,但过高将会产生氧化、脱碳、过热、过烧的现象。

始锻温度一般应低于铁碳平衡图的固相线 150～250℃,始锻温度随含碳量的增加而降低。低碳钢的始锻温度约为 1200～1250℃。

2) 终锻温度

终锻温度是指停止锻造的温度。为保证在终锻温度前具有足够的塑性,还要使锻件能够获得良好的组织,一般应高于再结晶温度 $T_{再}$。终锻温度过高,晶粒继续长大,力学性能降低;终锻温度过低(低于 $T_{再}$),加工硬化,可锻性降低,变形不均匀,残余应力大,易开裂。

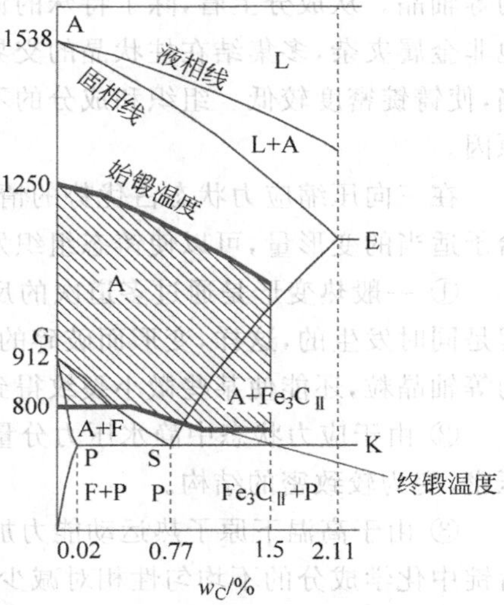

图 3-11 碳钢的锻造温度范围

终锻温度一般应高于 $T_{再}$ 50～100℃,另外需考虑合金元素、合金类型的影响。

3. 锻件冷却

锻件冷却是保证锻件质量的重要环节。锻件在冷却过程中应尽量避免或减小内应力和裂纹的出现。通常,锻件中的碳及合金元素含量越多,锻件体积越大,形状越复杂,冷却速度越缓慢,否则会造成表面过硬不易切削加工、变形甚至开裂等缺陷。常用的冷却方法有三种:空冷、坑冷和炉冷(见表 3-1)。

表 3-1 锻件常用的冷却方式

方　式	特　点	适用场合
空冷	锻后置空气中散放,冷速快,晶粒细化	低碳、低合金中小件或锻后不直接切削加工件
坑冷(箱冷)	锻后置干沙坑内或箱内堆在一起,冷速稍慢	一般锻件,锻后可直接切削
炉冷	锻后置原加热炉中,随炉冷却,冷速极慢	含碳或含合金成分较高的中、大件,锻后可切削

有关钢在加热过程中的物理化学变化,详见二维码。

钢在加热过程中的物理化学变化

3.1.4 塑性成形的基本规律

1. 最小阻力定律

金属塑性成形的实质是金属的塑性流动。影响金属塑性流动的因素十分复杂，定量描述流动规律非常困难，但可以应用最小阻力定律来定性描述金属质点的流动方向。金属受外力作用发生塑性变形时，如果金属质点在几个方向上都可以流动，那么金属质点将优先沿着阻力最小的方向流动，这就是最小阻力定律。

运用最小阻力定律可以解释为什么用平头锤镦粗时，任何形状的金属坯料其截面形状随着坯料的变形都逐渐接近于圆形。这是因为在镦粗时，金属流动距离越短，摩擦阻力也越小。图 3-12 所示为方形坯料镦粗时，沿四边垂直方向摩擦阻力最小，而沿对角线方向阻力最大，金属在流动时主要沿垂直于四边方向流动，很少向对角线方向流动，随着变形程度的增加，截面将趋于圆形。由于相同面积的任何形状总是圆形周边最短，因而最小阻力定律在镦粗中也称为最小周边法则。

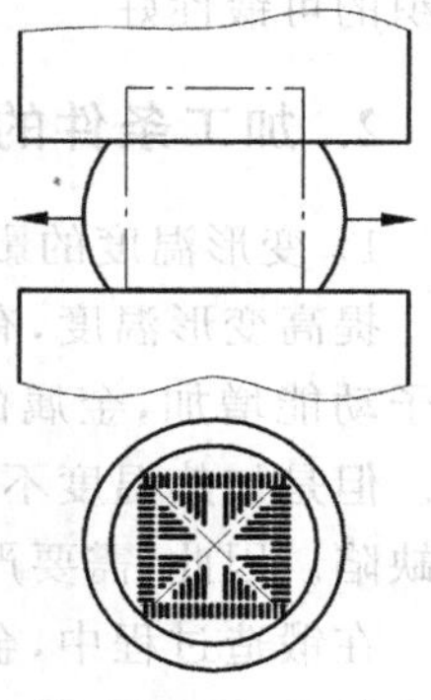

图 3-12 镦粗时的变形趋向

2. 塑性变形前后体积不变的假设

金属在塑性变形时，由于金属材料连续且致密，其体积变化很小，与形状变化相比可以忽略不计，这就是体积不变的假设。

3.1.5 塑性变形的影响因素

金属经受加工压力而产生塑性变形的工艺性能，可用金属的可锻性表示，通常可锻性的好坏是以金属的塑性和变形抗力来综合评定的。塑性是指金属在外力的作用下，能稳定地发生塑性变形的能力。金属的塑性加工是以塑性为依据的，塑性越好，则意味着金属具有良好的塑性成形能力，允许产生较大的变形量。塑性成形时，必须对金属施加的外力，称为变形力，而金属抵抗变形的力，则称为变形抗力，它们是作用力和反作用力的关系，变形抗力反映了金属塑性变形的难易程度。从材料工艺性能的角度看，金属材料若有较好的塑性和较低的变形抗力，那么它具有良好的可锻性。

金属的塑性和塑性成形时表现出来的变形抗力不是固定不变的，它主要与金属材料性质、变形时的温度和速度等条件有关，同时还受到变形体所受的应力状态影响。

金属的可锻性取决于金属材料的性质与加工条件。

1. 金属材料性质的影响

1）材料成分的影响

化学成分不同的金属，其塑性不同，可锻性也不同。一般情况下，纯金属的可锻性比合金的可锻性好。例如，纯铁的塑性较钢好，变形抗力小。钢的含碳量越低，可锻性越好；钢中合金元素含量越多，合金成分越复杂，其塑性越差，变形抗力越大，可锻性就越差。因此，纯铁、低碳钢和高合金钢，其可锻性依次下降。

2）组织结构的影响

不同组织结构的金属，可锻性有很大差别。纯金属及固溶体（如奥氏体）的可锻性好，而碳化物（如渗碳体）的可锻性差。铸态柱状组织和粗晶粒组织金属的可锻性不如均匀细晶粒组织的可锻性好。

2. 加工条件的影响

1）变形温度的影响

提高变形温度，有利于改善金属的可锻性。在一定的变形温度范围内，随着温度升高，原子动能增加，金属的塑性提高，变形抗力减小，很容易进行滑移变形，可锻性得到明显改善。但是加热温度不能过高，否则会发生过热、过烧等现象，还有可能造成脱碳和严重氧化等缺陷。因此，需要严格控制锻造温度，也即控制始锻温度和终锻温度。

在锻造过程中，金属坯料温度不断降低，到一定程度时塑性变差，变形抗力增大，此时应停止锻造，否则引起加工硬化甚至开裂，锻造温度应该位于始锻温度与终锻温度之间。

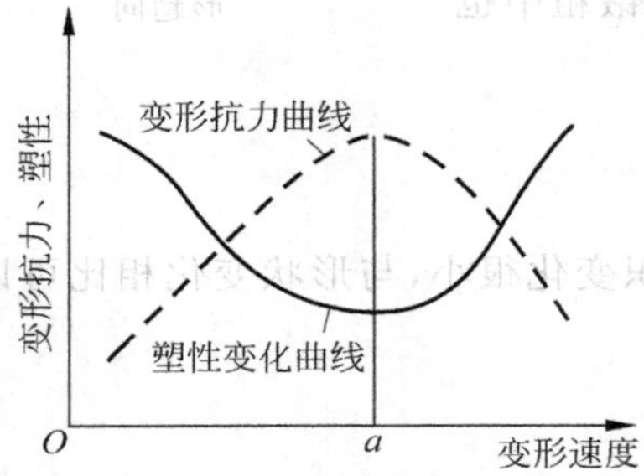

图 3-13　变形速度对塑性及变形抗力的影响

2）变形速度的影响

变形速度即单位时间内的变形程度。它对金属可锻性的影响分为两个方面，其大小视具体情况而定，如图 3-13 所示。

(1) 变形速度小于 a 的阶段。随着变形速度的增大，更多的位错运动同时产生，使金属的真实流动应力提高，导致断裂提早发生，所以金属的塑性下降。另外，在热变形条件下，变形速度大时，没有足够的时间发生回复和再结晶，塑性降低。

(2) 变形速度大于 a 的阶段。随着变形速度的增大，热效应显著，金属塑性提高。但热效应现象只有在高速锤上锻造时才能实现。所以塑性较差的材料或大型锻件，一般采用较小的变形速度为宜。

3）应力状态的影响

金属在进行不同方式的变形时，所产生应力的大小和性质是不同的。物体受到的静压力越大，其变形抗力越大。挤压时金属受三向压应力作用，如图 3-14(a)所示，拉拔时受两向压应力和一向拉应力的作用，如图 3-14(b)所示，虽然两者产生的变形状态是相同的，但挤压时的变形抗力远大于拉拔时的变形抗力。实践证明，在三向应力状态中，压应力的数量越多，则金属的塑性越好；拉应力的数量越多，则金属的塑性越差。但压应力同时使金属内部摩擦增大，变形抗力增大。

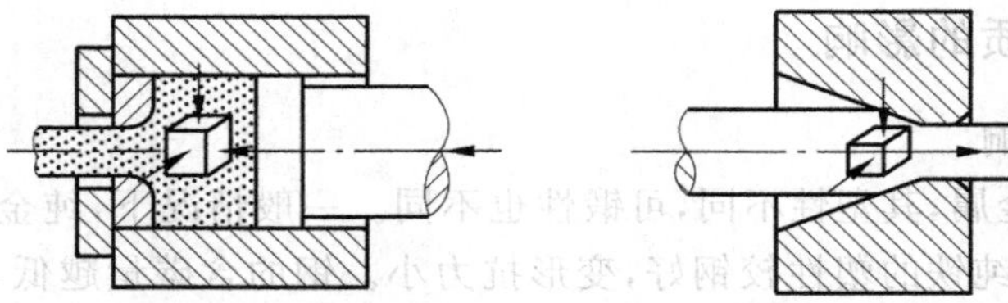
(a) 挤压时金属应力状态　　(b) 拉拔时金属应力状态

图 3-14　不同加工方式时金属应力状态

4）坯料表面质量的影响

坯料的表面质量影响材料的塑性，在冷成形过程中尤为显著。坯料表面质量，如划痕、微裂纹及粗大杂质存在时，在变形过程中易应力集中，将会引起开裂。所以，表面质量也影响材料的可锻性。

3.2 金属塑性成形的方法与设备

金属塑性成形的新工艺、新方法和新技术不断涌现，但其成形工艺原理与控制方法大致相通。因此，本书主要讨论材(板带材、棒材、线材、管材、型材等，是零件成形坯料的主要来源)的成形工艺方法——轧制、挤压、拉拔，以及零件的成形工艺方法——锻造、板料成形和管料成形。当然，传统的材的成形工艺方法也在不断改进，也能进行零件的成形，本章还将介绍其特种成形技术。

3.2.1 体积成形

1. 轧制

轧制是将金属通过轧机上两个相对回转轧辊之间的空隙，改变断面形状和尺寸，调控组织和性能的加工方法，如图 3-15 所示。轧制生产所用坯料主要是金属锭，坯料在轧制过程中靠摩擦力带动得以连续通过轧辊孔型而受压变形，发生坯料的截面减少、长度增加的变形，轧制出产品的截面与轧辊的孔型形状和大小相同。

轧制是使材料发生连续局部塑性成形的方法，具有生产效率高的优点，是金属"材"的成形主要方法，90%以上的材是要经过轧制工艺完成的(见图 3-16)。钢铁、有色金属、稀有金属及其合金也多采用轧制成形。按照轧制的品种，可分为坯料轧制、板带轧制、箔材轧制、型材轧制、管材轧制和线材轧制以及一些特殊形状材的轧制，如周期断面轧制。

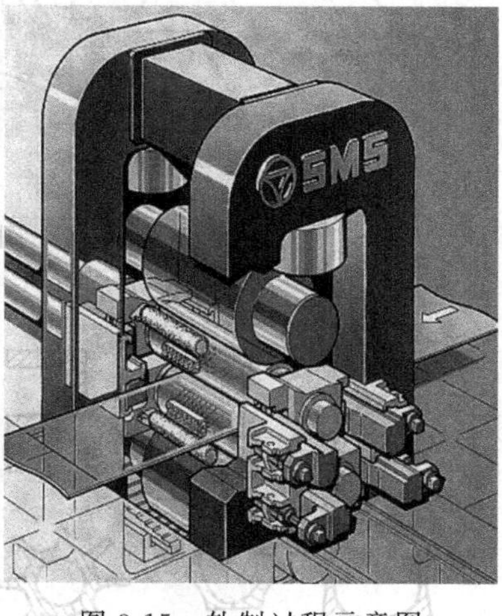

图 3-15 轧制过程示意图

轧制除了能改变材料形状和尺寸外，还可以改善铸坯的铸态组织，细化晶粒，轧合铸造的缩孔和缩松缺陷，改善相的组成与分布，显著提升材料的性能。但是，对于难变形材料、难变形复杂结构的体积或薄壁件，特长、特细的产品不宜采用轧制方法生产，需要采用挤压、拉拔、锻造、冲压等方法生产。

2. 挤压

挤压是用挤压杆(凸模)将放在挤压筒(凹模)的坯料压出挤压模孔，使其发生塑性变形而获得具有一定形状、尺寸和性能的加工方法。挤压最早用来生产型材和管材(见图 3-17)，现在也广泛用来制造各种零件(见图 3-18)。

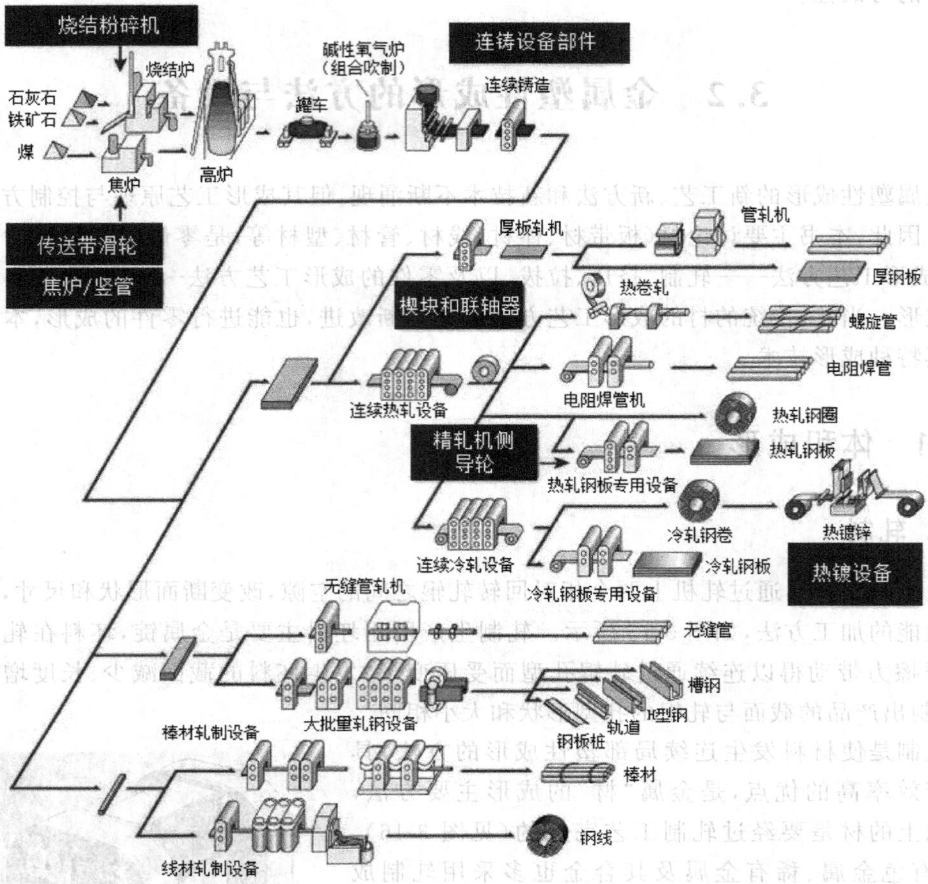

图 3-16　轧制工艺获得的产品

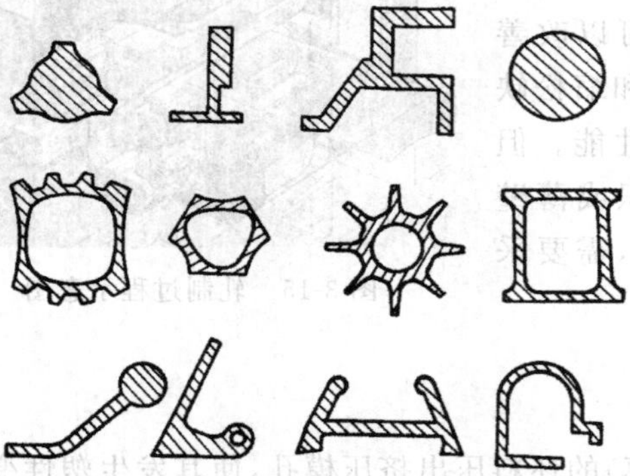

图 3-17　典型挤压材料的横截面形状

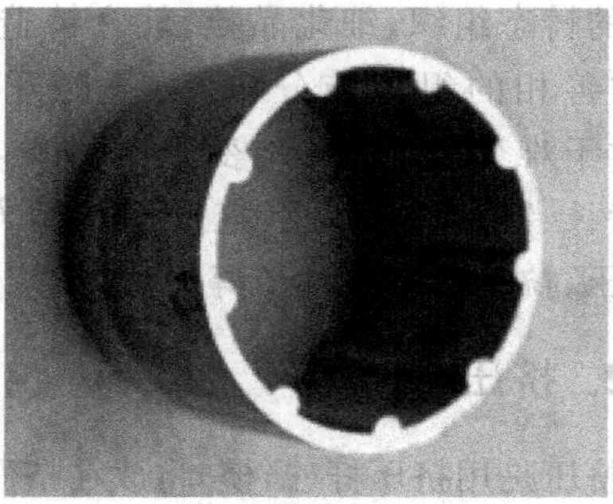

图 3-18　典型挤压的异形件

常规挤压生产棒、管、型材和线材与其他塑性成形方法(如轧制)相比,具有如下特点:

(1) 比轧制具有更多的三向压应力状态,金属的可锻性好,可以承受很大的塑性变形,有利于难加工金属材料的变形,如脆性材料的变形。

(2) 可以生产复杂断面、变断面、深孔、薄壁的型材和管材,而这些产品很难通过其他方法获得。

(3) 产品尺寸精确,表面质量好。

(4) 易于实现自动化。

(5) 生产效率较低,废料多,产品性能不均匀。

(6) 挤压需要较大的挤压设备,模具易磨损,生产成本高。

(7) 挤压更适用于生产小坯料,多品种和规格的有色金属的棒、管、型材和线材的生产,对于复杂断面和薄壁管材或型材、超厚壁管材、难变形有色金属和特殊性能的钢铁材料具有无可比拟的优势。冷挤压也用于生产机械零件。

挤压按照挤压模出口处的金属流动方向和凸模运动方向的不同,可以分为下列四种:

(1) 正挤压。挤压时,金属的流动方向与凸模运动的方向相同,如图 3-19(a)所示。

(2) 反挤压。挤压时,金属的流动方向与凸模运动的方向相反,如图 3-19(b)所示。

(3) 复合挤压。挤压时,在挤压模的不同出口处,金属的流动方向既有与凸模运动方向相同的,又有与凸模方向相反的,两个方向同时发生,如图 3-19(c)所示。

(4) 径向挤压。挤压时,在挤压模的出口处,金属流动方向与凸模运动方向成 90°,如图 3-19(d)所示。

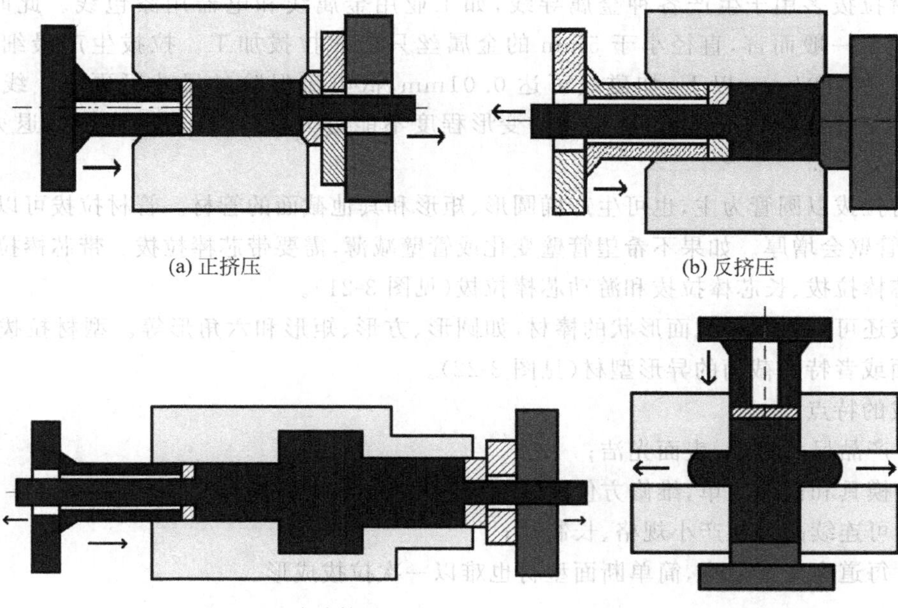

(a) 正挤压　(b) 反挤压

(c) 复合挤压　(d) 径向挤压

图 3-19　挤压类型

从四种挤压方式可以看出,合理设计模具来调控金属的流动方向,可制造不同形状的零件。除了上述挤压方法外,还有其他特种挤压方法:静液挤压、连续挤压、包套挤压、粉末挤压、半熔融挤压等。

3. 拉拔

拉拔是将已经轧制的金属坯料(型、管、制品等)在外加拉力的作用下,通过锥形模孔发生断面收缩的塑性变形而获得具有一定形状、尺寸和性能的加工方法。拉拔通常以轧制材、挤压材和锻压材为坯料。拉拔一般在室温下进行,多用于冷加工丝、棒和管材,可生产极细的金属丝和毛细管,对于在室温强度高、塑性差的合金如钨、锌等才加热,是管材、棒材、型材和线材的主要加工方法。

拉拔可分为实心拉拔和空心拉拔,如图3-20所示。实心拉拔主要有棒材、型材、线材的拉拔;空心拉拔主要有圆管和异形管材的拉拔。因此,拉拔按制品类型可分为线材拉拔、棒材拉拔、型材拉拔和管材拉拔。

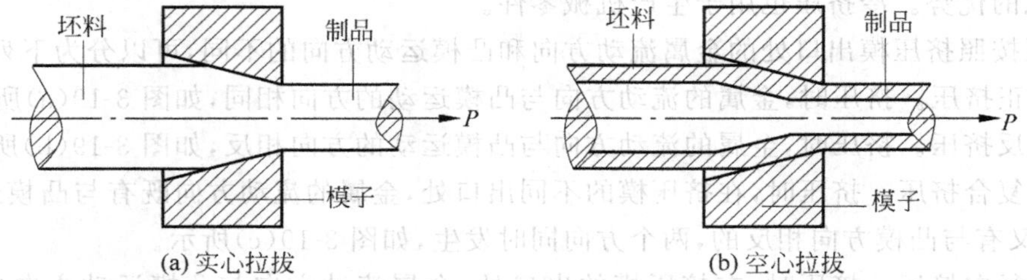

图3-20 拉拔

线材拉拔多用于生产各种金属导线,如工业用金属线和电器用漆包线。此时,拉拔又称拉丝。一般而言,直径小于5mm的金属丝只能靠拉拔加工。拉拔生产最细的金属丝直径可达0.01mm以下,如磁线可达0.01mm,低电流保险丝尺寸可更小。线材拉拔往往要经过多次拉拔成形,每次拉拔的变形程度不能过大,必要时可采用中间退火,防止线被拉断。

管材拉拔以圆管为主,也可生产椭圆形、矩形和其他截面的管材。管材拉拔可以是无芯棒拉拔,管壁会增厚。如果不希望管壁变化或管壁减薄,需要带芯棒拉拔。带芯棒拉拔又可分为短芯棒拉拔、长芯棒拉拔和游动芯棒拉拔(见图3-21)。

拉拔还可生产多种截面形状的棒材,如圆形、方形、矩形和六角形等。型材拉拔可生产复杂截面或者特殊截面的异形型材(见图3-22)。

拉拔的特点:

(1) 产品尺寸精确,表面光洁;

(2) 模具和设备简单,维修方便;

(3) 可连续高速生产小规格、长制品;

(4) 每道次变形量小,简单断面型材也难以一次拉拔成形。

4. 锻造

锻造一般在高温下变形,坯料的铸造缺陷在锻造工艺上基本被消除,锻件的微观组织得到很好的改善,锻件的力学性能较铸件、机械加工件得到明显的提高,在机械制造行业应用广泛。常用的锻造方法有自由锻、模锻和胎模锻。

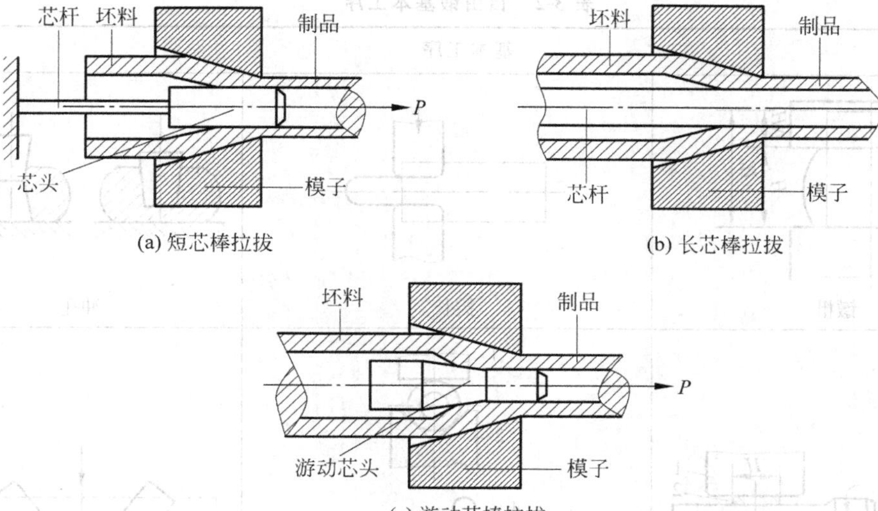

(a) 短芯棒拉拔　(b) 长芯棒拉拔　(c) 游动芯棒拉拔

图 3-21　带芯棒拉拔

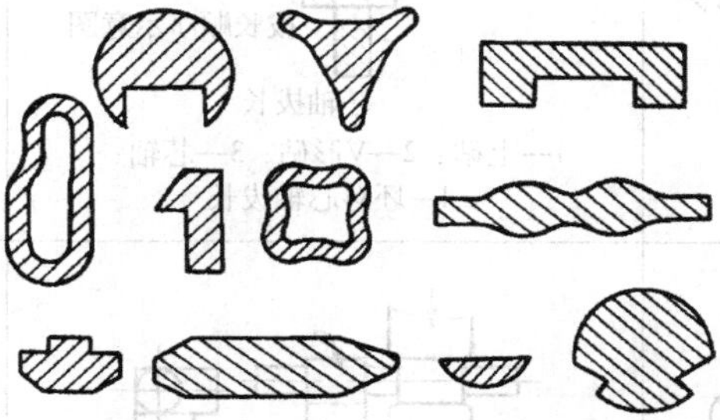

图 3-22　典型拉拔异型材的横截面形状

1）自由锻

自由锻是利用冲击力或压力使金属在上、下两个抵铁之间变形，从而获得所需形状及尺寸的锻件。坯料在锻造过程中，部分表面除了与上、下两个抵铁或其他辅助工具接触外，其他都是自由表面，金属沿变形方向可以自由流动，不受限制。在重型机械中，自由锻是生产大型锻件和特大型锻件的唯一成形方法。

自由锻可分为手工锻造和机器锻造。手工锻造主要用于生产小锻件，生产效率低，劳动强度大，作用力小，现逐步被机器锻造取代。机器自由锻设备根据锻造类型的不同，可分为锻锤自由锻和液压机自由锻。锻锤自由锻是利用锤击的动能转化为金属的变形功来进行锻造的，其吨位以落下部分的重量来表示。通用设备是空气锤（生产小件）、蒸气-空气锤（生产中等件）。液压机自由锻是依靠静压力使金属变形，可加工大型锻件。其中水压机可产生很大作用力，是重型机械厂锻造生产的主要设备。

根据锻件的形状与作用的不同，自由锻工序可分为基本工序、辅助工序和精整工序三类。

（1）基本工序。基本工序是使金属产生一定程度的塑性变形，以达到所需形状及尺寸的工艺过程。基本工序主要包括镦粗、拔长、冲孔、扩孔、弯曲、错移、扭转、切割等，最常用的是镦粗、拔长、冲孔，如表 3-2 所示。

表 3-2　自由锻基本工序

基本工序		
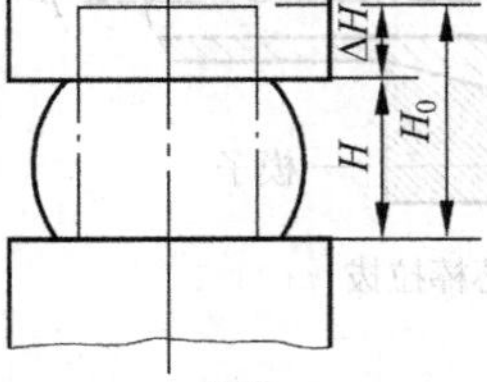 镦粗	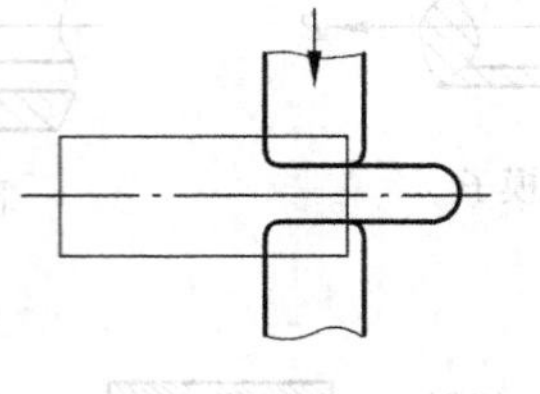 拔长	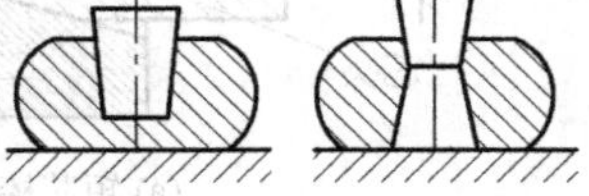 冲孔
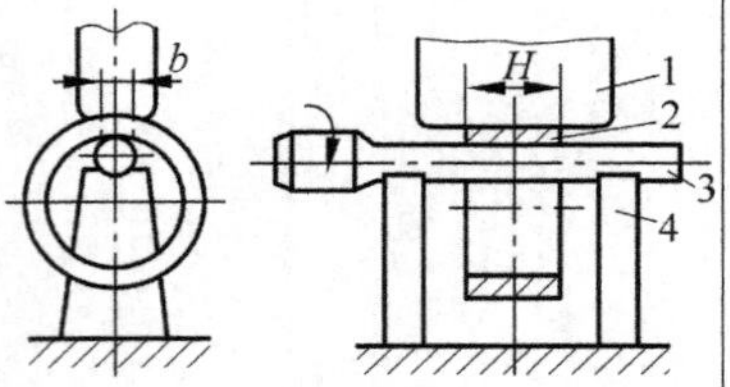 芯轴扩孔	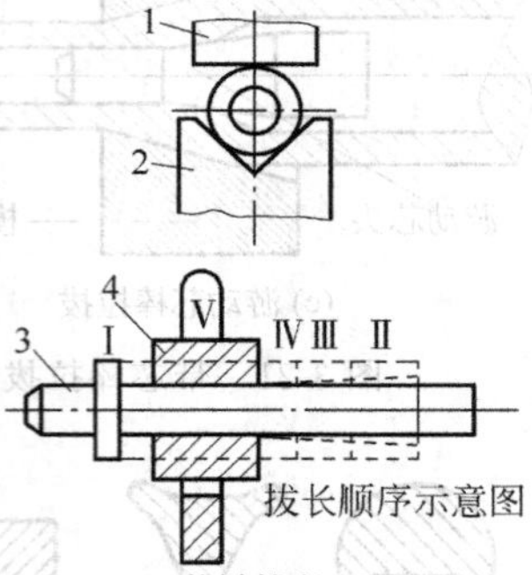 芯轴拔长 1—上砧；2—V形砧；3—芯轴； 4—坯料芯轴拔长	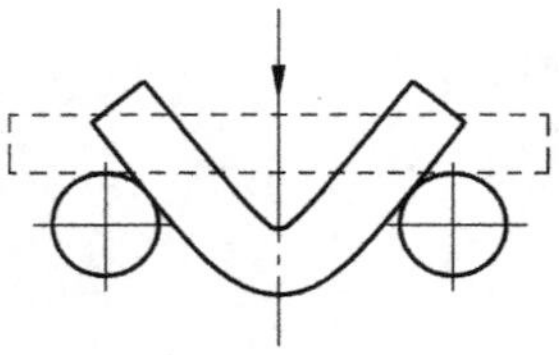 弯曲
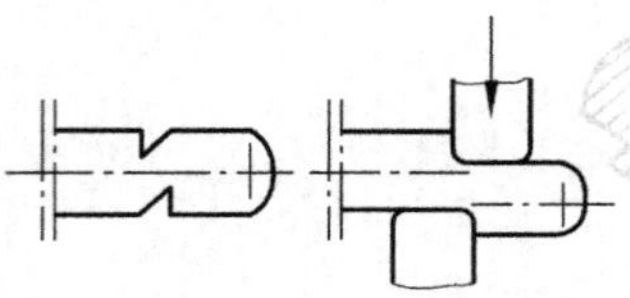 错移	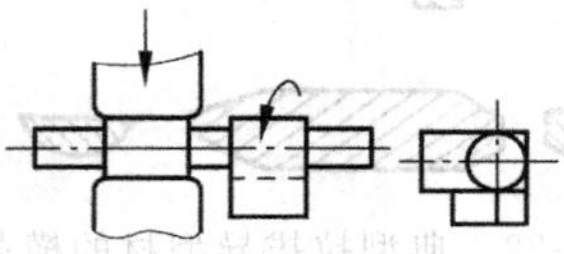 扭转	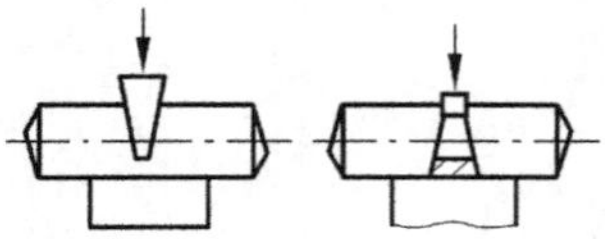 切割

① 镦粗。镦粗是使坯料高度减小、横截面积增大的工序。它是自由锻生产中最常用的工序，适用于饼块、盘套类锻件的生产。镦粗的目的主要有：横截面积较小的坯料得到横截面积较大而高度较小的锻件；冲孔前增大坯料的横截面积以便于冲孔和冲孔后端面平整；提高锻件的横向力学性能以减小力学性能的各向异性。

② 拔长。拔长是使坯料横截面积减小、长度增大的工序，它主要适用于轴类、杆类锻件的生产。为达到规定的锻造比和改变金属的内部组织结构，锻制以钢锭为坯料的锻件时，拔长经常与镦粗交替反复使用。拔长的目的主要有：横截面积较大的坯料得到横截面积较小而轴向较长的轴类锻件；可以辅助其他工序进行局部变形；反复拔长与镦粗均可以提高锻造比，使合金钢中碳化物破碎，达到均匀分布，提高力学性能。

③ 冲孔。冲孔是使坯料具有通孔或盲孔的工序。对环类件，冲孔后还应进行扩孔工作。冲孔的目的主要有：冲出锻件带有大于 $\phi 30$mm 以上的盲孔或通孔；需要扩孔的锻件应预先冲出通孔；需要拔长的空心件应预先冲出通孔。

④ 扩孔。扩孔是减小空心坯料壁厚而使其外径和内径均增大的锻造工序。

⑤ 弯曲。弯曲是使坯料轴线产生一定曲率的工序。

⑥ 错移。错移是坯料的一部分相对于另一部分平移错开的工序，例如曲轴。

⑦ 扭转。扭转是使坯料的一部分相对于另一部分绕其轴线旋转一定角度的工序。

⑧ 切割。切割是去除锻件余量的工序。

（2）辅助工序。辅助工序是为基本工序操作方便而进行的预先变形工序，如压肩、倒棱、压钳口等，如表 3-3 所示。

表 3-3　自由锻辅助工序

辅助工序		
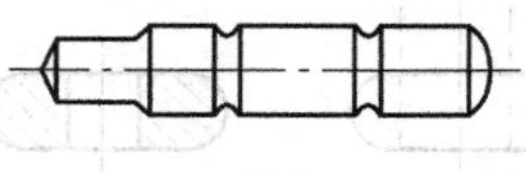 压肩	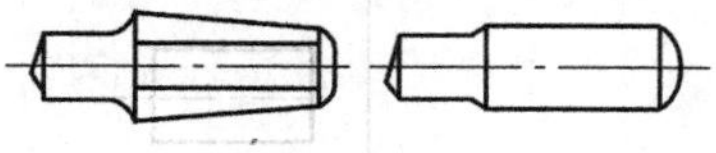 倒棱	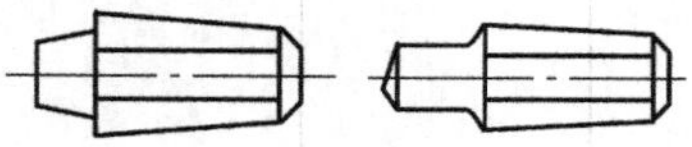 压钳口

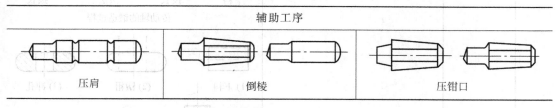

（3）精整工序。精整工序是完成基本工序之后，用以提高锻件尺寸和形状精度的工序，如校正、滚圆、平整，如表 3-4 所示。

表 3-4　自由锻精整工序

精整工序		
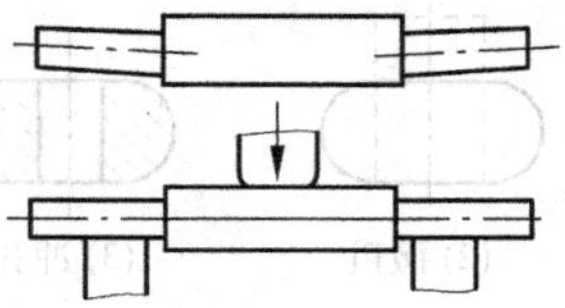 校正	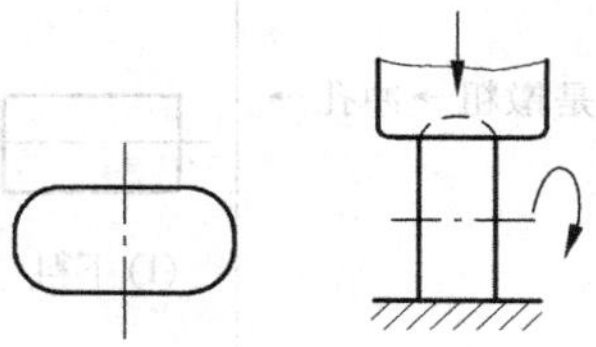 滚圆	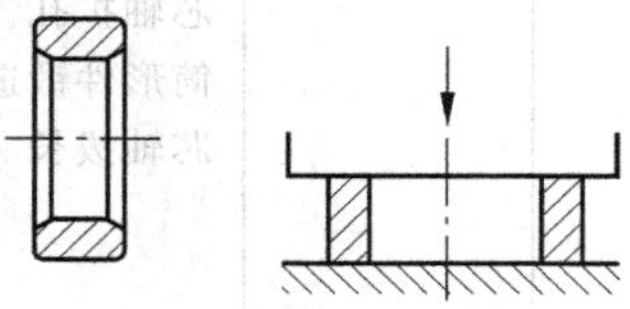 平整

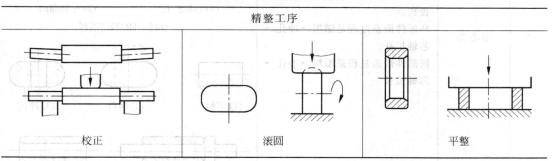

按锻造工艺特点给锻件分类，即把形状相同、变形过程类似的锻件归为一类，一般分为 6 类。分类及基本加工工步如表 3-5 所示。

表 3-5　自由锻件分类与基本工步

序号	类别	工　步	应 用 实 例
1	饼块类	基本工序是镦粗，其中带孔的锻件需冲孔	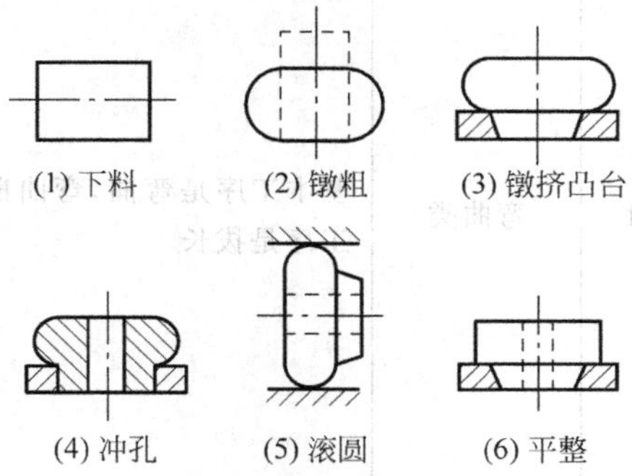 齿轮毛坯的锻造过程

续表

序号	类别	工　步	应 用 实 例
2	轴杆类	基本工序是拔长	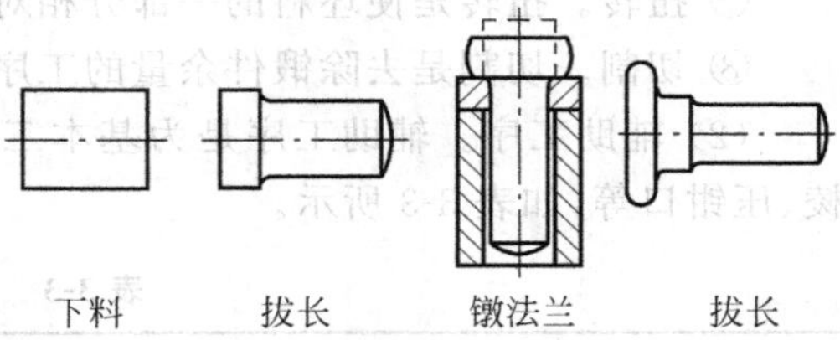 传动轴的锻造过程
3	空心类	基本工序有镦粗、冲孔、芯轴拔长。 环形件锻造过程是镦粗→冲孔→芯轴扩孔。 筒形件锻造过程是镦粗→冲孔→芯轴拔长	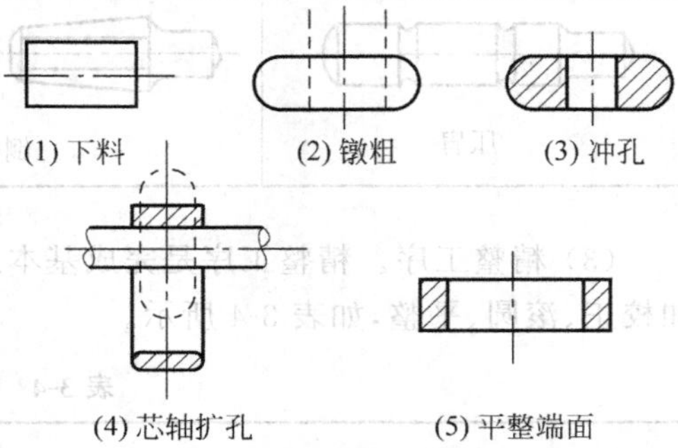 (a) 圆环的锻造过程 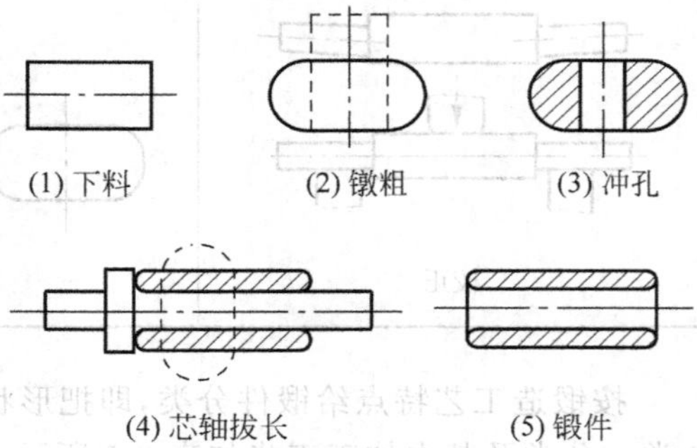 (b) 圆筒的锻造过程
4	弯曲类	基本工序是弯曲，弯曲前的制造工序是拔长	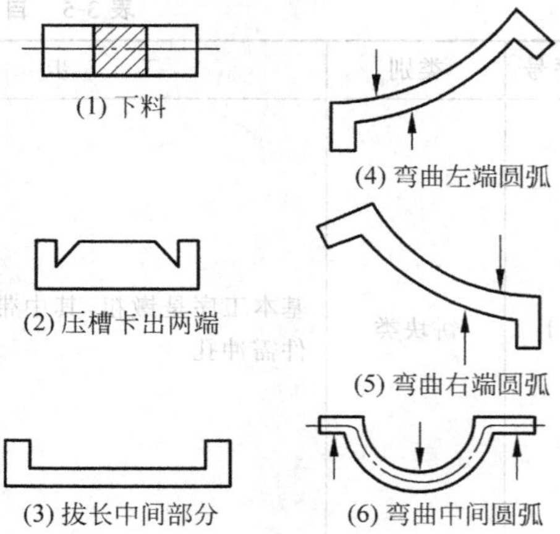 卡瓦的锻造过程

续表

序号	类别	工　步	应用实例
5	曲轴类	大型曲轴采用自由锻，一般中、小型曲轴多采用模锻。基本工序有拔长、错移、锻台阶和扭转	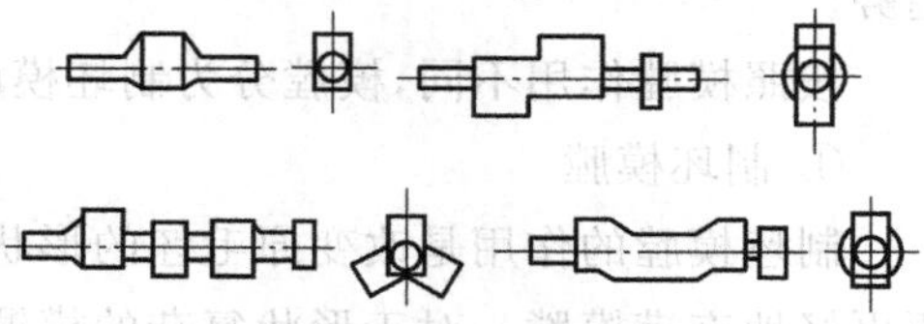 曲轴的锻造过程
6	复杂形状类	工序组合锻造	

2）模锻

利用锻模对金属坯料进行锻造成形的工艺方法称为模锻。锻模是用高强度合金工具钢制造的成形锻件的模具，模锻时，坯料在锻模模膛内受压成形。在变形过程中，由于模膛对金属坯料流动的限制，锻造结束时能得到和模膛形状一致的锻件（见图3-23）。

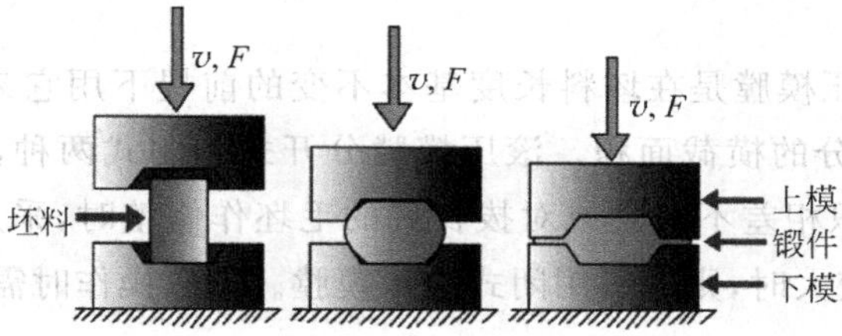

图3-23　模锻过程

模锻的特点是锻件的形状和尺寸精确，且锻造流线比较完整，零件的力学性能好，使用寿命长；机械加工余量少，节省加工工时，材料利用率高；可以锻制形状较为复杂的锻件；生产率高；操作简单，劳动强度低。但模锻设备投资大，锻模成本高。目前，模锻成形已广泛应用于汽车、航空航天、国防工业和机械制造业。

按模锻使用的设备不同，模锻可分为锤上模锻、压力机上模锻两大类。

（1）锤上模锻

锤上模锻主要采用蒸气-空气模锻锤，其落下部分质量为1～16t。近年来，出现了各种新式的无砧座锤、液压锤、高速锤等，使锤上模锻效率更高、操作更简便。锤上模锻用的锻模（见图3-24）由上、下模合在一起，金属在模膛内成形。

锤上模锻的特点如下：

① 锤头与导轨之间的配合比自由锻精密，锤头的运动精度较高，能使上、下模在锤击时对准。

② 锤上模锻可以完成镦粗、拔长、滚挤、弯曲、成形、预锻和终锻各工步的操作。

③ 锤击力和锤击频率可以在操作中自由控制，能够完成各种长轴、短轴类锻件的模锻，具有较高的适应性。

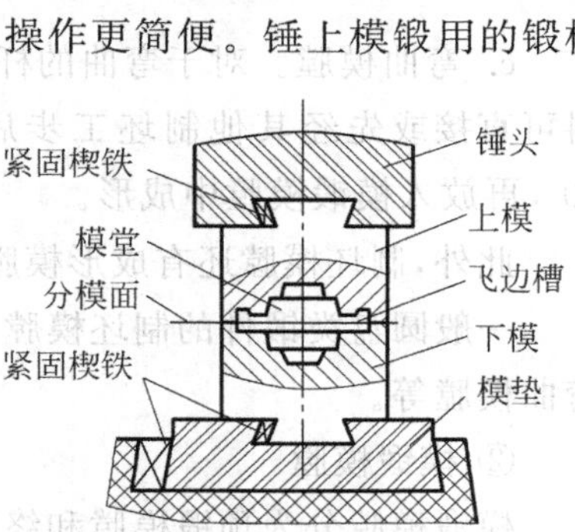

图3-24　锤上模锻

④ 设备成本比其他模锻设备成本低，应用范围广。

⑤ 工作时振动和噪声大,劳动条件差,程度高的自动化难以实现。

⑥ 完成一个变形工步需要多次锤击,生产效率还不太高,有逐渐被压力机模锻取代的趋势。

按照模膛作用不同,模膛分为制坯模膛、模锻模膛和切断模膛。

① 制坯模膛

制坯模膛的作用是改变原毛坯的形状,使金属合理分配,以适应锻件横截面的要求,以便更好地充满模膛。对于形状复杂的模锻件,为了使坯料形状基本接近模锻件形状,使金属能合理分布并很好地充满模锻模膛,就必须预先在制坯模膛内制坯。制坯模膛主要有拔长模膛、滚压模膛和弯曲模膛等。

a. 拔长模膛。拔长模膛是用来减小坯料某部分的横截面积进而增加该部分的长度。当模锻件沿轴向横截面积相差较大时,常采用这种模膛进行拔长。拔长模膛分为开式和闭式两种,如图3-25所示。闭式模膛的拔长效率高,但其加工制造比开式模膛麻烦。一般把拔长模膛设置在锻模的边缘处。生产中进行拔长操作时,坯料除向前送进外还需不断翻转。

b. 滚压模膛。滚压模膛是在坯料长度基本不变的前提下用它来减小坯料某部分的横截面积,以增大另一部分的横截面积。滚压模膛分开式和闭式两种,如图3-26所示。当模锻件沿轴线的横截面积相差不很大或对拔长后的毛坯作修整时,采用开式滚压模膛;当模锻件的截面面积相差较大时,则应采用闭式滚压模膛。滚压操作时需不断翻转坯料,但不作送进运动。

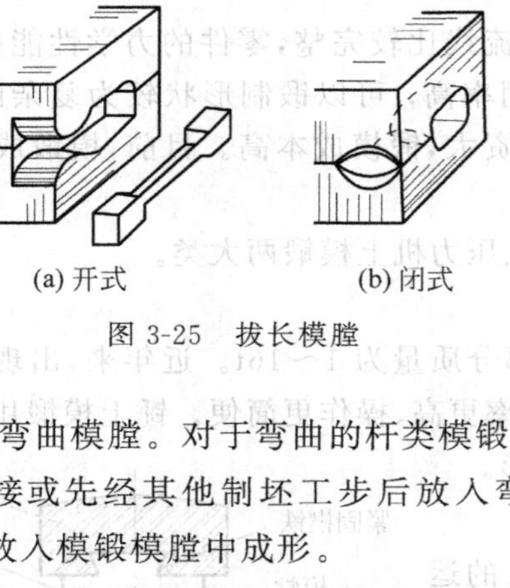

(a) 开式　(b) 闭式

图3-25　拔长模膛

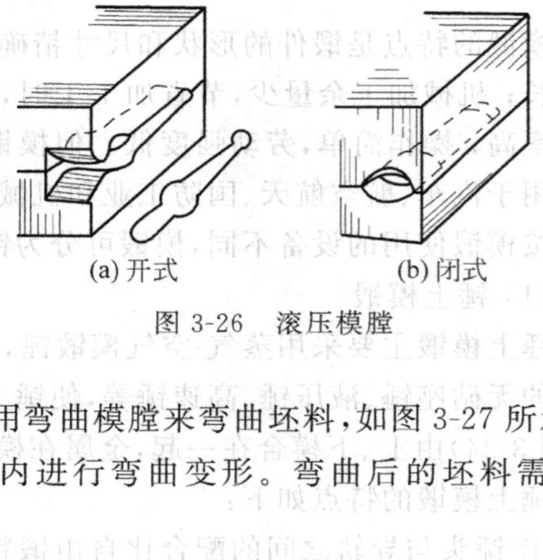

(a) 开式　(b) 闭式

图3-26　滚压模膛

c. 弯曲模膛。对于弯曲的杆类模锻件,需采用弯曲模膛来弯曲坯料,如图3-27所示,坯料可直接或先经其他制坯工步后放入弯曲模膛内进行弯曲变形。弯曲后的坯料需翻转90°,再放入模锻模膛中成形。

此外,制坯模膛还有成形模膛、镦粗台及击扁面等。

一般圆盘类锻件的制坯模膛为镦粗台,长轴类锻件的制坯模膛有拔长模膛、滚压模膛、弯曲模膛等。

② 模锻模膛

模锻模膛分为预锻模膛和终锻模膛两种,见图3-28。这是由于金属在模锻模膛中发生整体变形时作用在锻模上的变形抗力较大。为了便于终锻时金属更容易充满终锻模膛,同时提高锻模的使用寿命,在终锻模膛模锻之前将金属先在预锻模膛里预锻。

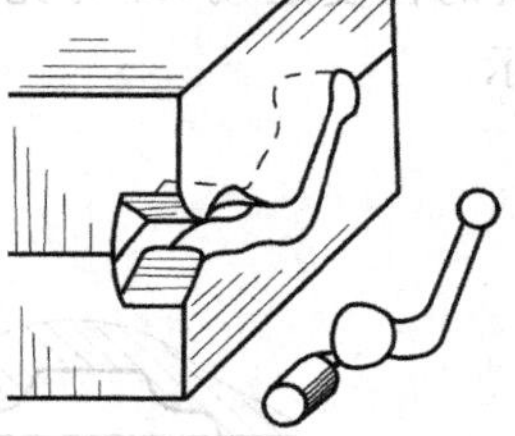

图 3-27 弯曲模膛

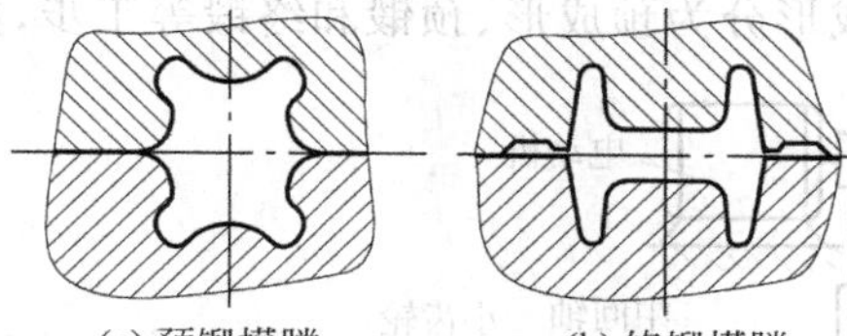

图 3-28 模锻模膛

a. 预锻模膛。预锻模膛的作用是使坯料变形到接近于锻件的形状和尺寸，防止模锻件产生折叠，以便于终锻时金属更容易充满终锻模膛，同时减少了终锻模膛的磨损，延长终锻模膛的使用寿命。预锻模膛与终锻模膛的主要区别是，前者的圆角和斜度较大，一般没有飞边槽。对于形状或批量不够大的模锻件也可以不设预锻模膛。

b. 终锻模膛。终锻模膛的作用是使坯料最后变形到锻件所要求的形状和尺寸，因此它的形状应和锻件的形状相同，但因锻件冷却时要收缩，终锻模膛的尺寸应比锻件尺寸放大一个收缩率。

另外，终锻模膛沿模膛四周设有飞边槽，用以增加金属从模膛中流出的阻力，促使金属更好地充满模膛，同时容纳多余的金属。

对于具有通孔的锻件，由于不可能靠上、下模的突起部分把金属完全挤压到旁边去，故终锻后在孔内有一薄金属，称为冲孔连皮(见图 3-29)。最后，把冲孔连皮和飞边冲掉后，才能得到具有通孔的模锻件。

③ 切断模膛

切断模膛是在上模与下模的角部组成的一对刃口，用来切断金属，如图 3-30 所示。单件锻造时，用它从坯料上切下锻件或从锻件上切下钳口。多件锻造时，用它来分离成单个锻件。

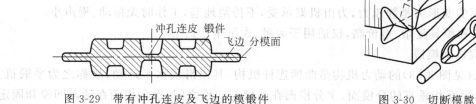

图 3-29 带有冲孔连皮及飞边的模锻件

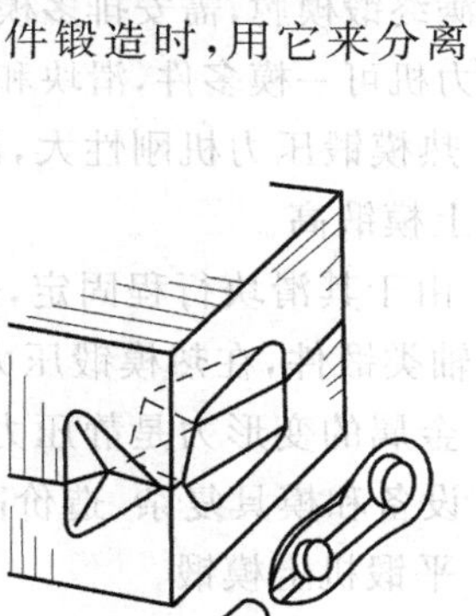

图 3-30 切断模膛

(2) 压力机上模锻

用于模锻生产的压力机有热模锻压力机、平锻机和螺旋压力机等。

① 热模锻压力机上模锻

热模锻压力机(见图 3-31)，又称曲柄压力机，采用整体床身或有预应力框架式机身，靠宽偏心轴曲柄和斜楔机构传动,具有导向良好可靠的滑块,上模块装在滑块下端,下模块固定在工作台上,通过曲柄连杆机构使滑块往复运动,随着滑块的往复运动,即可完成模锻成形。模锻成形分为预成形、预锻和终锻等工步,如图3-32所示。

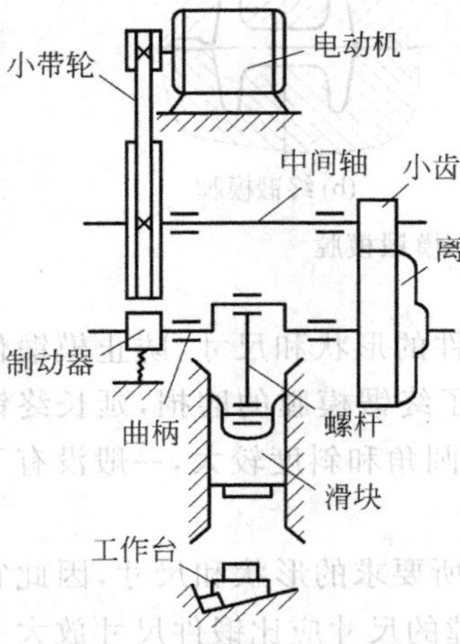

图3-31 热模锻压力机传动图

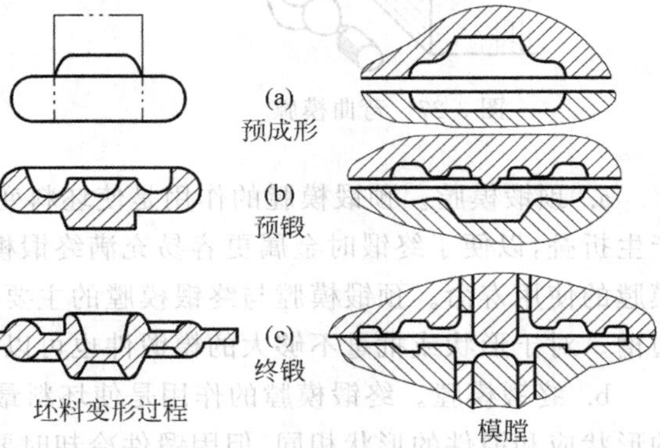

图3-32 热模锻压力机上齿轮模锻工步

与锤上模锻相比,热模锻压力机具有以下特点:

a. 坯料受到的锻造力是静压力,不是冲击力,坯料的变形速率较低,金属在模膛内流动缓慢,对于难变形材料的锻造有益。某些锤上模锻难以成形的低塑性金属,如镁合金、高温合金等对变形速率敏感的材料,可在热模锻压力机上进行。由于不受冲击力,锻模可设计成镶块式,模具制造简单,易于更换。

b. 锻造时,滑块的行程一定,每个变形工步在一次行程中完成,金属变形量过大,不易使金属充满终锻模膛,需安排多模膛模锻,变形逐渐进行,终锻前可采用预成形或预锻工序;热模锻压力机可一模多件,滑块和工作台中有顶出装置,容易实现自动化,具有较高的生产效率。

c. 热模锻压力机刚性大,滑块的运动精度高,锻件精度高,斜度小,加工余量小,锻造精度比锤上模锻高。

d. 由于其滑块行程固定,热模锻压力机不宜进行拔长、滚挤工步。对于横截面变化较大的长轴类锻件,在热模锻压力机上,需要借助周期性轧材、楔横轧或辊锻设备制坯。

e. 金属的变形力是静压力,力由机架承受,不传给地基,工作时无振动、噪声小。

f. 设备和模具复杂、造价高,仅适用于大批、大量生产。

② 平锻机上模锻

平锻机(见图3-33)的动力机构是曲柄连杆机构,其主滑块水平运动,故称之为平锻机。平锻机有两个互相垂直的分模面,主分模面在凸模与凹模之间,次分模面在活动凹模和固定凹模之间。

平锻机可完成局部镦粗、终锻、冲孔、切边、弯曲、热精压、剪断、穿孔等模锻工序,能锻出两个不同方向上有凹槽或凹孔的锻件,能锻出长杆类和长杆空心锻件等热模锻压力机上无法锻出的锻件,如图3-34所示。因此,平锻机主要用于带凹挡、凹孔、通孔、凸缘类回转体锻件的大量生产。

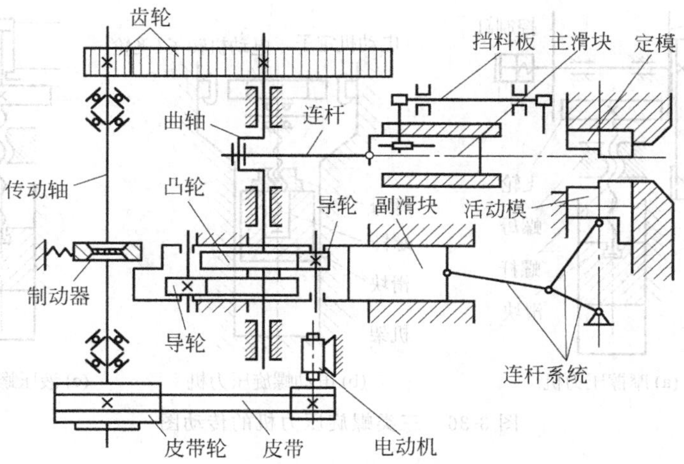

图 3-33 平锻机传动图

③ 螺旋压力机上模锻

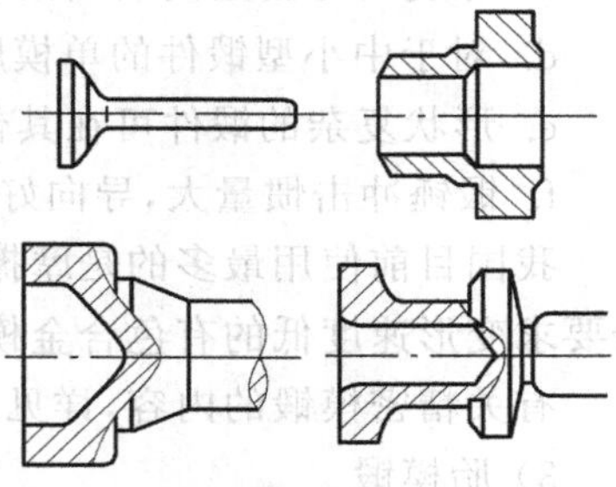

图 3-34 平锻机锻造的锻件

螺旋压力机(图 3-35)是利用飞轮在外力作用下旋转积蓄足够的能量,再通过螺杆传递给滑块作向下运动使坯料模锻成形的。螺旋压力机按其驱动方式不同分为摩擦压力机、电动螺旋压力机和液压螺旋压力机三大类,它们的传动系统如图 3-36 所示。在图 3-36(a)中,飞轮运动是利用摩擦盘压紧飞轮轮缘产生的摩擦力矩来驱动的。在图 3-36(b)中,靠特制的可逆电动机的电磁力矩直接推动电动机转子上的飞轮旋转工作。在图 3-36(c)中,飞轮运动是由液压缸的推力推动的。

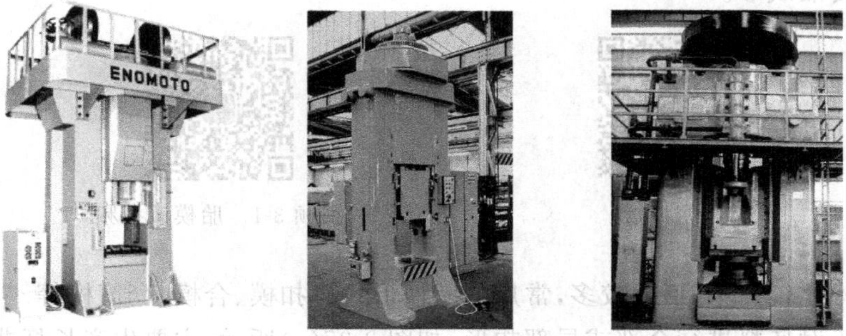

(a) 摩擦压力机　(b) 电动螺旋压力机　(c) 液压螺旋压力机

图 3-35 三类螺旋压力机

螺旋压力机的特点:

a. 滑块速度约为 0.5～1.0m/s,对锻件有一定的冲击力,滑块行程可控,具有锻锤和压力机的双重性质,不仅能满足各种成形工序的需求,还可以进行热压、精压、弯曲、切除飞边、冲连皮等工序。

b. 滑块的运动速度不高,金属变形过程中的再结晶可以充分进行,对低塑性金属变形

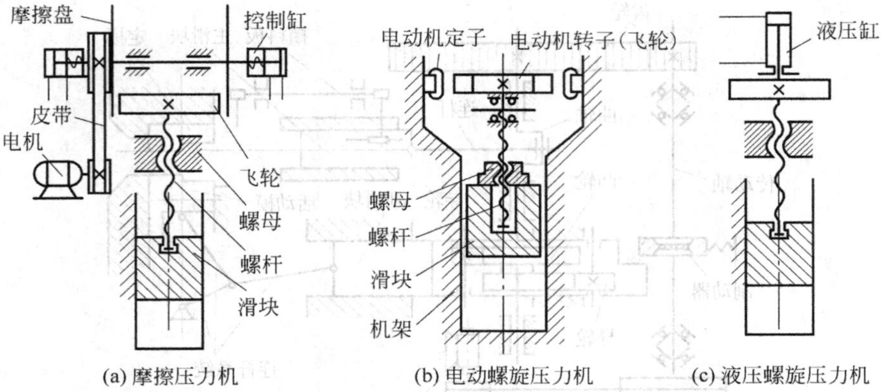

图 3-36 三类螺旋压力机的传动图

有益,适合锻造低塑性合金钢和有色金属等,生产效率不高。

c. 螺旋压力机上模锻只出少量飞边,出模角很小,锻后由顶杆将锻件顶出。

d. 对于中小型锻件的单模膛锻造效果很好,特别是镦锻气门、螺栓等带杆零件的头部。

e. 形状复杂的锻件可在其他设备上预先制坯,然后在螺旋压力机上终锻。

f. 锻锤冲击惯量大,导向好,不需要蒸汽动力,是比较万能的模锻设备。

我国目前使用最多的是摩擦压力机,它具有适应性强、滑块运动速度低的特点,比较适合要求变形速度低的有色合金模锻。

有关精密模锻的内容,详见二维码。

3) 胎模锻

胎模锻是在自由锻设备上使用可移动的模具(称为胎模)生产模锻件的方法。它也是介于自由锻和模锻之间的一种锻造方法。通常采用自由锻的镦粗或拔长等工序初步制坯,然后在胎模内终锻成形。

精密模锻　　视频 3-1 胎模锻视频

胎模结构比较简单,形式较多,常用的胎模形式有扣模、合模、套筒模等。

扣模用于对坯料进行全部或局部扣形,如图 3-37(a)所示,主要生产长杆非回转体锻件,也可为合模锻造制坯。用扣模锻造时毛坯不转动。

合模通常由上模和下模组成,如图 3-37(b)所示,主要用于生产形状复杂的非回转体锻件,如连杆、叉形锻件等。

套筒模简称筒模或套模,锻模呈套筒形,可分为开式筒模和闭式筒模(图 3-38)两种,主要用于锻造法兰盘、齿轮等回转体锻件。

胎模锻造所用胎模不固定在锤头或砧座上,按加工过程需要,可随时放在上下砥铁间进行锻造,也可随时搬下来。锻造时,先把下模放在下砥铁上,再把加热的坯料放在模膛内,然后合上上模，用锻锤锻打上模背部。待上、下模接触，坯料便在模膛内锻成锻件。

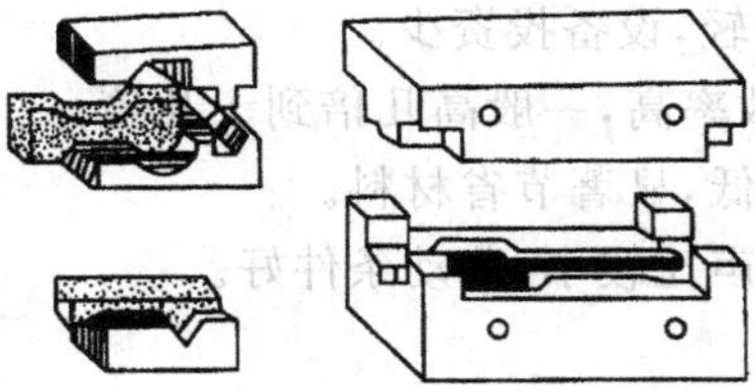

(a) 扣模　(b) 合模

图 3-37　扣模和合模的结构

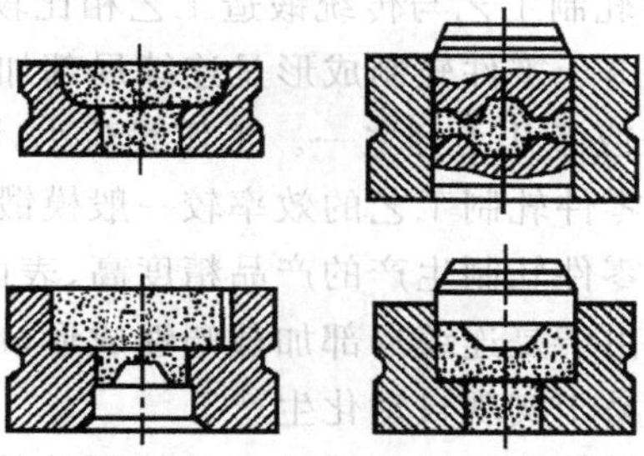

(a) 开式　(b) 闭式

图 3-38　套筒模的结构

胎模锻同时具有自由锻和模锻的某些特点。与模锻相比，不需昂贵的模锻设备。模具制造简单且成本较低，但不如模锻精度高，且劳动强度大、胎膜寿命低、生产率低；与自由锻相比，坯料最终是在胎膜的模膛内成形，可以获得形状较复杂、锻造质量和生产率较高的锻件。因此，它在中、小工厂得到广泛应用，适合小型锻件的中、小批量生产。

上述各种锻造方法的综合分析和对比见表 3-6。

表 3-6　常用的锻造方法及比较

锻造方法	锻造力	应用范围	生产效率	锻件质量	模具特点	模具寿命	生产环境
自由锻	冲击力	小中大件 单件小坯	低	低			振动噪声大
锤上模锻	冲击力	中小件 大批量	中	中	整体式模具，无导向、顶出装置	中	振动噪声大
热模锻压力机上	压力	中小件 大批量	高	高	装配式模具，有导柱、导套、顶出装置	较高	振动噪声较小
平锻机上	压力	大坯量	高	高	装配式模具，由一个凸模与两个凹模组成，有两个分模面	较高	振动噪声较小
摩擦压力机上	冲击力与压力之间	小件 中批量 可精密锻	较高	较高	单膛锻模，下模常有顶出装置	中	振动噪声较小
胎模锻	冲击力	中小件 中小批量	较高	中	简单、不固定在锤上	较低	振动噪声大

5. 特种体积成形

1）零件轧制成形

零件轧制成形（特种轧制成形）是指用轧制工艺制造机器零件的方法。传统的轧制方法多成形等截面的材料，如等截面的板材、管材、棒材以及型材等。机器零件是在传统轧制出来的“材”的基础上，经过塑性变形、切削等制造方法生产的。所以，零件轧制成形是传统轧制技术的发展，又是机械制造技术的发展。零件轧制成形与传统的锻造间歇成形不同，工件为连续局部成形,所以又称为特殊锻造或特种轧制。

零件轧制工艺与传统锻造工艺相比较,具有如下特点:

(1) 由于零件轧制成形是连续局部加载塑性成形,坯料受到的载荷小,一般只有模锻的几分之一或者几十分之一。工作载荷小,设备重量轻,设备投资少。

(2) 零件轧制工艺的效率较一般模锻的生产效率高,一般高几倍到十几倍。

(3) 零件轧制生产的产品精度高、表面粗糙度低,显著节省材料。

(4) 由于是连续局部加载塑性成形,冲击和噪声比较小,劳动条件好。

(5) 易于实现自动化生产。

(6) 零件轧制工艺的缺点是通用性较差,需要专用的设备与模具,模具的设计、制造以及工艺的调整比较复杂。因此,零件轧制工艺适用于少种类大批量零件的生产。

零件轧制工艺主要包括横轧、楔横轧、斜轧、辊锻、环轧以及摆辗等技术。

横轧的原理是两个轧辊轴线平行,且旋转方向相同,圆形坯料在轧辊孔型的带动下,作平行于轧辊轴线、旋转方向与轧辊旋转方向相反的旋转运动,在轧辊孔型的作用下成形零件。坯料主要作径向压缩、轴向变形很小的塑性变形。

横轧最典型的应用为螺纹横轧,又称螺纹滚压。两个带螺纹的轧辊以相同的方向旋转,带动圆形坯料方向旋转,其中一个轧辊作径向进给运动,在轧辊孔型的作用下,将圆形坯料形成螺纹,如图 3-39 所示。

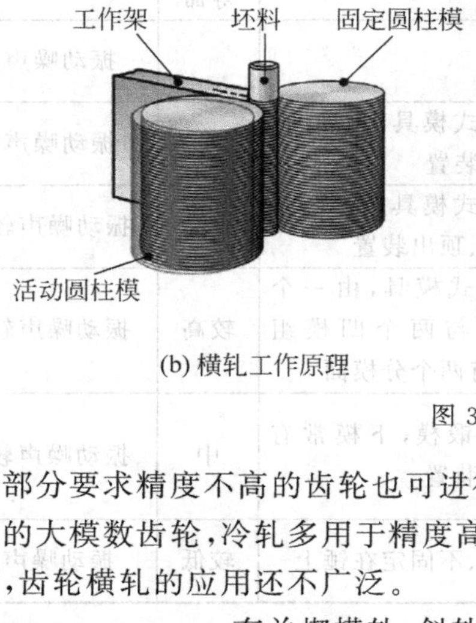

(b) 横轧工作原理

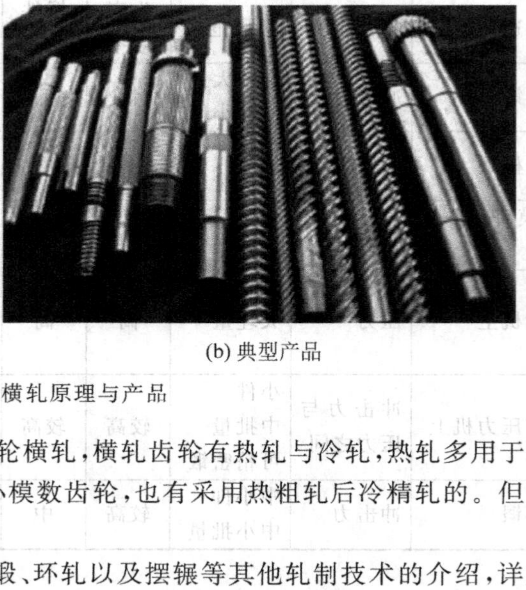
(b) 典型产品

图 3-39 横轧原理与产品

部分要求精度不高的齿轮也可进行齿轮横轧,横轧齿轮有热轧与冷轧,热轧多用于精度不高的大模数齿轮,冷轧多用于精度高的小模数齿轮,也有采用热粗轧后冷精轧的。但总体而言,齿轮横轧的应用还不广泛。

有关楔横轧、斜轧、辊锻、环轧以及摆辗等其他轧制技术的介绍,详见二维码。

其他轧制技术

2) 旋转锻造

旋转锻造又称径向锻造,是长轴类零件成形的方法。旋转锻造的原理是绕工件径向对称布置的两个以上的锤头,以高频的径向往复运动击打工件,工件作旋转与轴向运动,在锤头击打的作用下,实现断面收缩、长度延伸的塑性变形(图 3-40)。

旋转锻造广泛用于汽车、机床、火车、拖拉机等长轴类台阶轴的生产。

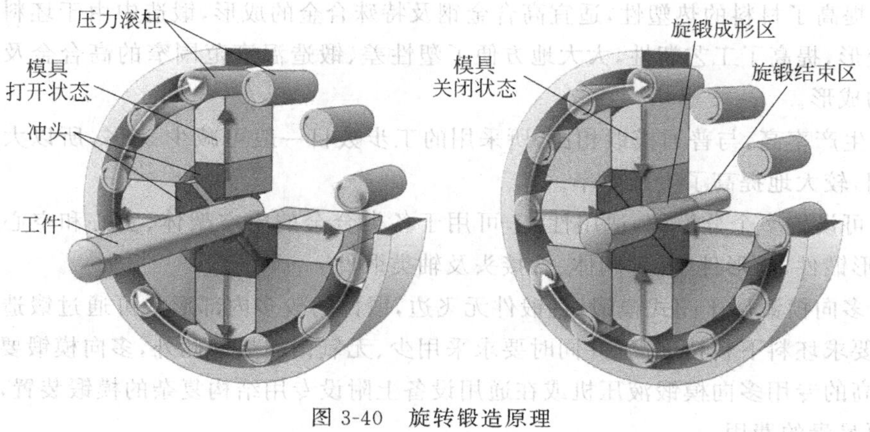

图 3-40 旋转锻造原理

3) 多向模锻

多向模锻时,由两个或多个凸模(或凸模芯)从不同的方向,同时或依次对坯料加压进行挤压或镦挤成形。其变形的实质是挤压与模锻的复合,以挤压变形为主。

为使成形后的锻件能够取出模腔,多向模锻根据零件特点进行水平或垂直分模,如图 3-41 所示。对于特殊形状的锻件,也可以进行多向分模(联合分模)。

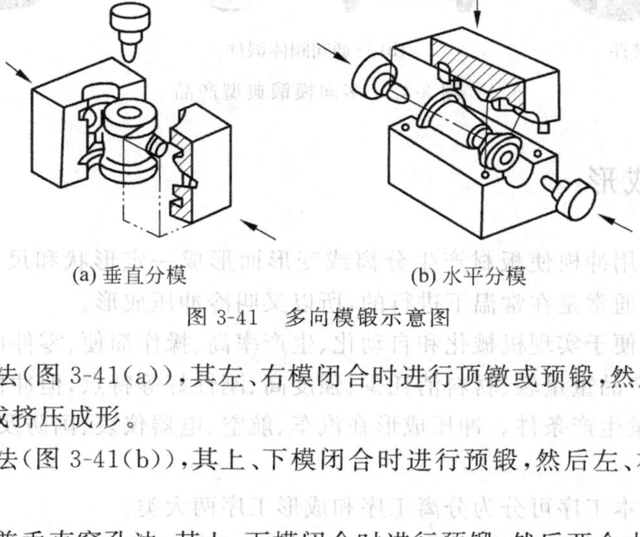

(a) 垂直分模 (b) 水平分模

图 3-41 多向模锻示意图

(1) 垂直分模法(图 3-41(a)),其左、右模闭合时进行顶镦或预锻,然后主冲头垂直加压于坯料,完成冲孔或挤压成形。

(2) 水平分模法(图 3-41(b)),其上、下模闭合时进行预锻,然后左、右冲头完成冲孔及挤压成形。

(3) 水平分模兼垂直穿孔法,其上、下模闭合时进行预锻,然后两个水平冲头冲孔挤压,最后上模的内置式冲头再进行穿孔完成终锻。

多向模锻的主要工艺特点如下:

(1) 材料利用率高,机械加工余量小。与开式模锻相比,无飞边材料的浪费,锻件形状可设计成空心,且取消或减少冲孔的模锻斜度,从而节约金属 30%～50%。

(2) 锻件流线完整,抗应力腐蚀好,疲劳强度高,锻件性能好。由于多数锻件的形状是由模锻成形的,其纤维组织沿锻件轮廓分布,因此锻件的力学性能好,一般强度可提高 30%

以上。

(3) 提高了材料的热塑性，适宜高合金钢及特殊合金的成形，锻造中由于坯料在三向压应力下变形，提高了工艺塑性，大大地方便了塑性差、锻造温度范围窄的高合金及其特殊合金材料的成形。

(4) 生产率高，与普通模锻相比，所采用的工步数目一般可减少50%，所以大大减少了锻造时间，较大地提高了生产效率。

(5) 可设置多个分模面，适用性广，可用于各类合金的中空架体、实心和空心的枝芽类锻件、叉形锻件、筒形件、各种阀体、管接头及轴类锻件。

(6) 多向模锻属于闭式模锻，且锻件无飞边，锻件的较多内部形状可通过锻造方式来获得，因此要求坯料下料精度高，并同时要求采用少、无氧化加热。此外，多向模锻要求有刚性好、精度高的专用多向模锻液压机或在通用设备上附设专用结构复杂的模锻装置，但设备与装置需要昂贵的费用。

由于多向模锻具有以上特点，因此在航空、石油、化工、汽车拖拉机制造、原子能工业中，有关中空架体、活塞、轴类、筒形件、大型阀体、管接头、飞机起落架、发动机机匣、盘轴组合件等锻件(图3-42)，已开始采用多向模锻的工艺进行生产。

(a) 球阀阀体锻件　(b) 三通阀阀体锻件　(c) 真空阀阀体

图3-42　多向模锻典型产品

3.2.2 板料成形

板料成形是利用冲模使板材产生分离或变形而形成一定形状和尺寸的零件的加工方法。这种加工方法通常是在常温下进行的，所以又叫冷冲压成形。

冲压成形具有便于实现机械化和自动化、生产率高、操作简便、零件成本低、可以生产出形状复杂的零件、产品重量轻、材料消耗少、强度高、刚性好等特点，但冲模制造比较复杂、成本高，适用于大批量生产条件。冲压成形在汽车、航空、电器仪表、国防及日用品等工业中得到广泛应用。

冲压生产的基本工序可分为分离工序和成形工序两大类。

1. 分离工序

分离工序是使坯料的一部分与另一部分相互分离的工序，如落料、冲孔、切断和修整等。

1) 冲裁

冲裁是利用模具使板料分离的一种冲压工艺。它包括落料和冲孔工序。落料和冲孔的本质是一样的，只是材料取舍不同。落料是被分离的部分为成品，余下的部分是废品；冲孔是被分离的部分为废料，而余下部分是成品。例如冲制平面垫圈，制取外形的冲裁工序称为落料，而制取内孔的工序称为冲孔。落料和冲孔工序中坯料变形过程和模具都是一样的。

(1) 冲裁变形过程

冲裁变形过程可分为三个阶段，如图 3-43 所示。

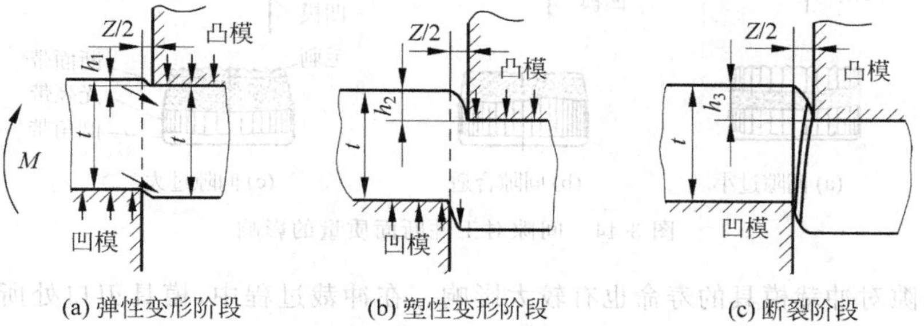

图 3-43 冲裁变形过程

第一阶段：弹性变形阶段。

如图 3-43(a)所示，凸模与材料接触后，先将材料压平，接着凸模及凹模刃口压入材料中，由于弯矩 M 的作用，材料不仅产生弹性压缩且略有弯曲。随着凸模的继续压入，材料在刃口部分所受的应力逐渐增大，直到 h_1 深度时，材料内应力达到弹性极限，此为材料的弹性变形阶段。

第二阶段：塑性变形阶段。

如图 3-43(b)所示，凸模继续压入，压力增加，材料内部的应力达到屈服点，产生塑性变形。随着塑性变形程度的增大，材料内部的拉应力和弯矩增大，变形区材料硬化加剧。当压入深度达到 h_2 时，刃口附近材料的应力值达到最大值，此为塑性变形阶段。

第三阶段：断裂阶段。

如图 3-43(c)所示，凸模压入深度达到 h_3 时，先后在凹、凸模刃口侧面产生裂纹，裂纹产生后沿最大切应力方向向材料内层发展，当凹、凸模刃口处的裂纹相遇重合时，材料便被切断分离。

(2) 冲裁间隙

冲裁间隙是指冲裁模凸、凹模刃口部分尺寸之差，其双面间隙用 Z 表示，单面间隙为 $Z/2$。

冲裁间隙对冲裁件断面质量的影响比较大。冲裁件断面应平直、光洁、圆角小；光亮带应有一定的比例，毛刺较小。影响冲裁件断面质量的因素有：凸、凹模间隙值大小及其分布的均匀性，模具刃口锋利状态，模具结构与制造精度、材料性能等，其中凸、凹模间隙值大小与分布的均匀程度是主要影响因素。

冲裁时，间隙合适，可使上下裂纹与最大切应力方向重合，此时产生的冲裁断面比较平直、光洁、毛刺较小，质量较好，如图 3-44(b)所示。间隙过小或过大将导致上、下裂纹不重合。间隙过小时，上、下裂纹中间部分被第二次剪切，在断面上产生撕裂面，形成第二个光亮带，如图 3-44(a)所示，在端面出现长毛刺。间隙过大，板料所受弯曲与拉伸均变大，断面容易撕裂，使光亮带所占比例减小，产生较大塌角，粗糙的断裂带斜度增大，毛刺大而厚，难以除去，使冲裁断面质量下降，如图 3-44(c)所示。

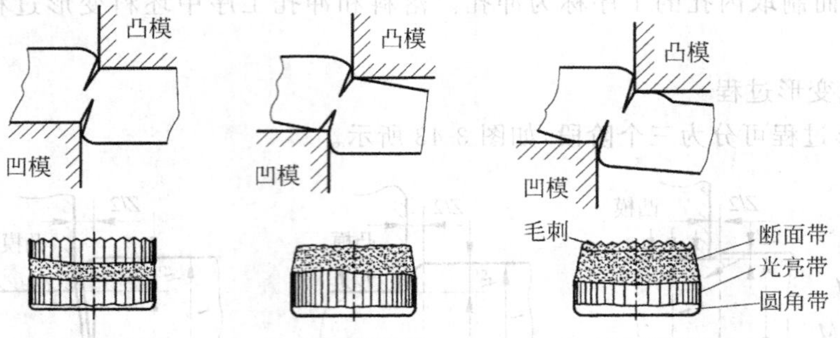

(a) 间隙过小　(b) 间隙合适　(c) 间隙过大

图 3-44　间隙对工件断面质量的影响

冲裁间隙对冲裁模具的寿命也有较大影响。在冲裁过程中，模具刃口处所受的压力非常大，使模具刃口产生磨损，其磨损量与接触压力、相对滑动距离成正比，与材料屈服强度成反比。当间隙减小时，接触压力会增大，摩擦距离增长，摩擦发热严重，导致模具磨损加剧，使模具与材料之间产生黏结现象，引起刃口的压缩疲劳破坏，使之崩刃。间隙过大时，板料弯曲拉伸相对增加，使模具刃口端面上的正压力增大，容易产生崩刃或塑性变形，使磨损加剧。可见间隙过小与过大都会导致模具寿命降低。因此，间隙合适或适当增大模具间隙，可使凸、凹模侧面与材料间摩擦减小，并减缓间隙不均匀的不利因素，从而提高模具寿命。

冲裁间隙还对冲裁力有较大影响。一般认为，增大间隙可以降低冲裁力，而小间隙则使冲裁力增大。当间隙合理时，上下裂纹重合，最大剪切力较小。而小间隙时，材料所受力矩和拉应力减小，压应力增大，材料不易产生撕裂，上下裂纹不重合又产生二次剪切，使冲裁力有所增大；增大间隙时，材料所受力矩与拉应力增大，材料易于剪裂分离，故最大冲裁力有所减小。如果对冲裁件质量要求不高，为降低冲裁力、减少模具磨损，可以取偏大的冲裁间隙。

(3) 排样

视频 3-2　冲压过程视频

冲裁件在条料、带料或板料上的布置方法叫排样。合理的排样是提高材料利用率、降低成本、保证冲件质量及模具寿命的有效措施。

从废料角度来分，冲裁排样可分为有废料排样、少无废料排样两种。有废料排样时，工件与工件之间，工件与条料边缘之间都有搭边存在。冲裁件的尺寸完全由冲模保证，精度高，具有保护模具的作用，但材料利用率低。少无废料排样时，工件与工件间、工件与条料边缘之间有较少搭边和废料或无搭边存在。少无废料排样，材料利用率高，模具结构简单，但冲裁时由于凸模刃口受不均匀侧向力的作用，使模具容易遭到破坏，冲裁件质量也较差。

按工件在材料上的排列形式来分，冲裁排样可分为直排、斜排、对排、混合排样、多行排、裁搭边等形式。排样形式示例见表 3-7。

2) 切断

切断是指用剪刃或冲模将板料沿不封闭轮廓进行分离的工序。剪刃安装在剪床上，把大板料剪切成一定宽度的条料，供下一步冲压工序用。而冲模是安装在冲床上，用以制取形状简单、精度要求不高的平板件。

表 3-7　排样形式分类示例

排样形式	有废料排样	少无废料排样	应用范围
直排	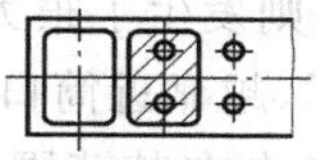	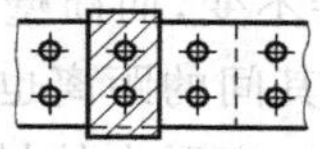	方形、矩形零件
斜排	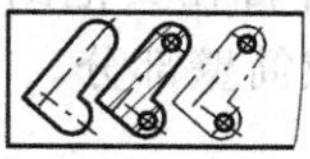	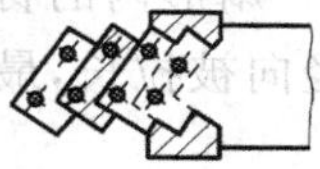	椭圆形、L 形、T 形、S 形零件
直对排	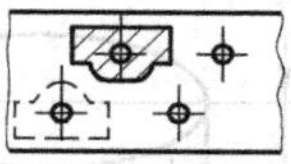	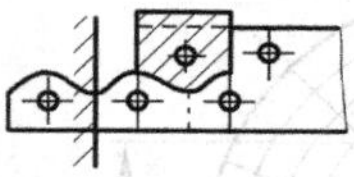	梯形、三角形、半圆形、T 形、Π 形零件
混合排	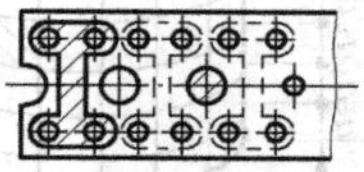	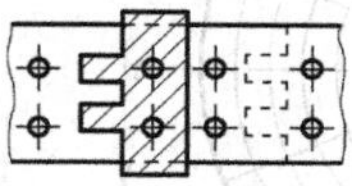	材料与厚度相同的两种以上的零件
多行排	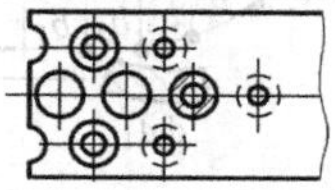	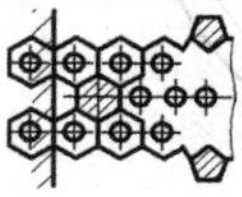	批量较大、尺寸不大的圆形、六角形、方形、矩形零件
裁搭边	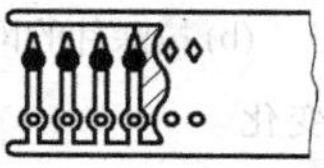	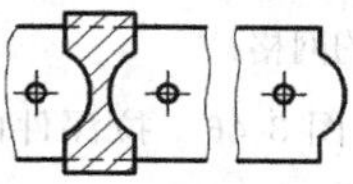	细长零件
分次裁搭边	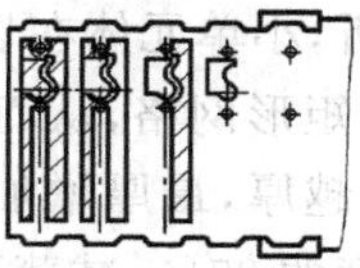		

2. 成形工序

成形工序是使板材通过塑性变形而形成一定形状和尺寸的零件的工序，如拉深、弯曲、胀形、翻边、缩口等。

1）拉深

拉深是利用模具将平板毛坯变成开口空心件的冲压工序。拉深可以制成圆筒形、阶梯形、球形、锥形和其他不规则形状的薄壁零件。

（1）拉深变形过程

以无凸缘圆筒形的拉深件为例，介绍拉深变形过程。圆形平板毛坯在拉深凸、凹模具作用下，逐渐压成开口圆筒形件，其变形过程如图 3-45 所示。图 3-45(a)为一平板毛坯，在凸模、凹模作用下，开始进行拉深。如图 3-45(b)所示，随着凸模的下压，迫使材料被拉入凹模，形成了筒底、凸模圆角、筒壁、凹模圆角及尚未拉入凹模的凸缘部分等五个区域。图 3-45(c)是凸模继续下压，使全部凸缘材料拉入凹模形成筒壁后得到开口圆筒形零件。

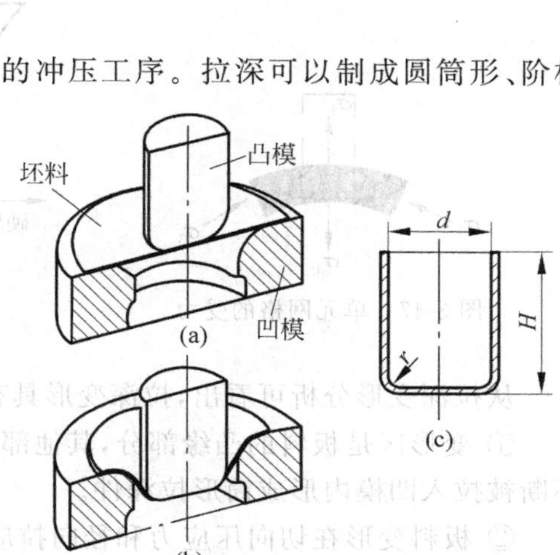

图 3-45　拉深变形过程

为了进一步说明金属的流动过程，拉深前将毛坯画上距离为 a 的等距同心圆和分度相等的辐射线(图 3-46)，这些同心圆和辐射线组成扇形网格。拉深后观察这些网格的变化会发现：拉深件底部的网格基本保持不变，而筒壁的网格则发生了很大的变化，原来的同心圆变成了筒壁上的水平圆筒线，而且其间的距离也增大了，越靠近筒口增大越多；原来分度相等的辐射线变成等距的竖线，即每一扇形内的材料都各自在其范围内沿着径向流动。每一扇形块进行流动时，切向被压缩，径向被拉长，最后变成筒壁部分。

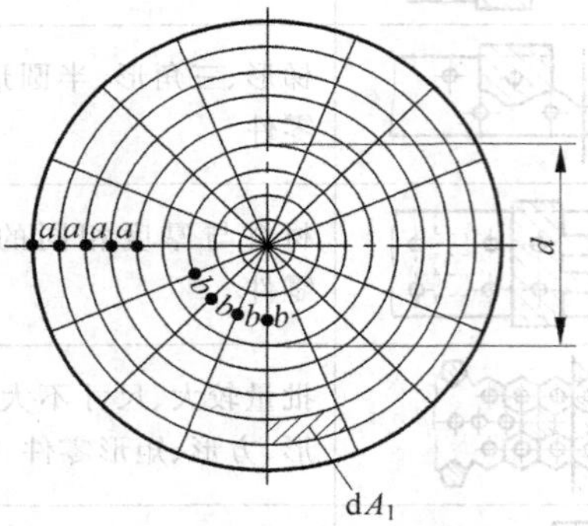

(a) 拉深前板料的网格

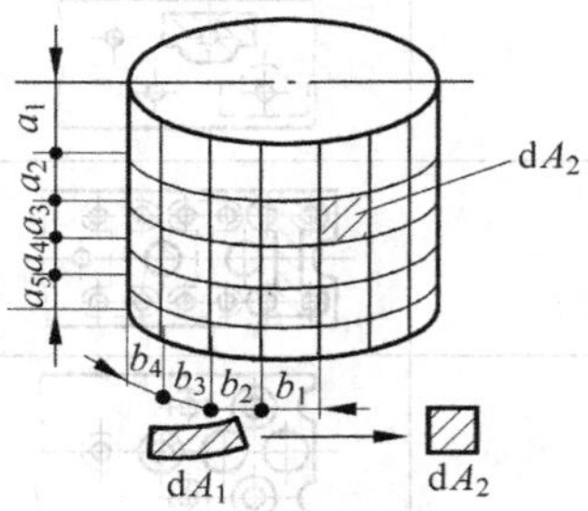

(b) 拉深件的网格变化

图 3-46 拉深件的网格变化

如果从变形区取出一扇形单元体来分析，小单元体在切向受到压应力的作用，而径向受到拉应力的作用(图 3-47)，扇形网格变成了矩形网格，从而使得各处的厚度变得不均匀，如图 3-48(b)所示。筒壁上部变厚、越靠筒口越厚，最厚增加达 25%(即 1.25t)，筒底稍许变薄，在凸模圆角处最薄，最薄处约为原来厚度的 87%，减薄了 13%。由于产生了较大的塑性变形，引起了加工硬化，如图 3-48(a)所示。圆筒零件筒口材料变形程度大，加工硬化严重，硬度也高，由上向下越接近底部硬化越小，硬度越低，这也是危险断面靠近底部的原因。

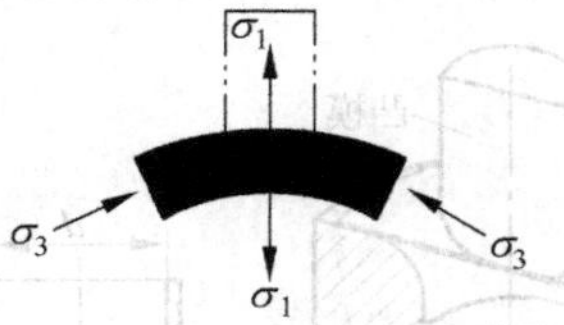

图 3-47 单元网格的受力

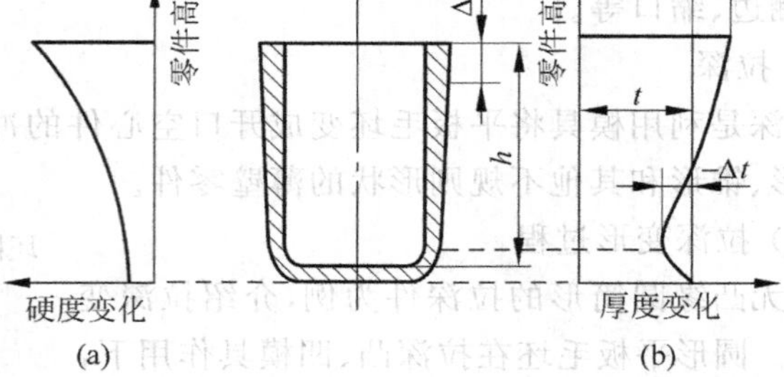

图 3-48 拉深件壁厚和硬度的变化

从拉深变形分析可看出，拉深变形具有以下特点：

① 变形区是板料的凸缘部分，其他部分是传力区，凸缘变形区材料发生了塑性变形，并不断被拉入凹模内形成筒形拉深件。

② 板料变形在切向压应力和径向拉应力的作用下，产生切向压缩和径向伸长的变形。

③ 拉深时，金属材料产生很大的塑性流动，板料直径越大，拉深后筒形直径越小，其变形程度就越大。

(2) 拉深系数

拉深系数是指拉深后拉深件圆筒部分的直径与拉深前毛坯(或半成品)的直径之比。它是拉深工艺的重要参数,表示拉深变形过程中坯料的变形程度。m 值越小,拉深时坯料的变形程度越大。

拉深系数有个极限值,这个极限值称为最小极限拉深系数 $m_{\min}$,小于这一极限值,会使变形区的危险断面产生破裂。因此,每次拉深前要选择使拉深件不破裂的最小拉深系数,才能保证拉深工艺的顺利实现。

最小极限拉深系数的大小与很多因素有关。一般能增加筒壁传力区拉应力和能减小危险断面强度的因素均使极限拉深系数加大;反之,可以降低筒壁传力区拉应力及增加危险断面强度的因素都有利于毛坯变形区的塑性变形,极限拉深系数就可以减小。

(3) 拉深件质量

圆筒形拉深件拉深过程中出现的质量问题主要是凸缘起皱(图 3-49)和筒壁的拉裂(图 3-50)。

图 3-49 起皱拉深件

图 3-50 拉裂拉深件

起皱主要是由于凸缘部分受到的切向压应力超过了板材临界压应力所引起的。凸缘起皱不仅取决于切向压应力的大小,而且取决于凸缘的相对厚度。在拉深中采用压边装置(图 3-51),是常用的防皱措施。增加凸缘相对厚度,增大拉深系数,设计具有较高抗失稳能力的中间半成品形状,采用材料弹性模量和硬化模量大的材料等都有利于防止拉深件起皱。

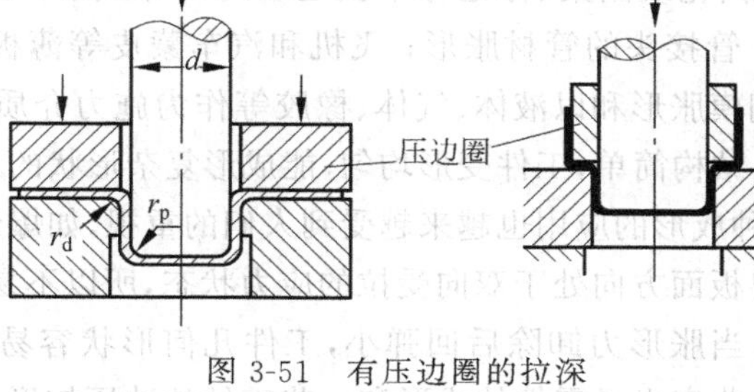

图 3-51 有压边圈的拉深

拉裂产生的原因是拉深时筒壁总拉应力增大,超过了筒壁最薄弱处(即筒壁的底部转角处)的材料强度。所以此处的承载能力的大小是决定拉深成形能否顺利进行的关键。防止筒壁破裂,通常是在降低凸缘变形区变形抗力和摩擦阻力的同时,提高传力区的承载能力。比如在凹模与坯料的接触面上涂敷润滑剂,采用屈强比低的材料,设计合理的拉深凸、凹模的圆角半径和间隙,选择正确的拉深系数等。

2) 弯曲

弯曲(bending)是将坯料弯成具有一定角度和曲率的零件的成形工序(见图 3-52)。弯曲时板料弯曲部分的内侧受切向压应力作用，产生压缩变形；外侧受切向拉应力作用，产生伸长变形。当外侧的切向伸长变形超过板材的塑性变形极限时，就会产生破裂。板料越厚，内弯曲半径 r 越小，则外侧的切向拉应力越大，越容易弯裂。因此，将内弯曲半径与坯料厚度的比值 r/t 定义为相对弯曲半径，来表示弯曲变形程度。相对弯曲半径有一个极限值，即最小相对弯曲半径，是指弯曲件不弯裂条件下的最小内弯曲半径与坯料厚度的比值 r_{min}/t。该值越小，板料弯曲的性能也越好。生产中用它来衡量弯曲时变形毛坯的成形极限。

弯曲时应尽可能使弯曲线与板料纤维垂直，如图 3-53(a)所示。若弯曲线与纤维方向一致，则容易产生破裂，如图 3-53(b)所示。在弯曲结束后，由于弹性变形的恢复，使被弯曲的角度增大，此现象称为弯曲回弹现象。因此，在设计弯曲模时，必须使模具的角度比成品件角度小一个回弹角，以便在弯曲后保证成品件的弯曲角度准确。

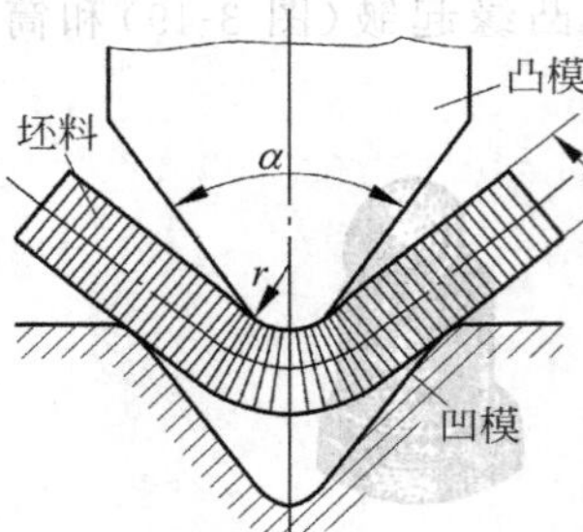

图 3-52 弯曲过程中金属变形简图

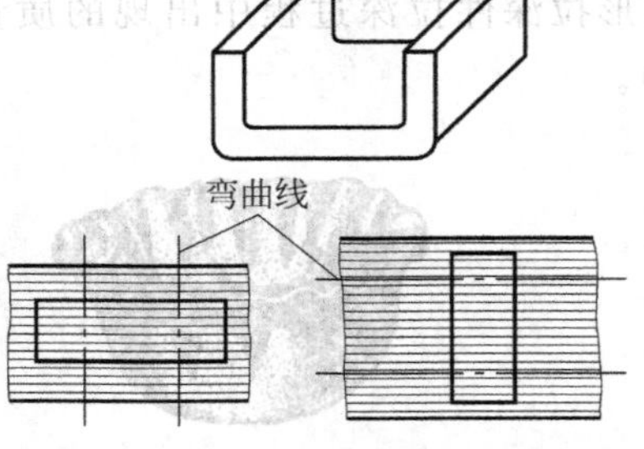

图 3-53 弯曲时的纤维方向

3) 胀形

胀形与其他冲压成形工序的主要不同之处是，胀形时变形区在板面方向呈双向拉应力状态，在板厚方向上是减薄，即厚度减薄、表面积增加。

胀形主要用于加强筋、花纹图案、标记等平板毛坯的局部成形；波纹管、高压气瓶、球形容器等空心毛坯的胀形；管接头的管材胀形；飞机和汽车蒙皮等薄板的拉张成形。

常用的胀形方法有钢模胀形和以液体、气体、橡胶等作为施力介质的软模胀形，如图 3-54 所示。软模胀形由于模具结构简单，工件变形均匀，能成形复杂形状的工件，如液压胀形、橡胶胀形。另外高速、高能特种成形的应用也越来越受到人们的重视，如爆炸胀形、电磁胀形等。

胀形由于变形时材料板面方向处于双向受拉的应力状态，所以不易产生失稳起皱现象，成品零件表面光滑，质量好，当胀形力卸除后回弹小，工件几何形状容易固定，尺寸精度容易保证。对汽车覆盖件等较大曲率半径零件的成形和一些零件的冲压校形，常采用胀形方法。

4) 翻边

翻边是将毛坯或半成品的外边缘或孔边缘沿一定的曲率翻成竖立的边缘的冲压方法，如图 3-55 所示。用翻边方法可以加工形状较为复杂且有良好刚度的立体零件，能在冲压件上制取与其他零件装配的部位，如机车车辆的客车中墙板翻边、客车脚蹬门压铁翻边、汽车外门板翻边、摩托车油箱翻孔、金属板小螺纹孔翻边等。翻边可以代替某些复杂零件的拉深工序，改善材料的塑性流动以免破裂或起皱。比如用翻边代替先拉后切的方法制取无底零件，可减少加工次数，节省材料。

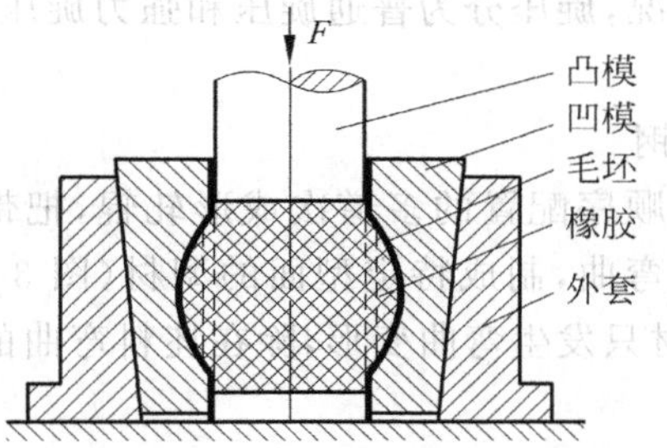

图 3-54 橡胶凸模胀形

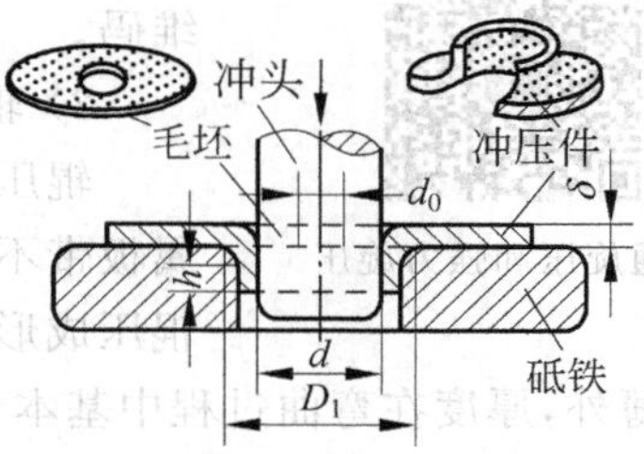

图 3-55 翻边

按翻边的毛坯及工件边缘的形状，可分为内孔翻边和外缘翻边等。在内孔翻边过程中，毛坯外缘部分由于受到压边力的约束通常是不变形区，竖壁部分已经变形是传力区，带孔底部是变形区。变形区处于双向拉应力状态，变形区在切向和径向拉应力的作用下要变薄，孔边部厚度变薄最严重，因而也最容易产生裂纹。

5）缩口

缩口是将管坯或预先拉深好的圆筒形件通过缩口模将其口部直径缩小的一种成形方法（图 3-56）。缩口工艺在国防工业和民用工业中有广泛应用，如枪炮的弹壳、钢气瓶等。在缩口变形过程中，坯料变形区受两向压应力的作用，切向压应力是最大主应力，它使坯料直径减小，壁厚和高度增加，因而切向可能产生失稳起皱。同时，在非变形区的筒壁，在缩口压力的作用下，轴向可能产生失稳变形。故缩口的极限变形程度主要受失稳条件限制，防止失稳是缩口工艺要解决的主要问题。

3. 特种板料成形

1）旋压

旋压是将金属筒坯、平板毛坯或预制坯用尾顶顶紧在芯模上，由主轴带动芯棒和坯料一起高速旋转，利用滚轮的压力和进给运动，旋压轮从毛坯一侧将材料挤压在旋转的芯模上，使材料产生逐点的连续局部塑性变形，在旋轮的进给运动和坯料的旋转运动共同作用下，使局部的塑性变形逐步地扩展到坯料的全部表面，并紧贴于模具，从而获得各种母线形状的空心回转壳体零件。旋压工艺的加工原理如图 3-57 所示。旋压是一种综合了锻造、挤压、拉伸、弯曲、环轧、横轧和滚挤等工艺特点的少无切削加工的先进工艺。

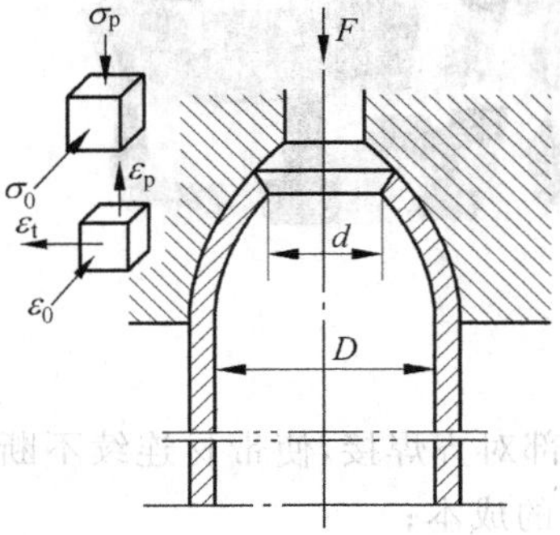

图 3-56 缩口成形

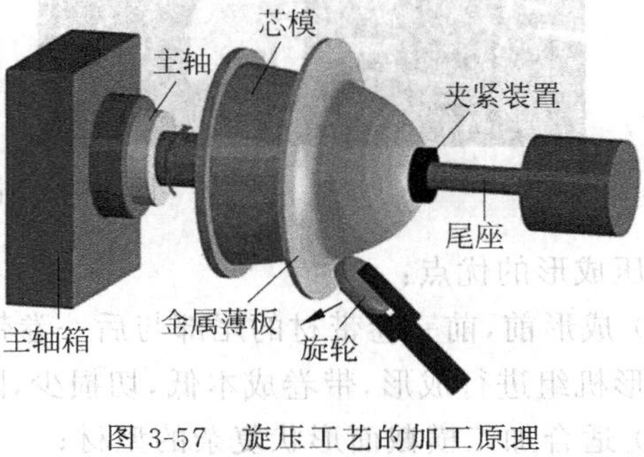

图 3-57 旋压工艺的加工原理

普通旋压和强力旋压

根据板厚变化情况，旋压分为普通旋压和强力旋压，详见二维码。

2）辊压/冷弯型钢

辊压成形是通过顺序配置的多道次成形轧辊，把带材等金属板带不断进行横向弯曲，制成特定型面的型材（图 3-58）。在辊压成形过程中，带材只发生弯曲变形，除在坯料弯曲的角部有轻微减薄外，厚度在弯曲过程中基本保持不变。

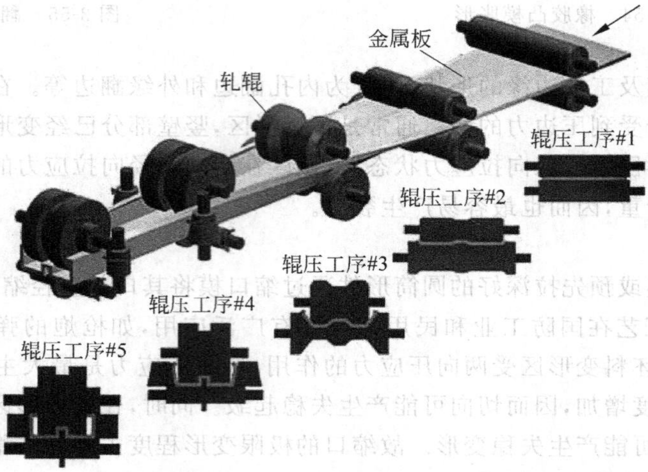

图 3-58　辊压成形过程

辊压成形适合于外形纵长、坯料较大的产品的加工，如图 3-59 所示。

图 3-59　辊压产品图

辊压成形的优点：

(1) 成形前，前一卷带材的尾部与后一卷带材的头部对齐焊接，使带材连续不断地进入辊式成形机组进行成形，带卷成本低，切损少，降低材料的成本；

(2) 适合加工横截面形状复杂的型材；

(3) 型材的头尾部扭曲、张开度减小;

(4) 适合高强钢的成形;

(5) 操作是连续的,生产效率提高。

3) 板料介质成形

以橡胶或聚氨酯、液体(油或水)、黏性介质等作为传力介质,代替传统刚性冲压模具中的凸模或者凹模,实现板料金属的塑性成形。

(1) 板料橡皮成形

橡皮成形是利用橡皮在高压时表现出高黏性的流体行为特征,将其作为凸模或者凹模的板料成形方法。当压力增高时,橡皮模保持为模具的形状。如图 3-60 所示。

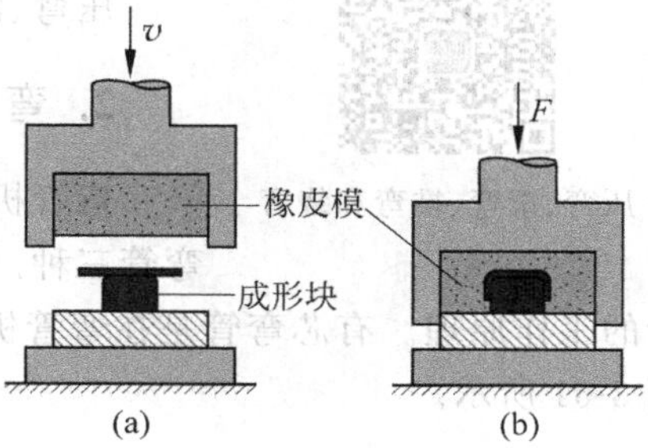

图 3-60 橡皮成形

橡皮成形一般包括成形与校形两道工序。成形是使板料压靠在模具的侧壁上,所需要的压力不高。校形是使成形中产生的褶皱和回弹消除,所需的压力较高。

(2) 板料液压成形

由于传统的冲压成形存在成形极限低、模具型腔结构复杂、冲压件表面质量差等缺点,因此发展了板料液压成形技术。板料液压成形的基本原理是利用液体作为传力介质,来代替凸模或者凹模传递载荷,是板料在液体压力的作用下贴附凹模或者凸模,从而实现板料的成形。

充液拉深成形、凸模拉深成形和橡皮囊液压成形

板料液压成形分为充液拉深成形、凸模拉深成形和橡皮囊液压成形三类,详见二维码。

3.2.3 管材成形

管材从材料的厚度角度来讲,属于板料成形,但是由于管材的结构特点是空心截面的特殊性,因此管类零件的变形与板材相比,虽然在变形特点等方面有许多类似,但在工艺方法、工装结构设计等方面都存在很大的不同,有管材变形的特殊性。

管材塑性加工是以管材为坯料,通过各种塑性加工的手段成形管材零件的技术。管材塑性加工是管材的二次加工,属于管材的深加工技术。

管类零件量大面广,广泛应用于飞机或发动机的液压、燃油等管路系统,以及异形截面承力或次承力构件。发动机管道与管路被视为飞机心脏上的“血管”,管材的成形具有极其重要的意义。

1. 弯管成形工序

弯管是管材塑性加工方法的一种,在航空航天、石油化工、机械、管道工程等行业占有十分重要的地位。与板材弯曲比较,管材从变形性质来看非常接近,但由于管材是空心横截面的几何特点,弯曲不仅易引起横截面形状发生变化,其壁厚也会改变。因此,管材的弯曲在成形工序、工艺难点、缺陷防止、模具及设备等方面都有其独特性。

工程中通常按管材弯曲方式分为压弯、滚弯、推弯和绕弯四种；按弯曲时加热与否，可分为冷弯和热弯两类；按弯曲时有无填充物，分为有芯弯管和无芯弯管；另外，根据弯曲变形区是否直接受到模具作用，又可分为有模弯曲和无模弯曲。

压弯、滚弯、推弯和绕弯

压弯、滚弯、推弯和绕弯四种弯管技术，详见二维码。

2. 弯管机弯管

弯管机弯管根据工艺特点可分为有芯弯管、无芯弯管和顶压弯管三种。下面以成形质量较好的有芯弯管为例来说明弯管机弯管的工作原理。有芯弯管是在弯管机上利用芯棒使管坯沿弯曲模绕弯的工艺方法，原理如图3-61所示。

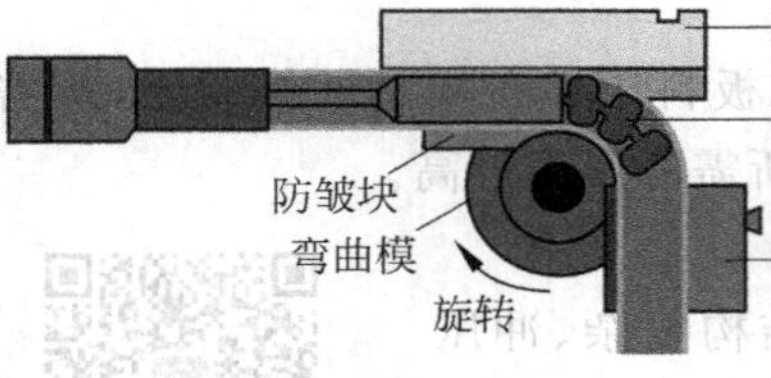

图3-61　弯管机弯管

弯曲模固定在机床主轴上随主轴一起转动，管坯的一端由夹块压紧在弯曲模上，在管坯与弯曲模的相切点附近，弯曲外侧装有压块，弯曲内侧装有防皱块，管坯内放置有芯模。当弯曲模转动时，管坯绕弯曲模逐渐发生弯曲成形。

弯曲过程中，防皱块可以防止管材的起皱；芯棒可以防止管材的截面椭圆化和起皱；压块和顶推装置可以防止管材的壁厚减薄。

加工对象包括铝合金、不锈钢、钛合金等管材，加工管材外径从6mm到160mm，如图3-62所示，数控弯管在波音、空客等航空企业得到广泛应用。

(a) 发动机用钛合金异形截面管

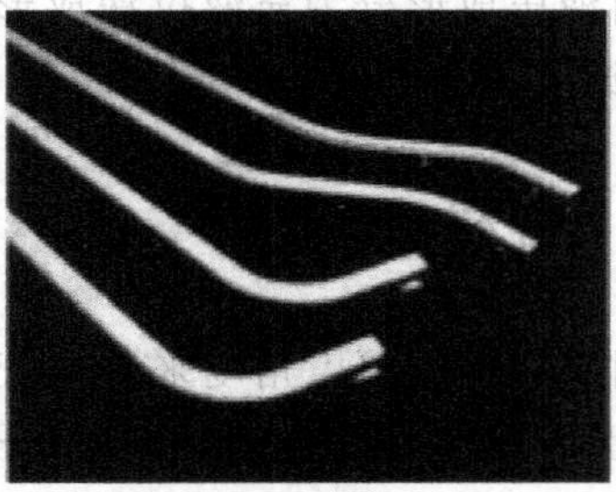
(b) 钛合金管材弯/胀成形零件

图3-62　钛合金异形截面弯/胀成形零件

3. 管材特种成形

管材液压成形是适应汽车和飞机等运载工具结构轻量化发展起来的先进制造技术。管件液压成形技术是将预处理(弯管或弯管+预成形)过的定尺管材置于模具型腔内，往管件内注入高压液体的同时，在管件两端进行加力补料，使管件在模具型腔的约束下进行充模胀形，直至其外壁与模具型腔贴合，成形出各种形状的中空零件。

此技术可以整体成形轴线为二维或三维曲线的异形截面空心零件，从零件截面形状看，可以把管材圆截面变为矩形、梯形、椭圆形或其他异形的封闭截面，如图3-63所示。

根据塑性变形特点，管件液压成形件可分为变径管、弯曲轴线异形截面管和多通管三

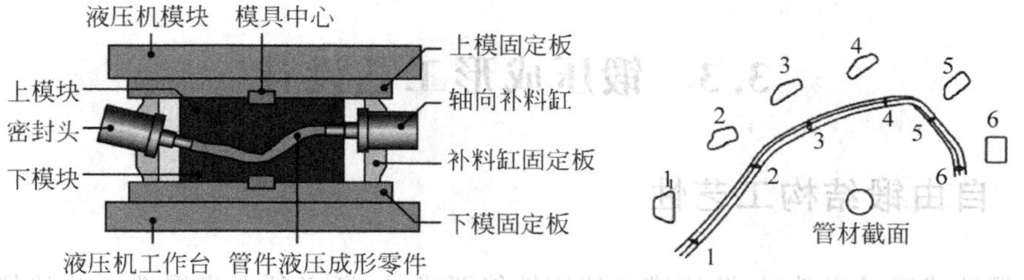

图 3-63　空心异形截面零件

类。管件液压成形件的优点是以空心替代实心、以变截面取代等截面、以封闭截面取代焊接截面，比焊接件减轻 15%～30%，并大幅提高刚度和疲劳强度，是轻量化结构制造技术的实质性进步。

管材液压成形的介质多为乳化液，工业生产中使用的最大成形压力一般不超过 400MPa。

传统制造工艺一般为先冲压成形两个或两个以上半片再焊接成整体，为了减少焊接变形，一般采用点焊，因此得到的不是封闭的截面。此外，冲压件的截面形状相对比较简单，很难满足结构设计的需要。

以变径管成形为例，管件液压成形技术的基本原理如图 3-64 所示，其成形过程如下：

(1) 将预处理过的定尺管材置于打开的模具型腔内，定好位置(图 3-64(a))。

(2) 模具在压机的作用下闭合，同时补料密封头向模具内腔移动，模具闭合时密封头正好移动到补料导向过渡位置并停留在该处(图 3-64(b))。

(3) 通过预填充回路向管件内注入低压乳化液，充满管件内腔和模具型腔的补料过渡段，排出空气，多余的乳化液经模具上的泄漏孔流到收集槽中(图 3-64(c))。

(4) 补料密封头向模具内腔移动，密封住管件两端，形成封闭内腔(图 3-64(d))。

(5) 经补料密封头的内孔向管件内注入高压乳化液，使管件在模具型腔约束下充模胀形，同时在管件两端施加轴向补料力，将管件端部材料推入模具型腔，补充膨胀所需材料，避免管件壁厚因膨胀而减薄(图 3-64(e))。

(6) 管件外壁与模具型腔贴合后，保压一段时间，使管件圆角较小的局部区域充分贴合模具，之后打开模具，退出密封头，排出乳化液，取出成形好的零件(图 3-64(f))。

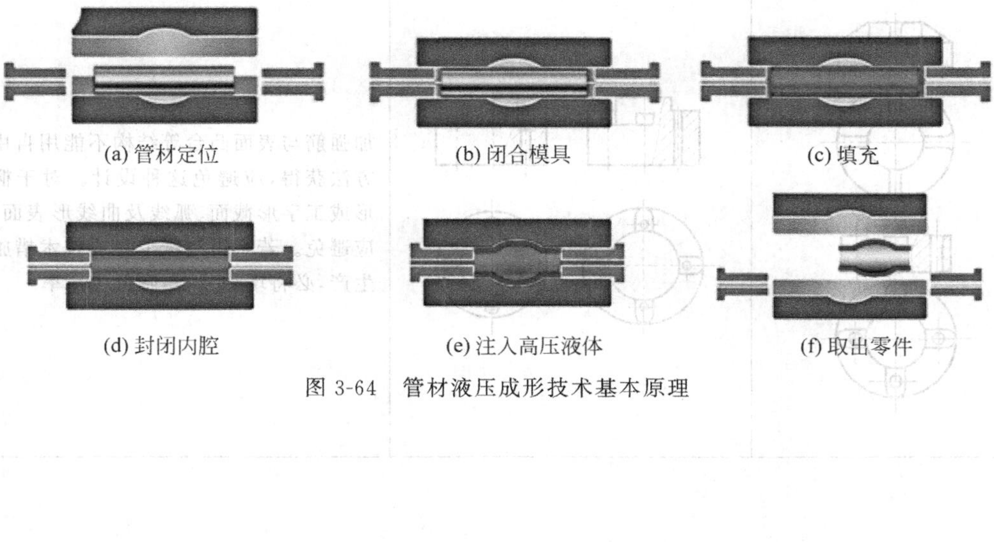

(a) 管材定位　(b) 闭合模具　(c) 填充

(d) 封闭内腔　(e) 注入高压液体　(f) 取出零件

图 3-64　管材液压成形技术基本原理

3.3 锻压成形工艺设计

3.3.1 自由锻结构工艺性

设计锻造成形的零件时,除应满足使用性能要求外,还必须考虑锻造工艺的特点,即锻造成形的零件结构要具有良好的工艺性。这样可使锻造成形方便,节约金属,保证质量和提高生产率。自由锻零件的结构工艺性如表 3-8 所示。

表 3-8 自由锻结构工艺性

不合理结构	合理结构	说明
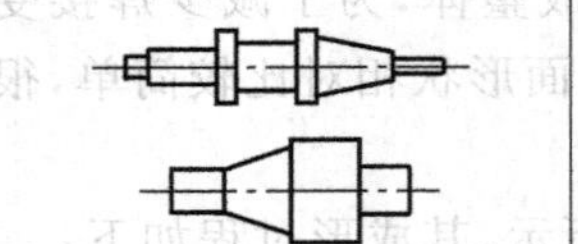	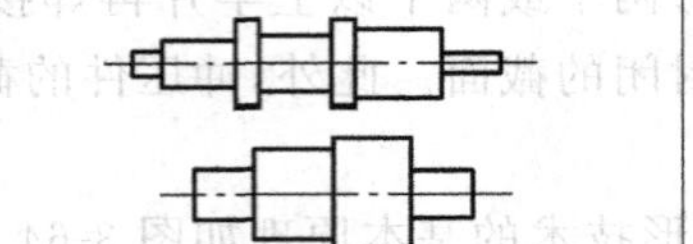	圆锥体的锻造须用专门工具,锻造比较困难,应尽量避免。与此相似,锻件上的斜面也不易锻出,也应尽量避免
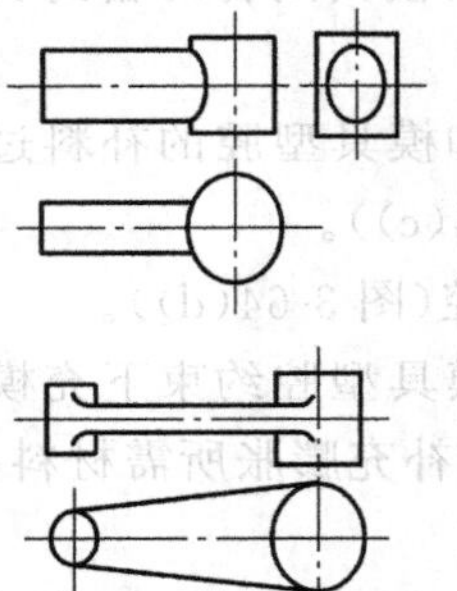	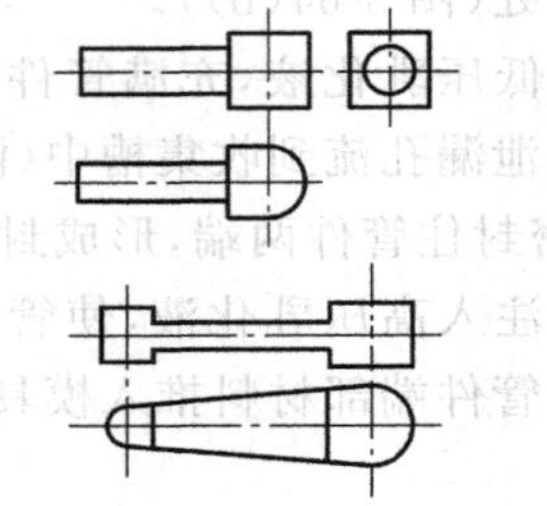	自由锻件应避免锥体、曲线或曲面交接以及椭圆形、工字形截面等结构。锻造这些结构须制备专用工具,锻件成形也比较困难,使锻造过程复杂,操作极不方便,应改成平面与圆柱体交接,或平面与平面交接
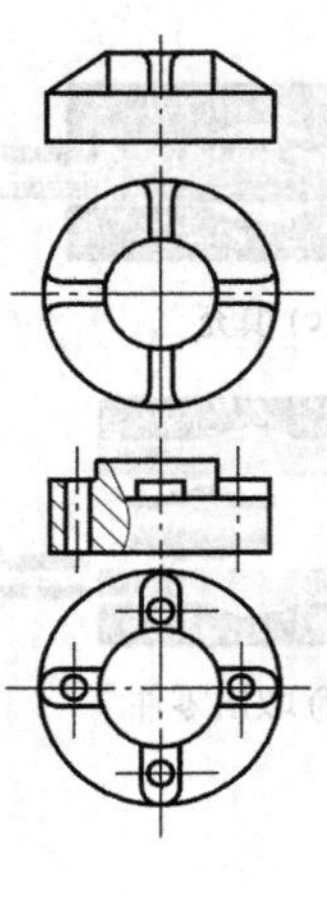	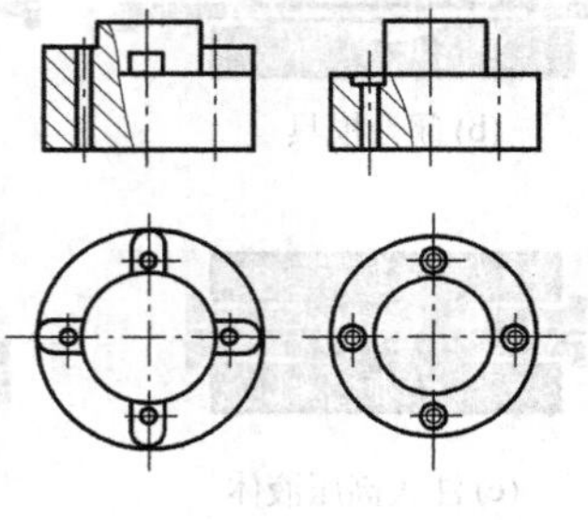	加强筋与表面凸台等结构不能用自由锻方法获得,应避免这种设计。对于椭圆形或工字形截面、弧线及曲线形表面,也应避免。若采用特殊工具或技术措施来生产,必将增加成本,降低生产率

续表

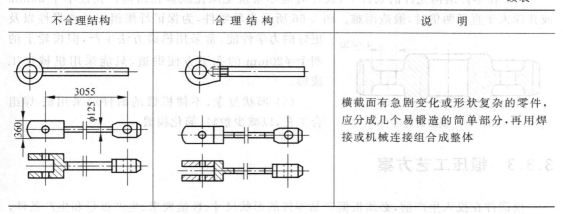

不合理结构	合 理 结 构	说 明
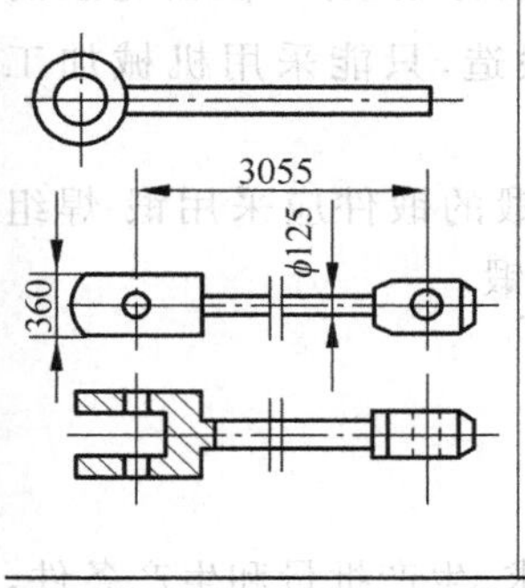	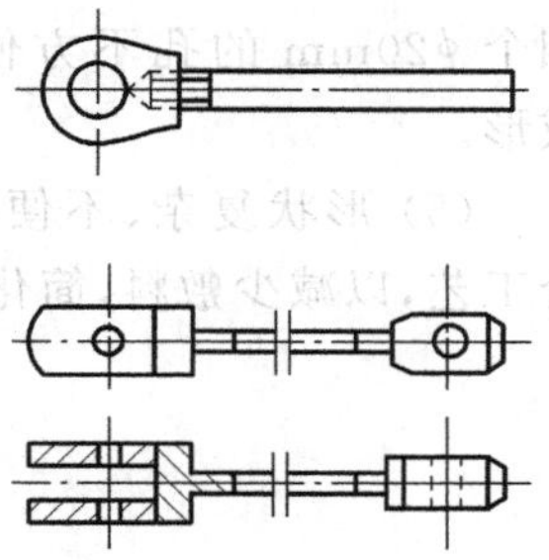	横截面有急剧变化或形状复杂的零件，应分成几个易锻造的简单部分，再用焊接或机械连接组合成整体

3.3.2 模锻件结构工艺性

设计模锻零件时，应根据模锻特点和工艺要求，使模锻件结构符合下列原则，以便于模锻制造并降低成本。

(1) 模锻件必须具有一个合理的分模面，以保证金属易于充满模膛，模锻件易于从锻模中取出，敷料消耗最少，锻模容易制造等原则。

(2) 模锻件上与锤击方向平行的非加工表面应设计出模锻斜度。非加工表面所形成的角都应按模锻圆角设计。

(3) 为了使金属容易充满模膛和减少工序的需要，零件外形力求简单、平直和对称，尽量避免零件截面间差别过大或具有薄壁、高肋、凸起等结构。一般说来，零件的最小截面与最大截面之比应大于 0.5。图 3-65(a)所示零件凸缘太薄、太高，中间下凹太深，金属不易充型。图 3-65(b)所示零件过于扁薄，薄壁部分金属模锻时容易冷却，不易锻出，对保护设备和锻模也不利。图 3-65(c)所示零件有一个高而薄的凸缘，使锻模的制造和锻件的取出都很困难，若改成如图 3-65(d)所示形状则较易锻造成形。

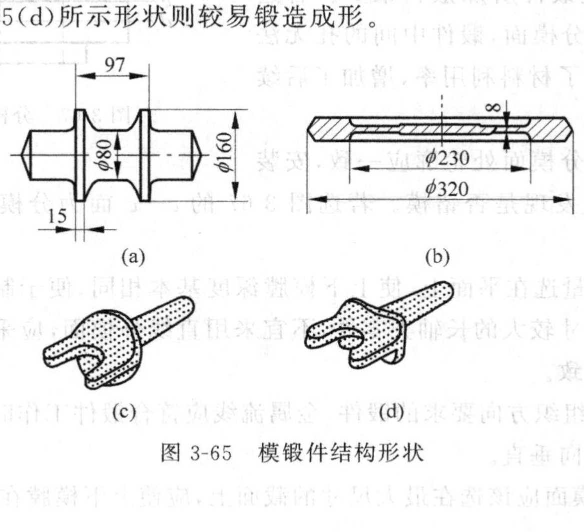

图 3-65 模锻件结构形状

(4) 在零件结构允许的条件下,设计时应尽量避免深孔或多孔结构。孔径小于30mm或孔深大于直径两倍时,锻造困难。图3-66所示齿轮零件,为保证纤维组织的连贯性以及更好的力学性能,常采用模锻方法生产,但齿轮上的四个ϕ20mm的孔不方便锻造,只能采用机械加工成形。

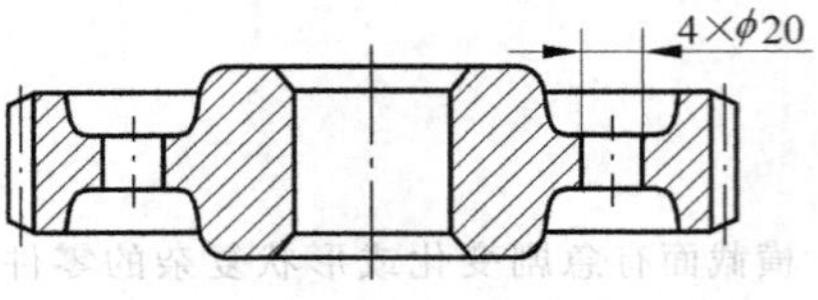

图3-66 模锻齿轮零件

(5) 形状复杂、不便模锻的锻件应采用锻-焊组合工艺,以减少敷料,简化模锻。

3.3.3 锻压工艺方案

模锻件在投入生产前,必须根据产品零件的形状尺寸、性能要求、生产批量和生产条件,绘制模锻件图,确定模锻工艺方案,制订模锻生产的工艺规程。一般模锻工艺流程包括下料、加热、模锻、切边、热处理、精压、检验等工序。下面主要讲分模面和模锻工序的确定以及修整工序的安排。

1. 分模面的确定

分模面是上下锻模在锻件上的分界面。分模面位置的选择关系到锻件成形、出模、材料利用率等一系列问题。确定分模面的原则是:

(1) 分模面应选在模锻件最大尺寸的截面上,以便锻件成形后顺利出模。如图3-67所示零件,若选a—a面为分模面,无法从模膛中取出锻件。

(2) 分模面选在能使模膛深度最浅处,金属易充满模膛,便于锻件出模,且有利于锻模的制造。若选图3-67的b—b面为分模面,不符合模膛深度最浅原则,不利于锻件成形。

(3) 分模面应使锻件所加敷料最少。若选图3-67的b—b面为分模面,锻件中间的孔无法锻出,敷料最多,降低了材料利用率,增加了后续孔加工的工作量。

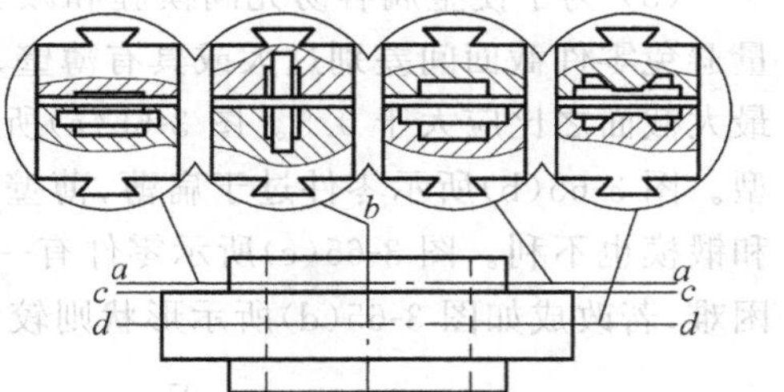

图3-67 分模面选择比较

(4) 上下模膛在分模面处轮廓应一致,安装锻模和生产中能及时发现是否错模。若选图3-67的c—c面为分模面,则难以发现错模现象。

(5) 分模面应尽量选在平面上,使上下模膛深度基本相同,便于制造锻模,防止上下模错移。而对于头部尺寸较大的长轴类零件,不宜采用直线分模面,应采用折线分模面,使上下模膛的深度基本一致。

(6) 对于有纤维组织方向要求的锻件,金属流线应符合锻件工作时的受力特点,如纤维组织方向应与剪切方向垂直。

一般情况下,分模面应该选在最大尺寸的截面上,应使上下模膛在分模面处轮廓一致。

综上所述，图 3-67 中 $d—d$ 面是最合理的分模面。

2. 模锻工序的确定

模锻工艺方案的主要内容是确定模锻工序。模锻工序主要是根据模锻件的形状和尺寸来确定的。模锻件按照形状可分为两大类：一类是长轴类模锻件，如图 3-68(a)所示，如阶梯轴、曲轴、连杆、弯曲摇臂等，另一类为盘类模锻件，如图 3-68(b)所示，如齿轮、法兰盘等。

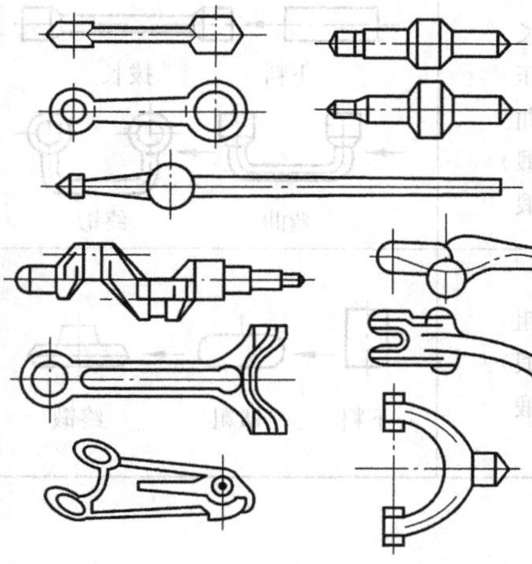

(a) 长轴类模锻件

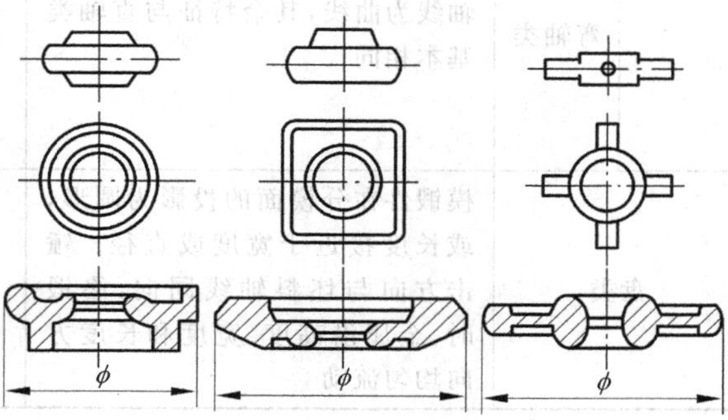

(b) 盘类模锻件

图 3-68 模锻件

1）长轴类模锻件

长轴类模锻件一般工序有拔长、滚压、弯曲、预锻和终锻等。拔长和滚压时，坯料沿轴线方向流动，金属体积重新分配，使坯料的各横截面积与锻件相应的横截面积近似相等。坯料的横截面积大于锻件最大横截面积时，可只选用拔长工序；当坯料的横截面积小于锻件最大横截面积时，应采用拔长和滚压工序。

弯轴类锻件的轴线为曲线，还应选用弯曲工序。对于小型长轴类锻件，为了减少钳口料和提高生产率，常采用一根棒料上同时锻造数个锻件的锻造方法，因此应增设切断工序，将锻好的工件分离。当大批量生产形状复杂、终锻成形困难的锻件时，还需选用预锻工序，最后在终锻模膛中模锻成形。

2）盘类模锻件

盘类模锻件一般工序有镦粗、终锻等工序。对于形状简单的盘类模锻件，可只用终锻工序成形。对于形状复杂、有深孔或有高肋的盘类模锻件可先镦粗，然后预锻再终锻成形。

模锻工序的选择示例如表 3-9 所示。模锻工序确定以后，就可选择相应的制坯模膛和模锻模膛。

表 3-9 锤上模锻工序选择示例

锻件类型		特征	主要模锻工序	示例
长轴类	直轴类	模锻件的长度与宽度之比较大,锻造锤击方向垂直于锻件的轴线。终锻时,金属主要沿高度和宽度方向流动,沿长度方向流动不显著	拔长 滚压 (预锻) 终锻	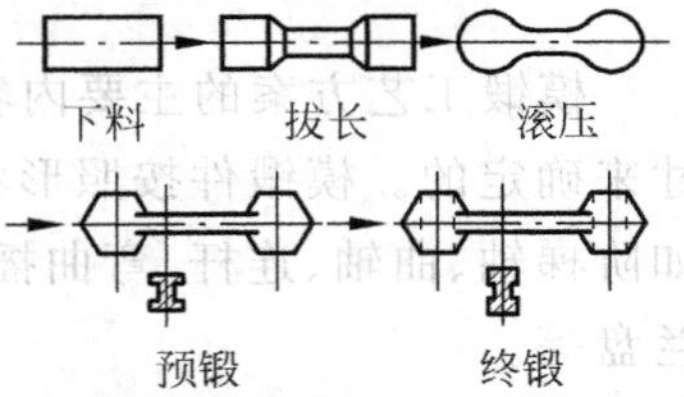
	弯轴类	轴线为曲线,其余特征与直轴类基本相同	拔长 滚压 弯曲 (预锻) 终锻	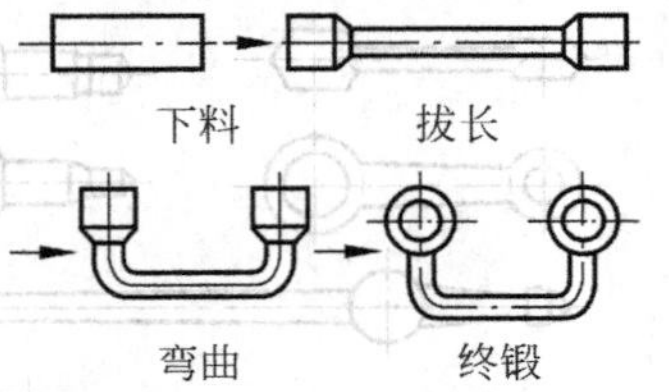
盘类		模锻件在分模面的投影为圆形,或长度接近于宽度或直径。锤击方向与坯料轴线同向,终锻时,金属沿高度、宽度和长度方向均匀流动	镦粗 (预锻) 终锻	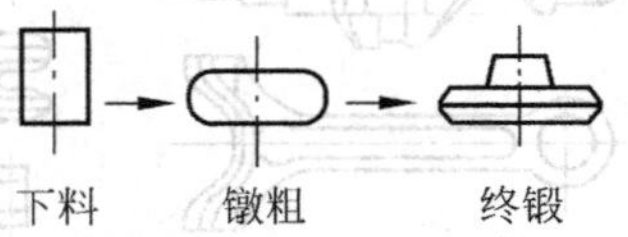

3. 修整工序的安排

模锻件成形后为了提高精度和表面质量,还要安排修整工序,修整工序如下:

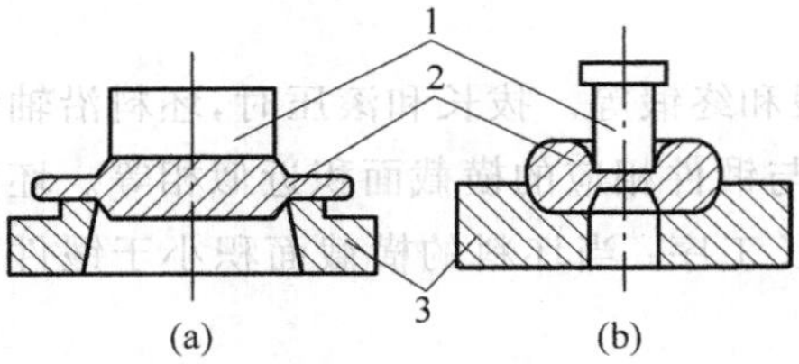

图 3-69 切边模和冲孔模

1—凸模;2—模锻件;3—凹模

1)切边

切边是带飞边的模锻件在终锻完成后切除飞边的工序。常用的切边模结构如图 3-69(a)所示。凹模固定在压力机工作台上,模孔形状与锻件轮廓相符,孔壁到端面的转角处为切边刃口。凸模端面形状与锻件上端面形状相符,由滑块带动起推压作用。锻件切边后自凹模孔落下。

2)冲孔连皮

冲孔连皮是带孔的锻件经终锻后,冲除孔内连皮的工序。常用的冲孔模结构如图 3-69(b)所示。凹模固定在压力机工作台上,其上端面凹孔形状应与锻件下端面轮廓相符,以保证锻件对中。凸模由滑块带动,其端面形状与锻件孔形状相符,端面转角处为切除连皮的刃口。切除的连皮自凹模孔落下。

切边和冲连皮均可采用热切或冷切。热切通常在模锻后利用锻件余热进行,切断力较小,适用于尺寸较大的锻件和合金钢锻件。冷切在锻件冷却后进行,锻件不易产生变形,适用于尺寸较小和精度要求较高的锻件。

3)校正

校正是为消除锻件在锻后产生的弯曲、扭转等变形,使之符合锻件图技术要求的工序。由于在切边、冲连皮等工序中可能引起锻件变形,故精度要求较高的锻件,尤其是形状复杂的锻件，需进行校正。校正可在锻模的终锻模膛或专用的校正模内进行。

校正也分为热校正和冷校正。热校正是热态下进行的校正，通常与模锻同一火次，模锻件热切后，随即在终锻模膛内校正。冷校正是在冷态下进行的校正，在锻件热处理和清理后进行，需采用专用的校正模，适用于小型结构钢锻件，以及热处理和清理过程中易产生变形的锻件。

4）热处理和清理

模锻件经修整后，一般还需通过热处理和清理。锻件热处理常采用正火或退火，以消除过热组织或加工硬化组织，细化晶粒，提高锻件的力学性能。锻件清理是用手工、机械或化学方法清除锻件表面缺陷或氧化皮的工序，常采用水洗、酸洗、碱洗、喷砂清理、喷丸清理等方法。

3.3.4 锻压工艺参数

有关锻压工艺参数的确定，详见二维码。

锻压工艺参数

3.3.5 常用金属的锻压工艺性能

锻造用原材料主要是各种成分的碳素钢和合金钢，其次是铝、镁、钛、铜等及其合金。这些金属按加工状态分为钢锭、轧材、挤压棒材和锻坯等。大型锻件和某些合金钢的锻造一般用钢锭锻制，中小型锻件一般用轧材、挤压棒材和锻坯生产。

1. 碳钢

碳钢中含碳量越高，则硬度越高，强度也越高，但塑性较低。一般低碳钢和中碳钢的锻造性较好。

钢中合金元素含量越多，合金成分越复杂，其塑性越差，变形抗力越大，可锻性就越差。高合金钢比碳钢及低合金钢可锻性差。莱氏体高合金工具钢锻件的缺陷主要是碳化物颗粒粗大、分布不均匀和有裂纹。

2. 不锈钢

不锈钢的冷变形加工过程完全不同于低合金钢和普通碳钢，因为不锈钢强度更高、更硬，塑性更好，加工硬化速率更快。不锈钢比碳钢和低合金钢有更高的流动应力，不锈钢的锻造温度范围较窄，始锻温度较低，需要较大的锻造载荷。

奥氏体不锈钢有很高的塑性，它的形变能力比铁素体不锈钢强，允许很大的变形量。与铁素体不锈钢相比，奥氏体不锈钢需要更大的加工应力，不仅需要高的形变应力，而且需要提高金属开始变形时的起始应力。在奥氏体不锈钢中，加工硬化越快的钢种如301或者304，能承担越大的形变。

3. 铝合金

铝合金一般都有较好的塑性，但其流动性比钢差，在金属流动量相同的情况下，比低碳钢需多消耗约30%的能量。合金化程度低的铝合金如3A21防锈铝，在其锻造温度范围内，应变速率对其工艺塑性影响不大。合金化程度高的铝合金如2A50、7A04，在锻造温度范围内，应变速率对其工艺塑性影响较大。铝合金的锻造温度范围很窄，一般在100℃以内。

3.4 板料冲压成形工艺设计

板料冲压成形工艺设计是根据零件的形状、尺寸精度要求和生产批量的大小，制订冲压加工工艺方案，确定加工工序，编制冲压工艺规程的过程。它是冷冲压生产中非常重要的一项工作，其合理与否，直接影响冲压件的质量、劳动生产率、工件成本以及工人劳动强度大小和安全生产程度。

3.4.1 冲压件结构工艺性

在设计冲压件时，不仅要使其结构满足使用要求，还必须考虑使其符合冲压件结构工艺性的要求，即冲压件结构应与冲压工艺相适应。

结构工艺性好的冲压件，能够减少或避免冲压缺陷的产生，易于保证冲压件的质量，同时也能够简化冲压工艺，提高生产率和降低生产成本。影响冲压件工艺性能的主要因素有冲压件的形状、尺寸、精度及材料等。

1. 冲裁件结构工艺性

1) 对冲裁件的结构和尺寸要求

(1) 冲裁件的形状应力求简单、对称，尽可能采用圆形或矩形等规则形状，应避免长槽或细长悬臂结构(图3-70)，否则模具制造困难。同时应使冲裁件在排样时将废料降低到最小程度(图3-71)。

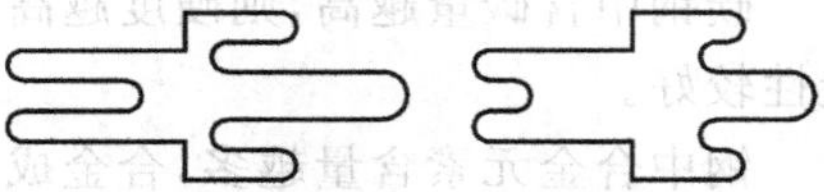
(a) 不合理结构　(b) 合理结构
图3-70 避免细长悬臂和窄槽

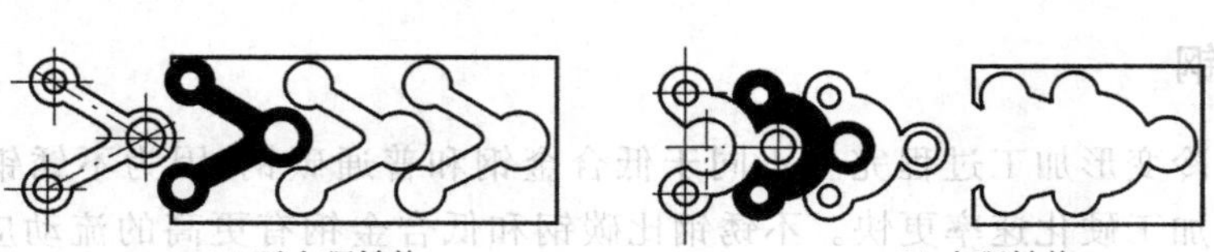
(a) 不合理结构　(b) 合理结构
图3-71 落料件形状应有利于排样

(2) 冲裁件的结构尺寸(如孔径、孔距等)必须考虑材料的厚度，孔径、孔间距和孔边距不得过小，以防止凸模刚性不足或孔边冲裂。为避免工件变形，外缘凸出或凹进的尺寸、孔边与直壁之间的距离等也都不能过小。具体如下：

冲裁件上孔的最小尺寸，应满足表3-10。若对冲孔凸模采用保护措施，如加保护套，则其最小孔径可以缩小，其孔的最小尺寸见表3-11。

表 3-10　冲裁孔的最小尺寸

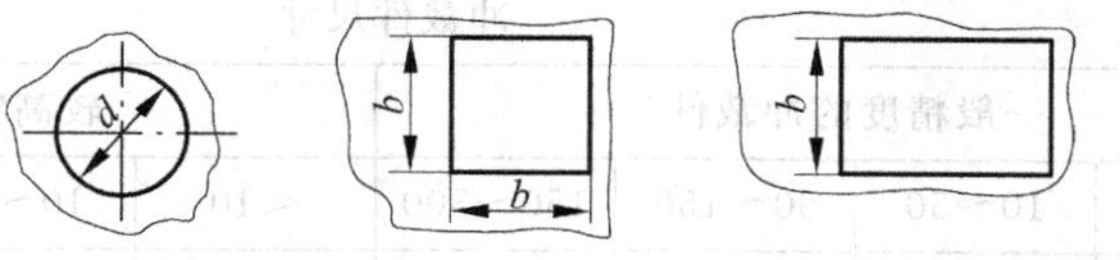

材　　料	圆　孔	方　孔	长　方　孔
硬钢	$d \geqslant 1.3t$	$b \geqslant 1.2t$	$b \geqslant 1.0t$
软钢、黄铜	$d \geqslant 1.0t$	$b \geqslant 0.9t$	$b \geqslant 0.8t$
铝	$d \geqslant 0.8t$	$b \geqslant 0.7t$	$b \geqslant 0.6t$
纸胶板	$d \geqslant 0.6t$	$b \geqslant 0.5t$	$b \geqslant 0.4t$

注：t 为板材厚度(mm)，但 $d \geqslant 3$mm。

表 3-11　带保护套凸模冲孔最小尺寸

材　　料	圆孔直径 d	方孔及长方孔最小边长 b
硬钢	$d \geqslant 0.5t$	$b \geqslant 0.4t$
软钢、黄铜	$d \geqslant 0.35t$	$b \geqslant 0.3t$
铝	$d \geqslant 0.3t$	$b \geqslant 0.28t$

注：t 为板材厚度(mm)。

冲裁件上外缘凸出或凹进的宽度 $b \geqslant (1.0 \sim 1.5)t$，冲裁件上若有多个内孔时，孔的孔壁与孔壁之间的最小距离 a 和孔壁与外形边缘的最小距离 a 都应满足 $a \geqslant 2t$，且 $a > 3$mm，如图 3-72 所示。

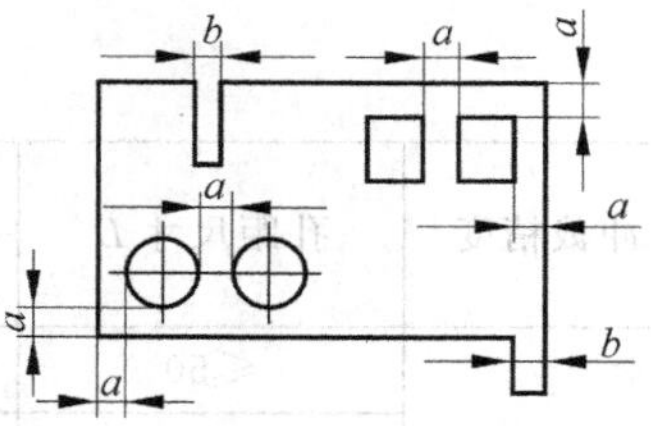

图 3-72　冲裁件各部位的尺寸

(3) 冲裁件上直线与直线、曲线与直线的交接处，均应用圆角连接，以避免交角处应力集中而产生裂纹。最小圆角半径数值如表 3-12 所示。

表 3-12　落料件、冲孔件的最小圆角半径

工序	圆弧角	最小圆角半径/mm		
		黄铜、紫铜、铝	低碳钢	合金钢
落料	$\alpha \geqslant 90°$	$0.18 \times t$	$0.25 \times t$	$0.35 \times t$
	$\alpha < 90°$	$0.35 \times t$	$0.50 \times t$	$0.70 \times t$
冲孔	$\alpha \geqslant 90°$	$0.20 \times t$	$0.30 \times t$	$0.45 \times t$
	$\alpha < 90°$	$0.40 \times t$	$0.60 \times t$	$0.90 \times t$

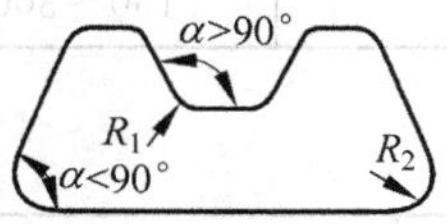

注：t 为板材厚度(mm)。

2) 冲裁件的公差等级和断面粗糙度

(1) 普通冲裁件内外形尺寸的经济公差等级不高于 IT11 级，一般落料件公差等级最好低于 IT10 级，冲孔件最好低于 IT9 级。普通冲裁件外形与内孔尺寸公差、孔中心距公差、孔中心与边缘尺寸公差，见表 3-13～表 3-15。

表 3-13 冲裁件外形与内孔尺寸公差 mm

材料厚度 t	冲裁件尺寸							
	一般精度的冲裁件				较高精度的冲裁件			
	<10	10～50	50～150	150～300	<10	10～50	50～150	150～300
0.2～0.5	0.08/0.05	0.10/0.08	0.14/0.12	0.20	0.025/0.02	0.03/0.04	0.05/0.08	0.08
0.5～1	0.12/0.05	0.16/0.08	0.22/0.12	0.30	0.03/0.02	0.04/0.04	0.06/0.08	0.10
1～2	0.18/0.06	0.22/0.10	0.30/0.16	0.50	0.04/0.03	0.06/0.06	0.08/0.10	0.12
2～4	0.24/0.08	0.28/0.12	0.40/0.20	0.70	0.06/0.04	0.08/0.08	0.10/0.12	0.15
4～6	0.30/0.10	0.35/0.15	0.50/0.25	1.0	0.10/0.06	0.12/0.10	0.15/0.15	0.20

注：① 分子为外形尺寸公差,分母为内孔尺寸公差;

② 一般精度的冲裁件采用 IT8～IT7 级精度的普通冲裁模;较高精度的冲裁件采用 IT7～IT6 精度的高级冲裁模。

表 3-14 冲裁件孔中心距公差 mm

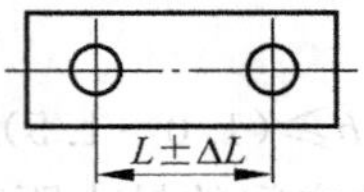

冲裁精度	孔距尺寸 L	材料厚度 t			
		≤1	1～2	2～4	4～6
一般	≤50	±0.10	±0.12	±0.15	±0.20
	50～150	±0.15	±0.20	±0.25	±0.30
	150～300	±0.20	±0.30	±0.35	±0.40
高级	≤50	±0.03	±0.04	±0.06	±0.08
	50～150	±0.05	±0.06	±0.08	±0.10
	150～300	±0.08	±0.10	±0.12	±0.15

表 3-15 冲裁件孔中心与边缘尺寸公差 mm

材料厚度 t	孔中心与边缘尺寸				材料厚度 t	孔中心与边缘尺寸			
	≤50	50～120	120～220	220～320		≤50	50～120	120～220	220～320
≤2	±0.5	±0.6	±0.7	±0.8	>4	±0.7	±0.8	±1.0	±1.2
2～4	±0.6	±0.7	±0.8	±1.0					

(2) 冲裁件的断面粗糙度和毛刺与材料塑性、材料厚度、冲裁模间隙、刃口的锐钝以及模具结构有关,断面粗糙度一般为 $Ra12.5$～$50\mu m$,最高可达 $Ra6.3\mu m$。断面所允许的毛刺高度见表 3-16。

表 3-16　冲裁件的允许毛刺高度

mm

材料厚度 t	<0.3	0.3～0.5	0.5～1.0	1.0～1.5	1.5～2.0
新模试冲时允许毛刺高度	≤0.015	≤0.02	≤0.03	≤0.04	≤0.05
生产时允许毛刺高度	≤0.05	≤0.08	≤0.10	≤0.13	≤0.15

3）冲裁件的尺寸基准

冲裁件的结构尺寸基准应尽可能与制造时定位基准重合，这样可避免因尺寸基准不重合带来的尺寸误差。冲孔件的孔位尺寸基准应尽量选择在冲压过程中不变形的面或线上，孔位尺寸就易于得到保证。如图 3-73(a)所示，尺寸 B 与 C 的基准标注在零件轮廓，因考虑模具制造公差的影响及模具刃口磨损，必然造成孔心距的不稳定。图 3-73(b)是正确的标注方法。

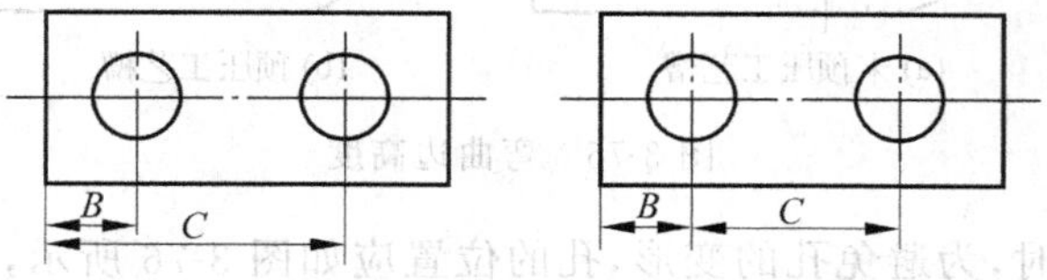

图 3-73　冲裁件的尺寸基准

2. 拉深件结构工艺性

1）对拉深件的结构和尺寸要求

（1）拉深件外形应简单、对称，深度不宜过大，容易成形。

（2）拉深件的圆角半径在不增加工序的情况下，最小许可半径如图 3-74 所示，否则将增加拉深次数和整形工作。

（3）拉深件上的孔应避开转角处，以防止孔变形，便于冲孔，如图 3-74 所示。

（4）拉深件的壁厚变薄量一般要求不超出拉深工艺变化的规律（最大变薄量约在 10%～18%）。拉深件高度尽可能小，以便能通过 1～2 次拉深工序成形。

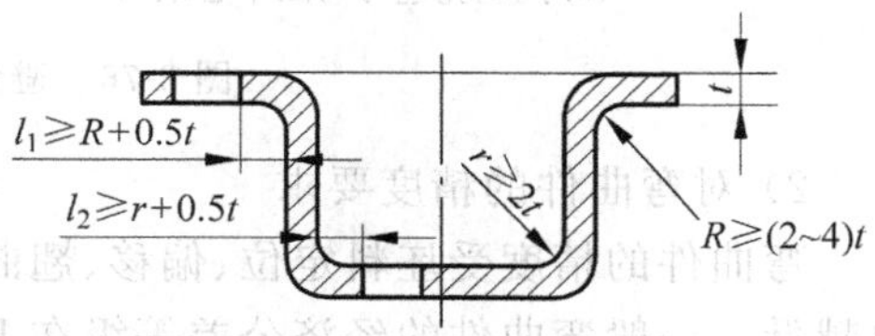

图 3-74　拉深件的圆角半径和孔

2）对拉深件精度的要求

（1）由于拉深件各部位的厚度有较大变化，所以对零件图上的尺寸应明确标注是外壁尺寸还是内壁尺寸，不能同时标注内外尺寸。

（2）由于拉深件有回弹，所以零件横截面的尺寸公差一般都在 IT12 级以下。如果零件公差要求高于 IT12 级时，应增加整形工序来提高尺寸精度。

（3）多次拉深的零件对其外表面或凸缘表面，允许有拉深过程中所产生的印痕和口部的回弹变形，但必须保证精度在公差之内。

3. 弯曲件结构工艺性

1）对弯曲件的结构和尺寸要求

（1）弯曲件形状应尽量对称，尽量采用 V 形、Z 形等简单、对称的形状，以利于制模和减少弯曲次数。

(2) 弯曲半径不能小于材料允许的最小弯曲半径，并应考虑材料纤维方向，以防弯曲过程中弯裂；但也不宜过大，以免因回弹量过大而使弯曲件精度降低。

(3) 弯曲边过短不易成形，故应使弯曲边的平直部分 $h>2t$。如果要求 h 很短，则需先留出适当的余量以增大 H，弯好后再切去所增加的金属，或者采用预压工艺槽的办法来解决(图 3-75)。

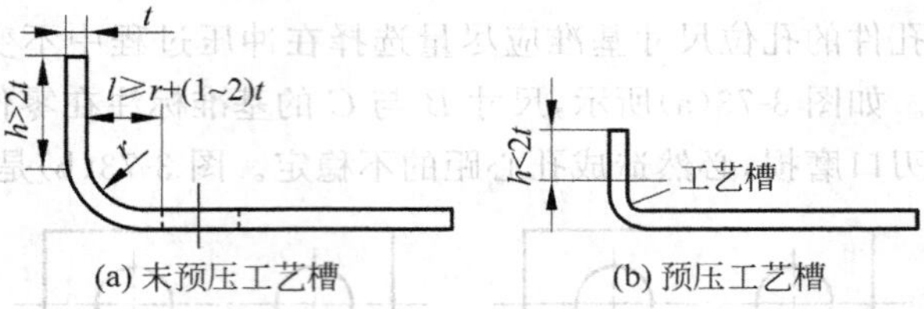

图 3-75　弯曲边高度

(4) 弯曲带孔件时，为避免孔的变形，孔的位置应如图 3-76 所示，图中 $L>(1.5\sim2)t$。当 L 过小时，可在弯曲线上冲工艺孔或开工艺槽。如果对于零件孔的精度要求较高，则应弯曲后再冲孔。

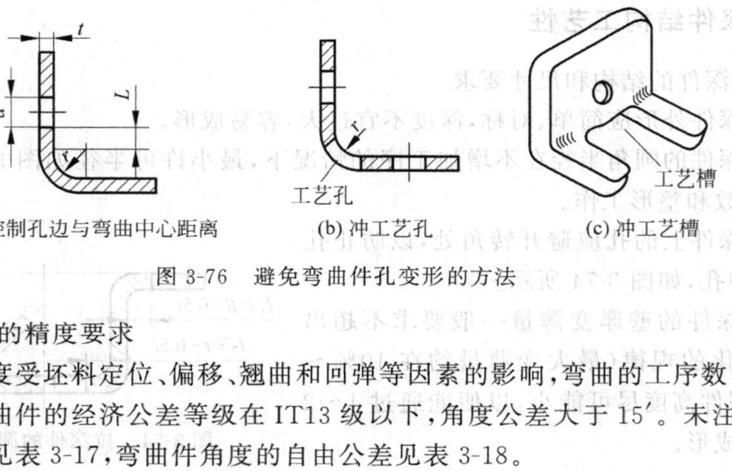

图 3-76　避免弯曲件孔变形的方法

2) 对弯曲件的精度要求

弯曲件的精度受坯料定位、偏移、翘曲和回弹等因素的影响，弯曲的工序数目越多，精度也越低。一般弯曲件的经济公差等级在 IT13 级以下，角度公差大于 15′。未注公差的长度尺寸的极限偏差见表 3-17，弯曲件角度的自由公差见表 3-18。

表 3-17　弯曲件未注公差的长度尺寸的极限偏差　　mm

长度尺寸 l		3～6	6～18	18～50	50～120	120～260	260～500
材料厚度 t	≤2	±0.3	±0.4	±0.6	±0.8	±1.0	±1.5
	2～4	±0.4	±0.6	±0.8	±1.2	±1.5	±2.0
	>4	—	±0.8	±1.0	±1.5	±2.0	±2.5

表 3-18　弯曲件角度的自由公差

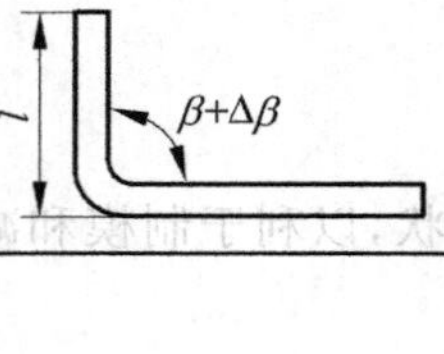

l/mm	≤6	6～10	10～18	18～30	30～50
Δβ	±3°	±2°30′	±2°	±1°30′	±1°15′
l/mm	50～80	80～120	120～180	180～260	260～360
Δβ	±1°	±50′	±40′	±30′	±25′

4. 改进结构,以简化工艺及节省材料

(1) 采用冲焊结构。对于形状复杂的冲压件,可先分别冲制若干个简单件,然后再焊成整体件(图3-77)。

(2) 采用冲口工艺,以减少组合件数量(图3-78),节省材料,简化工艺过程。

(3) 在使用性能不变的情况下,应尽量简化冲压件结构,以减少工序,节省材料,降低成本。

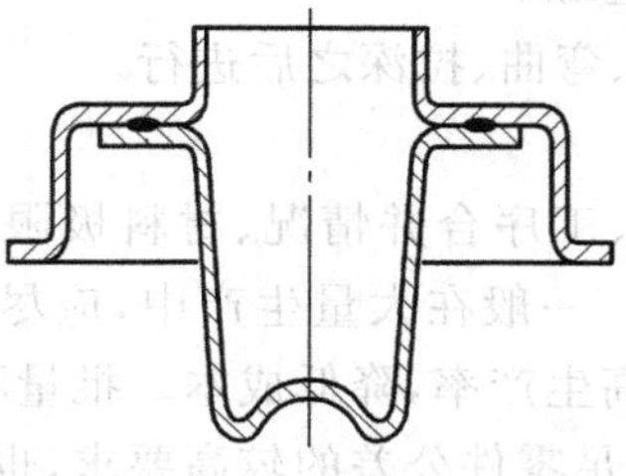

图3-77 冲-焊结构零件

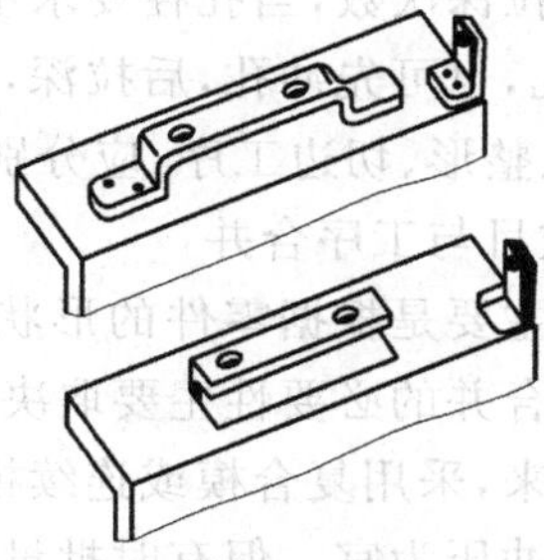

图3-78 冲口工艺替代铆接组合

3.4.2 冲压工艺方案

1. 选择冲压基本工序的依据

冲压基本工序的选择主要是根据冲压件的形状、大小、尺寸公差及生产批量确定的。

1) 剪裁和冲裁

剪裁和冲裁都能实现板料的分离。在小批生产中,对于尺寸和尺寸公差大而形状规则的外形板料,可采用剪床剪裁。在大量生产中,对于各种形状的板料和零件通常采用冲裁模冲裁。对于平面度要求较高的零件,应增加校平工序。

2) 弯曲

对于各种弯曲件,在小批生产中常采用手工工具打弯,对于窄长的大型件,可用折弯机压弯。对于批量较大的各种弯曲件,通常采用弯曲模压弯,当弯曲半径太小时,应增加整形工序使之达到要求。

3) 拉深

对于各类空心件,多采用拉深模进行一次或多次拉深成形,最后用修边工序达到高度要求。对于批量不大的旋转体空心件,用旋压加工代替拉深更为经济。对于大型空心件的小批生产,当工艺允许时,用铆接或焊接代替拉深更为经济。

2. 确定冲压工序

1) 冷冲压工序确定的原则

冷冲压的工序主要是根据零件的形状而确定的,确定原则一般如下:

(1) 对于有孔或有切口的平板零件,当采用简单冲模冲裁时,一般应先落料,后冲孔(或

切口);当采用连续冲模冲裁时,则应先冲孔(或切口),后落料。

(2) 对于多角弯曲件,当采用简单弯模分次弯曲成形时,应先弯外角,后弯内角;当孔位于变形区(或靠近变形区)或孔与基准面有较高的要求时,必须先弯曲,后冲孔。

(3) 对于旋转体复杂拉深件,一般按由大到小的顺序进行拉深,即先拉深尺寸较大的外形,后拉深尺寸较小的内形;对于非旋转体复杂拉深件,则应先拉尺寸较小的内形,后拉深尺寸较大的外形。

(4) 对于有孔或缺口的拉深件,一般应先拉深,后冲孔或缺口。对于带底孔的拉深件,有时为了减少拉深次数,当孔径要求不高时,可先冲孔,后拉深。当底孔要求较高时,一般应先拉深,后冲孔,也可先冲孔,后拉深,再冲切底孔边缘。

(5) 校平、整形、切边工序,应分别安排在冲裁、弯曲、拉深之后进行。

2) 工序数目与工序合并

工序数目主要是根据零件的形状与公差要求、工序合并情况、材料极限变形参数来确定。其中工序合并的必要性主要取决于生产批量。一般在大量生产中,应尽可能把冲压基本工序合并起来,采用复合模或连续模冲压,以提高生产率,降低成本。批量不大时,以采用简单冲模分散冲压为宜。但有时批量虽小,为了满足零件公差的较高要求,也需要把工序适当集中,用复合冲模或连续冲模冲压。因此,工序合并的可能性主要取决于零件尺寸的大小、冲压设备的能力和模具制造的可能性及其使用的可靠性。

3. 确定模具类型和结构形式

根据已确定的工艺方案,综合考虑冲压件的形状特点、精度要求、生产量、加工条件、工厂设备情况、操作方便与安全等,选定冲模类型及结构形式,并估算模具费用。

4. 选择冲压设备

根据冲压工艺性质、冲压件批量大小、模具尺寸精度、变形抗力大小选用冲压设备。冲压设备的选择主要是压力机类型和规格参数的选择。

1) 选择的压力机设备的类型

根据要完成的冲压工艺的性质、生产批量的大小、冲压件的几何尺寸和精度要求来选择。

(1) 中小型冲裁件、弯曲件、拉深件生产,采用开式机械压力机。

(2) 中型冲压件生产采用闭式机械压力机。

(3) 小批量生产、大型厚板冲压件的生产采用液压机。

(4) 大批量生产或复杂零件的大量生产中,选用高速压力机和多工位自动压力机。

2) 压力机规格参数的确定

根据冲压设备、冲压件的尺寸、模具的尺寸和冲压力来确定。

(1) 公称压力(吨位)

公称压力指压力在下止点前某一位置(曲柄离下止点20°~30°时)滑块所具有的压力。所选压力机的公称压力必须大于冲压所需的总冲压力,即$P_{压力机}>P_{总}$。

(2) 滑块行程

滑块行程指滑块从上止点到下止点所经过的距离。压力机的滑块行程要适当,滑块行程直接影响模具的主要高度，行程过大，造成凸模与导板分离或导板模与导柱导套分离。

(3) 闭合高度

闭合高度指滑块在下止点时滑块底面到压力机工作台的距离。压力机闭合高度应与冲模的闭合高度相适应，即冲模的闭合高度介于压力机的最大闭合高度和最小闭合高度之间。

(4) 工作台尺寸

压力机工作台面的尺寸必须大于模具下模座的外形尺寸，并留有安装固定的余地，但工作台也不应太大，以免工作台受力不好。

3.4.3 冲压工艺参数

有关冲压工艺参数的选择和计算，详见二维码。

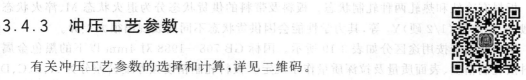

冲压工艺参数

3.4.4 常用金属的冲压工艺性能

1. 冲压工艺对材料的基本要求

冲压所用材料不仅应满足设计的技术要求，而且还应满足冲压工艺的要求：

(1) 具有一定的塑性。在变形工序中，塑性好的材料，其允许的变形程度大，有利于减少中间工序及退火次数。对于冲裁工序，材料也需要具有一定的塑性，这对工件的断面质量和尺寸精度有利。

(2) 具有光洁、平整、无损伤的表面。表面状态好的材料，变形时不易破裂，不易擦伤模具，制成的零件表面质量好。

(3) 材料的厚度公差应符合国家规定标准。因为冲压时模具间隙与材料的厚度密切有关，如果材料厚度的公差太大，会影响工件的质量，产生废品，损坏模具。

2. 金属冲压材料分类

常用金属冲压材料是金属板料。金属板料分黑色金属和有色金属两种。

黑色金属板料按性质可分为以下几种。

(1) 普通碳素钢钢板，如 Q195、Q235 等。

(2) 优质碳素结构钢钢板，其化学成分和力学性能都有保证。其中碳钢以低碳钢使用较多，常用牌号有 08、08F、10、20 等，冲压性能和焊接性能均较好，常用以制造受力不大的冲压件。

(3) 低合金结构钢板，常用的有 Q345(16Mn)、Q295(09Mn2)，用以制造有强度要求的重要冲压件。

(4) 电工硅钢板，如 DT1、DT2。

(5) 不锈钢板，如 1Cr18Ni9Ti、1Cr13 等，用以制造有防腐蚀、防锈要求的零件。

有色金属主要有铜及铜合金和铝及铝合金等。冲压用铜及铜合金(如黄铜等)，牌号有 T1、T2、H62、H68 等，其塑性、导电性与导热性均很好。铝及铝合金，常用的牌号有 L2、L3、

LF21、LY12等,有较好塑性,变形抗力小且轻。在电子工业中,冲压用的有色金属,还有镁合金、钛合金、钨、钼、钽铌合金等。

3. 常用冲压用材料规格

常用冲压以板料和带料为主。板料常见规格有 710mm×1420mm 和 1000mm×2000mm 等。大批量生产时可采用专门规格的带料(卷料),带料的优点是有足够的长度,可以提高材料的利用率,有利于自动化生产,但不足的是开卷后需要整平。

特殊情况下可采用块料,它适用于单件小批量生产和价值昂贵的有色金属的冲压。

板料有冷轧和热轧两种轧制状态。板料及带料的供货状态分为退火状态 M、淬火状态 C、硬态 Y、半硬(1/2 硬)Y_2 等,其力学性能会因供货状态不同而表现出很大差异。

钢板及钢带按用途区分如表3-19所示。国标 GB 708—1988 对 4mm 以下的黑色金属板料按轧制精度、表面质量及拉深质量作了规定。板料轧制精度按厚度公差分为 A、B、C、D 四级,A 级最高;按表面质量可分为Ⅰ、Ⅱ、Ⅲ和Ⅳ四级,如表3-20所示;按拉深质量分类,一般拉深用低碳薄钢板可分为 Z、S、P 三种,见表3-21。

表 3-19 钢板及钢带按用途分类

用途	牌号	用途	牌号
一般用	SPCC	深冲用	SPCE
冲压用	SPCD		

表 3-20 金属薄板按表面质量分类

级别	表面质量	级别	表面质量
Ⅰ	特高级别的精整表面	Ⅲ	较高级别的精整表面
Ⅱ	高级别的精整表面	Ⅳ	普通精整表面

表 3-21 低碳薄板按拉深质量分类

级别	拉深质量	级别	拉深质量
Z	最深拉深	P	普通拉深
S	深拉深		

3.5 金属塑性成形新技术

3.5.1 超塑性成形

超塑性是指金属或合金在低的变形速率($\varepsilon=10^{-2}\sim10^{-4}$/s)、一定的变形温度(约为熔点绝对温度的一半)和均匀的细晶粒度(晶粒平均直径为 0.2~5μm)条件下,其相对伸长率 δ 超过 100%以上的变形。例如,钢可超过 500%,纯钛可超过 300%,锌铝合金可超过 1000%。

超塑性状态下的金属在拉伸变形过程中不产生缩颈现象，变形应力为常态下金属的变形应力的几分之一至几十分之一，因此极易变形，可采用多种工艺方法制出复杂零件。

目前常用的超塑性成形材料主要是锌铝合金、铝基合金、钛合金及高温合金。

1. 超塑性成形工艺的应用

1）板料超塑性冲压成形

采用锌铝合金等超塑性材料，可以一次拉深较大变形量的杯形件，而且质量很好，无制耳产生。板料超塑性拉深的深冲比 H/d_0 可为普通拉深的15倍左右，如图3-79所示。

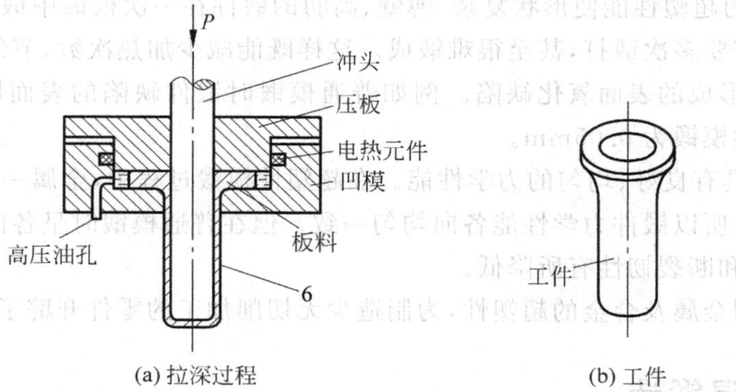

图3-79 超塑性板料拉伸

2）板料超塑性气压成形

将具有超塑性性能的金属板料放于模具之中，把板料与模具一起加热到规定温度，向模具内吹入压缩空气或抽出模具内空气形成负压，使板料沿凸模或凹模变形，从而获得所需形状，如图3-80所示。气压成形能加工的板料厚度为0.4～4mm。

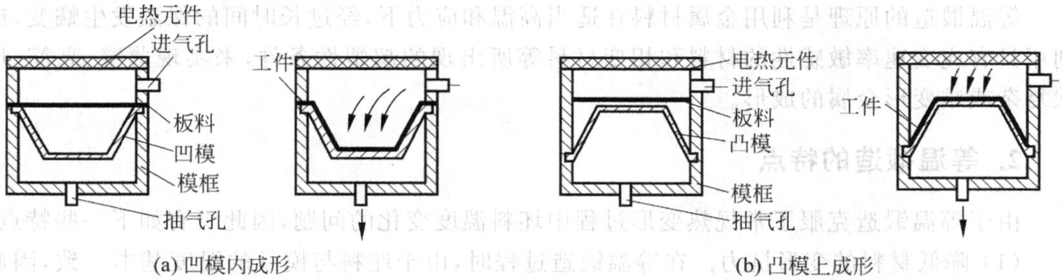

图3-80 板料气压成形

3）超塑性模锻或挤压

高温合金及钛合金在常态下塑性很差，变形抗力大，不均匀变形引起各向异性的敏感性强，常规方法难以成形，材料损耗大。采用普通热模锻毛坯，再进行机械加工，金属消耗达80%左右，导致产品成本升高。在超塑性状态下进行模锻或挤压，就可克服上述缺点，节约材料，降低成本。例如超塑性模锻成形的叶片，叶面可不需要其他加工；飞机上形状复杂的钛合金部件，过去需用几十个零件组成，改用超塑性模锻后可一次整体成形，代替了原来的组合件，提高了总体使用性能，减轻了部件重量。

2. 超塑性模锻的特点

超塑性模锻工艺具有如下特点：

(1) 显著提高金属材料的塑性。例如过去认为不能变形的铸造镍基合金，也可以使之具有超塑性，模锻出尺寸精确的涡轮盘、叶片，甚至带叶片的整体涡轮。

(2) 极大地降低金属的变形抗力。在超塑性状态下，金属的变形抗力很低。一般超塑性模锻的总压力只是相当于普通模锻的几分之一到几十分之一。因此在吨位较小的锻造设备上可模锻较大的工件。

(3) 金属的超塑性能使形状复杂、薄壁、高肋的锻件在一次模锻中锻成。而普通模锻高强度合金时，需要多次锻打，甚至很难锻成。这样既能减少加热次数、节约燃料，又可消除在多次加热中所形成的表面氧化缺陷。例如普通模锻时锻件缺陷的表面厚度为 0.25mm 或更大，而超塑性模锻为 0.05mm。

(4) 锻件具有良好、均匀的力学性能。在超塑性模锻过程中，金属一直保持均匀细小的等轴晶粒组织，所以锻件力学性能各向均匀一致。但在普通模锻时呈各向异性，而使锻件的横向疲劳性能和断裂韧性有所降低。

总之，利用金属及合金的超塑性，为制造少无切削加工的零件开辟了一条新途径。

3.5.2 等温锻造

等温锻造，又称等温模锻，是将模具加热到与被加工金属的变形温度相同的温度下，以低应变速率进行的模锻。

1. 等温锻造原理

等温锻造的原理是利用金属材料在适当高温和应力下，经过长时间的保温发生蠕变，或利用具有应变速率敏感性的材料和相变材料等所出现的超塑性条件，来实现薄壁、高筋、形状复杂或难变形金属的成形。

2. 等温锻造的特点

由于等温锻造克服了常规热变形过程中坯料温度变化的问题，因此具有如下一些特点。

(1) 降低材料的变形抗力。在等温锻造过程时，由于坯料与模具的温度基本一致，因此坯料的变形温度不会降低，在变形速度较低的情况下，材料软化过程进行得比较充分，使材料的变形抗力降低。此外，也可以使用具有一系列优良工艺和使用性能的玻璃润滑剂，进一步降低变形力，选用占用空间小、节约能源的低功率设备。

(2) 提高材料的塑性流动能力。等温锻造时坯料的变形温度不会降低，变形速度较低，延长了材料的变形时间，提高材料的塑性流动能力，并使缺陷得到愈合。这使形状复杂、具有窄肋、薄腹制品的锻造成为可能。

(3) 锻件尺寸精度高、表面质量好、组织均匀、性能优良。等温锻造坯料加热温度比普通模锻低 100～400℃，加热时间缩短 2/3～1/3，减少了氧化、脱碳等缺陷，提高了锻件表面质量；由于坯料内部温度分布均匀，所以锻件组织均匀，内部残余应力小，性能优良；又由于材料变形抗力低,变形温度波动小,减少了模具的弹性变形,使锻件几何尺寸稳定,精度高。

(4) 模具使用寿命长。由于等温锻造过程中,模具是在准静载荷、低压力、无交变热应力条件下进行工作,因此模具的使用寿命比普通模锻长。等温锻造零件通常采用一道工序进行成形,只需一套模具,而普通模锻一般需要多道工序、多套模具。

(5) 材料利用率高。等温锻造的锻件尺寸精度高,加工余量小,金属材料的消耗少。例如生产同一涡轮发动机零件,等温锻造所用的原料只有普通模锻的1/3左右。

3. 等温锻造的工艺设备

等温锻造的模具是带有加热器进行感应加热或电阻加热的装置(图3-81),它是等温锻造实现的关键。模具下模的下模块支撑在中间垫板上,中间垫板固定在基板上,垫板与基板的壳体上装有绝缘体。模具下模由用水冷却的感应器加热。上模的结构与下模相同,上模感应器可随同上模抬起和降落。锻压完成后模具开启,由顶料杆将锻件从下模内顶出。

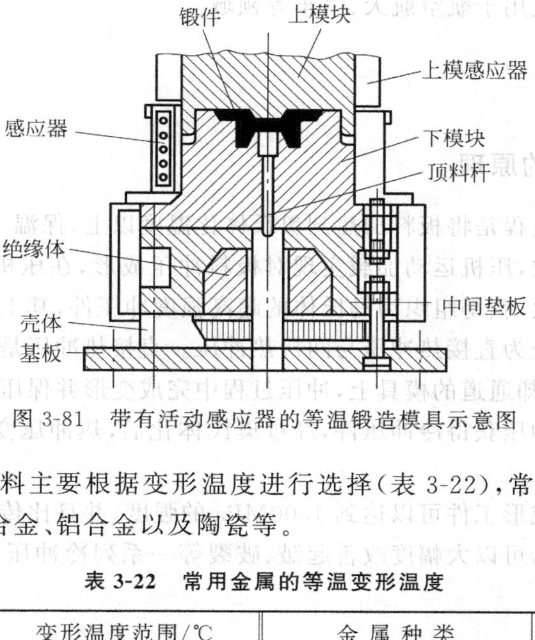

图3-81 带有活动感应器的等温锻造模具示意图

等温锻造的模具材料主要根据变形温度进行选择(表3-22),常用的有热作模具钢、铁基高温合金、镍基高温合金、铝合金以及陶瓷等。

表3-22 常用金属的等温变形温度

金属种类	变形温度范围/℃	金属种类	变形温度范围/℃
锌合金	20～250	钛合金	800～900
镁合金	310～500	镍合金	800～1100
铝合金	340～550	钢	1100～1260
铜合金	580～900		

等温锻造设备主要是液压机,为满足等温锻造的基本要求,液压机需满足如下条件:

(1) 横梁速度可调可控,尤其需要较低的速度。

(2) 可实现保压,在额定压力下保压时间能在30min以上。

(3) 有足够的闭合高度和工作台面尺寸,以满足等温锻造模具及其加热装置安装的需求。

(4) 有顶出装置。

(5) 有控温系统。液压机规格根据等温模锻的变形力选定,等温模锻的单位压力大约为普通模锻的1/5～1/10。

等温锻造过程时间较长,温度较高,成形件的形状经常比较复杂,模具表面包含一些浅细凹凸部分,因此,需要一定的润滑剂。润滑剂在坯料加热及成形中起到防护作用,同时在变形件与模具之间形成连续的润滑膜以减少摩擦,在成形后它又能起到脱模剂的作用。常用的润滑剂有氮化硼、玻璃等。

4. 等温锻造的应用

等温锻造特别适合于那些锻造温区窄的难变形材料,例如高温合金、钛合金、粉末高温合金等,并且已经成为这些难变形材料的主要成形方法。等温锻造也适合锻造成形形状复杂、具有窄肋、薄腹制品的零件。等温锻造的零件尺寸精度高,既可节约材料,又可减少加工工时。等温锻造主要应用于航空航天、汽车等领域。

3.5.3　热冲压

1. 热冲压技术的原理

钢板热冲压工艺过程是将板料加热到奥氏体化温度以上,保温一段时间后,将高温板料快速转移至模具上定位,压机运动加载实现对板料冲压成形,在压机保压状态下,通过模具冷却实现对零件的淬火,获得组织为马氏体的超高强度冲压件,其工艺过程如图3-82所示。

热冲压工艺主要分为直接热冲压与间接热冲压。直接热冲压是将钢板加热至完全奥氏体化后,传送到配有冷却通道的模具上,冲压过程中完成变形并保压淬火,实现马氏体转变。间接热冲压是预先冷冲压获得冷冲压件,经过奥氏体化后,热冲压变形并保压淬火,实现马氏体转变。

这种工艺得到的成形工件可以达到1500MPa的强度,并且比传统冷冲压成形工件的成形精度高,几乎无回弹,可以大幅度改善起皱、破裂等一系列冷冲压成形中可能出现的成形质量问题。

2. 热冲压技术的特点

与传统冷冲压相比,高强钢热冲压主要具有以下优点:

(1) 高强钢热冲压件的抗拉强度达到1500MPa左右甚至更高,屈服强度高于1000MPa,为普通钢材强度的3～4倍,具有较高的车身碰撞性能,有效地提高了车身安全性能,减轻了车身重量。

(2) 材料在高温下的塑性与延展性得到提高,成形性增强,该技术能够成形截面更加复杂的零件,也可成形冷冲压需要多道工序、多套模具才能成形的复杂零件,因此热冲压成形技术具有模具数量需求少、相对成本低、周期短等优点。

(3) 高强钢高温下的变形抗力降低,冲压成形阻力减小,成形后零件的回弹小,而回弹

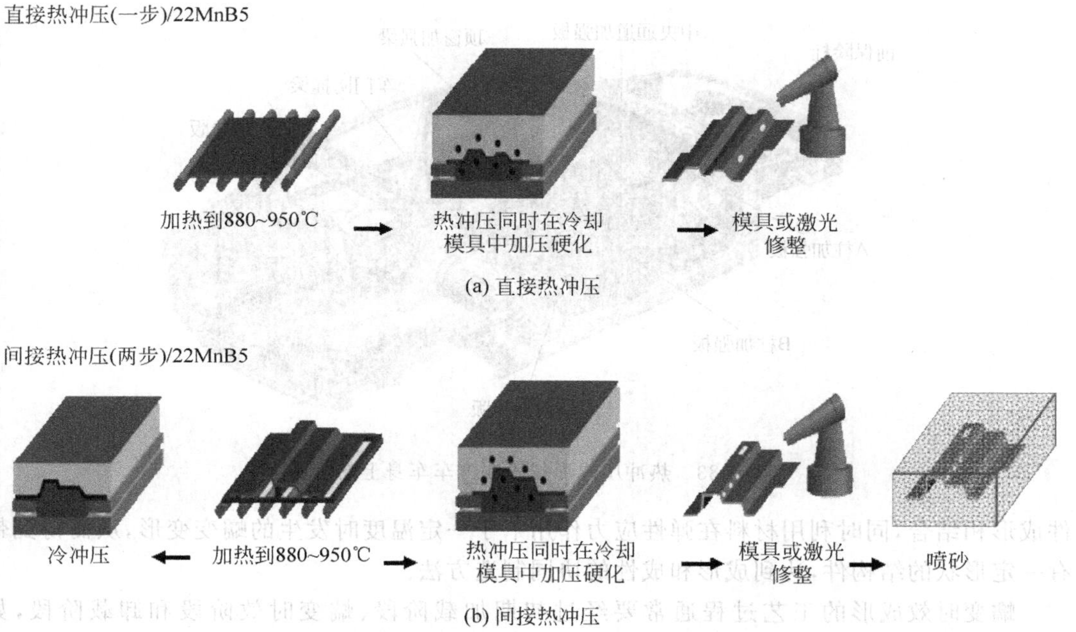

图 3-82 热冲压过程

在冷冲压过程中难以消除，因此热冲压较冷冲压的尺寸精度高，力学性能好。

(4) 高温下材料变形抗力较小，热冲压所需的冲压设备吨位比冷冲压设备小，设备投资小，能耗降低。

热冲压还存在以下缺陷：

(1) 氧化缺陷。板料加热并保温至完全奥氏体化，在转移至模具内的过程中，会产生大量的氧化铁皮，降低了零件的焊接性和涂漆性。

(2) 加工性能较差。热成形零件强度在 1500MPa 以上，零件硬度为 450HV，热成形件的韧性和塑性较板料降低，加工难度加大。因此，热成形件的切边普遍采用激光切割，成本较高。

(3) 生产效率较低，能耗大。热冲压成形工艺过程包括加热、保温、转移、冲压、保压淬火、开模合模等阶段，加热炉能耗较大。为保证零件淬火冷却速度在 27℃/s，保压时间应在 5～15s，热冲压的生产周期较冷冲压成形长。

3. 热冲压技术的应用

热冲压成形技术成为汽车轻量化制造的重要手段，主要应用于如汽车保险杠、B 柱和侧梁等抗冲撞构件，如图 3-83 所示。

3.5.4 蠕变时效成形

1. 蠕变时效成形的原理

蠕变时效成形技术是一种利用金属的蠕变和时效强化的特性，将材料的人工时效与零

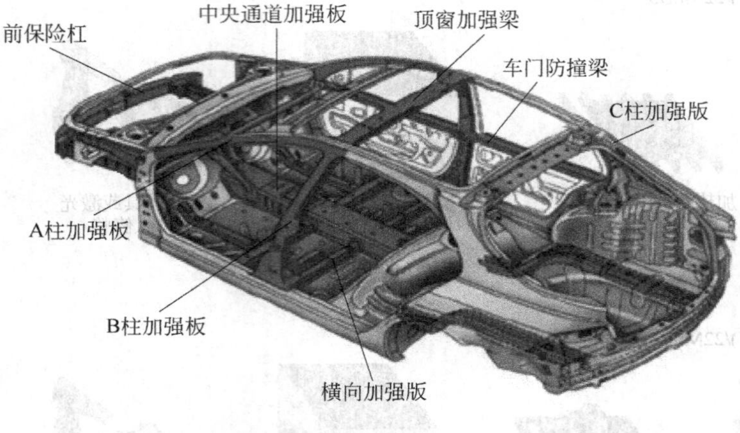

图 3-83 热冲压成形技术在汽车车身上的应用

件成形相结合,同时利用材料在弹性应力作用下于一定温度时发生的蠕变变形,从而得到带有一定形状的结构件,达到成形和成性的协同制造方法。

蠕变时效成形的工艺过程通常要经过初期加载阶段、蠕变时效阶段和卸载阶段,如图 3-84 所示。

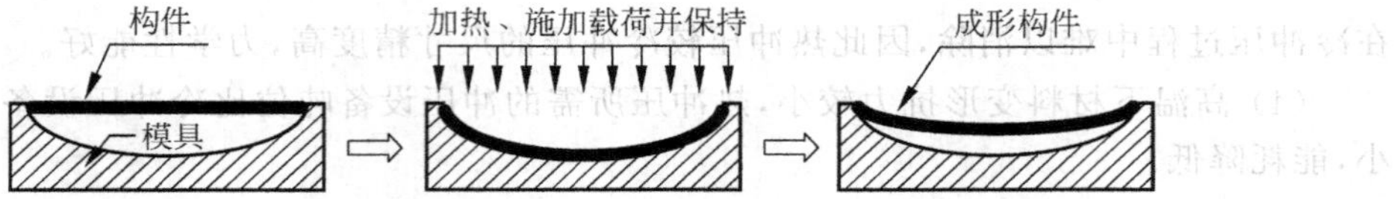

图 3-84 蠕变时效成形技术工艺过程

(1) 加载阶段。在构件上表面逐步施加适当的载荷,使构件发生弹性变形,直至构件下表面与成形模具上表面紧密贴合。

(2) 蠕变时效阶段。将构件与成形工装一起放入热压罐中,将温度升至时效温度,保持构件成形与高温载荷一定的时间。构件在此过程中受到蠕变、时效与应力松弛机制的交互作用,使得材料组织和性能发生较大变化。

(3) 卸载阶段。结束保温以及去除构件上的约束载荷,使构件空冷至室温并自由回弹。在蠕变时效与应力松弛的交互作用下,构件中一部分弹性变形转变为永久塑性变形,使得卸载后构件发生形变。经过蠕变时效工艺,构件不仅完成了时效强化,性能得到提升,同时也获得所需外形。

蠕变时效成形所涉及的现象

在蠕变时效成形过程中,构件成形的同时伴随着蠕变、时效强化与应力松弛现象的发生。

有关蠕变时效成形所涉及的现象,详见二维码。

2. 蠕变时效成形的特点

作为成形大型复杂整体壁板构件的新工艺,与传统的喷丸、拉形、滚弯以及增量弯曲等冷加工塑性工艺相比,蠕变时效成形技术主要具备以下优点:

(1) 蠕变时效成形技术大大降低了构件产生加工裂纹的概率。由于蠕变时效成形时，构件成形应力通常低于材料的屈服强度，因此，该工艺降低了构件因进入屈服状态而发生失稳甚至破裂的危险。

(2) 蠕变时效成形的构件具有较高的成形精度，表面质量优良。蠕变时效成形技术只需要一次热力加工，就可以使构件达到误差低于1mm 的成形精度。

(3) 蠕变时效成形技术提高了构件的材料性能。在蠕变时效成形过程中，材料发生了时效强化与应力松弛，从而改善了材料微观结构，降低了成形后构件的残余应力，使材料强度得以提升。

(4) 蠕变时效成形后的构件具有良好的工艺稳定性。由于成形构件的残余应力较小，使得构件的抗腐蚀能力大大提高，并具有良好的形状稳定性。

(5) 蠕变时效成形技术适合大型复杂整体壁板的成形。与铆接壁板相比，蠕变时效成形的壁板重量大大降高，加工效率较高，具有较高的工程应用价值。

3. 蠕变时效成形的应用

蠕变时效成形适合成形可时效强化型合金的整体带筋和变厚度大曲率复杂外形和结构的整体壁板构件，也是被证明了的机翼制造的先进技术。成形过程如图 3-85 所示。

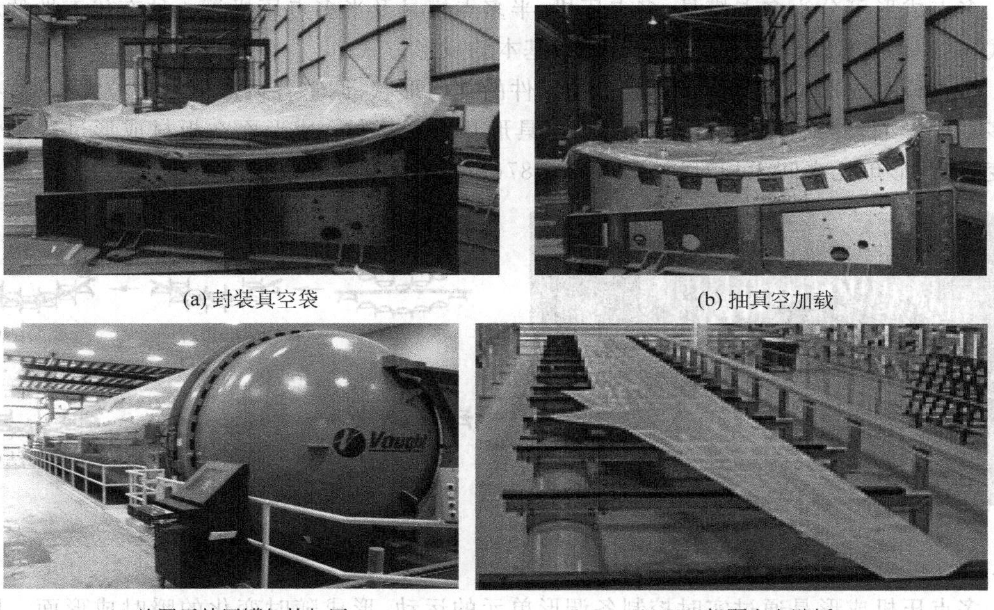

(a) 封装真空袋　(b) 抽真空加载

(c) 放置于热压罐加热加压　(d) A380机翼右上壁板

图 3-85　蠕变时效成形 A380 机翼右上壁板

成形过程是先用真空袋和密封装置将零件和工装的型面密封起来，如图 3-85(a)所示；通过抽真空，使零件在上下表面空气压差的作用下固定到工装的型面上，如图 3-85(b)所示；然后一同放入热压罐内，如图 3-85(c)所示，通过热压罐的压力系统对零件施加均匀压力，使零件完全贴合到工装型面上，与此同时加热到一定温度并保温一定时间，完成对零件的时效成形，如图 3-85(d)所示。

3.5.5　多点柔性成形技术/可变轮廓模具成形

随着我国制造业的飞速发展,需要不断研发新型产品,提高更新换代速度,因此,对三维曲面件的需求会越来越大。特别是在航空航天、船舶舰艇、各种车辆及建筑雕塑等许多军用与民用制造领域,都需要使用大量的各种材质的三维曲面板类件。

传统的三维曲面件成形方法通常要采用模具成形的制造方式来实现,但模具成形不仅制造费用昂贵、加工周期长,而且不利于产品的更新换代,制约制造业的快速发展。传统的三维曲面件成形方法已无法满足现代制造业高速发展的要求。因此,多点成形技术是基于“离散”思想,将柔性制造技术和计算机控制技术合为一体的先进制造技术。

1. 多点成形的成形原理

多点成形就是将多点成形技术和计算机技术结合为一体的先进制造技术,实际上是一种数控模具成形。其原理是将传统的整体模具离散成一系列规则排列、高度可调的调形单元(即冲头),通过计算机控制这些调形单元的高度,形成形面可变的柔性模具,如图3-86所示,实现板料的无模、快速、柔性化成形,不需对每一种零件制作相应的模具。

多点成形可分为多点模具、多点压机、半多点模具及半多点压机等4种有代表性的成形方式,其中多点模具与多点压机成形是最基本的成形方式。

多点模具成形时首先按所要成形的零件的几何形状,调整各调形单元的位置坐标,构造出多点成形面,然后按这一固定的多点模具形状成形板材;成形面在板材成形过程中保持不变,各调形单元之间无相对运动,如图3-87(a)所示。

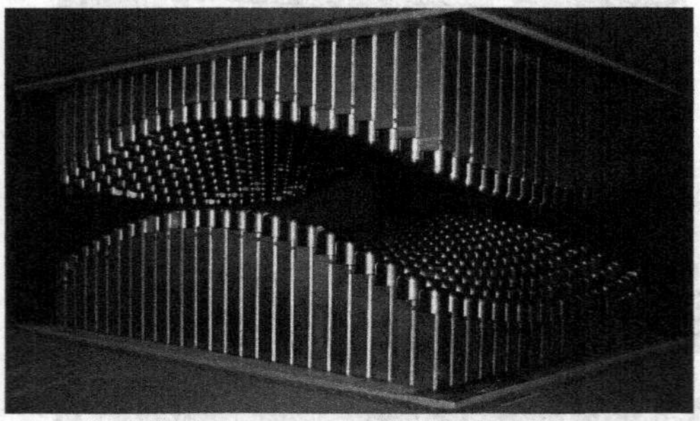

图3-86　多点柔性模具

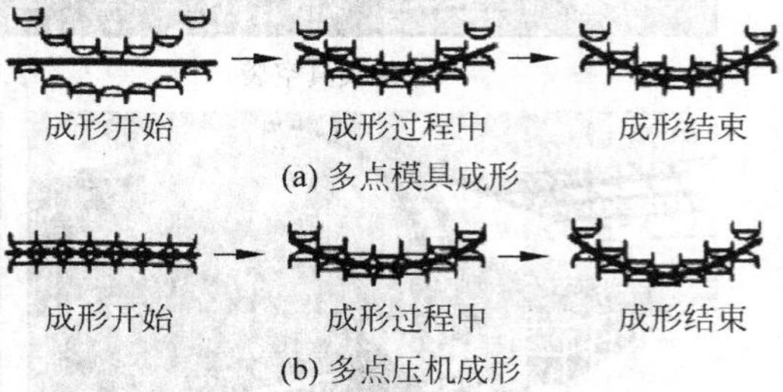

图3-87　基本的多点成形方式

多点压机成形是通过实时控制各调形单元的运动,形成随时变化的瞬时成形面。因其成形面不断变化,在成形过程中,各调形单元之间存在相对运动。在这种成形方式中,从成形开始到成形结束,上、下所有基本体始终与板材接触,夹持板材进行成形,如图3-87(b)所示。这种成形方式能实现板材的最优变形路径成形,消除成形缺陷,提高板材的成形能力。这是一种理想的板材成形方法,但要实现这种成形方式,压力机必须具有实时精确控制各调形单元运动的功能。

模具成形与多点成形的比较,各冲头的行程可分别调节,改变各冲头的位置就改变成形曲面,也就是相当于重新构造了成形模具,体现了多点成形的柔性特点;而整体模具的造型单一，一种产品需要一种模具。

2. 多点成形系统

一个基本的多点成形系统由三大部分组成，即 CAD/CAM 软件、计算机控制系统及多点成形主机（图 3-88）。CAD 软件系统根据成形件的目标形状进行几何造型、成形工艺计算等，将数据文件传给控制系统，控制系统根据这些数据控制压力机的调整机构，构造基本体群成形面，然后控制加载机构成形出所需的零件产品。

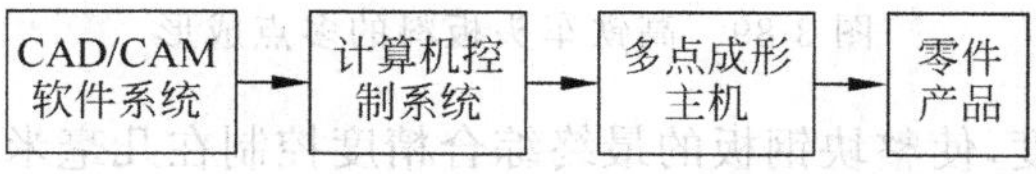

图 3-88 多点成形系统构成

（1）CAD/CAM 软件系统：根据要求的目标形状进行几何造型，成形工艺计算，并对成形过程进行有限元数值模拟，将数据文件传给控制系统。

（2）控制系统：根据数据文件控制压力机成形工件。

（3）成形系统：完成工件的成形。

3. 多点成形的特点

与传统模具成形相比，多点成形具有如下特点：

（1）实现无模成形。该技术利用多点成形装备的柔性与数字化制造特点，无需换模就可实现不同曲面的成形，从而实现无模、快速、低成本生产。对于大批量生产，这种方法仍与模具成形具有完全相同的生产节拍与成形效率，但却节省了大量的模具制造、调试等的时间与费用；对于多品种、小批量生产，这一技术能取代手工成形等落后的方式，实现零件的规范成形。

（2）优化变形路径。通过对调形单元的调整，实时控制型面，改变板材的变形路径与受力状态，提高材料极限，有利于难加工材料的塑性变形，扩大加工范围。

（3）提高成形精度。通过反复成形技术，消除工件内部的残余应力，实现少无回弹变形，保证工件的成形精度。

（4）小设备成形大构件。可采用分段成形技术，也可以连续逐次成形超过设备台尺寸数倍或数十倍的大型构件。

（5）易于实现自动化。型面造型、工艺计算、压机控制、工件测试等过程都可以采用计算机控制，实现 CAD/CAE/CAM 一体化生产，工作效率高，劳动强度小，极大地改善了工作环境。

4. 多点成形的应用

多点成形技术已经应用于高速列车流线型车头制作、船体外板、航空航天器、化工压力容器、建筑物内外饰板的成形及医学工程等多个领域中。高速列车流线型车头覆盖件通常要分成 50～80 块不同曲面，每一块曲面都要分别多点成形后进行拼焊，如图 3-89 所示。

“鸟巢”大量采用由钢板焊接而成的箱形构件，其三维弯扭结构在不同部位的弯曲与扭曲程度均不相同，成形厚度从 10mm 变化到 60mm，其回弹量变化很大。如果每一段都采用模具成形，模具制造费用高昂；采用水火弯板等手工方法成形，需要大量的熟练工人，还难以保证成形的一致性。而采用多点成形技术，不仅节约了高额的模具费用，成形效率提高了数十倍，

(a) 多点成形件 (b) 焊接 (c) 高铁车头

图 3-89 高铁车头板料的多点成形

还极大地提高了成形精度,使整块钢板的最终综合精度控制在几毫米以内,如图 3-90 所示。

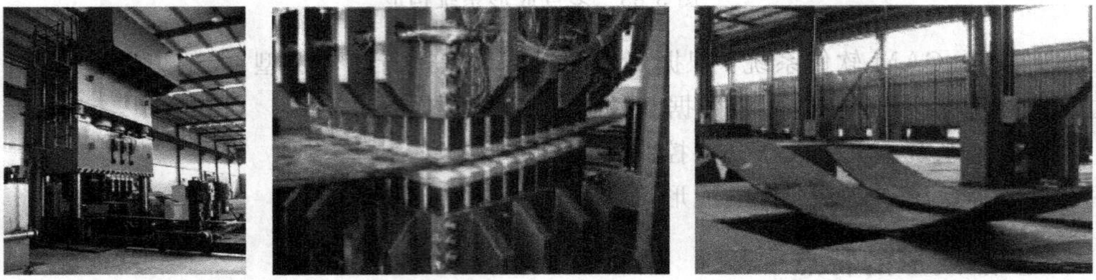

(a) 鸟巢用多点压力成形机 (b) 多点成形过程 (c) 成形件

(d) 焊接成箱体单元 (e) 鸟巢施工

图 3-90 多点成形鸟巢箱形构件

多点成形技术在医学工程中也取得了很好的效果。人脑颅骨受损后,需要进行颅骨修补手术,较常用的方法是在颅骨缺损处植入用钛合金网板成形的颅骨修复体。由于每个人的头部形状与大小都不一样,而且颅骨缺损部位也有区别,在手术前需要按照患者的头形与手术部位成形钛合金网板,满足个性化制造方面的需求,如图 3-91 所示。

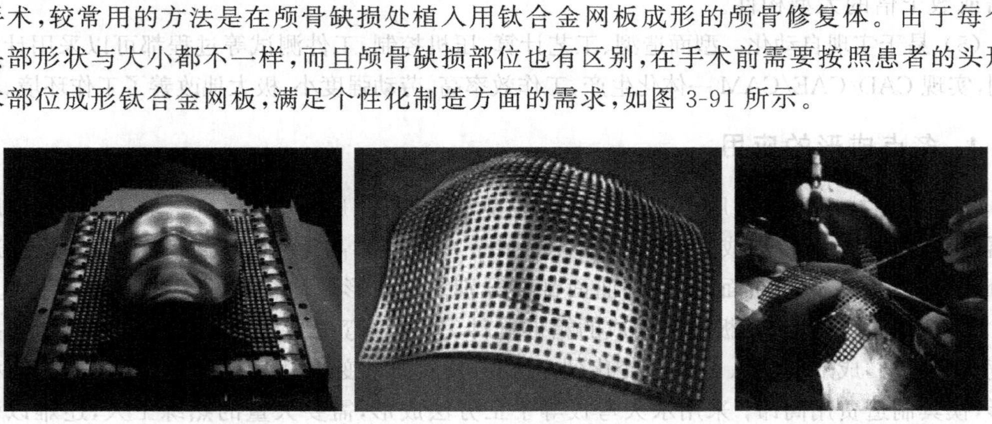

(a) 人脸成形例子 (b) 钛网板颅骨修复体 (c) 手术固定颅骨修复体

图 3-91 多点成形在颅骨修复体上的应用

3.6 工程实例——汽车车门玻璃升降器外壳生产

汽车车门玻璃升降器外壳的生产过程，详见二维码。

阅读材料——锻压机械的发展史

有关锻压机械的发展史，详见二维码。

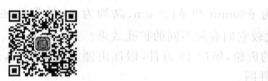

工程实例——汽车车门玻璃升降器外壳生产

阅读材料——锻压机械的发展史

本章小结

(1) 介绍了固态金属塑性成形的基本原理、基本规律和影响因素等基础理论。

(2) 讲述了体积成形、板料成形和冲压成形三种成形方法的特点、工艺过程和相关设备。

(3) 讲述了自由锻、模锻、冲裁、拉深、弯曲的工艺设计和上述产品的结构工艺性。

(4) 介绍了超塑性成形、等温锻造、热冲压、蠕变时效成形、多点柔性成形技术等塑性成形新技术。

(5) 工程实例介绍了汽车车门玻璃升降器外壳的生产过程。

习题

3.1 什么是最小阻力定律？

3.2 如何提高金属的塑性？最常用的措施是什么？

3.3 在平砧和V形砧上拔长时(见图3-92)，效果有何不同？

3.4 为什么模锻所用的金属比充满模膛所要求的要多一些？

3.5 锤上模锻时，终锻模膛和预锻模膛的模锻斜度和圆角半径有何不同？

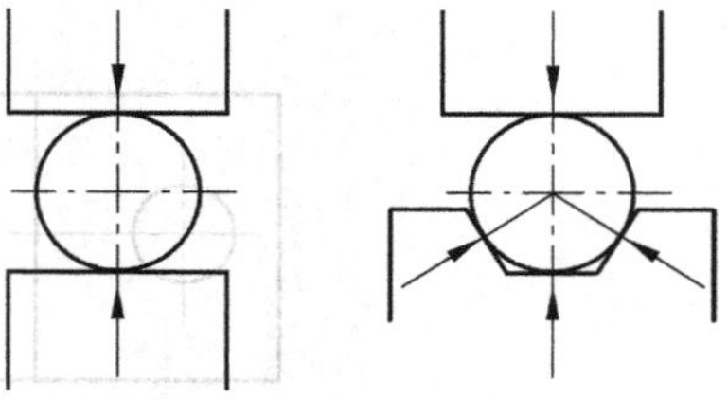

(a) 平砧　　(b) V形砧

图3-92 题3.3图

3.6 锤上模锻带孔锻件时，为什么不能锻出通孔？

3.7 摩擦压力机上模锻有何特点？

3.8 试分析冲裁间隙的大小与冲裁件断面质量、冲裁件尺寸精度、冲裁力、模具寿命的关系。

3.9 冲裁件工艺性分析包括哪些内容？

3.10 比较落料和拉深工序的凸、凹模的结构及间隙有什么不同，说明其原因。

3.11 拉深工序中最容易出现的质量问题是什么？如何防止？

3.12 为什么说弯曲中的回弹是一个不能忽略的问题？试述减小弯曲回弹的工艺措施。

3.13 试说明最小曲率半径、最小相对弯曲半径的主要影响因素。

3.14 两个内径分别为 ϕ60mm 和 ϕ120mm、高均为 30 的带孔坯件，分别在直径为 ϕ60mm 的芯轴上扩孔，试比较它们有何不同的扩孔效果？

3.15 如图 3-93 所示的齿轮，年产 15 万件，锻坯由锤上模锻生产，试修改零件不合理的结构，并画出修改后的锻件图。

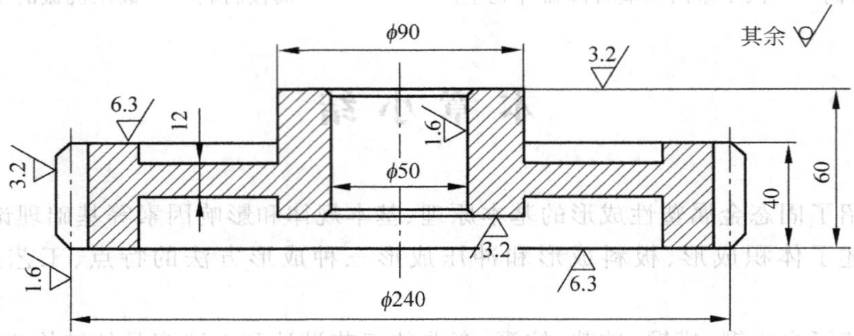

图 3-93 题 3.15 图

3.16 如图 3-94 所示冲压件，采用厚 1.5mm 低碳钢板进行批量生产。试确定冲压的基本工序，绘出工序简图。

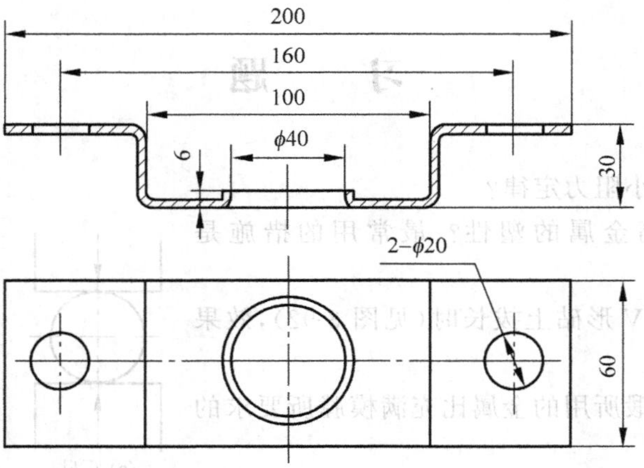

图 3-94 题 3.16 图

3.17　如图3-95所示冲压件，采用厚1.5mm低碳钢板进行批量生产。试确定冲压的基本工序，绘出工序简图。

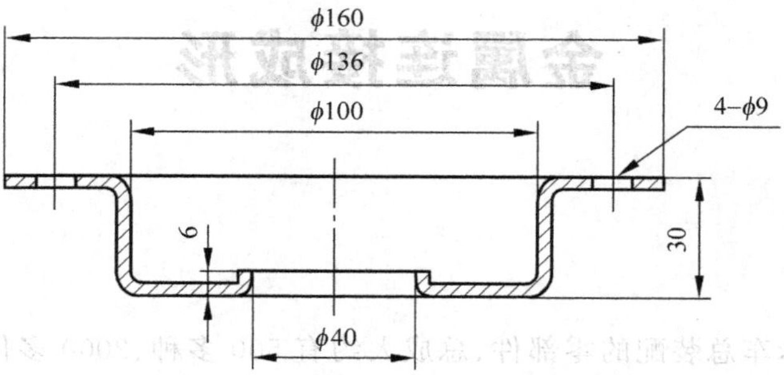

图3-95　题3.17图

3.18　如图3-96(a)所示为油封内夹圈，图3-96(b)所示为油封外夹圈，均为冲压件。试分别列出冲压基本工序，并说明理由。

提示：材料的极限圆孔翻边系数 $K=0.68$，$d_0=d_1-2[H-0.43R-0.22t]$，式中：d_0 为冲孔直径(mm)；d_1 为翻边后竖立直边的外径(mm)；H 为从孔内测量的竖立直边高度(mm)；R 为圆角半径(mm)；t 为板料厚度(mm)。

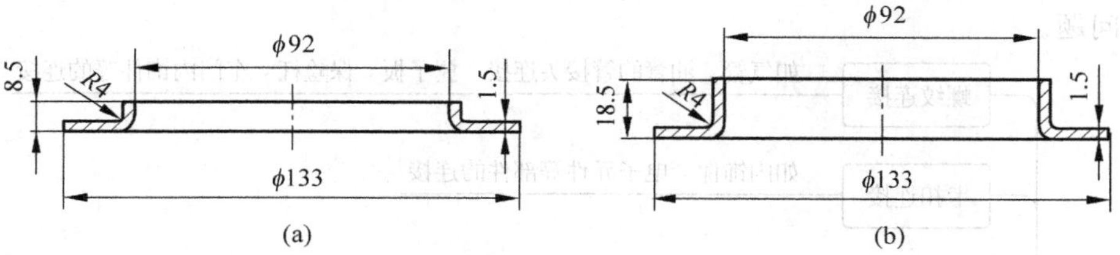

图3-96　题3.18图

3.19　冲制图3-97所示零件，材料为Q235钢，厚 $t=0.5$mm。计算冲裁凸、凹模刃口尺寸及公差。

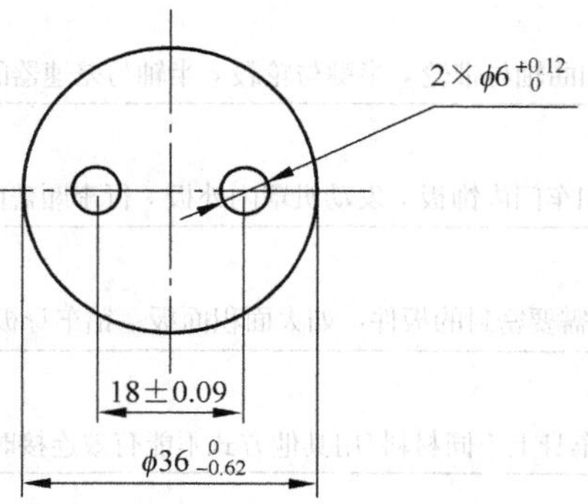

图3-97　题3.19图

第 4 章

金属连接成形

据统计，一辆卡车总装配的零部件、总成大约有 500 多种、2000 多件，试问这些零部件是如何组合成一台车的呢？答案就是装配。汽车装配就是将各种零部件、总成按规定的技术条件和质量要求连接组合成整车的过程。仅以汽车车身为例，汽车车身就有数百种薄板经冲压而成车门、翼子板、地板等不同的结构件，这些结构件通过不同的连接方式连接组成汽车车身。汽车中常用的连接方式如图 4-1 所示，常用连接方式在汽车上的应用如图 4-2 所示。

由此可见，由于使用、结构、制造、装配、运输等原因，成百上千的零件需要按照一定的要求和方式连接起来，而这些零件多数是由金属材料制造而成的，本章重点探讨金属构件连接的相关问题。

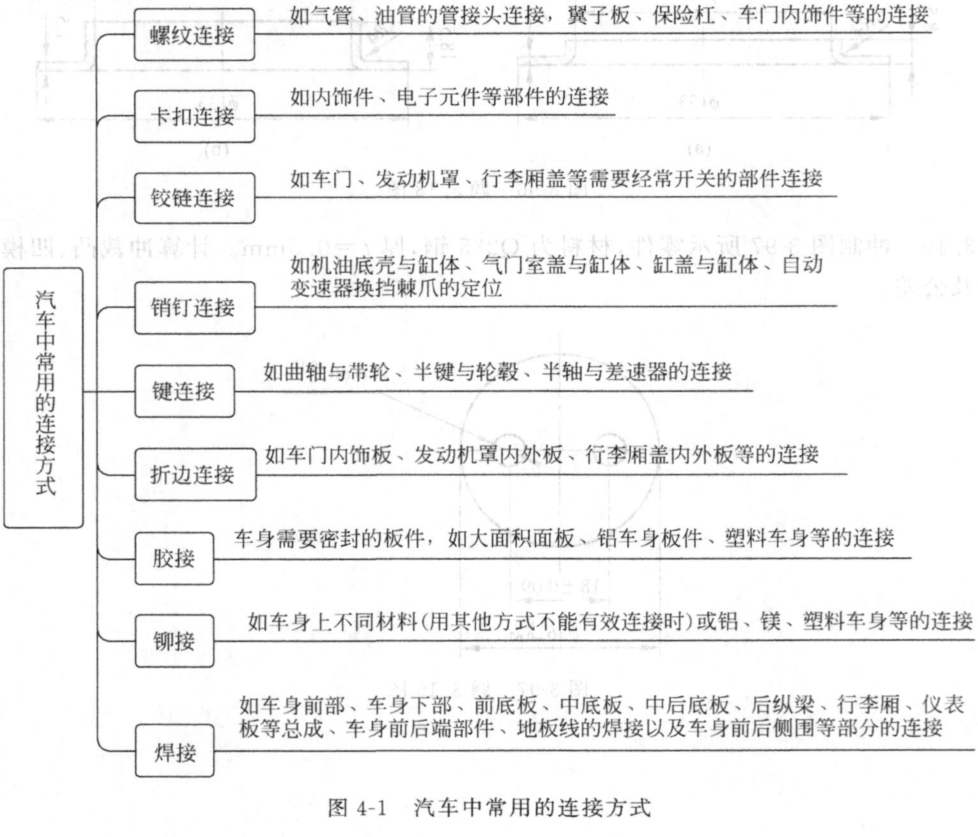

图 4-1　汽车中常用的连接方式

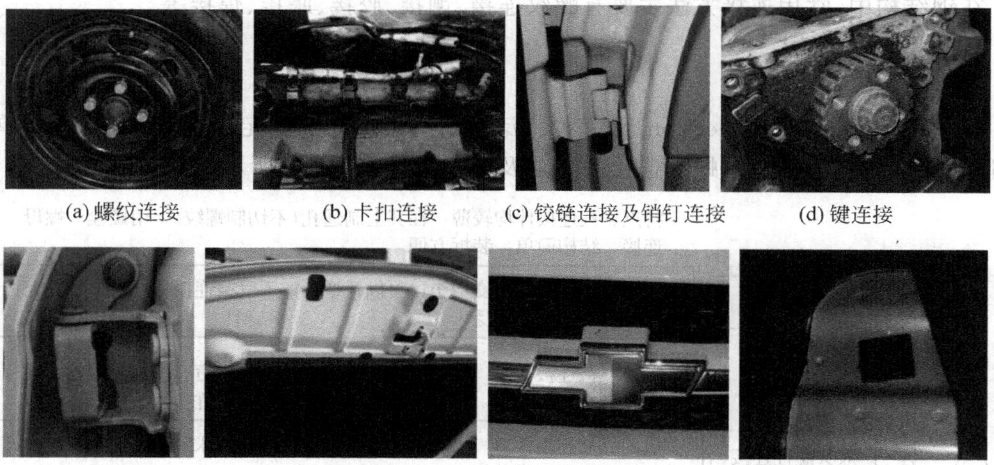

(a) 螺纹连接　(b) 卡扣连接　(c) 铰链连接及销钉连接　(d) 键连接

(e) 铆接　(f) 折边连接　(g) 胶接　(h) 点焊

图 4-2　汽车常用连接方式应用实例

4.1　金属连接成形的技术基础

4.1.1　金属连接概述

金属连接有很多种方法，按拆卸时是否损坏被连接件（或被连接件）可分为可拆卸连接和不可拆卸连接，如图 4-3 所示。

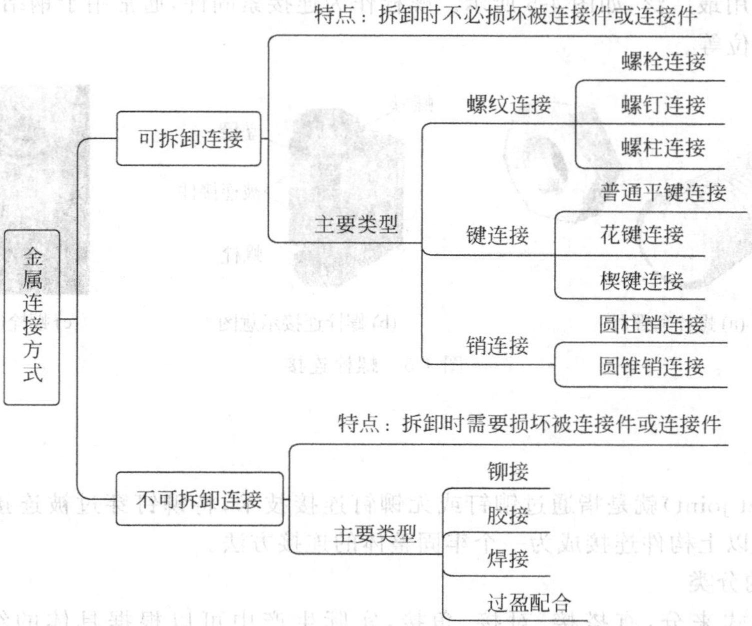

图 4-3　常用的金属连接方式

在钢结构中,常用连接方法主要有螺纹连接、铆接、胶接、胀接、焊接等。

1. 螺纹连接

螺纹连接(thread connection)是一种广泛使用的可拆卸的固定连接,具有结构简单、连接可靠、装拆方便等优点。螺纹连接的特点及应用场合如图 4-4 所示。

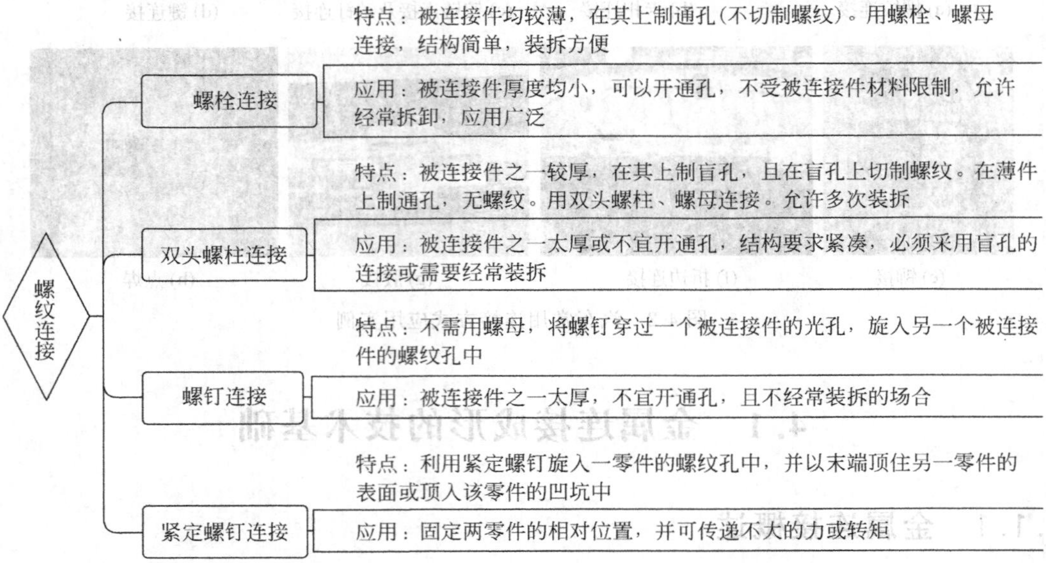

图 4-4 螺纹连接特点及应用

螺纹连接中常用的有螺栓连接、双头螺柱连接和螺钉连接。其中螺栓连接(bolted connection)应用最广泛,如图 4-5 所示。螺栓作为连接紧固件,通常用于钢结构中构件间的连接、固定、定位等。

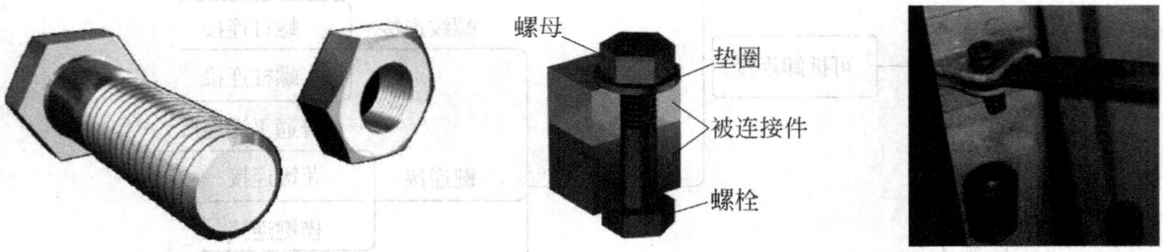

(a) 螺栓和螺母　(b) 螺栓连接示意图　(c) 螺栓连接应用实例

图 4-5 螺栓连接

2. 铆接

铆接(rivet joint)就是指通过铆钉或无铆钉连接技术,将铆钉穿过被连接件的预制孔,使两个或两个以上构件连接成为一个牢固整体的连接方法。

1) 铆接的分类

按接头形式来分,有搭接、对接、角接,实际生产中可以根据具体的结构特点加以选择。

按接头性能来分，有强固连接、密固连接、紧密连接三种，各自特点及应用场合详见二维码。

鉚接接头分类

2）铆接的基本形式

铆接时，零件叠合的基本形式有搭接、对接和角接。

（1）搭接是铆接结构中最简单的叠合方式，它是将板件边缘对搭在一起用铆钉加以固定连接的结构形式，如图 4-6(a)所示。

（2）对接是将连接的板件置于同一个平面，上面覆盖以盖板，将盖板连同板件铆接在一起。这种连接可分为单盖板式和双盖板式两种对接形式，如图 4-6(b)所示。

（3）角接是互相垂直或组成一定角度板件的连接。这种连接要在接合处覆搭另一角钢。角接时，板件上覆搭角钢有一侧或两侧两种形式，如图 4-6(c)所示。

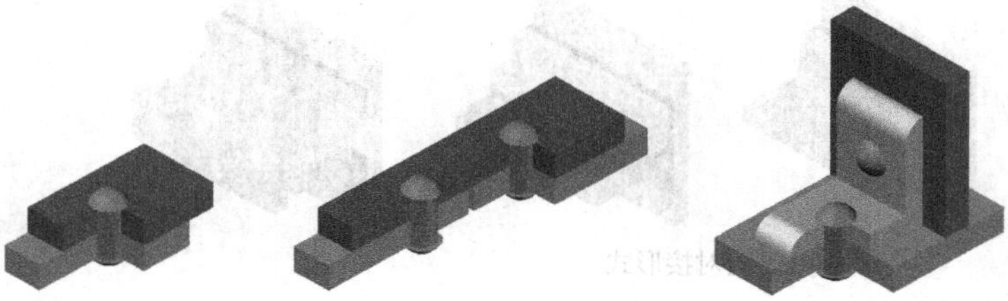

(a) 搭接　(b) 对接　(c) 角接

图 4-6　铆接的基本形式

视频 4-1　铆钉连接动画

3）铆接特点及应用

（1）工艺设备简单。

（2）工艺过程比较容易控制，质量稳定。

（3）铆接结构抗振、耐冲击，连接牢固可靠。

（4）材料适应性强。可以铆接低碳钢、铜、铝、中碳钢及不锈钢等。

（5）结构形状不受限制。只需改变铆接接头形状，就能铆接成各种形状，此外还可用于压印。

铆接广泛用于建筑、锅炉、铁路桥梁、精密机械、纺织器材和金属结构等制造方面，特别是在汽车门锁、刮水器、制动器、离合器、后门撑杆、门铰链、玻璃升降器、化油器、手制动器、转向球接头、摩托车减振器等制造行业中应用更为广泛。

3. 胶接

胶接(adhesive bonding)是借助于一层非金属材料的中间体，通过化学反应或物理凝固等作用，把两个物体紧密地接合在一起的连接方法，作为中间连接体的材料称为胶粘剂。

1）胶接的分类

胶接有结构胶接和非结构胶接之分。结构胶接的重要特点是胶接接头要长久地承受载荷，而非结构胶接多指密封、封装定位、修补等非力学胶接。

2）胶接结构的基本形式

胶接结构按胶接接头分为对接、搭接、角接三种形式。常见胶接结构基本形式如图 4-7 所示。

(a) 板材搭接形式

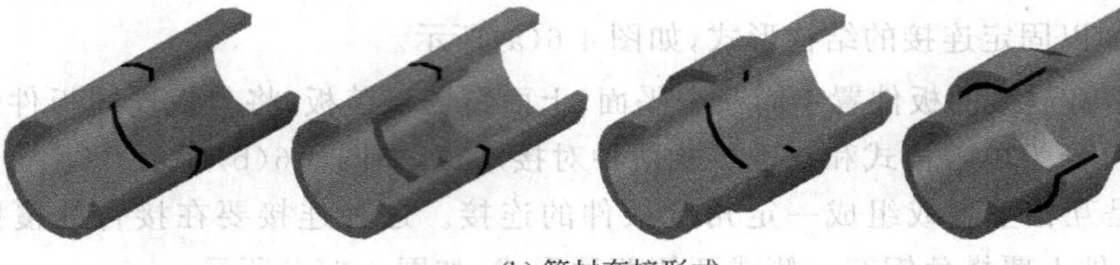

(b) 管材套接形式

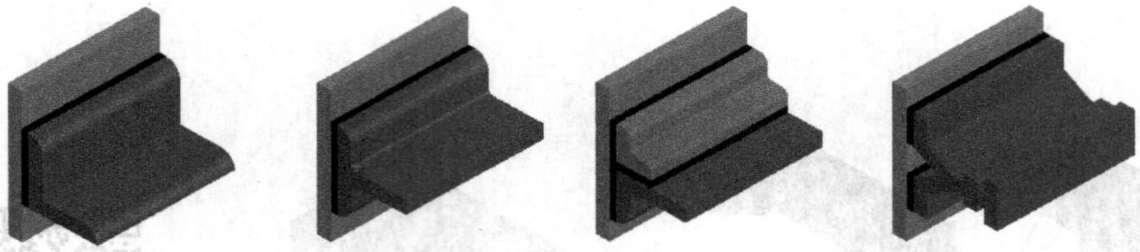

(c) 型材对接形式

图 4-7 胶接基本形式

3）胶接结构的主要特点及其应用

有关胶接的主要特点及其应用详见二维码。

4. 胀接

胀接是利用外力使管子端部产生塑性变形,同时管板孔壁产生弹性变形,依靠管板孔壁的回弹对管子施加径向压力,实现管子端部和管板间的紧固和密封的一种连接方法,又称胀管。换言之,胀接就是通过胀管器对管子端部产生一定的压力,使管子直径胀大,从而消除或减小管子和管板之间的缝隙,提高管口的密封程度,延长管口抗腐蚀破坏时间。

胀接的相关内容详见二维码。

胶接特点及其应用　　　　胀接分类及结构形式

胀接具有生产效率高,能消除换热管与管板间的间隙,对管板变形影响小,能延长产品的使用寿命,适用范围广等特点,尤其在一些难以施焊部位、焊接性差的材料以及异种材料间被广泛使用。在压力容器、锅炉、换热器、蒸发器以及化工设备等制造过程中,胀接是压力容器类高质量产品不可或缺的一个工艺环节,多用于管束与锅筒的连接。

5. 焊接

铆接应用较早,铆接结构能承受冲击载荷,接头质量也容易从外部检查,但铆接工序复杂，结构笨重，铆钉孔削弱被连接件截面强度15%～20%，劳动强度大，噪声大，生产效率低，胶接、胀接的接头强度一般较低。相比较而言，焊接结构重量轻，节约金属材料，易于保证焊接结构等强度的要求，施工方便，生产率高，易于实现自动化，且焊接结构的成本低，所以焊接是容器、管道等承压产品最常用的一种连接方法，广泛应用于石油、化工、电力、机械、冶金、建筑、航空航天、交通等工业部门。

4.1.2 焊接的定义及分类

焊接(welding)是通过加热、加压或两者并用，用或不用填充材料，借助于金属原子的扩散和结合，使分离的材料牢固地连接在一起的加工方法。

焊接不仅可以解决钢材的连接，也可以解决铝、铜等有色金属及钛、锆等特种金属材料的连接。随着焊接技术的不断进步，到目前为止，仅就新型焊接方法而言，已达数十种之多。

按照加热方式、工艺特点和用途不同，焊接通常分为以下三大类：

1. 熔焊

熔焊(fusion welding)是将待焊处的母材金属加热熔化以形成焊缝实现连接的焊接方法。如焊条电弧焊(shielded metal arc welding)、气焊(oxyfuel gas welding)等。

2. 压焊

压焊(pressure welding)是必须对焊件施加压力(加热或不加热)以实现连接的焊接方法。如电阻焊(resistance welding)等。

3. 钎焊

钎焊(brazing welding)是采用比母材熔点低的金属材料作钎料，将焊件接合处和钎料加热到高于钎料熔点但低于母材熔点的温度，利用液态钎料润湿母材，填充接头间隙并与母材相互扩散实现连接的焊接方法。

常用焊接方法分类如图4-8所示。

焊接具有如下优点：

(1) 工艺简单，节省材料。

(2) 生产周期短，成本较低。

(3) 接头密封性好，力学性能高，承载能力可以达到与工件材质相等的水平。

(4) 便于以小拼大，化大为小。

(5) 能将不同材质连接成整体，可以制造双金属结构。

(6) 劳动条件好，劳动强度小。

(7) 工艺比较简单，易于实现机械化和自动化。

但焊接结构不可拆卸、更换修理不方便；焊接接头容易出现焊接缺陷以及存在焊接应力，容易产生焊接变形。有时焊接质量成为突出问题，焊接接头往往是锅炉压力容器等重要容器的薄弱环节，实际生产应特别注意。

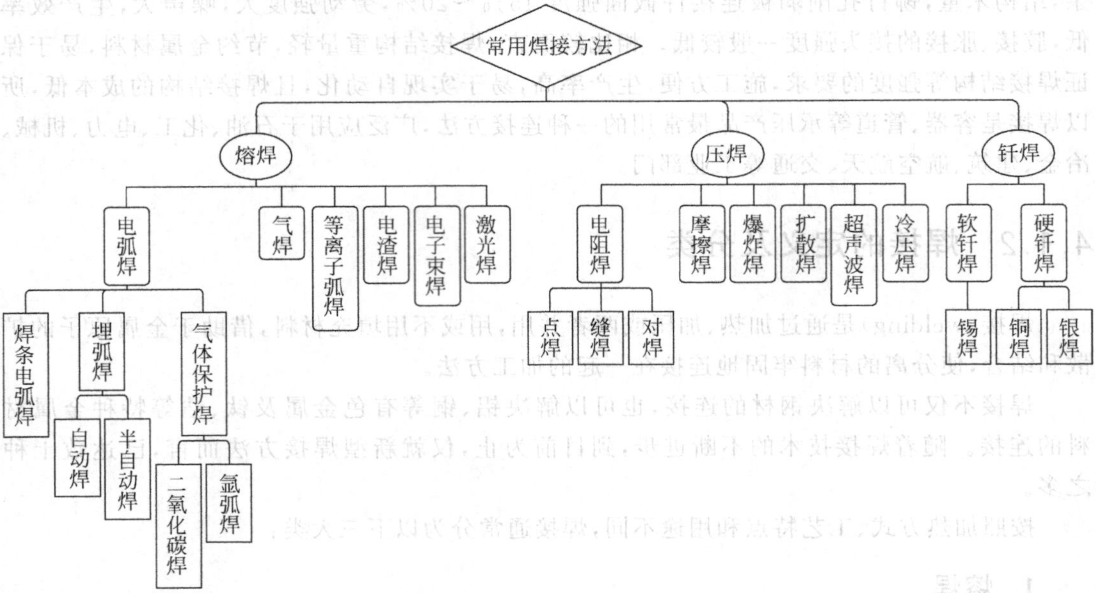

图 4-8 焊接方法的分类

焊接主要用于制造各种金属构件，如建筑结构、钢窗、船体、车辆、锅炉及各种压力容器，也常用于制造机械零件，如重型机械的机架、底座、箱体、轴、齿轮、刀具等，有时也用于制造零件毛坯和修复旧零件。

4.1.3 焊接接头的组织与性能

在实际生产中，快速实现焊接过程的方法之一就是向被焊工件局部输入能量高度集中的焊接热源，把材料加热到熔化状态，以获得高质量的焊缝和最小的焊接热影响区。常用焊接热源如图 4-9 所示。

焊接时，热源沿着工件逐渐移动并对工件进行局部加热，因此在焊接过程中，焊缝及其附近的母材经历了一个加热和冷却的过程。由于温度的分布不均匀，焊缝经历一次复杂的冶金过程，焊缝附近区域受到一次不同规范的热处理，引起相应的组织和性能变化，从而直接影响焊接质量。

1. 焊接热循环曲线

为了便于分析焊接接头各处温度、组织与性能的变化，有必要了解在焊接过程中焊件上各点的温度随时间变化的情况。

焊接热循环是指在焊接热源作用下，焊件上某点经历焊接过程时的温度随时间变化的过程。当热源向该点靠近时，该点的温度随之升高，直到达到最大值；随着热源的离开，温度又逐渐降低，整个过程可以用一条曲线来表示，这种表示温度与时间关系的曲线称为热循环曲线，可用 $T=f(t)$ 表示。20Mn 钢，焊条电弧焊，采用 5 点测温得出焊缝不同距离处温度，如图 4-10 所示，图中 t_c 表示热源通过后的冷却时间。

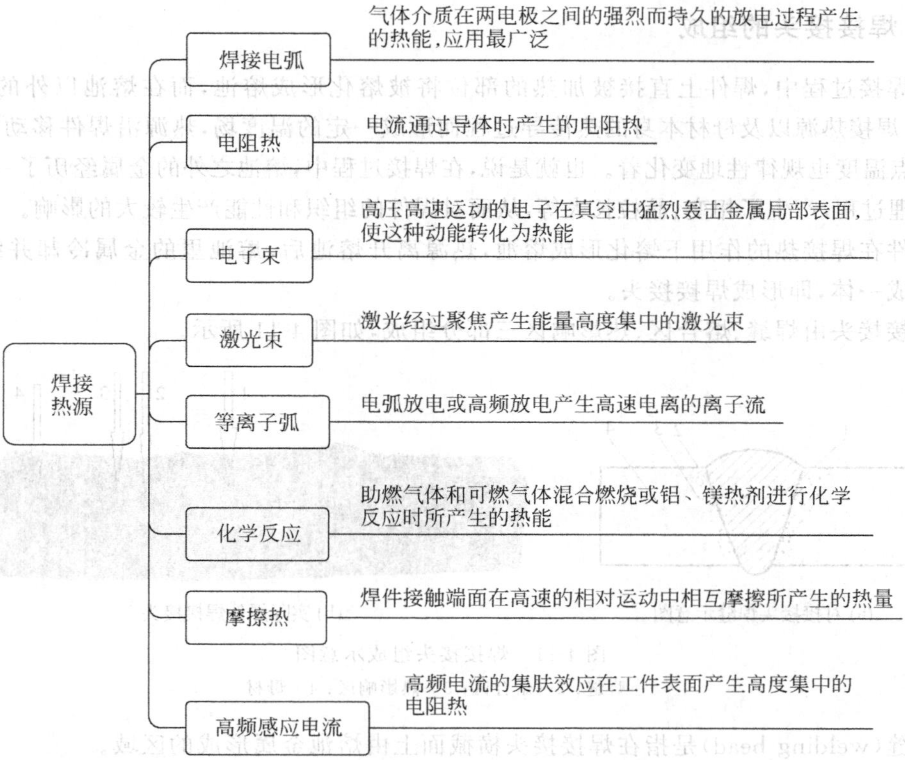

图 4-9 焊接热源类型

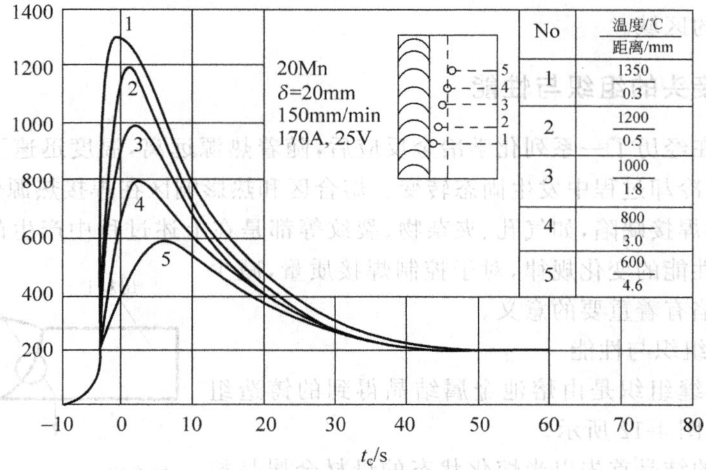

图 4-10 距离焊缝各点的焊接热循环

由图 4-10 可知，在焊缝两侧距焊缝远近不同的各点，所经历的热循环并不相同，离焊缝熔合线越近的点加热速度越快，峰值温度越高，冷却速度也越快，加热到最高点所用时间也越短。该点的温度变化曲线与该点到热源中心的距离以及焊接方法、焊接参数等有关。

2. 焊接接头的组成

在焊接过程中,焊件上直接被加热的部位将被熔化形成熔池,而在熔池以外的母材金属,由于焊接热源以及母材本身的热传导过程而形成一定的温度场,热源沿焊件移动时,焊件上的某点温度也规律性地变化着。也就是说,在焊接过程中,熔池之外的金属经历了一个特殊的热处理过程,产生了相变、晶粒长大等,从而对焊件的组织和性能产生较大的影响。

焊件在焊接热的作用下熔化形成熔池,热源离开熔池后,熔池里的金属冷却并结晶,与母材连成一体,即形成焊接接头。

焊接接头由焊缝、熔合区、热影响区三部分组成,如图 4-11 所示。

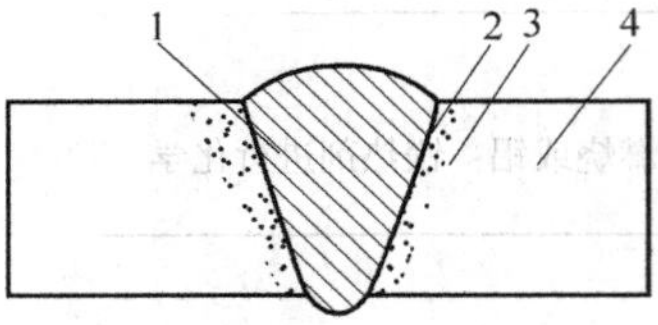

(a) 对接接头焊缝示意图

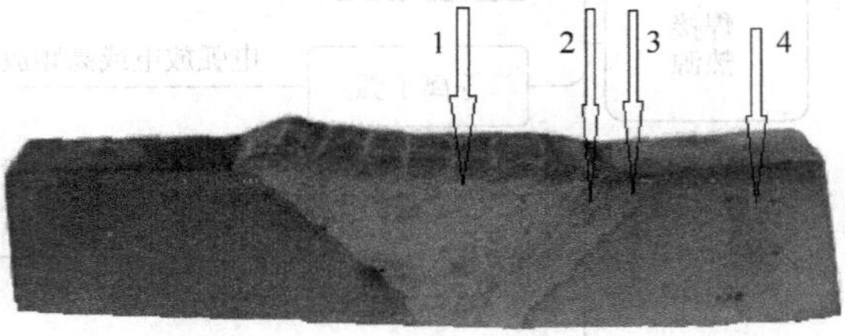

(b) 实际焊件焊接接头

图 4-11 焊接接头组成示意图

1—焊缝;2—熔合区;3—热影响区;4—母材

焊缝(welding bead)是指在焊接接头横截面上由熔池金属形成的区域。

熔合区是指熔合线两侧一个很窄的焊缝与热影响区的过渡区,也称半熔化区。

热影响区(heat-affected zone)是指受焊接热循环的影响,母材因焊接热作用而发生组织或性能变化的区域。

3. 焊接接头的组织与性能

熔池金属在经历了一系列化学冶金反应后,随着热源远离,温度迅速下降,凝固后成为焊缝,并在继续冷却过程中发生固态转变。熔合区和热影响区在焊接热源作用下,组织也将发生变化,很多焊接缺陷,如气孔、夹杂物、裂纹等都是在上述过程中产生的。因此,了解焊接接头组织与性能的变化规律,对于控制焊接质量,减少或防止焊接缺陷有着重要的意义。

1) 焊缝的组织与性能

熔焊时,焊缝组织是由熔池金属结晶得到的铸造组织,焊缝组织如图 4-12 所示。

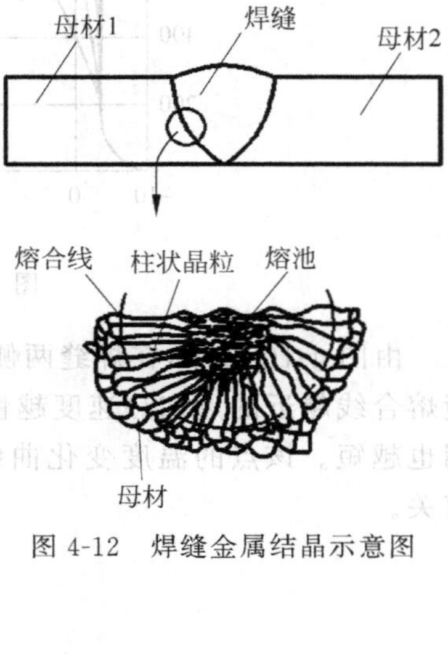

图 4-12 焊缝金属结晶示意图

熔池金属的结晶首先以半熔化状态的母材金属晶粒作为结晶核心,然后晶粒沿着与散热最快方向相反的方向长大,因为受到相邻正在长大晶粒的阻碍,晶粒向两侧的生长受到限制,形成指向熔池中心的柱状晶粒,这些柱状晶粒的前沿一直伸展到焊缝中心至相互接触而停止生长,完成结晶过程得到铸态组织。

由于焊缝是晶粒粗大的铸态组织,故使塑性降低,易产生热裂纹。但由于焊条药皮在焊接过程中具有保护和合金化作用，因此焊缝金属的强度一般不低于母材金属。

2）熔合区的组织与性能

焊接时，此区温度介于液相线与固相线之间，金属局部熔化，故也称半熔化区。组织是由部分铸造组织和过热组织所组成的，化学成分不均匀，金属组织晶粒粗大，是焊接接头中力学性能最差的部位。虽然熔合区宽度只有0.1～0.4mm，但因强度、塑性和韧性都下降，而且是焊接接头断面变化部位，易引起应力集中，在很大程度上决定着焊接接头的性能。

3）热影响区的组织与性能

低碳钢焊接接头的组织变化、焊接接头各点最高加热温度曲线以及与简化的铁碳相图的对应情况，如图4-13所示，其热影响区可分为过热区、正火区和部分相变区等。

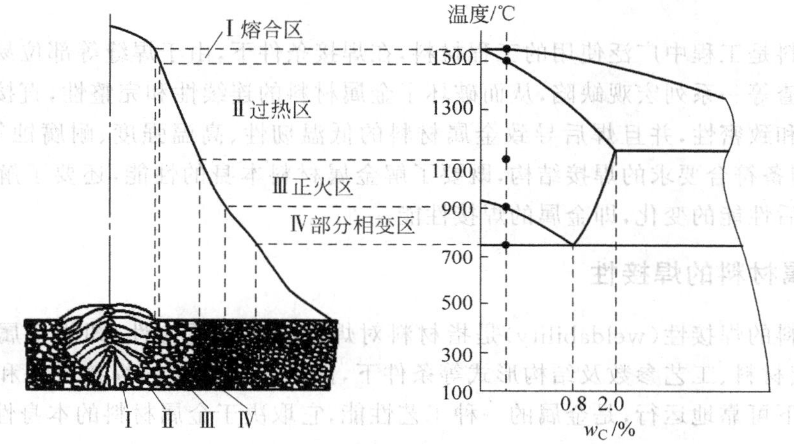

图4-13 低碳钢焊接接头的组织示意图

(1) 过热区。焊接时，此区被加热到1100℃（即A_{c3}以上100～200℃）以上至固相线温度。由于加热温度高，奥氏体晶粒明显长大，冷却后形成晶粒粗大的过热组织，其塑性及韧性很低，是热影响区中性能最差的部位，对焊接接头有不利影响，应使此区尽可能减小。焊接刚度大的结构时，易在此区产生裂纹。

(2) 正火区。焊接时，此区被加热到A_{c3}～1100℃，宽度约为1.2～4.0mm。由于焊后空冷，可获得均匀细小的晶粒，相当于热处理的正火组织，故称为正火区，其力学性能优于母材。

(3) 部分相变区。此区被加热到A_{c1}～A_{c3}。因为只有部分组织发生转变，冷却后晶粒大小不均匀，组织不均匀，其力学性能也不均匀。

综上所述，熔合区和过热区是焊接接头中性能较薄弱部位，对焊接质量影响最大，应尽可能减小其宽度。

采用不同焊接方法焊接低碳钢时，其热影响区的平均尺寸有很大差别，见表4-1。

由表4-1可知，低碳钢焊接结构，当用焊条电弧焊或埋弧自动焊时，热影响区宽度较小，对焊接产品质量影响较小，焊后可不进行热处理；对于合金钢焊接结构或用电渣焊焊接的结构，热影响区宽度较大，焊后必须进行热处理，通常是进行一次正火，以细化晶粒，均匀组织，改善焊接接头质量；对于焊后不能进行热处理的焊接结构，只能通过正确选择焊接方法、合理进行结构设计和制订焊接工艺等措施来减小焊接热影响区。

表 4-1 焊接方法对低碳钢焊接热影响区平均尺寸的影响

焊接方法	各区平均尺寸/mm			热影响区总宽度/mm
	过热区	正火区	部分相变区	
焊条电弧焊	2.2～3.0	1.5～2.5	2.2～3.0	5.9～8.5
埋弧自动焊	0.8～1.2	0.8～1.7	0.7～1.0	2.3～3.9
电渣焊	18～20	5.0～7.0	2.0～3.0	25～30
气焊	21	4	2	27
电子束焊	—	—	—	0.05～0.75

4.1.4 常用金属材料的焊接性能

金属材料是工程中广泛使用的工程材料，在焊接条件下，由于焊缝等部位易形成焊接裂纹、气孔、夹渣等一系列宏观缺陷，从而破坏了金属材料的连续性和完整性，直接影响到焊接接头的强度和致密性，并且焊后导致金属材料的低温韧性、高温强度、耐腐蚀等性能下降。因此，为了制备符合要求的焊接结构，既要了解金属材料本身的性能，还要了解金属材料进行焊接加工后性能的变化，即金属的焊接性能。

1. 金属材料的焊接性

金属材料的焊接性(weldability)是指材料对焊接加工的适应性，即指金属在一定的焊接方法、焊接材料、工艺参数及结构形式等条件下，能否获得优质的焊接接头和该接头能否在使用条件下可靠地运行，是金属的一种工艺性能，它取决于金属材料的本身性能和焊接工艺条件。

金属材料焊接性的主要影响因素是化学成分。在钢材所含有的各种元素中，碳对冷裂敏感性的影响最显著，因此将钢中各种元素的含量按其作用折算成碳的相当含量，即为“碳当量”，并以此来判断钢材的淬硬倾向和冷裂敏感性，进而估算钢材的焊接性。

目前应用的碳当量计算公式有国际焊接学会(IIW)推荐的 CE、日本工业标准(JIS)规定和美国焊接学会(AWS)推荐的 Ceq。

碳当量计算公式及其应用范围见表 4-2。金属材料焊接性与板厚和 Ceq 的关系，如图 4-14 所示。

表 4-2 碳当量计算公式和应用范围

碳当量计算公式	适用范围
国际焊接学会(IIW)推荐 CE=C+Mn/6+(Cr+Mo+V)/5+(Cu+Ni)/15 (%)	中高强度的非调质低合金高强度钢 $\sigma_b=500\sim900$MPa 化学成分 $w_C\geqslant0.18\%$
日本工业标准(JIS)规定 Ceq(JIS)=C+Mn/6+Si/24+Ni/40+Cr/5+Mo/4+V/14 (%)	调质低合金高强度钢 $\sigma_b=500\sim1000$MPa 化学成分 $w_C\leqslant0.20\%$、$w_{Si}\leqslant0.55\%$、$w_{Mn}\leqslant1.5\%$、$w_{Cu}\leqslant0.5\%$、$w_{Ni}\leqslant2.5\%$、$w_{Cr}\leqslant1.25\%$、$w_{Mo}\leqslant0.7\%$、$w_V\leqslant0.1\%$、$w_B\leqslant0.006\%$

续表

碳当量计算公式	适用范围
美国焊接学会(AWS)推荐 $Ceq(AWS)=C+Mn/6+Si/24+Ni/15+Cr/5+Mo/4+Cu/13+P/2\ (\%)$	碳钢和低合金高强钢 化学成分 $w_C<0.6\%$、$w_{Mn}<1.6\%$、$w_{Ni}<3.3\%$、$w_{Cr}<1.0\%$、$w_{Mo}<0.6\%$、$w_{Cu}=0.5\%\sim1\%$、$w_P=0.05\%\sim0.15\%$

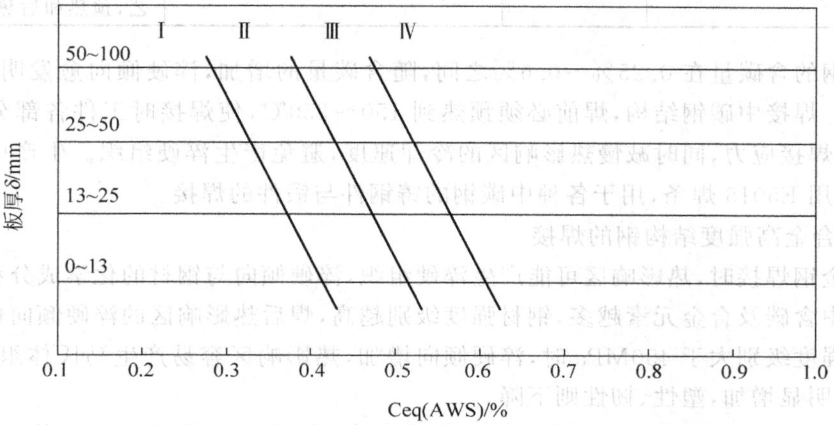

图 4-14 板厚和 Ceq 对焊接性的影响

Ⅰ—优良；Ⅱ—较好；Ⅲ—尚好；Ⅳ—尚可

使用国际焊接学会(IIW)推荐的 CE 时，对板厚小于 20mm 钢材的焊接性评定方法如下：

(1) 当 CE<0.4%时，钢材塑性良好，淬硬倾向不明显，焊接性良好。在一般的焊接工艺条件下，焊件不会产生裂缝，但对厚大工件或低温下焊接时应考虑预热。

(2) 当 CE=0.4%~0.6%时，钢材塑性下降，淬硬倾向明显，焊接性较差。焊接时必须预热才能防止产生裂纹。随着板厚及碳当量的增加，预热温度也相应提高，焊后应注意缓冷。

(3) 当 CE>0.6%时，钢材塑性较低，淬硬倾向很强，焊接性不好。焊接时必须采用严格的工艺措施，如焊前工件必须预热到较高温度，焊接中要采取减少焊接应力和防止开裂的工艺措施，焊后应缓冷并进行适当的热处理，才能保证焊接接头质量。

2. 常用金属材料的焊接

1) 碳素结构钢的焊接

碳钢中主要合金元素是碳、锰、硅，其焊接性主要取决于含碳量，含碳量增加，钢的硬度和强度提高，焊接性变差，焊接性与碳钢含碳量之间关系见表 4-3。

低碳钢的含碳量不大于 0.25%，塑性好，一般没有淬硬倾向，对焊接热不敏感，裂纹倾向小，焊接性良好。这类钢焊接时，一般不需要预热，不需要采取特殊工艺措施，通常在焊后也不需要进行热处理(电渣焊除外)。适合用各种方法焊接，用于制造各类大型结构件和受压容器。

表 4-3　焊接性与碳钢含碳量之间关系

钢种	含碳量/%	典型硬度	典型用途	焊接性
低碳钢	≤0.15	HRB60	板材、型材、薄板、钢带、焊丝	优
	0.15～0.30	HRB90	结构用型材、板材和棒材	良
中碳钢	0.30～0.60	HRC25	机器零件和工具	中(通常要求预热和后热,推荐采用低氢焊条)
高碳钢	≥0.60	HRC40	弹簧、模具、钢轨	劣(要求采用低氢焊接工艺,预热和后热)

中碳钢的含碳量在0.25%～0.6%之间,随含碳量的增加,淬硬倾向愈发明显,焊接性逐渐变差。焊接中碳钢结构,焊前必须预热到150～250℃,使焊接时工件各部分的温差减小,以减小焊接应力,同时减慢热影响区的冷却速度,避免产生淬硬组织。生产中常用焊条电弧焊,选用E5015焊条,用于各种中碳钢的铸钢件与锻件的焊接。

2) 低合金高强度结构钢的焊接

低合金钢焊接时,热影响区可能产生淬硬组织,淬硬倾向与钢材的化学成分和强度级别有关。钢中含碳及合金元素越多,钢材强度级别越高,焊后热影响区的淬硬倾向也越大。当低合金钢强度级别大于450MPa时,淬硬倾向增加,热影响区容易产生马氏体组织,形成淬火区,硬度明显增加,塑性、韧性则下降。

一般采用焊条电弧焊和埋弧自动焊,强度级别较低的可以采用CO_2气体保护焊,较厚件可以采用电渣焊。为了减小焊接接头产生裂缝倾向,焊件处于不同环境温度时的预热要求见表4-4。

表 4-4　焊件厚度与预热温度的对应关系

工件厚度/mm	预热措施
<16	不低于−10℃不预热,−10℃以下预热到100～150℃
16～24	不低于−5℃不预热,−5℃以下预热到100～150℃
24～40	不低于0℃不预热,0℃以下预热到100～150℃
>40	必须预热到100～150℃

3) 铸铁的焊补

铸铁含碳量高,且硫磷杂质含量高,因此焊接性差,熔合区容易产生白口组织、焊接裂纹、气孔等焊接缺陷。铸铁的焊接主要应用于铸造缺陷的焊补、已损坏铸铁成品件的焊补以及零件的生产(主要是把球墨铸铁件与钢件或其他金属件焊接起来,做成零部件)。

一般采用焊条电弧焊、气焊,按焊前是否预热分为热焊和冷焊两类。

(1) 热焊法。焊前将工件整体或局部预热到600～700℃,焊后缓慢冷却。热焊法可以防止工件产生白口组织和裂缝,焊补质量较好,焊后可以进行机械加工。但热焊法成本较高,生产率低,劳动条件差。一般用于焊补形状复杂、焊后需要加工的重要铸件,如床头箱、汽缸体等。

(2) 冷焊法。焊前工件不预热或在400℃以下预热,主要依靠焊条来调整焊缝化学成分以防止或减少白口组织和避免产生裂纹。冷焊法方便灵活、生产率高、成本低、劳动条件好,但焊接处硬度高致使切削加工性能较差。生产中多用于焊补要求不高的铸件以及怕高温预热引起变形的工件。焊接时应尽量采用小电流、短弧、窄焊缝、短焊道(每段长度不大于50mm)并在焊后及时锤击焊缝以松弛应力,防止焊后开裂。

4) 不锈钢的焊接

奥氏体不锈钢在所有的不锈钢材料中应用最广,其中以18-8型不锈钢为代表,其焊接性良好,常用焊条电弧焊、氩弧焊和埋弧自动焊来进行焊接。在进行焊条电弧焊焊接时,选用化学成分相同的奥氏体不锈钢焊条。奥氏体不锈钢焊接的主要问题是当焊接工艺参数选择不合理时,容易产生晶间腐蚀和热裂纹,这是18-8型不锈钢极其危险的一种破坏形式。

马氏体不锈钢焊接性能较差,焊接接头易出现冷裂纹和淬硬脆化。焊前要预热,焊后应进行消除残余应力的热处理。

铁素体不锈钢焊接时,过热区晶粒容易长大引起脆化和裂纹。通常在150℃以下预热,减少高温停留时间,并采用小线能量焊接工艺,以减少晶粒长大倾向,防止过热脆化。一般采用快速焊,收弧时注意填满弧坑,焊接电流比焊低碳钢时要降低20%左右。

5) 非铁金属的焊接

(1) 铝及铝合金的焊接

工业上用于焊接的主要是纯铝(熔点为658℃)、铝锰合金、铝镁合金及铸铝。铝及铝合金的焊接比较困难,与钢铁材料的焊接特点明显不同,如导热快、易氧化、易吸潮吸氢、热膨胀系数大等。

目前焊接铝及铝合金的常用方法有氩弧焊、气焊、点焊、缝焊和钎焊。不论采用哪种焊接方法焊接铝及铝合金,焊前必须彻底清理焊件的焊接部位和焊丝表面的氧化膜与油污,清理质量的好坏将直接影响焊缝性能。

(2) 铜及铜合金的焊接

铜及铜合金的焊接比低碳钢困难得多,且焊接性能较差,易产生热裂纹、未焊透、未熔合、夹渣、气孔等缺陷。铜的导热性很高(紫铜的导热性约为低碳钢的8倍),焊接时热量极易散失。因此,焊前必须预热,焊接时要选用较大电流或火焰,否则容易造成焊不透缺陷。

铜及铜合金可用氩弧焊、气焊、碳弧焊、钎焊等方法进行焊接。采用氩弧焊是保证紫铜和青铜焊接质量的有效方法。

为了获得优质的焊接接头,常用金属材料及焊接方法的选用情况见表4-5。

表4-5 常用金属材料焊接难易程度

金属及合金		焊条电弧焊	埋弧焊	CO_2焊	氩弧焊	电渣焊	气焊	电阻焊
非合金钢	低碳钢	A	A	A	B	A	A	A
	中碳钢	A	A	A	B	B	A	A
	高碳钢	A	B	B	B	B	A	D
铸铁	灰铸铁	A	D	A	D	B	B	D
低合金钢	锰钢	A	A	A	B	B	B	D
	铬钒钢	A	A	A	B	B	B	D
不锈钢	马氏体不锈钢	A	A	B	A	C	B	C
	铁素体不锈钢	A	A	B	A	C	B	A
	奥氏体不锈钢	A	A	A	A	C	B	A

续表

金属及合金		焊条电弧焊	埋弧焊	CO_2 焊	氩弧焊	电渣焊	气焊	电阻焊
有色金属	纯铝	B	D	D	A	D	B	A
	非热处理强化铝合金	B	D	D	A	D	B	A
	热处理强化铝合金	B	D	D	A	D	B	A
	镁合金	D	D	D	A	D	C	A
	钛合金	D	D	D	A	D	D	A
	铜合金	B	D	C	A	D	B	C

注：A—通常采用；B—有时采用；C—很少采用；D—不采用。

4.1.5 焊接缺陷及其检验方法

1. 焊接缺陷

在焊接生产过程中，由于焊接结构设计、焊接工艺参数、焊前准备和操作方法等不当，往往会产生各种焊接缺陷。焊接缺陷的存在，会降低焊接接头的使用性能，影响焊接结构使用的可靠性，严重时还将导致脆性破坏，引起重大事故。例如当焊接接头中存在裂纹、未焊透及其他带有尖角的缺陷时，在外力作用下将引起很大的应力集中，使结构承载能力显著降低，交变载荷将促使缺陷扩展，直至结构发生断裂。

焊接接头的不完整性称为焊接缺陷，按焊接缺陷是否可见，分为外部缺陷和内部缺陷两类，如图4-15所示。外部缺陷位于焊缝外表面，这类缺陷用肉眼或借助低倍放大镜就可以检视；内部缺陷位于焊缝的内部，这类缺陷需要用破坏性检验或无损探伤方法来检测。

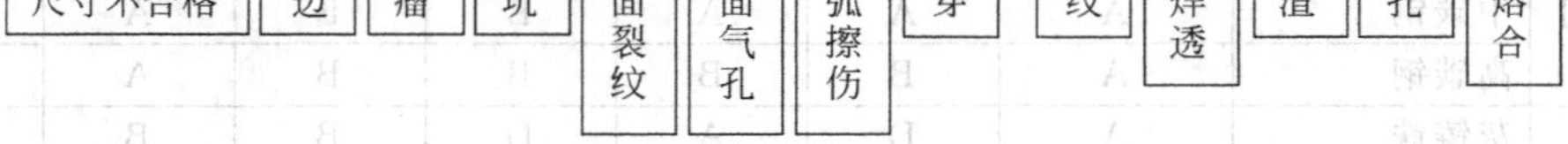

图4-15 焊接缺陷分类

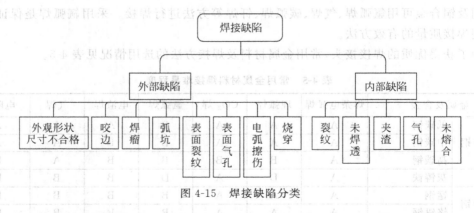

有害程度较大的焊接缺陷有六种，按有害程度递减的顺序排列为裂纹、未熔合、未焊透、咬边、夹渣、气孔，常见焊接缺陷特征如图4-16所示。常见焊接缺陷的危害详见二维码。

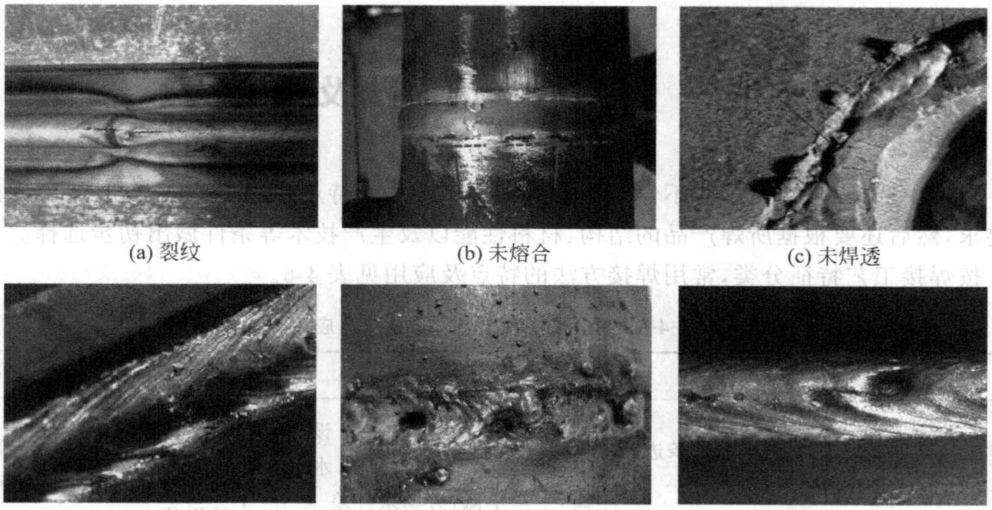

(a) 裂纹 (b) 未熔合 (c) 未焊透

(d) 咬边 (e) 夹渣 (f) 气孔

图 4-16 焊接缺陷特征

常见焊接缺陷的危害

2. 焊接检验方法

焊接检验贯穿于焊接生产过程始终，包括焊前检查、焊中检验和焊后成品检验。

焊前检查主要检查内容有原材料、技术文件、焊接设备、焊工资格等；焊中检验主要检查焊接生产过程中焊接工艺要求执行情况、焊接设备运行情况等，以便发现问题及时补救，通常以自检为主；焊后成品检验是检验的关键，主要检查焊缝的外观和内部质量等。外观检验主要是检查有无表面缺陷和焊缝几何尺寸是否符合要求等；内部检验主要是检验有无内部缺陷及缺陷类型等，通常包括三个方面：致密性试验、压力试验和无损检测。几乎所有的焊接产品焊后都要进行外观检验，对于重要的焊接结构（如锅炉、压力容器等）应严格限制焊缝内部缺陷，焊接生产中必须对技术条件所规定的焊缝进行内部检验。

常用焊接检验方法如图 4-17 所示。常用焊接检验方法的应用场合详见二维码。

常用焊接检验方法的应用场合

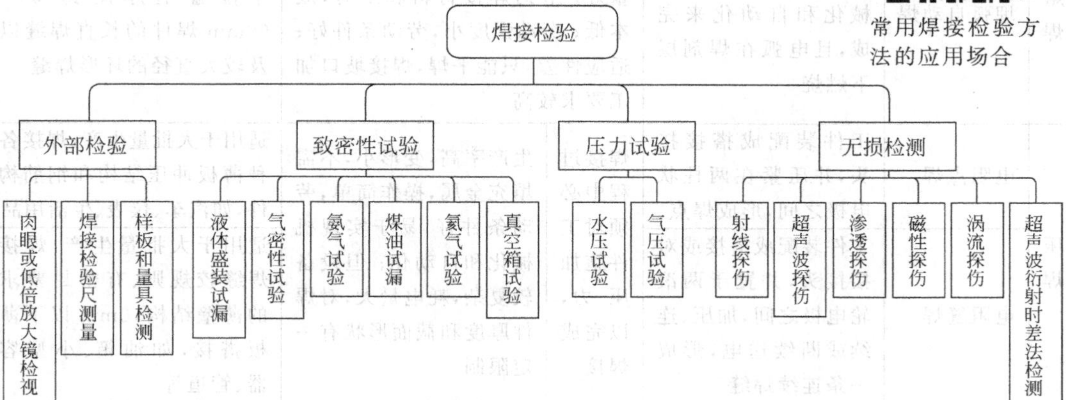

图 4-17 常用焊接检验方法

4.2 焊接成形的方法及设备

生产中选择焊接方法时，不但要了解各种焊接方法的特点和适用范围，而且要考虑产品的要求，然后还要根据所焊产品的结构、材料性能以及生产技术等条件做出初步选择。

按焊接工艺特征分类，常用焊接方法的特点及应用见表 4-6。

表 4-6 常用焊接方法分类、特点及应用

<table>
<tr><th colspan="3">分类</th><th>概念</th><th colspan="2">特点</th><th>应用</th></tr>
<tr><td rowspan="4">熔焊</td><td colspan="2">焊条电弧焊</td><td>用手工操纵焊条进行焊接</td><td colspan="2">操作灵活，适用范围广，设备简单；但要求操作者技术水平较高，生产率低，劳动条件差</td><td>适用于单件小批量生产，焊接中碳钢、低碳钢、低合金结构钢、不锈钢和铸铁补焊等</td></tr>
<tr><td colspan="2">气焊</td><td>利用气体火焰作热源进行焊接</td><td colspan="2">设备简单，搬运方便，通用性强，适用于没有电力供应或作业场所经常更换的地方；接头热影响区宽，焊件变形大；接头综合力学性能较差；生产率低，不易实现机械化</td><td>适用于单件或小批量生产，主要焊接板厚为 0.5～3mm 的薄钢板，有色金属及其合金，钎焊刀具及铸铁补焊等</td></tr>
<tr><td rowspan="2">气体保护焊</td><td>CO_2 气体保护焊</td><td>利用 CO_2 作为保护性气体进行焊接</td><td colspan="2">焊接质量高；生产率高；成本低；操作简便，适用范围广；飞溅较大，弧光较强，很难用交流电源焊接，焊接设备比较复杂</td><td>主要用于焊接低碳钢和强度等级不高的低合金结构钢</td></tr>
<tr><td>氩弧焊</td><td>利用氩气作为保护性气体进行焊接</td><td colspan="2">焊接质量优良，焊接成形性好；焊接电弧稳定，飞溅少；焊接变形小；可进行全位置焊接；设备和控制系统较复杂，焊接成本较高</td><td>适用于焊接化学性质活泼的金属材料、不锈钢、耐热钢、低合金钢和某些稀有金属</td></tr>
<tr><td>熔焊</td><td colspan="2">埋弧自动焊</td><td>引弧、送进和移动焊丝、电弧移动等由机械化和自动化来完成，且电弧在焊剂层下燃烧</td><td colspan="2">焊丝上无涂料，可用大电流焊接；焊缝成形美观，力学性能较高，质量好；节约焊接材料和工时，成本低；劳动强度小，劳动条件好；适应性差，只能平焊，焊接坡口加工要求较高</td><td>适用于成批生产，焊接水平位置上厚度为 6～60mm 焊件的长直焊缝以及较大直径的环形焊缝</td></tr>
<tr><td rowspan="2">压焊</td><td colspan="2">电阻点焊</td><td>工件装配成搭接接头，并压紧在两柱状电极之间，形成焊点</td><td rowspan="2">焊接过程中必须对工件施加压力，以完成焊接</td><td rowspan="2">生产率高，变形小，不需填充金属，操作简单，劳动条件好，易于实现机械化和自动化；但设备较复杂，耗电量大，对焊件厚度和截面形状有一定限制</td><td>适用于大批量生产，焊接各种薄板冲压结构和钢筋构件，如汽车、仪表、生活用品</td></tr>
<tr><td colspan="2">电阻缝焊</td><td>工件装配成搭接或对接接头，并置于两滚轮电极之间，加压、连续或断续送电，形成一条连续焊缝</td><td>适用于大批量生产，焊接焊缝较规则、有密封要求的薄壁结构，3mm 以下薄板搭接，如油箱、小型容器、管道等</td></tr>
</table>

续表

分类		概念	特点	应用
钎焊	软钎焊	用比母材熔点低的金属材料作钎料，利用液态钎料润湿母材，填充接头间隙并与母材相互扩散实现连接	加热温度低，接头组织和力学性能变化小，焊件变形小；可焊接同种或异种金属；焊接过程简单，生产率高；设备简单，易实现自动化；接头强度低，常用搭接接头提高承载能力	软钎焊主要用于焊接工作温度较低、受力较小的焊件。硬钎焊适用于焊接工作温度较高、受力较大的焊件
	硬钎焊			

4.2.1 焊条电弧焊

焊条电弧焊(stick welding)是发展较早、目前仍被广泛采用的一种焊接方法，又称手工电弧焊。

1. 焊接的基本过程

焊条电弧焊利用焊条和焊件之间产生的稳定燃烧的电弧，将焊条和焊件熔化，从而获得牢固的焊接接头。焊接过程如图 4-18 所示。

焊接过程中，焊工手持焊钳进行焊接，被焊金属在电弧热的作用下局部熔化，借助电弧的吹力作用，在被焊金属上形成凹坑，这个凹坑称为熔池。焊条作为一个电极，焊条芯在电弧热作用下不断熔化，形成熔滴，金属熔滴借重力和电弧气体吹力的作用逐渐过渡到熔池中，随着电弧的向前移动，熔池尾部液态金属逐步冷却结晶，最终形成焊缝。焊接电弧热还使焊条的药皮熔化或燃烧，生成气体及熔渣，保护焊条端部、电弧、熔池及其附近区域，防止大气中的氧、氮等对熔化金属的有害侵蚀，起保护作用。焊条电弧焊是依靠气-渣联合保护的熔化焊。

2. 焊接电弧

焊接电弧是指在焊条与焊件之间的气体介质中强烈而持久的放电现象。

焊接电弧产生过程如图 4-19 所示。在通常情况下气体是不导电的，焊接时焊条与焊件瞬时接触，发生短路，强大的短路电流流经少数几个接触点，接触电阻热使接触点处温度急剧升高并熔化，甚至部分发生蒸发。当焊条迅速提起时，在两电极间的电场作用下，产生了

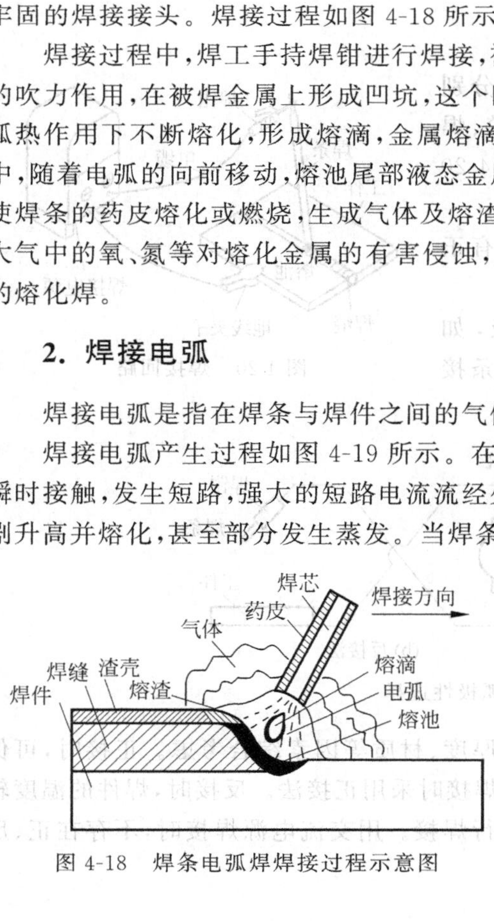

图 4-18　焊条电弧焊焊接过程示意图

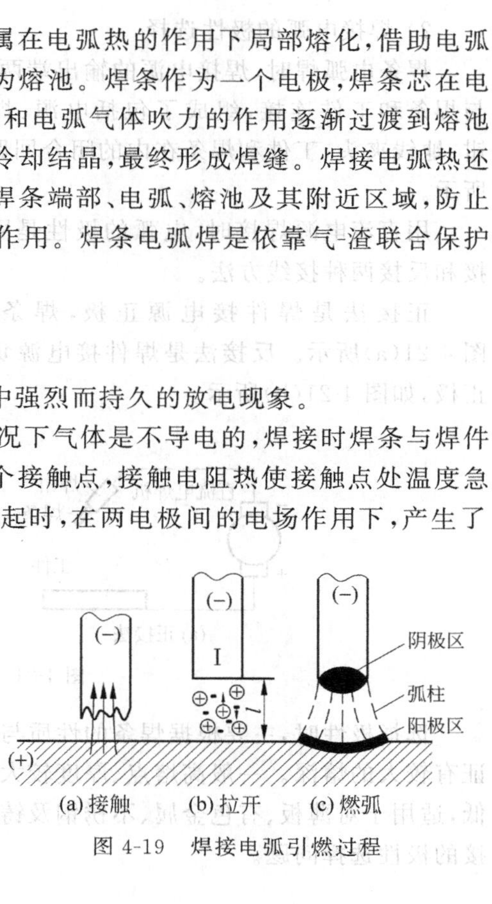

图 4-19　焊接电弧引燃过程

热电子发射，飞速逸出的电子撞击焊条端部与焊件间的空气，使之电离成正离子和负离子。这些带电质点的定向运动形成了焊接电弧，并产生大量的光和热。

1）焊接电弧的极性及热量分布

焊接电弧包括三个区域，即阴极区、阳极区和弧柱。

用碳钢焊条焊接低碳钢时，焊接电弧各区域的热量分布及温度见表4-7。

表4-7　焊接电弧各区温度及热量分布

序号	项　目	阴　极　区	阳　极　区	弧　　柱
1	正接时所处位置	焊条端部的白热区	工件熔池处的薄亮区	焊条和工件间的炽热气体
2	所进行的物理过程	(1) 发射电子； (2) 正离子撞击焊条端部，与电子复合放出光和热	(1) 电子撞击工件熔池的薄亮区，并与正离子复合放出光和热； (2) 正离子撞击电子和正离子放出光和热	(1) 电子和正离子不断形成、复合； (2) 带电粒子在电场作用下定向运动，释放大量光和热
3	产生的热量占电弧总热量的比例/%	36	43	21
4	平均温度/K	2400	2600	6100

2）焊接电弧的极性选择

焊条电弧焊时，焊接电源的输出端两根电缆分别与焊条和工件连接，组成了包括电源、焊接电缆、焊钳、地线夹头、工件和焊条在内的闭合回路，如图4-20所示。

用直流电源焊接时，电弧的极性是固定的，有正接和反接两种接线方法。

正接法是焊件接电源正极，焊条接负极，如图4-21(a)所示。反接法是焊件接电源负极，焊条接正极，如图4-21(b)所示。

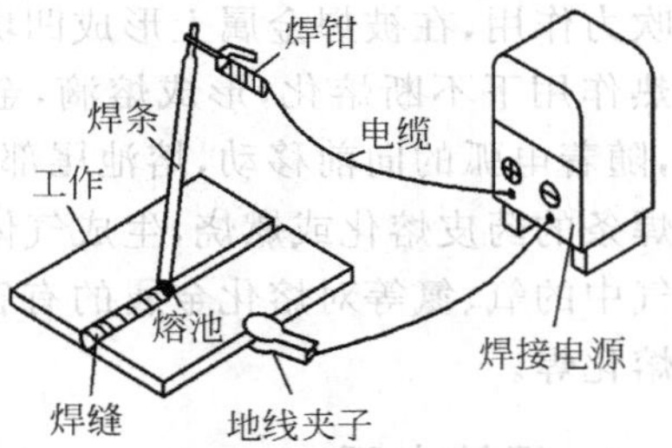

图4-20　焊接回路

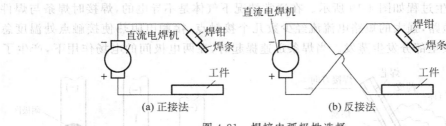

图4-21　焊接电弧极性选择

选择极性时，主要根据焊条的性质与焊件的厚度、材质等因素综合考虑。正接时，可保证有较大的熔深。一般高熔点、厚度较大的工件焊接时采用正接法。反接时，焊件的温度较低，适用于对薄板、有色金属、不锈钢及铸铁等进行焊接。用交流电源焊接时，不存在正、反接的极性选择问题。

3. 常用焊接设备

焊条电弧焊的主要设备是弧焊机,实际上是一种弧焊电源。弧焊电源的外特性应是陡降的,即随着输出电压的变化,输出电流的变化应很小。弧焊电源按电流的种类可分为直流弧焊电源、交流弧焊电源和脉冲弧焊电源。常用焊接设备的型号及特点详见二维码。

与交流电源相比,直流电源能提供稳定的电弧和平稳的熔滴过渡。一旦电弧被引燃,直流电弧能保持连续燃烧;而采用交流电源焊接时,由于电流和电压方向的改变,并且每秒钟电弧要熄灭和重新引燃约120次,电弧不能连续稳定燃烧。在焊接电流较低的情况下,直流电弧对熔化的焊缝金属有很好的润湿作用,并且能规范焊道尺寸,所以非常适合于焊接薄件。直流电源比交流电源更适合于仰焊和立焊,因为电弧比较短。

常用焊接设备的型号及特点

在焊条电弧焊、TIG焊和等离子弧焊时,应选用下降特性弧焊电源,因为焊接电流的变化是影响电弧稳定的主要原因。在用酸性焊条焊接时,应选用弧焊变压器;用碱性焊条焊接时,可选用直流弧焊电源。在焊接材料种类较多的情况下,可选用交、直两用电源。

4. 焊条

1) 焊条的组成

焊条(welding electrode)是指涂有药皮供手弧焊用的熔化电极,它由药皮和焊芯两部分组成。

(1) 药皮

在焊接过程中,药皮能提高焊接电弧的稳定性,保护熔化金属不受外界空气的侵蚀,添加合金元素使焊缝获得所要求的性能,改善焊接工艺性能,提高焊接生产率。

药皮是由矿石、铁合金或纯金属、化工原料和有机物的粉末混合均匀后粘接在焊芯上的,是决定焊条和焊接质量的重要因素。

焊接结构钢用的焊条药皮类型有钛铁矿型、钛钙型、铁粉钛钙型、高纤维素钠型、高纤维素钾型、高钛钠型、高钛钾型、铁粉钛型、氧化铁型、铁粉氧化铁型、低氢钠型、低氢钾型、铁粉低氢型等。

(2) 焊芯

焊芯是焊条中被药皮包覆的金属芯。在焊接过程中,作为电极,起传导电流和引燃电弧的作用,同时又作为填充金属,熔化后进入熔池与熔化的母材金属共同形成焊缝。

焊芯的化学成分和杂质会直接影响焊缝质量,通常采用焊接专用钢丝。国家标准《焊接用钢丝》(GB 1300—1977)规定的有44种,可分为碳素结构钢、合金结构钢、不锈钢三大类,常用焊接钢丝的牌号和化学成分见表4-8。

(3) 焊条规格

焊条的规格一般是指焊条直径和焊条长度。焊条直径是指焊芯的直径,目前常用焊条的直径有7种规格(ϕ1.6～8.0mm),焊条长度依据焊条直径、材质、药皮类型来确定。常用碳钢和低合金钢焊条规格见表4-9。

表 4-8　常见焊接用钢丝的牌号和化学成分

牌　号	化学成分 $w\times100\%$							用途
	C	Mn	Si	Cr	Ni	S	P	
H08	≤0.10	0.30～0.55	≤0.03	≤0.20	≤0.30	≤0.040	≤0.040	一般焊接结构用焊条的焊芯
H08A	≤0.10	0.30～0.55	≤0.03	≤0.20	≤0.30	≤0.030	≤0.030	重要焊接结构用焊条的焊芯及埋弧焊丝
H08E	≤0.10	0.30～0.55	≤0.03	≤0.20	≤0.30	≤0.025	≤0.025	

注：化学成分摘自《焊接用钢丝》(GB 1300—1977)。

表 4-9　碳钢和低合金钢焊条规格

焊条直径/mm	焊条长度/mm		
	碳钢焊条	低合金钢焊条	允许长度偏差
1.6	200、250	—	±2.0
2.0	250、300	250～300	
2.5	250、300	250～300	
3.2(3.0)	350、400	340～360	
4.0	350、400	390～410	
5.0	400、450	390～410	
6.0(5.8)	400、450	400～450	
8.0	500、560	400～450	

注：括号内数字为允许代用的直径。

2）焊条的分类

焊条的分类方法如图 4-22 所示。

在生产中，一般是按焊条的用途和按熔渣性质不同来进行分类。

(1) 酸性焊条。药皮熔渣中的酸性氧化物比碱性氧化物多，呈酸性，具有较强的氧化性，合金元素烧损多。同时，脱氧、脱硫磷能力低，因此，热裂倾向较大，但具有良好的工艺性能，对弧长、铁锈不敏感，焊缝成形性好，脱渣性好，交直流电源均可使用，但焊缝的力学性能，尤其是塑性、韧性不如用碱性焊条焊接获得的焊缝好，故广泛用于一般结构件的焊接。

(2) 碱性焊条。其熔渣的成分主要是碱性氧化物和铁合金，由于脱氧完全，合金过渡容易，能有效地降低焊缝中的氢、氧、硫，焊缝的力学性能和抗裂性能均比酸性焊条好。与酸性焊条相比较，保护气体中氢很少，因此又称低氢焊条，但焊接工艺性能差、引弧困难、电弧稳定性差、飞溅较大、不易脱渣，要求采用直流焊接电源且必须采用短弧焊，焊接质量好，用于重要结构件及焊接性较差金属的焊接。焊接时产生的有毒烟尘较多，使用时应注意通风。

3）焊条型号与牌号

为了便于管理和选用焊条，通常编制焊条的型号或牌号。

焊条型号是以国家标准为依据，反映焊条主要特性的一种表示方法，是国家标准中规定的焊条代号，一般由焊条类型代号、熔敷金属力学性能、药皮类型、焊接位置和焊接电流的分类代号组成，以便供用户选用焊条时参考。同一种焊条型号可能有不同工艺性能的几种焊条牌号

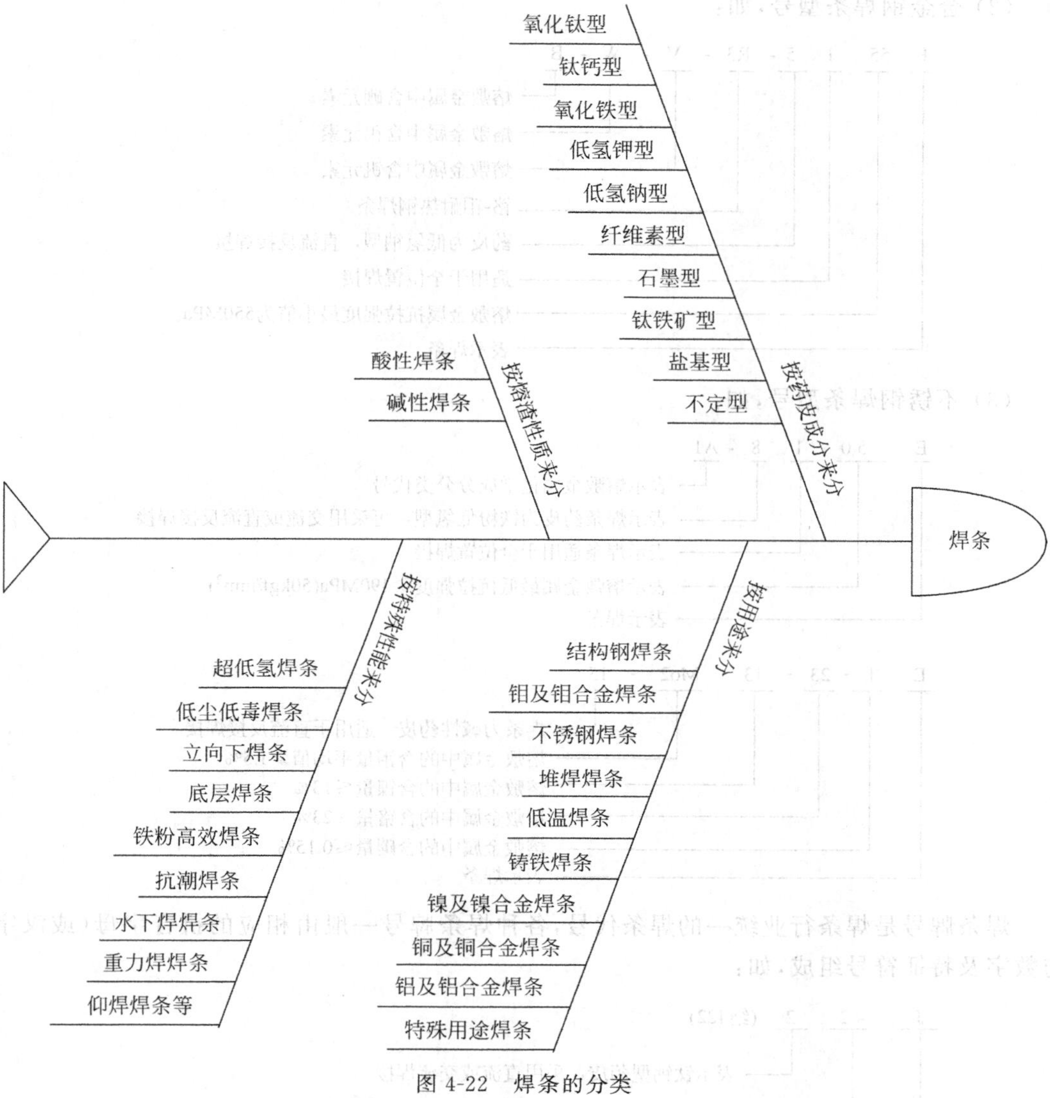

图4-22 焊条的分类

与之对应，如J427和J427Ni属于同一种焊条型号E4315。

焊条型号及牌号举例如下：

(1) 碳钢焊条划分为两个系列，即E43系列和E50系列，如：

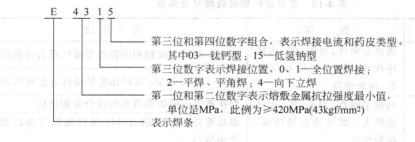

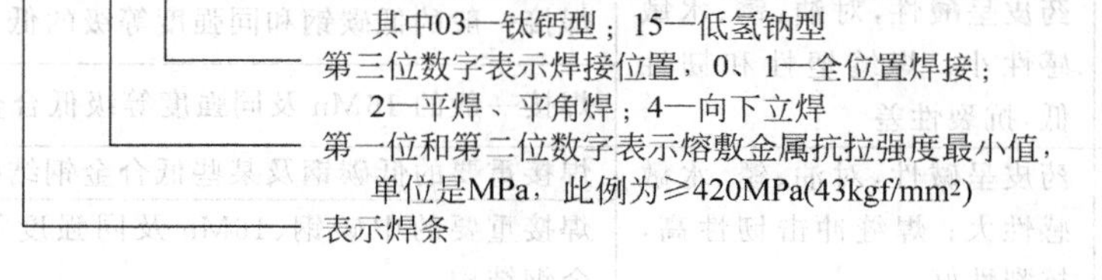

(2) 合金钢焊条型号,如:

E 55 1 5 - R3 - V - W - B

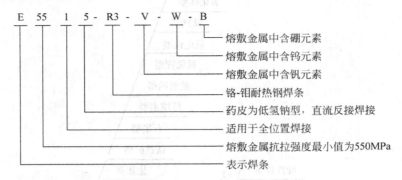

- B：熔敷金属中含硼元素
- W：熔敷金属中含钨元素
- V：熔敷金属中含钒元素
- R3：铬-钼耐热钢焊条
- 5：药皮为低氢钠型，直流反接焊接
- 1：适用于全位置焊接
- 55：熔敷金属抗拉强度最小值为550MPa
- E：表示焊条

(3) 不锈钢焊条型号,如:

E 50 1 8 - A1

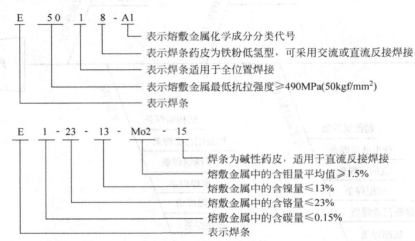

- A1：表示熔敷金属化学成分分类代号
- 8：表示焊条药皮为铁粉低氢型，可采用交流或直流反接焊接
- 1：表示焊条适用于全位置焊接
- 50：表示熔敷金属最低抗拉强度≥490MPa(50kgf/mm^2)
- E：表示焊条

E 1 - 23 - 13 - Mo2 - 15

- 15：焊条为碱性药皮，适用于直流反接焊接
- Mo2：熔敷金属中的含钼量平均值≥1.5%
- 13：熔敷金属中的含镍量≤13%
- 23：熔敷金属中的含铬量≤23%
- 1：熔敷金属中的含碳量≤0.15%
- E：表示焊条

焊条牌号是焊条行业统一的焊条代号,各种焊条牌号一般由相应的拼音字母(或汉字)与数字及特征符号组成,如:

J 42 2 (结422)

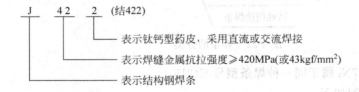

- 2：表示钛钙型药皮，采用直流或交流焊接
- 42：表示焊缝金属抗拉强度≥420MPa(或43kgf/mm^2)
- J：表示结构钢焊条

几种常用结构钢焊条的牌号、性能及用途见表4-10。

表 4-10 常用结构钢焊条牌号及用途

牌号	电源	性 能	主要用途
J422	交、直流	药皮呈酸性,对油、锈、水敏感性小;焊缝塑性和韧性低,抗裂性差	焊接一般的低碳钢和同强度等级的低合金钢结构
J503			焊接一般的16Mn及同强度等级低合金钢结构
J427	直流	药皮呈碱性,对油、锈、水敏感性大;焊缝冲击韧性高,抗裂性好	焊接重要的低碳钢及某些低合金钢结构
J507			焊接重要的中碳钢、16Mn及同强度等级的低合金钢结构

4）焊条的选用

焊条的种类很多，选用焊条时应在保证焊接质量的前提下，首先考虑使焊缝和母材具有相同水平的使用性能，其次尽量提高劳动生产率和降低产品成本。选用焊条时应考虑的问题详见二维码。

选用焊条时应考虑的问题

5. 焊条电弧焊的特点

焊条电弧焊与其他的熔化焊方法相比，具有下列特点：

1）操作灵活，适应性强

设备简单、移动方便、电缆长、焊钳轻，不受焊缝空间位置、接头形式及操作场合的限制。无论在车间内，还是在野外施工现场均可采用。

2）对焊接接头的装配要求低

焊接过程由焊工控制，可以适时调整电弧位置和运条姿势，修正焊接参数，以保证跟踪焊缝和均匀熔透，因此对焊接接头的装配精度要求相对降低。

3）可焊金属材料种类多

焊条电弧焊广泛应用于低碳钢、低合金结构钢的焊接。选用相应的焊条，也常用于不锈钢、耐热钢、低温钢、铸铁、铜合金、镍合金等材料的焊接以及耐磨损、耐腐蚀等特殊使用要求的构件进行表面层堆焊。

4）焊接生产率低，劳动强度大

与其他电弧焊相比，由于使用的焊接电流小，每焊完一根焊条后必须更换焊条以及因清渣而停止焊接等，故熔敷速度慢，焊接生产率低，劳动强度大。

5）焊接质量不稳

焊条电弧焊的焊缝质量在很大程度上依赖于焊工的操作技能和现场发挥，甚至焊工的精神状态也会影响焊缝质量。

焊条电弧焊的设备简单、操作方便灵活，工作场地不受限制，与气体保护焊相比，天气对其影响较小，适用于各种焊接位置，同时满足不同的电流设置。因此虽然焊条电弧焊劳动强度大、要求操作者技术水平较高、生产率低，但仍然在焊接生产中占据着重要地位，在交通运输、汽车制造、造船、建筑及机械制造等行业有着更为广泛地应用，特别适合于形状复杂的焊接结构的焊接。

4.2.2 埋弧焊

1. 焊接过程

以连续送进的焊丝作为电极和填充金属，电弧在焊剂层下燃烧，将焊丝端部和局部母材熔化，形成焊缝，这种焊接方法称为埋弧焊（submerged arc-welding，SAW）。为了提高生产率、焊接质量，改善工人劳动条件，电弧引燃、焊丝送进和移动、电弧移动等动作实现机械化和自动化。

埋弧焊分为自动埋弧焊和半自动埋弧焊两种方式。自动埋弧焊的焊接过程如图4-23所示。

焊接电源两极分别接在导电嘴和焊件上，颗粒状的焊剂由漏斗管流出后，均匀地覆盖在装配好的焊件上，厚度约为 40～60mm，焊丝由送丝机构经送丝滚轮和导电嘴进入焊接电弧区。焊接时，先送丝，使焊丝经导电嘴与焊件轻微接触，焊剂堆敷在待焊处，接着引弧，送进的焊丝末端在焊剂层下与焊件之间产生电弧，电弧热使焊件、焊丝和焊剂熔化以致部分蒸发，金属与焊剂的蒸发气体在电弧周围形成一个气腔，气腔上部被一层熔渣膜(即渣池)包围，熔渣膜隔绝空气，保护熔滴和熔池金属，并消除飞溅，随着电弧向前移动，熔池液态金属冷却凝固形成焊缝，液态熔渣冷却而形成渣壳。

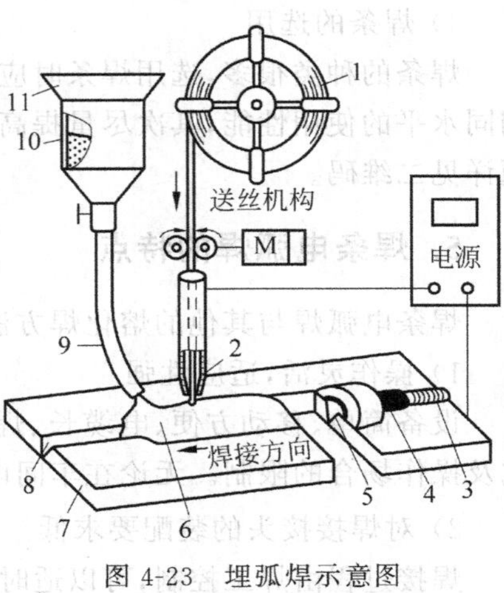

图 4-23 埋弧焊示意图

1—焊丝；2—导电嘴；3—焊缝；4—渣壳；5—熔敷金属；6—焊剂；7—母材；8—坡口；9—软管；10—焊剂；11—漏斗

2. 焊接设备

常用埋弧焊设备有埋弧焊机、埋弧焊辅助设备、焊缝成形设备、焊剂回收输送设备等。

埋弧焊机分为自动埋弧焊机和半自动埋弧焊机两大类。常用的自动埋弧焊机有等速送丝和变速送丝两种。它们一般都由机头、控制箱、导轨(或支架)以及焊接电源组成。按照工作需要可以做成焊车式、悬挂式、机床式、悬臂式、门架式等。自动埋弧焊机 MZ-1000 如图 4-24 所示，焊机的启动、引弧、送丝、机头(或焊件)移动等过程全部由焊机控制。该焊机为焊车式，使用最普遍，采用电弧电压自动调节(变速送丝)系统，送丝速度正比于电弧电压。

图 4-24 MZ-1000 埋弧自动焊机

自动埋弧焊机的主要功能为：

(1) 连续不断地向焊接区送进焊丝。

(2) 传输焊接电流。

(3) 使电弧沿接缝移动。

(4) 控制电弧的主要参数。

(5) 控制焊机的启动与停止。

(6) 向焊接区铺设焊剂。

(7) 焊接前调节焊丝端位置。

半自动埋弧焊机主要由送丝机构、控制箱、带软管的焊接手把及焊接电源组成。软管式半自动焊机兼具有自动埋弧焊的优点及手工电弧焊的机动性，对于难以实现自动焊的工件，例如中心线不规则的焊缝、短焊缝、施焊空间狭小的工件等，可以使用半自动焊机进行焊接。

3. 焊接材料

埋弧焊使用的焊接材料有焊丝和焊剂。从碳素钢到高镍合金，多种金属材料的焊接都可以选用焊丝和焊剂配合进行埋弧焊接。焊丝和焊剂直接参与焊接过程的冶金反应，直接影响焊接过程的稳定性、焊接接头的性能以及焊接生产率等。

为了使焊缝成形良好，应根据工件结构、焊接设备状况、施焊材料等，正确合理地选用焊接材料。在除了焊条电弧焊以外的熔焊方法中，通常选择适宜焊丝并配用相应焊剂，按合适的焊接工艺和规范进行操作。

埋弧焊的焊丝与焊剂及其选择

有关埋弧焊的焊丝与焊剂及其选择内容，详见二维码。

4. 埋弧焊特点及应用

与焊条电弧焊相比，埋弧焊具有以下特点：

(1) 生产率高。埋弧焊可以采用较大焊接电流，并且无需更换焊条，生产率比焊条电弧焊可提高5～20倍。

(2) 焊缝质量好。熔池可以得到可靠保护；熔池金属保持液态时间较长，凝固速度慢，冶金过程进行得较充分，提高了焊缝金属的强度和韧性；焊接工艺参数稳定，施焊过程自动进行，对操作者技术要求低，焊缝表面光洁、平整、成形美观。

(3) 成本低。焊件可以不开坡口或少开坡口，节省坡口加工工时，节省焊接材料，焊丝利用率高，降低了焊接成本。

(4) 劳动条件好。焊接时看不到弧光，焊接烟雾也很少，没有飞溅，自动化程度高，劳动强度低，操作较简便。

(5) 适应性差。埋弧焊在生产中应用局限性具体表现在以下几个方面：

① 埋弧焊是依靠颗粒状焊剂堆积形成保护条件，主要适用于平焊位焊接或焊件倾斜角度不大的横焊位焊接；只适用于厚板的长直焊缝和大直径环形焊缝的焊接。

② 焊剂的成分主要是MnO、SiO_2等金属及非金属氧化物，难以焊接铝、钛等氧化性强的金属及其合金。

③ 不适合焊接薄板。

④ 焊接时不能直接观察电弧与坡口的相对位置，容易产生焊偏及未焊透，不能及时调整工艺参数。

⑤ 对焊前准备工作要求严格，例如对焊接坡口加工要求较高，在装配时要保证组装间隙均匀。

⑥ 焊接设备结构复杂、投资大、调整等准备工作量大等。

埋弧焊特别适合于焊接大型工件的直缝和环缝,广泛用于锅炉、容器、造船、桥梁等工业生产中,例如,大型容器和钢结构焊接时,成批生产厚度为6~60mm焊件的长直焊缝和较大直径环缝(直径一般不小于ϕ250mm)的焊接。埋弧自动焊生产实例如图4-25所示。

(a) 长直焊缝的焊接　　(b) 大直径环缝焊接

图4-25　埋弧焊生产实例

4.2.3 气体保护焊

1. 概述

1) 气体保护焊的分类

气体保护电弧焊,简称气体保护焊(gas shielded arc welding)或气电焊,它是利用外加气体作为保护介质来保护电弧和焊接区的一种电弧焊方法。在焊接过程中,保护气体在电弧周围形成气体保护层,将电弧、熔池与空气隔开,防止有害气体的影响,并保证电弧稳定燃烧。

气体保护焊在生产中应用种类很多,如图4-26所示。

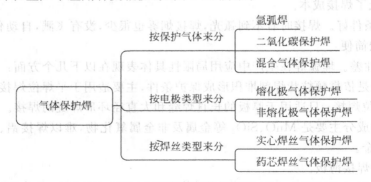

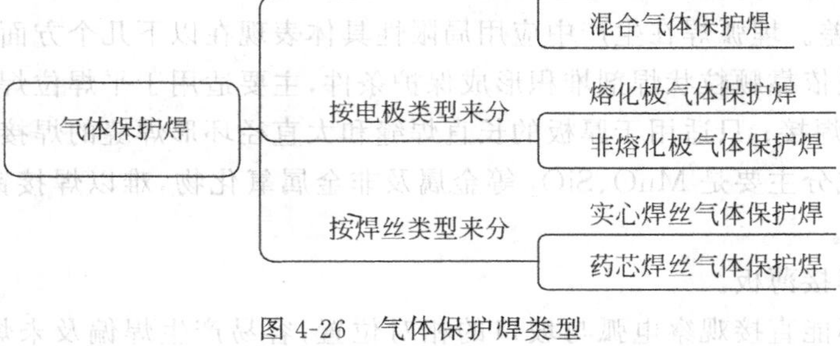

图4-26　气体保护焊类型

2) 保护气体

空气中有些组分会对特定的焊接熔池产生有害影响,保护气体的主要作用就是隔离空气中这些组分,减少或杜绝空气中的有害组分对焊缝的影响,实现对焊缝和近缝区的保护。

常用保护气体主要如下：

(1) 惰性气体

惰性气体主要有氩气、氦气及其混合气体，用于焊接有色金属、不锈钢和质量要求高的低碳钢和低合金钢。

氩气是一种比较理想的保护气体，我国生产的工业纯氩，其纯度可达 99.9%，完全符合氩弧焊的要求。氩气电离势高，引弧较困难，但一旦引燃就很稳定。

焊接用氩气是将其压缩成液态储存于钢瓶内。

(2) 惰性气体与氧化性气体的混合气体

常用混合气体有 $Ar+CO_2$、$Ar+CO_2+O_2$ 等。

(3) CO_2 气体

CO_2 是唯一适合焊接用的单一活性气体，广泛应用于碳钢和低合金钢的焊接。

合格品要求纯度(二氧化碳含量)≥99.0%，游离水的含量≤0.4%。

焊接用二氧化碳气是将其压缩成液态储存于钢瓶内。

(4) 其他

保护气体还可以来自其他方面，例如焊条药皮就可以产生保护气体，埋弧焊焊剂也能产生少量的保护气体。

3) 焊丝

气体保护焊的专用焊丝，根据制造方法的不同，也分为实芯焊丝和药芯焊丝两大类。目前主要采用实芯焊丝。根据焊接方法和保护气体的不同，可分为 TIG 焊丝、MIG 焊丝和 MAG 焊丝。焊丝与保护气体的选配详见二维码。

焊丝与保护气体的选配

焊丝按照焊丝直径可分为细丝和粗丝两种。细丝焊采用直径小于 $\phi1.6$mm 的焊丝，工艺上比较成熟，适用于薄板焊接；粗丝焊采用直径大于或等于 $\phi1.6$mm 的焊丝，适用于中厚板的焊接。

4) 气体保护焊的特点

气体保护焊与其他焊接方法相比，具有如下特点：

(1) 明弧焊。焊接过程中，一般没有熔渣，熔池的可见度好，适宜进行全位置焊接。

(2) 热量集中。电弧在保护气体的压缩下，热量集中，焊接热影响区窄，焊件变形小，尤其适用于薄板焊接。

(3) 可焊化学性质活泼的金属及其合金。采用惰性气体焊接化学性质活泼的金属，可以获得高的接头质量。

(4) 焊接速度快，焊接质量好，但施工条件受限制等。

2. 氩弧焊

1) 氩弧焊的分类

氩弧焊(argon arc welding)，又称氩气保护焊，是以氩气作为保护介质，以焊丝或钨棒作电极进行焊接的一种气体保护焊。

按所用电极不同，氩弧焊分为熔化极氩弧焊(MIG 焊)和非熔化极(或钨极)氩弧焊(TIG 焊)，如图 4-27 所示。

熔化极氩弧焊和非熔化极(或钨极)氩弧焊的特点及应用场合如下:

(1) 钨极氩弧焊,即TIG焊(tungsten inert gas welding),又称非熔化极氩弧焊,常用钨或钨合金(钍钨、铈钨等)作为电极,焊丝作为填充金属,如图4-27(a)所示。焊接时,在氩气的保护下,利用钨极与工件间产生的电弧热熔化母材和焊丝。焊接钢材时,常采用直流正接,以减少钨极的损耗。焊接铝、镁及其合金时,则需采用交流电源。

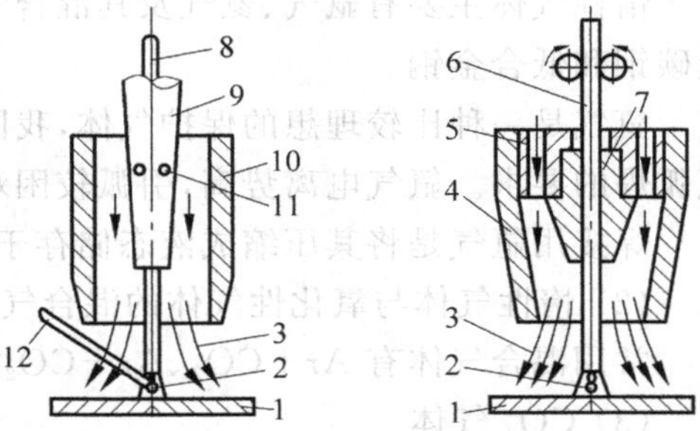

(a) 钨极氩弧焊 (b) 熔化极氩弧焊

图4-27 氩弧焊示意图

1—焊件;2—熔滴;3—氩气;4、10—喷嘴;5、11—氩气喷管;6—熔化极焊丝;7、9—导电嘴;8—非熔化极钨棒;12—外加焊丝

其优点是电弧和熔池可见性好,操作方便,没有熔渣或很少有熔渣,无需焊后清渣,但在室外作业时需采取专门的防风措施。在钨极和焊件之间产生电弧,为减小钨极损耗,焊接电流不能太大。因此,通常适用于焊接厚度为0.5~6mm的薄板,是连接薄板金属和打底焊的一种极好的方法。

(2) 熔化极氩弧焊,即MIG焊(metal inert-gas welding),用焊丝代替焊枪内的钨电极,焊丝既作为电极又起填充金属作用,其他和TIG焊一样。焊接过程如图4-27(b)所示,焊接时,焊丝通过送丝轮连续送进导电嘴导电,在焊丝与焊件间产生电弧,使焊丝和母材熔化,金属熔滴以喷射形式进入熔池,并用氩气保护电弧和熔融金属。因此熔化极氩弧焊所用的电流可大大提高,常用于焊接厚度在25mm以下的焊件,为使电弧稳定,一般采用直流反接。

按操作方法不同,氩弧焊分为自动焊和半自动焊,目前常采用的是半自动焊,即焊丝送进是靠机械自动进行并保持弧长,由操作人员手持焊枪进行焊接。MIG大部分为自动焊,TIG的适用范围广,大部分为手工焊,如图4-28所示。

2) 氩弧焊设备

氩弧焊设备主要包括焊接电源、送丝机构、焊枪、控制系统、供水供气系统等。

常用焊接电源是氩弧焊机,目前氩弧焊机器人焊接系统已经应用到生产中,机器人可以根据工件焊接时的变形调整焊接轨迹,保证弧长稳定,确保焊接质量,具有焊接速度快、质量高、易操作、集成度高等特点。氩弧焊机如图4-29所示。

图4-28 手工TIG操作示意图

图4-29 氩弧焊机

3）氩弧焊的特点及应用

与其他焊接方法比较，氩弧焊具有以下特点：

（1）机械保护效果好，焊缝金属纯净，成形美观，质量优良。

（2）电弧稳定，飞溅少，表面无熔渣，特别是小电流时也很稳定。

（3）电弧可见，便于操作，可进行全位置焊接，易于实现机械化和自动化。

（4）电弧在气流压缩下燃烧，热量集中，熔池小，焊速快，焊接热影响区小，焊接变形小。

（5）氩气价格较高，氩弧焊设备及控制系统也比较复杂，因此成本较高。

（6）氩弧焊对焊前的除油、去锈、烘干等准备工作要求严格，否则就会影响焊缝质量。

氩弧焊应用范围广泛，几乎可以焊接各种钢材、有色金属及其合金，主要用于焊接易氧化的有色金属（如铝、镁、钛及其合金等）以及不锈钢、耐热钢、低合金钢，也可用来焊接稀有金属（如锆、钼、钽等）。

3. CO_2 气体保护焊

1）CO_2 气体保护焊的分类

CO_2 气体保护焊属于熔化极气体保护焊，是利用 CO_2 气体作为保护气体，以焊丝作电极，以工件与焊丝间产生的电弧作为热源进行焊接的一种焊接方法，简称 CO_2 焊或二保焊。

按照操作方法不同，可分为自动焊及半自动焊两种。对于较长的直线焊缝和规则的曲线焊缝，可以采用自动焊；对于不规则的或较短的焊缝，则采用半自动焊。

目前生产上应用最多的是半自动焊，如图4-30所示。焊接时，焊丝送进是靠机械自动进行并保持弧长，由操作人员手持焊枪进行焊接。焊接时，焊丝由送丝滚轮自动送进，CO_2 气体经喷嘴沿焊丝周围喷射出来，在电弧周围形成局部气体保护层，使熔滴、熔池与空气机械地隔离开，可防止空气对高温金属的有害作用。

2）CO_2 气体保护焊设备

CO_2 气体保护焊机如图4-31所示。

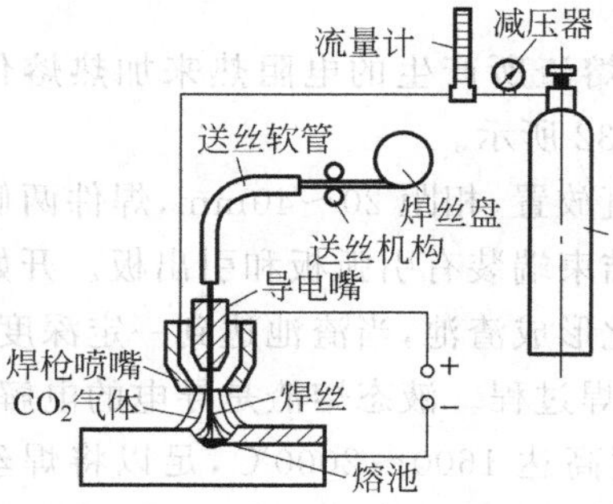

图4-30 CO_2 气体保护焊示意图

图4-31 CO_2 气体保护焊机外观图

3) CO_2 气体保护焊的特点及应用

CO_2 气体保护焊的特点如下：

(1) 生产率高。由于焊丝送进自动化，电流密度大，熔深大，电弧热量集中，可以采用高速焊接；无焊渣，在多层焊时可以不必中间清渣。CO_2 气体保护焊的生产率比焊条电弧焊提高 2～4 倍。

(2) 焊接质量好。对铁锈敏感性小，焊丝中锰的含量高，电弧在保护气体的压缩下热量集中，热影响区窄，焊件焊后的变形小，抗裂性能好，尤其适合薄板焊接。

(3) 成本低。CO_2 气体来源广，价格便宜，电能消耗少，故使焊接成本降低。通常 CO_2 气体保护焊的成本只有埋弧焊或焊条电弧焊的 40%～50%。

(4) 操作简便。采用明弧焊接，熔池可见度好，便于对中，操作方便，适用于全位置焊接。

(5) 易于实现自动化。采用气体保护，配合焊丝的自动送进，容易实现自动化。在用半自动焊时，可焊各种曲线焊缝。

(6) 不适宜焊接化学性质较活泼的金属及其合金。CO_2 气体在高温下可分解为一氧化碳和氧，从而使碳、硅、锰等合金元素烧损，降低焊缝金属的力学性能，而且还会导致气孔和飞溅，因此不适用于焊接有色金属和高合金钢，焊接低碳钢和低合金钢时，需选用含有硅、锰等合金元素的焊丝来实现脱氧和渗合金等冶金处理。

(7) 存在辐射及设备复杂。在室外作业时，必须设挡风装置才能施焊，电弧的光辐射较强，焊接设备比较复杂。

CO_2 气体保护焊主要用于焊接低碳钢及强度等级不高的低合金钢等黑色金属，焊接厚度一般为 0.8～4mm，最厚可达 25mm。在某些情况下也可以焊接耐热钢及不锈钢，对于不锈钢，由于焊缝金属有增碳现象，影响抗晶间腐蚀性能，所以只能用于对焊缝性能要求不高的不锈钢焊件。此外，CO_2 气体保护焊还可以用于耐磨零件的堆焊、铸钢件的焊补以及电铆焊等。

4.2.4 电渣焊

1. 电渣焊的焊接过程

电渣焊(electroslag welding)是利用电流通过液态熔渣所产生的电阻热来加热熔化母材与电极(填充金属)实现焊接的一种熔焊方法，如图 4-32 所示。

电渣焊过程如图 4-32(a)所示，通常将两个焊件垂直放置，相距 20～40mm，焊件两侧装有冷却成形装置，为保证焊缝质量，在焊接的起始端和结束端装有引弧板和引出板。开始焊接时，焊丝与引弧板短路引弧，依靠电弧热量将焊剂熔化形成渣池，当渣池达到一定深度时，快速送进焊丝，并降低焊接电压，使电弧熄灭，转入电渣焊过程。液态熔渣是导电的电解液，当电流从渣池中通过时，所产生的电阻热可使渣池温度高达 1600～2000℃，足以将焊丝和焊件边缘迅速熔化，形成金属熔池。焊丝不断送进并熔化，熔池和渣池逐渐上升(冷却滑块也同时逐渐上升)，与此同时原来熔池里面的金属逐渐冷却凝固形成焊缝。

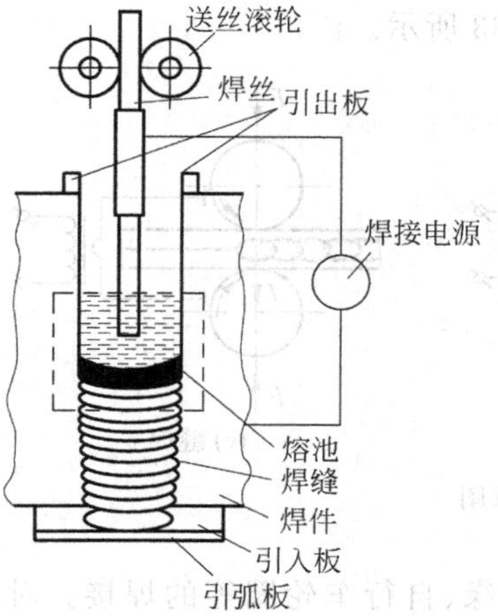

(a) 示意图

(b) 操作图

图 4-32 电渣焊示意图

2. 电渣焊的分类

按电极形状分为丝极电渣焊、板极电渣焊、熔嘴电渣焊和管极电渣焊等。

丝极电渣焊是最常用的电渣焊方法，主要用于焊接厚度为 40～450mm 的焊件及较长焊缝的焊件，也可用于焊接大型焊件的环缝。板极电渣焊，适用于焊接大断面短焊缝。

3. 电渣焊的特点及应用

电渣焊具有如下特点：

(1) 生产率高，成本低。在焊接厚大工件时，焊缝能一次焊成，焊前不需开坡口，节省钢材和加工工时。

(2) 焊接质量好。熔池保护严密，冷却缓慢，因此冶金过程完善，气体和熔渣能充分浮出，不易产生气孔、夹渣等缺陷。

(3) 焊后需要进行热处理。焊接时输入的热量大，接头在高温下停留时间长、焊缝附近容易过热，焊缝金属呈粗大的铸态组织，冲击韧性低，焊件在焊后一般需要进行正火或回火。

(4) 焊接位置受限制。电渣焊总是以立焊方式进行，不能平焊，不适于厚度在 30mm 以下的工件，焊缝也不宜过长。

电渣焊广泛应用在重型机械制造业中，主要用于厚壁压力容器纵缝的焊接和大型的铸-焊、锻-焊或厚板拼焊结构的制造，如大吨位的压力机和重型机床的机座、水轮机转子和轴、高压锅炉等。焊件材料一般为碳钢、低合金钢、不锈钢、铝及铝合金等，特别适用于焊接板厚在 40mm 以上(40～450mm)的大厚度结构件。

4.2.5 电阻焊

电阻焊(resistance welding)，又称接触焊，是利用电流通过接头的接触面及邻近区域产生的电阻热，将焊件加热到塑性状态或局部熔化状态，再施加压力实现焊接的一种压焊方法。通常分为对焊、点焊、缝焊三种,如图 4-33 所示。

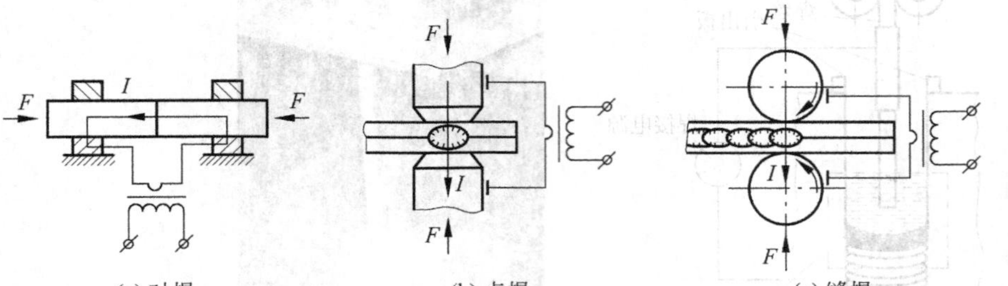

(a) 对焊　　(b) 点焊　　(c) 缝焊

图 4-33　电阻焊示意图

视频 4-2　电阻堆焊动画

对焊广泛用于刀具、钢筋、钢管、汽车轮缘、自行车轮圈等的焊接。对焊设备如图 4-34 所示。

点焊主要用于焊接各种薄板冲压结构及钢筋构件,广泛应用于汽车、飞机、电子器件、仪表和日常生活用品的生产。点焊是轿车制造中应用最广泛的焊接方法。例如,通用汽车发明的一项业内首创的焊接技术——专用合金制造技术,利用点焊技术将铝合金焊接在钢材上,从而有助于减轻车辆的自重并使其结构更坚固,如图 4-35 所示。

图 4-34　电阻对焊设备

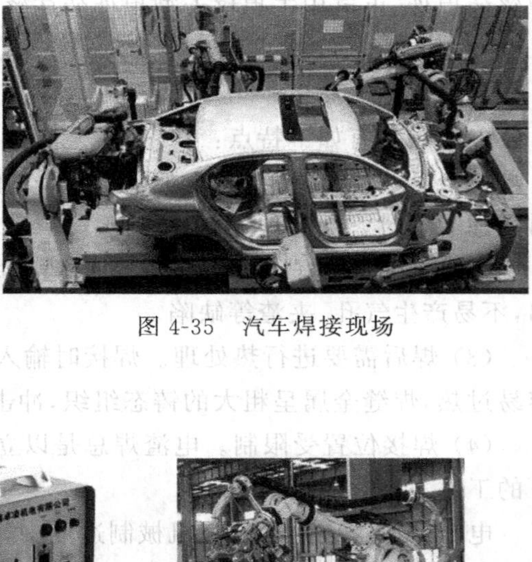

图 4-35　汽车焊接现场

生产中常用的点焊设备如图 4-36 所示。

(a) 双头点焊机　　(b) 焊接电源　　(c) 点焊机器人

图 4-36　点焊设备

缝焊(seam welding)一般仅适用于 3mm 以下的薄板搭接,主要用于焊缝较规则、有密封性要求的薄壁结构,例如,汽车拖拉机等机械设备的油箱、各种储气罐、小型容器与管道、钢板暖气片、钢制换散热器、热交换器、仪器仪表外壳等制造行业。缝焊设备如图 4-37 所示。油箱的缝焊操作图如图 4-38 所示。

图 4-37 缝焊设备外观图

图 4-38 油箱缝焊示意图

4.2.6 钎焊

1. 钎焊的分类

钎焊(brazing welding)是利用熔点比母材(base metal)熔点低的金属作钎料,经过加热使钎料熔化,靠毛细管作用将钎料吸入到接头接触面的间隙内,润湿金属表面,填充接头间隙并与母材相互扩散实现连接的工艺方法。与熔焊不同,钎焊时母材不熔化。

在生产中应用的钎焊分类方法很多,如图 4-39 所示。

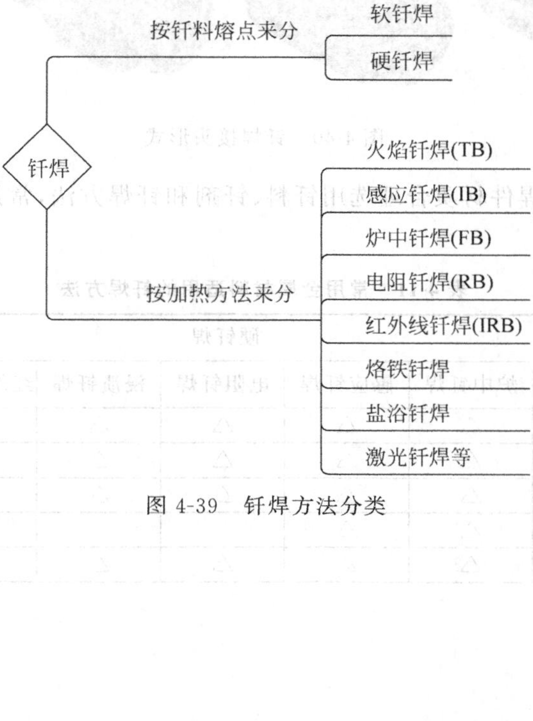

图 4-39 钎焊方法分类

1) 软钎焊(soldering)

软钎焊是指钎料熔点在450℃以下的钎焊。

常用的钎料有锡铅钎料、锡银钎料等,钎剂(flux)有松香、氯化锌溶液等。

软钎焊接头强度低(60~140MPa),工作温度低(100℃以下),主要用于焊接不承受载荷但要求密封性好的焊件,如容器、仪表元件等。

2) 硬钎焊(brazing)

硬钎焊是指钎料熔点在450℃以上的钎焊。

常用的钎料有铜基、银基、铝基、镍基钎料等,钎剂主要有硼砂、硼酸、氟化物、氯化物等。

硬钎焊接头强度较高(>200MPa),工作温度也较高,可以连接承受载荷的零件,应用比较广泛。主要用于受力较大的钢铁及铜合金机件、工具等,如自行车车架、硬质合金刀具等。

在钎焊过程中,为消除焊件表面的氧化膜及其他杂质,改善液态钎料的润湿能力,保护钎料和焊件不被氧化,常使用钎剂。钎焊接头的承载能力与接头连接表面大小有关,因此,通常钎焊接头为搭接接头,如图4-40所示。

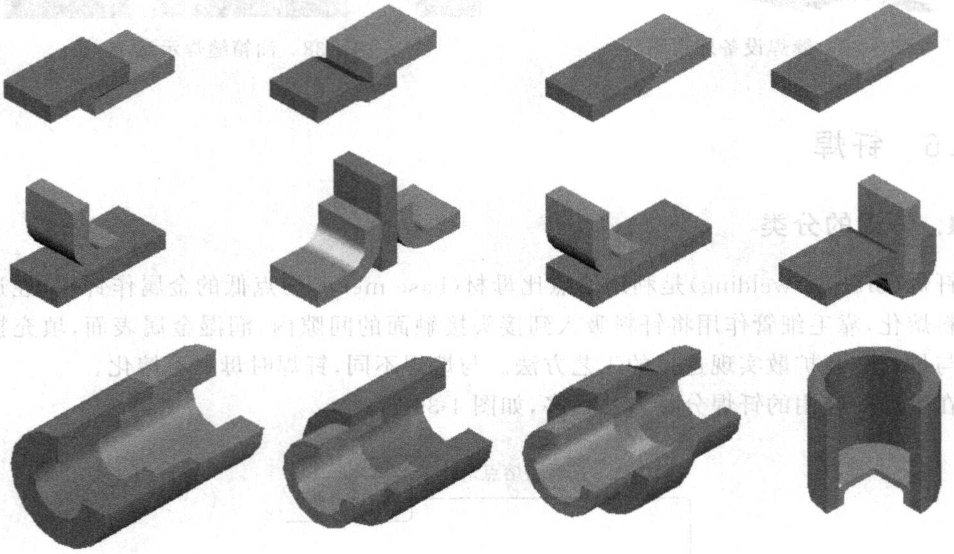

图4-40 钎焊接头形式

生产中,应该根据焊件材质合理选用钎料、钎剂和钎焊方法,常用金属材料适用的钎焊方法见表4-11。

表4-11 常用金属材料适用的钎焊方法

焊接方法 / 材料	硬钎焊							软钎焊
	火焰钎焊	炉中钎焊	感应钎焊	电阻钎焊	浸渍钎焊	红外线钎焊	扩散钎焊	
碳钢	△	△	△	△	△	△	△	△
低合金钢	△	△	△	△	△	△	△	△
不锈钢	△	△	△	△	△	△	△	△
铸铁	△	△	△				△	△
镍和合金	△	△	△	△	△	△	△	△

续表

焊接方法 材料	硬钎焊							软钎焊
	火焰钎焊	炉中钎焊	感应钎焊	电阻钎焊	浸渍钎焊	红外线钎焊	扩散钎焊	
铝和合金	△	△	△	△	△	△	△	△
钛和合金		△	△			△	△	
铜和合金	△	△	△	△			△	△
镁和合金	△	△					△	
难熔合金	△	△	△	△		△	△	

注：有△表示被推荐。

2. 钎焊特点及应用

与熔焊相比，钎焊具有如下特点：

(1) 钎焊加热温度较低，接头光滑平整，组织和力学性能变化小，变形小，工件尺寸精确。

(2) 可以实现异种金属或合金、金属与非金属的连接，并且对工件厚度差无严格限制。

(3) 有些钎焊方法可以同时焊接多个焊件、多条钎缝、多接头，生产率很高。

(4) 钎焊设备简单，生产投资费用少，易于实现自动化。

(5) 接头强度低，耐热性差，焊前清整要求严格，钎料价格较贵。

钎焊广泛应用于机械、仪表、电机、航空、航天等部门，特别是航空业和空调业，主要用于制造精密仪表、电气零部件、异种金属构件以及复杂薄板结构，如夹层构件、蜂窝结构、硬质合金刀具、钻探钻头、自行车车架、换热器、导管及各类容器器等，钎焊通常不用于一般钢结构和大型、重载、动载机件的焊接。

常用焊接方法的比较

常用焊接方法的比较详见二维码。

4.3 金属焊接工艺设计

金属焊接工艺设计取决于产品的结构形式，一般包括焊接材料的选择、焊缝形式和布置、焊接接头的设计和焊接工艺拟定等内容。金属焊接按照采用的焊接方法，可分为熔焊、压焊和钎焊，本节仅介绍熔焊的结构工艺设计。

4.3.1 焊接材料的选择

金属焊接过程中涉及的材料主要有三种：

(1) 焊接结构材料，即金属原材料，如各种钢材、耐腐蚀耐高温等特殊合金和有色金属及其合金；

(2) 焊接材料，如焊条、焊丝、焊带、金属粉末和焊剂等；

(3) 辅助材料,如氧气、燃气、保护气体、脱脂清洗剂、酸洗钝化剂等。

焊接结构材料的选择是焊接过程中的重要环节,除了满足使用性能要求外,还必须满足焊接工艺性能,以及结构件体积、质量和成本的要求。各种金属原材料的焊接性能和工艺措施如表4-12所示。

表4-12 各种金属原材料的焊接性能和工艺措施

焊接结构材料	焊接性能	工艺措施
低碳钢	含碳量较低,合金元素锰和硅的含量亦不高,焊接性能良好,塑性好,不易引起淬硬而使组织脆化	焊前不需预热,焊后一般不必作消除应力处理
低合金结构钢	因含有一定量的合金元素,具有较高的脆硬倾向。相对于碳钢,其对冷裂纹的敏感性提高、接头的韧性降低。一般使用屈服强度在500MPa以下的低合金钢	一般不需要预热,当钢的实际碳当量高于0.45%时,应采取防止冷裂纹的工艺措施
铜及铜合金	可焊性比低碳钢差,易产生气孔和热裂纹	焊前需预热,焊后需进行热处理
铝及铝合金	焊接性能差,易产生气孔和夹渣	焊前需用溶剂清除接头和焊丝表面的氧化膜及油污;焊接时需用垫板;焊后需冲洗

对于一般结构件,因承载能力要求不高,应尽量选用焊接性能好的材料来制作焊接结构。如低碳钢和低合金结构钢等材料,其价格低廉,淬硬倾向小,塑性高,工艺简单,易于保证焊接质量;若条件允许,优先选用低合金结构钢,其塑性和可焊性良好,适用于各种焊接方法,可节省钢材、减轻结构质量和延长结构的使用寿命。

对于承重(压)结构件,因承载能力要求高,应尽量选用强度等级较高的低合金结构钢,如Q345、Q390、Q420和Q460等,其焊接性能比低碳钢差,需采取合适的焊接工艺才能保证焊接质量。

另外,应尽量采用标准化的型材和管材,以便减少焊缝数量和简化焊接工艺,降低成本;应尽量选用镇静钢,镇静钢含气量低,特别是含 H_2 和 O_2 量低,可防止气孔和裂纹等缺陷;应尽量采用以小拼大的工艺,节约钢材,降低成本。

4.3.2 焊缝形式和布置

焊缝(seaming)的形式和布置是焊接工艺的重要内容,应根据焊接结构件的尺寸、受力情况、技术要求和使用性能等条件确定。

1. 焊缝的形式

依据现行国家标准的规定,焊缝的形式按照焊缝结合形式可分为对接焊缝、角接焊缝、塞焊缝、槽焊缝和端接焊缝五种,如图4-41所示。在焊接过程中,可按焊接方式分为连续焊缝、交错式断续焊缝和并列式断续焊缝,如图4-42所示。焊缝的尺寸和各参数,可查阅国家标准GB/T 3375—1994。

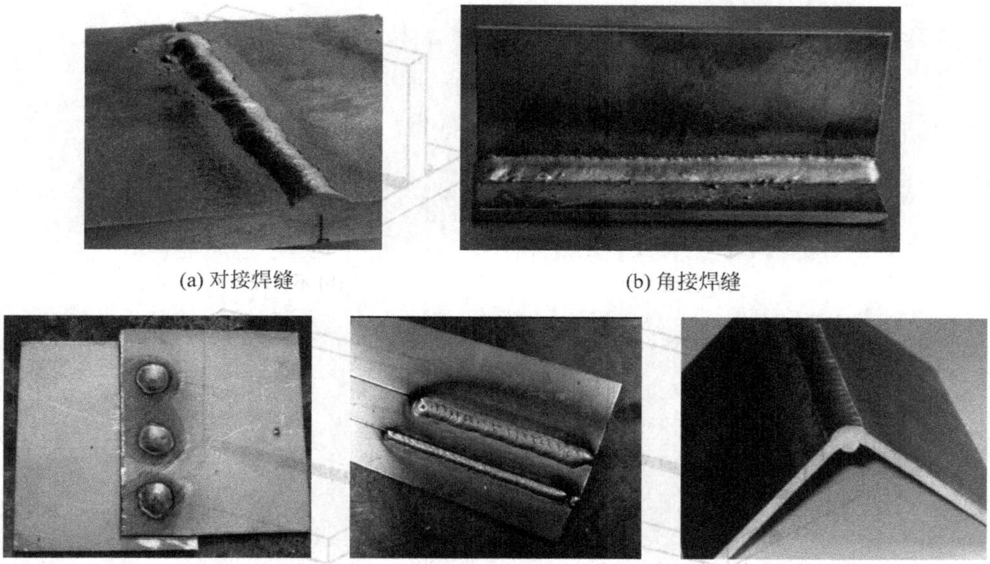

(a) 对接焊缝　(b) 角接焊缝

(c) 塞焊缝　(d) 槽焊缝　(e) 端接焊缝

图 4-41　焊缝的五种形式

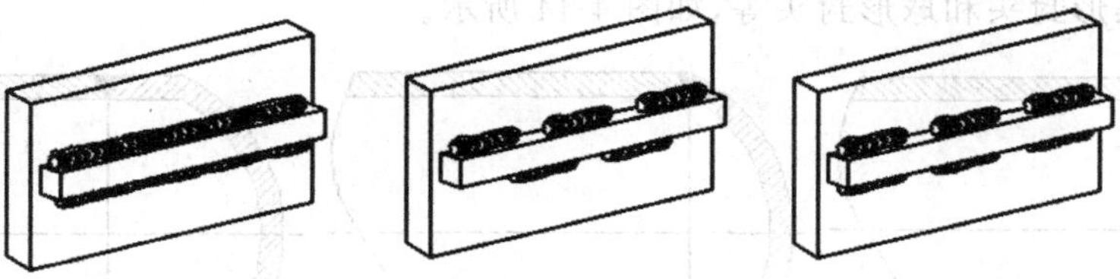

(a) 连续焊缝　(b) 交错式断续焊缝　(c) 并列式断续焊缝

图 4-42　焊缝的三种焊接方式

实际焊接施工中，焊缝的形式一般采用对接焊缝，因其热影响区较小，应力分布较合理。但对于焊接接头成一定角度连接时，必须采用角接焊缝，其受力分布较复杂，但承载能力高，尤其是承受动载荷效果较好。

2. 焊缝的布置

焊缝的布置主要考虑对焊接结构的受力影响、对产品使用性能的影响，还要便于手自动焊接操作，主要有以下几个方面：

(1) 焊缝布置应尽可能分散，避免过分集中和交叉，以便减小焊接热影响区，防止粗大组织的出现。焊缝密集或交叉会加大热影响区，使组织恶化，性能下降，如图 4-43 所示。两条焊缝间距一般要求应大于 3 倍板厚且不小于 100mm，图 4-43(a)和(c)中焊缝布置相对于图(b)和图(d)较合理。

(2) 焊缝应避开应力集中部位。焊接接头往往是焊接结构的薄弱环节，存在残余应力和焊接缺陷，因此，焊缝应尽可能避开应力较大部位，尤其是应力集中部位，以防止焊接应力与外加应力相互叠加，造成过大的应力和开裂。如压力容器一般不用平板封头、无折边封

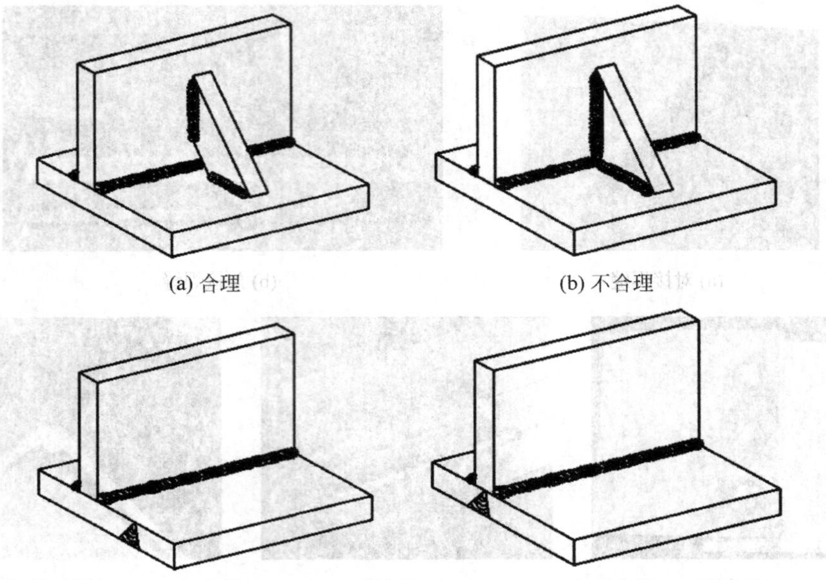

图 4-43 焊缝分散设计的布置

头,而应采用蝶形封头和球形封头等,如图 4-44 所示。

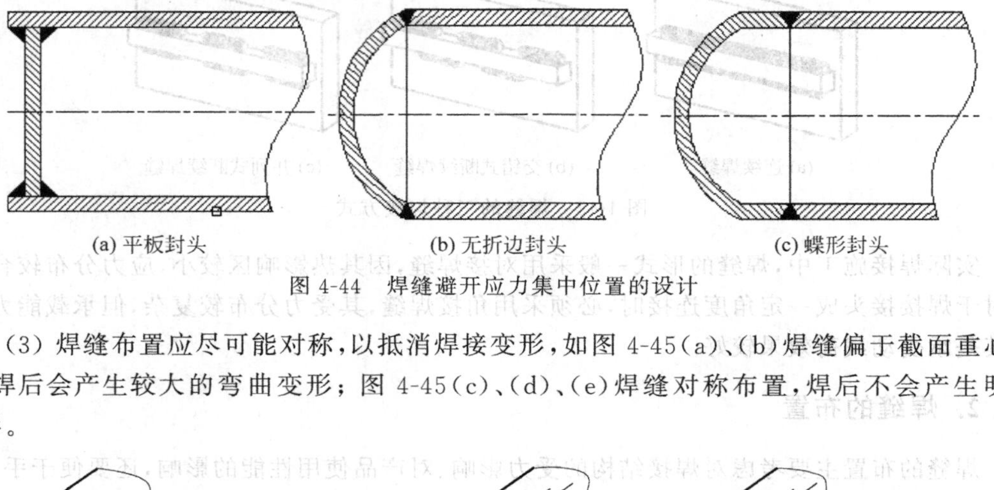

图 4-44 焊缝避开应力集中位置的设计

(3) 焊缝布置应尽可能对称,以抵消焊接变形,如图 4-45(a)、(b)焊缝偏于截面重心一侧,焊后会产生较大的弯曲变形;图 4-45(c)、(d)、(e)焊缝对称布置,焊后不会产生明显变形。

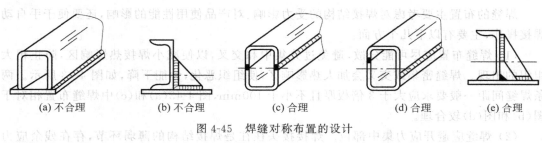

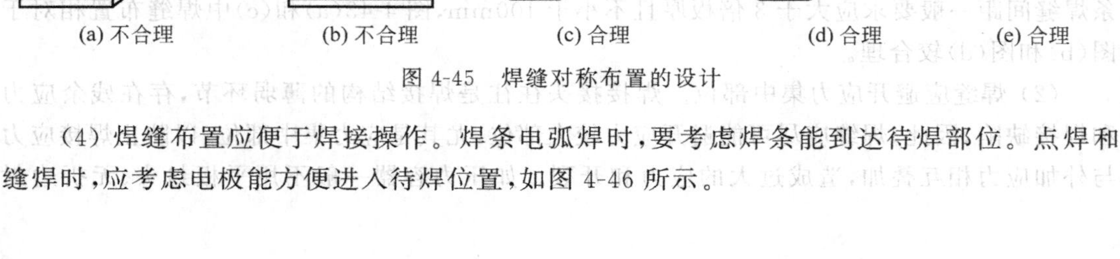

图 4-45 焊缝对称布置的设计

(4) 焊缝布置应便于焊接操作。焊条电弧焊时,要考虑焊条能到达待焊部位。点焊和缝焊时,应考虑电极能方便进入待焊位置,如图 4-46 所示。

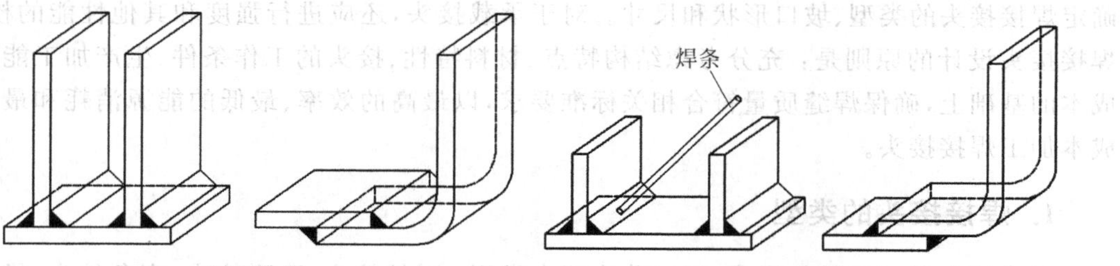

图 4-46 焊缝布置应便于操作

(5) 尽量减少焊缝长度和数量，从而减少焊接加热次数，减少焊接应力和变形，同时减少焊接材料消耗，降低成本，提高生产率。如图 4-47 所示，尽量采用工字钢、槽钢、角钢和钢管等型材，以简化工艺过程。

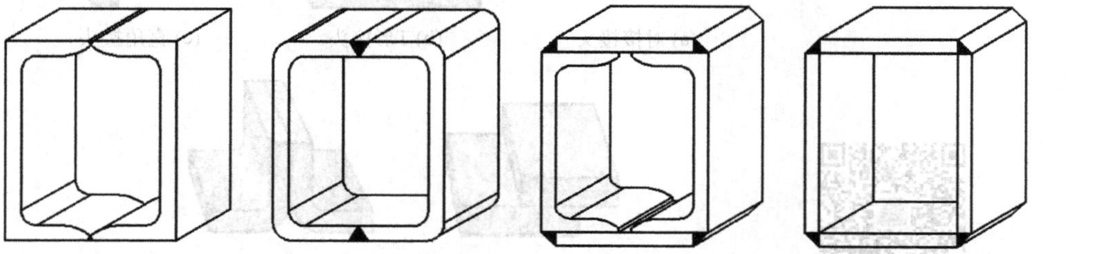

图 4-47 减少焊缝数量的设计

(6) 焊缝应尽量避开机械加工表面。有些焊接结构需要进行机械加工，为保证加工表面精度不受影响，焊缝应避开这些表面，防止破坏已加工面，如图 4-48 所示。

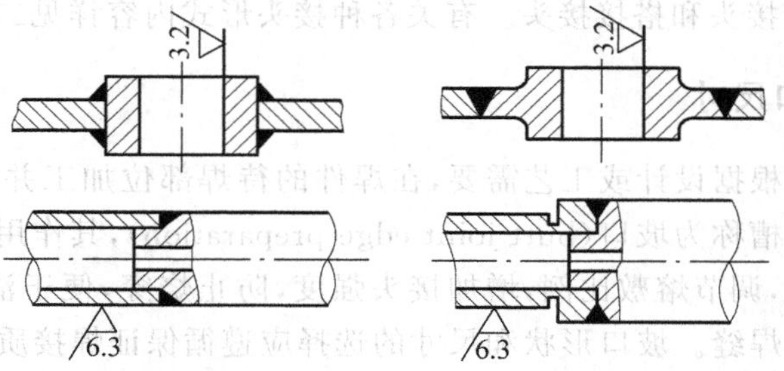

图 4-48 焊缝远离机械加工表面的设计

4.3.3 焊接接头的设计

焊接接头（welded joint）是焊接结构汇总不可拆卸的组成部分，由焊缝、熔合区、热影响区和邻近母材构成。其作用是将被焊工件连接成整体，并传递载荷，故焊接接头的性能和质量直接影响结构的工作寿命和可靠性。

焊接接头的设计主要包括：根据拟定的焊接工艺方法和焊接材料，合理地布置焊缝，并确定焊接接头的类型、坡口形状和尺寸。对于承载接头,还应进行强度和其他性能的校核。焊接接头设计的原则是:充分考虑结构特点、材料特性、接头的工作条件、生产加工能力和成本的基础上,确保焊缝质量符合相关标准要求,以最高的效率、最低的能源消耗和最少的成本加工焊接接头。

1. 焊接接头的类型

焊接接头按照组对的形式,可以分为五大类型:对接接头、T形接头、直角接头、搭接接头和卷边接头,如图4-49所示。

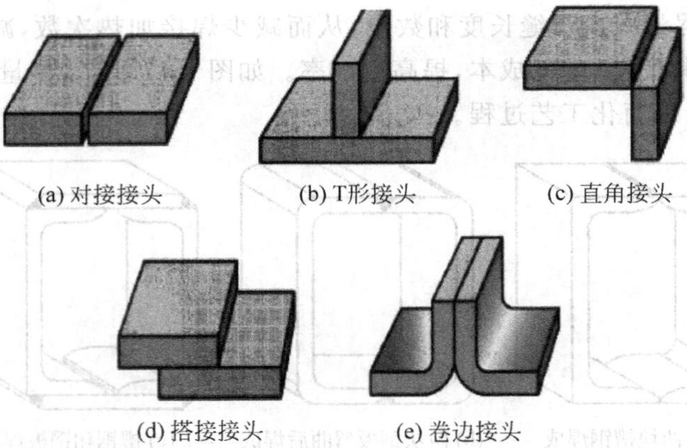
(a) 对接接头　(b) T形接头　(c) 直角接头
(d) 搭接接头　(e) 卷边接头

各种接头形式

图4-49　焊接接头的类型

应根据焊接结构件的形状、强度要求、工件厚度、使用条件和施焊方法确定合理的焊接接头,不同的壁厚和焊接位置可以有多种焊缝形式。焊接过程中,最常用的焊接接头是对接接头、T形接头、直角接头和搭接接头。有关各种接头形式内容详见二维码。

2. 坡口形状和尺寸

根据设计或工艺需要,在焊件的待焊部位加工并装配成一定几何形状的沟槽称为坡口(butt joint edge preparation),其作用是为了保证焊缝根部焊透,调节熔敷比例,增加接头强度,防止烧穿,便于清渣,获得成形良好的优质焊缝。坡口形状和尺寸的选择应遵循保证焊接质量、坡口加工简单、便于施焊、节省焊材和焊接变形小的原则。有关坡口形式内容详见二维码。

坡口形式

4.3.4 焊接工艺拟定

焊接工艺拟定是制订将原材料或坯料加工成焊接构件和完整的焊接结构的方法、技术和过程。其原则是:

(1) 确保焊接质量,接头的各项性能满足产品的技术要求和相关标准;

(2) 提高焊接效率,缩短工时,减少焊材消耗;

(3) 降低生产成本,提高经济效益。

焊接工艺拟定主要包括确定焊接方法、选择焊接材料、确定焊接工艺规程和工艺参数、防缺陷工艺措施。

1. 焊接方法的选择

熔焊的焊接方法有多种，每种方法都有其适用范围。焊接方法的选择应根据各种焊接方法的特点和焊接结构的制作要求，综合考虑其焊接质量、经济性和工艺可行性，选择时应考虑以下几个方面：

(1) 接头质量和性能符合结构要求。

(2) 经济性，生产率高，成本低。单件小批量生产、短焊缝选用手工焊；成批生产、长焊缝选用自动焊；40mm 以上厚板，采用电渣焊一次焊成，生产率高。

(3) 工艺性，焊接方法选择要考虑有没有这种方法的设备和焊接材料，在室外或野外施工有没有电源等条件，焊接工艺能否实现。

上述几个方面在实际焊接生产中应综合考虑，统筹安排。

熔焊焊接方法的特点见表 4-13，可供选用时参考。从表中可知，由于低碳钢和低合金钢的焊接性能好，几乎所有的焊接方法都适用，故一般按照板厚选择；合金钢、不锈钢和有色金属及其合金等焊件，一般采用氩弧焊。

表 4-13 熔焊焊接方法特点

焊接方法	适用焊接材料	适用厚度/mm	生产率	可焊空间位置	热影响区大小	变形大小
焊条电弧焊	低碳钢、低合金钢	2～50	较低	全	较小	较小
	不锈钢	≥2				
	铝及铝合金	≥3				
	铜及青铜	≥2				
埋弧焊	低合金钢、不锈钢	3～150	高	平	小	小
	不锈钢	≥3				
	铜	≥4				
CO_2 焊	低合金钢、不锈钢	0.8～25	较高	全	小	小
氩弧焊	铝及铝合金	(钨极)0.5～4	较高	全	小	小
		(熔化极)0.5～4				
	铜及铜合金	(钨极)0.5～4				
		(熔化极)0.5～4				
	不锈钢	(钨极)0.5～4				
		(熔化极)0.5～4				
气焊	低碳钢、低合金钢、不锈钢	0.5～3	低	全	大	大
点焊	低、中碳钢，奥氏体不锈钢	＜4	高	全	小	小

2. 焊接材料的选择

焊接材料包括焊条、焊丝、焊带、金属粉末和焊剂等，常见的焊条种类见表 4-14。应根据焊接结构件的化学成分、力学性能、抗裂性、耐蚀性和耐热性、结构形状、工作条件、受力情况和焊接设备等情况，综合考虑，选择相应的焊接材料的种类和牌号。如焊接结构件工作在动载荷、冲击载荷或高温高压环境下,需选择冲击韧性和塑性更强的焊材,可选择冲击韧性、延伸率、强度均较高的碱性低氢型焊条或焊剂。如焊接结构件工作在腐蚀性环境下,应根据腐蚀性介质的种类、浓度和温度等情况,选择相应的耐腐蚀性焊接材料。

表 4-14 常见的焊条种类

国家标准编号	焊条名称(按化学成分)	代 号
GB/T 5117—2012	碳钢焊条	E
GB/T 5118—2012	低合金钢焊条	E
GB/T 983—2012	不锈钢焊条	E
GB/T 984—2001	堆焊焊条	ED
GB/T 10044—2006	铸铁焊条	EZ
GB/T 3670—1995	铜及铜合金焊条	TCu
GB/T 3669—2001	铝及铝合金焊条	TAl

3. 焊接工艺规程和工艺参数的拟定

焊接工艺规程是一种指导焊工和焊接操作工正确施焊产品焊缝的正式工艺文件(welding procedure specification, WPS)。焊接工艺规程也是检查焊缝质量的主要文件,是企业质量管理体系的重要组成部分。美国焊接学会(AWS)和国家标准协会(ANSI)等多个组织为简化焊接工艺规程评审程序,避免不必要的重复验证,一直从事标准焊接工艺规程的编制工作。这些通用的焊接工艺规程由多项焊接工艺评定报告支持,且经过了多年的大量的生产实践,可以直接用于企业指导焊接生产。表 4-15 是一种典型的焊接工艺规程格式,企业可以根据经验和传统,设计符合本企业质量管理体系的文件格式。

表 4-15 焊接工艺规程格式

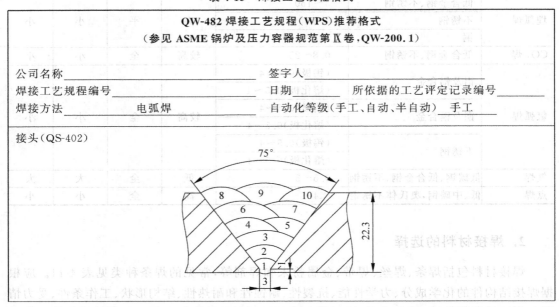

QW-482 焊接工艺规程(WPS)推荐格式
(参见 ASME 锅炉及压力容器规范第Ⅸ卷,QW-200.1)

公司名称________ 签字人________
焊接工艺规程编号________ 日期______ 所依据的工艺评定记录编号________
焊接方法 电弧焊 自动化等级(手工、自动、半自动) 手工

接头(QS-402)

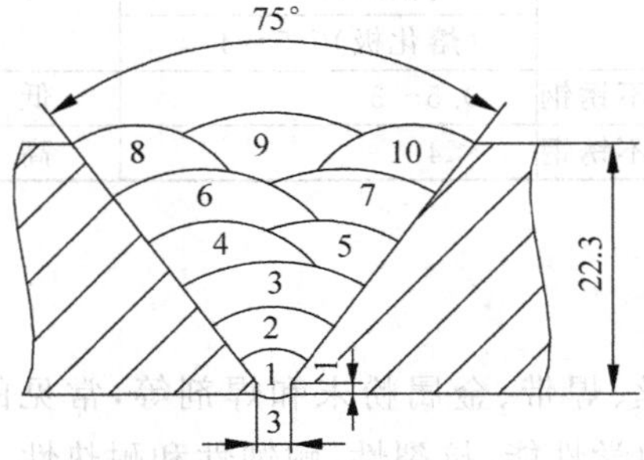

续表

母材(QW-403)

P- No. ______组号______与 P- No. ______组号______相焊　或

钢号和等级为 35CrMo 与钢号和等级为 35CrMo 相焊　或

化学成分和力学性能为______与化学成分和力学性能为______相焊

厚度范围：母材：坡口焊 22.3mm 角焊______

管子直径范围：坡口焊______角焊______

其他______

填充金属(QW-404)		
SFA No.		
AWS No.(分类号)	E7015 (结 507)	
F -No.		
A - No.		
填充金属尺寸	ϕ4mm	
熔敷焊缝金属厚度范围： 坡口焊缝	22.3mm	
角焊缝		
焊丝-焊剂(分类号)		
焊剂商标名称		
熔化性嵌条		
其他		

* 对于第一母材-填充金属的组合均需分别填表

焊接位置(QW-405)

坡口的位置 1G

焊接方向：向上______向下 √

角焊缝位置______

预热(QW-406)

最小预热温度 360℃

最大层间温度 380℃

预热的保持方式______

(应记载采用连续加热或特殊加热法)

焊后热处理(QW-407)

温度范围 调质

时间范围______

气体(QW-408)

百分比组成

	气体	混合比	流量
保护气			
尾部保护气			
背面保护气			

电特性(QW-409)

电流 AC 或 DC 直流 极性 反

电流(范围)/A 150～170 电压/V 34～36

(电流和电压范围应按每种焊丝焊条尺寸、位置和厚度等分别记录，可按以下列表的方式记录)

钨极尺寸和类型 (纯钨极或2%钍钨极等)

金属过渡方式(GMAW) (射流或短路等)

送丝速度范围______

续表

焊接技术(QW-410)

无摆动焊或摆焊 无

嘴孔或喷嘴尺寸

打底焊道和中间焊道的清理方法(刷理或打磨等) 刷 理

背面清根方法 碳刨

摆动方法

导电嘴至工作距离

多道焊或单道焊(每侧) 多道焊

多丝焊或单丝焊 单丝焊

焊接速度(范围) 15～20cm/min

锤击有无

其他

焊层	焊接方法	填充金属		电流		电压范围	焊接速度范围	其他
		种类	直径	极性	范围			
6	电弧焊	电焊条	ϕ4mm	反	150～170A	34～36V	15～20cm/min	(例如备注、说明、加热丝、焊接技巧、焊炬角度等)

从表 4-15 可知,焊接工艺规程应列出全部焊接工艺参数以确保焊缝满足技术要求。具体项目有:焊接工艺方法、母材金属的具体牌号、焊前准备要求、温度要求、电流参数、保护气体种类和流量、热处理方法和工艺参数、操作要求、焊后检查方法、检验程序和要求。对于厚壁焊件或形状复杂易变形的焊件,还应规定焊接顺序;对于加衬垫焊接的焊件,还应规定衬垫的种类和防变形的工艺措施。

焊条电弧焊工艺参数选择

不同的焊接工艺方法,其具体的工艺参数是不同的。下面以焊条电弧焊为列,介绍其工艺参数的拟定原则。焊条电弧焊是手工操纵焊条进行焊接的一种电弧焊方法,俗称手工电弧焊,其工艺参数主要包括焊接电源、焊条直径、焊接电流、电弧电压、焊接速度和热输入量等。焊条电弧焊工艺参数选择详见二维码。

4. 防缺陷工艺措施

焊接接头的不完整性称为焊接缺陷,主要有焊接裂纹、未焊透、夹渣、气孔和焊缝外观缺陷等。这些缺陷减少焊缝截面积,降低承载能力,产生应力集中,引起裂纹,降低疲劳强度,易引起焊件破裂导致脆断。焊接工艺拟定时,需有对应的工艺措施防止和减少焊接缺陷的产生。不同的焊接工艺方法,其具体的防缺陷工艺措施是不同的。下面以焊条电弧焊为例,介绍其焊接缺陷及其产生的原因和相应的防缺陷工艺措施,见表 4-16。

表 4-16 焊条电弧焊防缺陷工艺措施

焊接缺陷	典型图片	防缺陷工艺措施
气孔	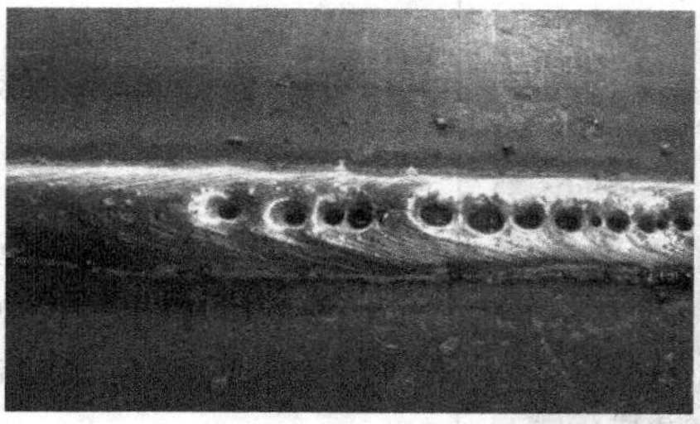	焊件坡口应清理干净，焊条按规定烘干；适当加大焊接电流，降低焊接速度，以使气体浮出，不采用偏心的焊条
咬边	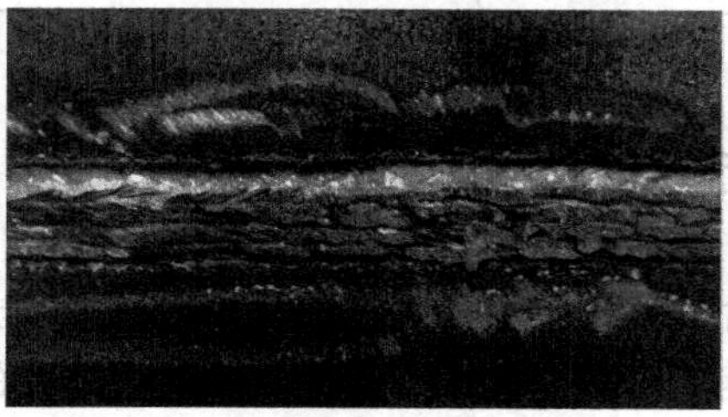	减小焊接电流，电弧不要拉得过长，摆动时坡口边缘运条速度稍慢些，中间运条速度稍快些，焊条倾斜角度适当
夹渣	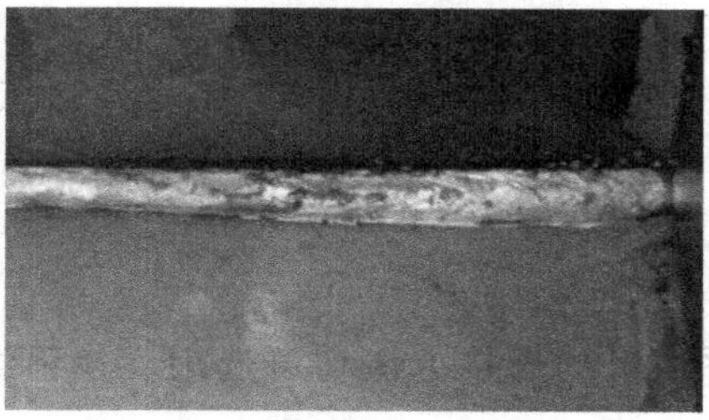	将电弧适当拉长些，将母材上的脏物与前道焊缝的熔渣清理干净，适当放慢速度以使熔渣浮出，将其吹走
未焊透	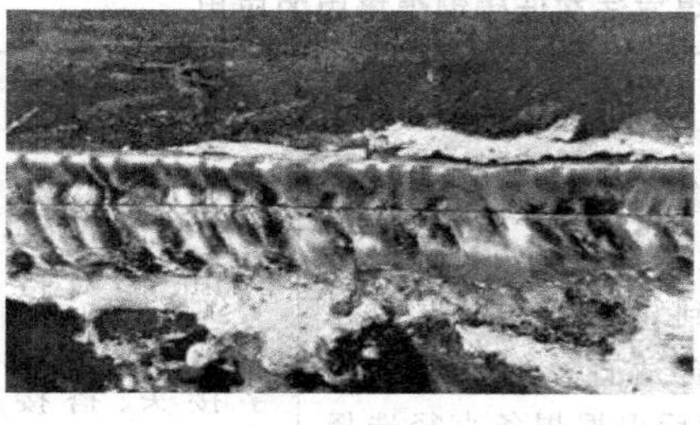	选择合适的坡口尺寸，选用较大的焊接电流或慢的焊接速度，焊条角度及运条速度应适当
裂纹	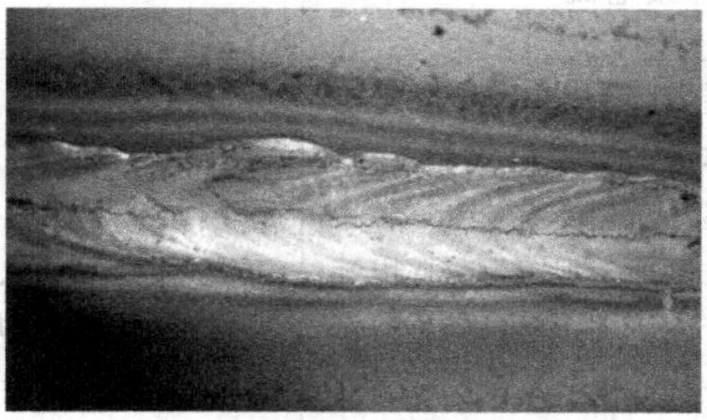	选用合格的焊条，改善收弧操作技术，将弧坑填满后收弧，减小焊接应力

续表

焊接缺陷	典型图片	防缺陷工艺措施
变形		选用直径较大的焊条及较高电流，选择适当的焊接顺序；焊接前，使用夹具将焊件固定以免发生翘曲，避免冷却过速或预热母材；选用穿透力低的焊材；减少焊缝间隙，减少开槽度数；注意焊接尺寸，不使焊道过大，采取防止变形的固定措施

4.3.5 低碳钢的焊接工艺拟定

低碳钢的含碳量低，焊接用结构钢含碳量一般均在0.22%以下，锰和硅的含量少，通常不会因焊接在热影响区产生硬化组织，钢材的塑性较好，焊接接头产生裂纹的倾向小。因此低碳钢有良好的焊接性，一般不需采取特殊的工艺措施，就可得到优质的焊接接头。低碳钢几乎可以采用各种焊接方法焊接，适合于制造各类大型结构件和受压容器。下面以低碳钢为例，简单介绍其焊接工艺拟定的过程：确定焊接方法、选择焊接材料、确定焊接工艺规程和工艺参数、防缺陷工艺措施。

1. 确定焊接方法

低碳钢由于具有良好的焊接性，几乎所有的焊接方法均可选用。各种熔焊方法在低碳钢焊接中的应用见表4-17。

表4-17 各种熔焊方法在低碳钢焊接中的应用

焊接方法	焊接材料	焊接参数	适用范围	注意事项
焊条电弧焊	一般情况下，可选用酸性焊条，但对于大厚度工件或大刚度构件以及在低温条件施焊等情况下才采用碱性焊条。在选择焊条时，要按照焊缝金属与母材等强度的原则进行	焊接参数可根据具体的钢号、板厚、焊接位置，通过试验得到。一般可根据板厚选用合适直径的焊条和层数，然后根据焊条直径选择所用焊接电流	适用于板厚在2～50mm的对接接头、T形接头、十字接头、搭接接头、堆焊等	必须进行焊前清理、焊前预热（工件较厚或刚性大时）及焊后热处理
埋弧焊	为保证良好的焊缝综合性能，常要求焊缝金属中含碳量较低，可选择高锰高硅焊剂配合低锰焊丝或含锰焊丝以及无锰高硅或低锰中硅焊剂配合高锰焊丝	主要包括焊接电流、电弧电压和焊丝速度以及焊丝直径、装配间隙与坡口大小等，以上所有因素必须相互匹配，特别是焊接电流和电弧电压的相互匹配，才能获得良好的焊接接头	可焊接板厚在3～150mm之间的低碳钢，接头形式可以是对接接头、T形接头、十字接头，尤其适用于焊缝比较规则的构件	必须做好焊前准备和焊前预热（工件较厚或刚性大时）、焊后热处理

续表

焊接方法	焊接材料	焊接参数	适用范围	注意事项
CO_2 气体保护焊	焊接材料的选择主要是指焊丝的选择。可根据不同的焊接要求,选择不同的实芯焊丝和药芯焊丝	主要有焊丝直径、焊丝外伸长、焊接电流、电弧电压、焊接速度等	比较适用于薄板的焊接	焊前清理参照焊条电弧焊酸性焊条焊接时的清理要求
电渣焊	主要包括电极材料和焊剂。为减少气孔和裂纹倾向,提高焊缝力学性能,一般是通过电极向焊缝过渡合金元素	主要焊接参数有焊接电流(送丝速度)、电弧电压、熔池深度、装配间隙等	特别适用于焊板在50～300mm的厚板	一般需要焊后热处理。各类焊剂在焊接前均应经过250℃烘焙2h
气焊	一般采用中性焰或乙炔较多的弱碳化焰。焊接低碳钢时一般不需要气焊熔剂	焊接参数主要有焊丝直径、火焰能率、焊嘴的倾斜角度、焊接速度等	适用于碳钢的薄件、小件的焊接	焊前清理基本同焊条电弧焊

2. 选择焊接材料

1）焊条

焊接低碳钢时,大多使用E43××系列的焊条,在力学性能上正好与低碳钢相匹配。这一系列焊条有多种型号,可根据具体母材牌号、受载情况等加以选用,具体见表4-18。

表4-18 常用典型低碳钢焊接焊条选用表

钢　　号	焊条型号	
	一般焊接结构	重要焊接结构
Q215、Q235、08、10、15、20	E4313、E4303、E4301、E4320	E4316、E4315、E5016、E5015
25、20g、22g、20R	E4316、E4315	E5016、E5015

2）埋弧焊焊丝与焊剂

低碳钢埋弧焊一般选用实芯焊丝H08A或H08MnA,它们与高锰高硅低氟熔炼焊剂HJ430、HJ431、HJ433、HJ434配合使用。低碳钢埋弧焊常用焊丝与焊剂见表4-19。

表4-19 低碳钢埋弧焊常用焊丝与焊剂

钢　　号	焊　　丝	焊　　剂
Q235、Q255	H08A	HJ430、HJ431
Q275	H08MnA	
15、20	H08A、H08MnA	
25、30	H08MnA、H10Mn2	HJ430、HJ431、HJ330
20g、22g	H08MnA、H08MnSi、H10Mn2	
20R	H08MnA	

3) CO_2 气体保护焊焊丝

焊接碳钢用气体保护焊焊丝的国家标准,即《气体保护电弧焊用碳钢、低合金钢焊丝》(GB/T 8110—1995),标准内容等效采用美国 AMS 气体保护焊焊丝标准。碳钢气体保护焊焊丝型号为 ER49-1、ER50-2～ER50-7。焊丝商品牌号为 MG49-1、MG50-3～MG50-6 等。

4) 氩弧焊焊丝

氩弧焊用焊丝要尽量选用专用焊丝,以减少主要化学成分的变化,保证焊缝一定的力学性能和熔池液态金属的流动性,从而获得良好的焊缝成形,避免产生气孔、裂纹等缺陷。

5) 电渣焊焊丝和焊剂

因没有电渣焊用焊丝和焊剂的国家标准,一般采用《熔化焊用焊丝》(GB/T 14957—1994)中所列的部分焊丝;焊剂从原机械工业部《焊接材料产品样本》中选取。另外,可执行美国焊接学会(AWS)制订的 AWS A 5.25/A 5.25M—1997《电渣焊用碳钢和低合金钢焊丝及焊剂标准》。

3. 确定焊接工艺规程和工艺参数

由于低碳钢良好的焊接性,其焊接时不必严格控制焊接热输入,不需要采取特殊的焊接工艺措施。低碳钢焊前一般不必预热,如环境温度过低、焊件厚度过大,可适当预热。低碳钢焊后热处理的必要性,取决于所焊结构的技术要求。如压力容器的壁厚过大,焊后需作消应力处理。低碳钢焊件接头坡口的制备,可以用火焰切割、等离子弧切割或机械加工等方式,最好采用机械加工方式以确保尺寸和公差要求。坡口边缘的切割毛刺、氧化层和熔渣必须清理干净以保证后续焊接质量。低碳钢其他的焊接工艺要点有:

(1) 焊前清除焊件的表面铁锈、油污和水分等杂质,焊条、焊剂必须烘干。

(2) 角焊缝、对接多层焊的第一层焊缝及单道焊缝要避免深而窄的坡口形式,以防止出现未焊透和夹渣等缺陷。

(3) 焊件的刚度增大,焊缝的裂纹倾向也增大,因此焊接刚度大的结构件时,宜选用低氢碱性焊条,焊前预热或焊后消除应力热处理措施,预热及回火温度见表 4-20。

表 4-20 常用低碳钢刚性结构的焊前预热及回火温度

钢 号	材料厚度/mm	预热温度/℃	回火温度/℃
Q235、Q235F、08、10、15、20	≈50	—	—
	50～90	>100	600～650
25、20g、22g	≈40	>50	600～650
	>60	>100	600～650

(4) 在严寒冬天或类似的气温条件下焊接低碳钢结构时,由于焊接的冷却速度快,产生裂纹的倾向增大,特别是焊接厚度大的刚性结构时更是如此。为避免裂纹的产生,除采用低氢型焊接材料和焊前预热、焊接时保持层间温度外,还应在定位焊时加大电流,减慢焊接速度,适当增大定位焊缝的截面和长度,必要时可采取预热措施。低碳钢在低温环境下焊接时,预热温度见表 4-21。

表 4-21 常用低温环境下低碳钢焊接的预热温度

环境温度/℃	焊件厚度/mm		预热温度/℃
	梁柱、桁架	管道、容器	
−30℃以下	<30	<16	100～150
−20℃以下	—	17～30	
−10℃以下	35～50	31～40	
0℃以下	51～70	51～60	

4. 防缺陷工艺措施

若操作技术不良或焊条、焊接参数选择不当，低碳钢冶炼质量差时可能出现各种缺陷，常见低碳钢焊条电弧焊的防缺陷工艺措施已在表 4-18 中列出，低碳钢电渣焊的常见缺陷的形成原因及防缺陷工艺措施见表 4-22。

表 4-22 低碳钢电渣焊焊接接头中缺陷形成原因及防止措施

部位	缺陷名称	原 因	防 止 措 施
焊缝	气孔	渣池深度不够；水分、油污或锈；焊剂被污染或潮湿	增加焊剂添加量；烘干或清理工件；烘干或更换焊剂
	裂纹	焊接速度太快；形状系数不良；焊丝或导电嘴中心间距太大	减慢送丝速度；减小电流，提高电压，降低摆动速度；减小焊丝或导电嘴之间距离
	非金属夹杂物	板材表面粗糙；钢板中的非金属夹杂物含量超标的板材	磨光板材表面；采用质量较好的板材
熔合区	未熔合	电压低；焊接速度太快；渣池太深；焊丝或导电嘴未对中；停留时间不够；摆动速度太快；焊丝与滑块的距离太大；焊丝之间中心距离太大	提高电压；减慢送丝速度；减少焊剂添加量使熔渣外流；重新对中焊丝或导电嘴；增加停留时间；减慢摆动速度；加大摆动宽度或再加一根焊丝；减小焊丝之间的间距
熔合区	咬边	焊接速度太慢；电压过高；停留时间过长；滑块冷却不足	提高送丝速度；降低电弧电压；缩短停留时间；提高对滑块的冷却水流量或采用大型滑块
热影响区	裂纹	拘束度高；材料对裂纹敏感；板中夹杂太多	改进夹具；查明裂纹原因；采用质量较好的板材

4.4 焊接成形新技术

现代工业生产中，主要的焊接成形方法可以分为三类：传统焊接方法、高能束焊接方法和特种焊接方法。随着科学技术和机械制造工业的发展以及新材料的不断涌现，这三类焊接技术都在不断地发展和提高，焊接技术发展趋势主要表现在以下几个方面：

(1) 扩大焊接应用范围，开展以焊代铸、以焊代锻、以焊代机械加工等新工艺，来满足生产发展的需要。

(2) 提高焊接过程机械化、自动化水平,提高焊接生产率,保证焊接质量稳定性。

(3) 积极推广应用优质、高效、节能焊接技术及高新焊接技术。大力推广焊接机器人,焊接中心,柔性焊接制造系统,计算机辅助设计、制造和检查技术。

(4) 突破焊接设备设计、制造关键技术,发展专用成套焊接设备。

(5) 开发新的焊接方法和新的热源。

4.4.1 高能束焊接方法的应用

高能束焊通常指功率密度达到 $10^5 W/cm^2$ 以上的焊接方法,其束流由电子、光子、离子或两种以上的粒子组合而成,属于此类高功率密度的热源有等离子弧、电子束、激光束以及复合热源如激光束+电弧等。这里主要介绍等离子弧焊、电子束焊和激光焊这三种高能束焊接方法。

1. 等离子弧焊

一般的焊接电弧,未受到外界约束,称为自由电弧。如果利用某些装置使自由电弧的弧柱受到压缩,这样就会使弧柱气体完全电离,产生比自由电弧温度高的等离子电弧(plasma arc welding)。等离子弧焊是利用高能量密度的等离子弧进行焊接的方法,如图4-50所示。

等离子弧焊接时需要专用焊炬引燃电弧,电弧在通过水冷喷嘴的细小孔道时受到三种压缩作用,一是受喷嘴细孔道的机械压缩,称为机械压缩效应;二是水冷喷嘴使弧柱外层冷却,迫使带电粒子流向弧柱中心移动,弧柱被进一步压缩,称为热压缩效应;三是带电粒子流在弧柱中的运动可看成是无数根平行通电的"导体",其自身磁场所产生的电磁力,使弧柱又进一步被压缩,称为磁压缩效应。在这三种效应作用下,电弧便成为弧柱直径很细、气体高度电离、能量非常密集的等离子弧。等离子弧在电极和焊件之间燃烧,温度可达10000~20000℃。通过保护罩送入保护气体(如氮、氢、氩等),焊接时选用哪种气体取决于焊接过程和被焊材料的类型。

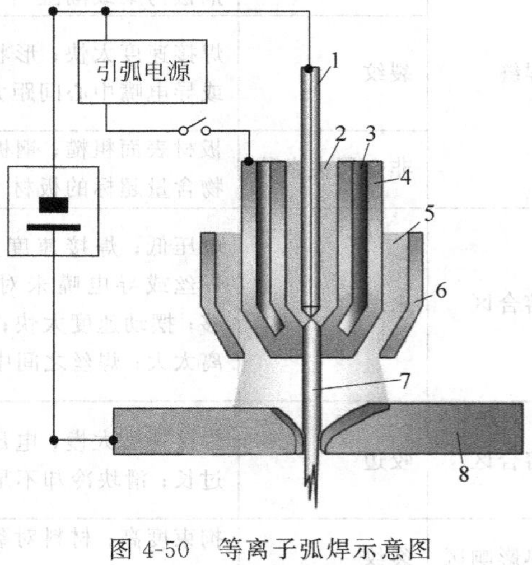

图4-50 等离子弧焊示意图

1—钨电极;2—辅助气体;3—冷却水;4—水冷喷嘴;5—保护气体;6—保护罩;7—等离子弧;8—焊件

等离子弧焊分为微束等离子弧焊和大电流等离子弧焊。微束等离子弧焊接时,使用电流0.1~30A,可用于焊接0.025~2.5mm的箔材及薄板。当焊接厚度大于2.5mm时,常采用大电流等离子弧进行焊接。等离子弧焊的主要优点是可进行单面焊双面成形的焊接,特别适用于背面可达性不好的结构,其中小电流时电弧稳定,焊缝质量好,因此微束等离子弧焊的应用很广泛。

等离子弧焊除具有氩弧焊的优点外,还有以下特点:

(1) 等离子弧能量密度大，弧柱温度高，穿透能力强，厚度12mm的焊件可不开坡口，无需填充金属，能一次焊透双面成形。焊接速度快，生产率高，焊缝质量好，热影响区小，焊接变形小。

(2) 当电流小到0.1A时，电弧仍能稳定燃烧，能保持良好的挺直度与方向性，可焊接很薄的箔材。

但等离子弧焊接设备较复杂，造价较高，气体消耗量很大，只宜在室内焊接。目前，等离子弧焊在生产中已广泛应用，尤其是在国防工业及尖端技术中，焊接难熔、易氧化、热敏感性强的材料，如钼、钨、铬、钛及其合金和不锈钢等，也可焊接一般钢材或有色金属。

与一般电弧焊相比，等离子弧的熔透能力强，在不开坡口、不加填充焊丝的情况下可一次焊透8～10mm厚的不锈钢板；焊缝质量对弧长的变化不敏感，易获得均匀的焊缝形状；可焊接微型精密零件；同时可产生稳定的小孔效应，正面施焊时可以获得良好的单面焊双面成形。与钨极氩弧焊相比，热量高度集中，电弧稳定，穿透能力强，焊接速度明显提高；焊缝的深度比大，热影响区小，接头质量易于保证。不足之处在于设备投资较大，对操作工人的技术要求较高，较难进行手工焊接，焊接参数的精度要求较严等。用等离子弧可以焊接绝大部分金属，但由于焊接成本较高，故主要用于焊接某些焊接性较差的金属材料和精细工件等，常用于不锈钢、耐热钢、高强度钢及难熔金属材料的焊接。此外，还可以焊接厚度为0.025～2.5mm的箔材及板材，也可进行等离子弧切割。

2. 电子束焊

电子束焊(electron-beam welding)是把高速运动的电子流汇聚成束，轰击焊件接缝处，把机械能转变为热能，使被焊金属熔化形成焊缝的一种熔化焊方法。图4-51是真空电子束焊接装置的示意图。

电子枪、焊件等全部装在真空室内，电子枪由阴极、阳极、聚焦透镜及磁性偏转装置等组成。当阴极被灯丝加热后，即能发射出大量电子，这些电子在阴极和阳极之间受高电压(20～150kV)的作用被加速，然后经聚焦透镜聚成电子束，以极大速度(约160000km/s)射向焊件，电子的动能变为热能，使焊件迅速熔化，利用磁性偏转装置可调节电子束射向焊件的方向和部位。电子束轰击焊件时99%以上的电子动能转变为对焊件加热的热能，轰击部位可达到很高温度。

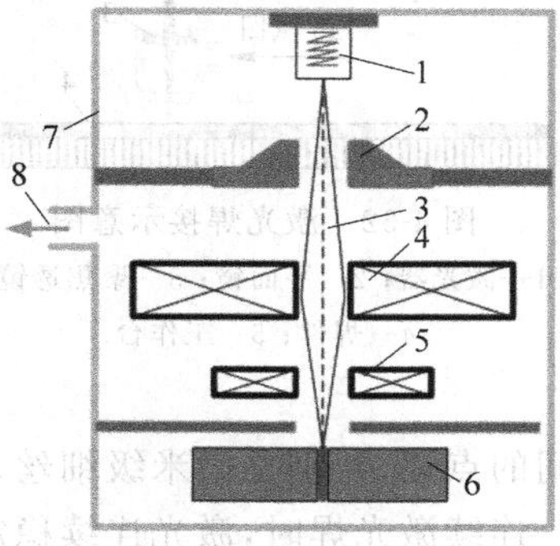

图4-51 真空电子束焊接装置示意图

1—阴极；2—阳极；3—电子束；4—聚焦透镜；5—磁性偏转装置；6—焊件；7—真空室；8—排气装置

按焊件在焊接时所处的真空度不同，可分为高真空电子束焊、低真空电子束焊和非真空电子束焊。目前应用最广泛的是高真空电子束焊。

真空电子束焊具有如下特点：

(1) 在真空中进行焊接，金属不会被氧化、氮化，故焊接质量高。

(2) 热源能量密度大(比普通电弧大1000倍)、熔深大、焊速快、焊缝窄而深，焊缝深宽比可达20：1，能单道焊厚件。

(3) 由于热量高度集中，焊接热影响区小(0.05～0.75mm)，基本不产生焊接变形，可对精加工后的零件进行焊接。

(4) 焊接厚板可不开坡口、不留间隙、不加填充金属,因而生产率高,成本低。

(5) 电子束焊工艺参数可在较广的范围内进行调节,控制灵活,适应性强。可焊接0.1mm的薄板,也可焊200～300mm厚板;能焊接低合金钢、不锈钢、有色金属、难熔金属以及异种金属构件和复合材料等;能焊接其他焊接方法难以焊接的、形状复杂的焊接件,特别适合于焊接化学活泼性强、要求纯度高和极易被大气污染的金属,如铝、钛、锆、不锈钢、高强度钢等,也适合于焊接异种金属和非金属材料。

(6) 焊接设备复杂,造价高,对焊件清理、装配质量要求较高,焊件尺寸受真空室限制。

随着电子束焊接工艺及设备的发展,工业生产中对高精度、高质量连接技术需求的不断扩大,电子束焊成本高,主要应用于以下领域:微电子器件焊装、导弹外壳的焊接;在能源工业中,各种压缩机转子、鼓筒轴、叶轮组件、仪表膜盒等;在核能工业中,反应堆壳体、送料控制系统部件、热交换器、核电站锅炉汽包和精度要求高的齿轮等;在飞机制造业中,发动机机座、转子部件、起落架等;在化工和金属结构制造业中,高压容器壳体等;在汽车制造业中,齿轮组合体、后桥、传动箱体等;在仪器制造业中,各种膜片、继电器外壳、异种金属的接头等。

3. 激光焊

激光焊(laser-beam welding)就是利用激光器产生的高能量密度的激光束轰击焊件所产生的热量作为热源的一种熔焊方法,如图4-52所示。

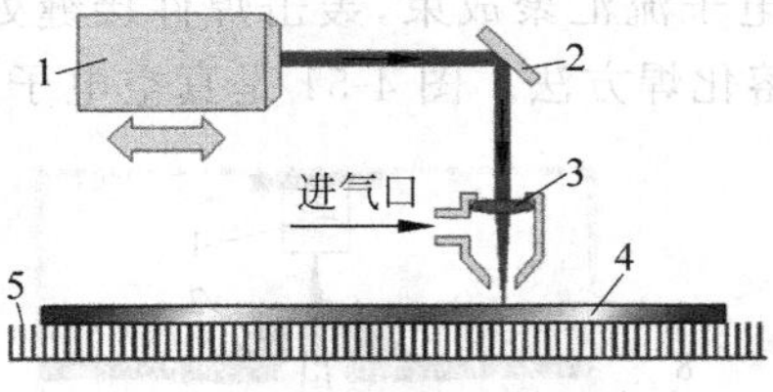

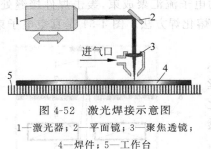

图4-52 激光焊接示意图
1—激光器;2—平面镜;3—聚焦透镜;4—焊件;5—工作台

激光器受激产生的激光束,通过聚焦系统聚焦成十分微小的焦点,其能量进一步集中,当调焦到焊件接缝处时,光能转换为热能,从而使金属熔化形成焊接接头。

根据激光对焊件的作用方式,激光焊分为脉冲激光焊和连续激光焊+脉冲激光焊。激光以脉冲的方式输出,其脉冲宽度、脉冲能量均精确可调,所以输入到焊件上的能量是断续的。因此,小功率的脉冲激光焊接尤其适合于0.5mm以下金属丝与丝、丝与板或薄膜之间的点焊,特别是微米级细丝、箔的点焊。

连续激光焊时,激光连续稳定地输出,焊缝成形主要由激光功率及焊速确定。连续激光焊在激光器输出功率较低时,光的反射损失较大,为减少光能反射损失,通常要对被焊材料表面进行适当的处理(如黑化)。高功率激光焊时,熔池表面还会形成金属蒸气的等离子云,使激光束能量的反射损失显著增大、熔深减小,必须采用脉冲调制或气流吹除的办法来排除这一影响,保证焊接过程的顺利进行。连续激光焊可以进行从薄板精密焊到50mm厚板深熔焊等各种焊接。

由于激光能量在空间和时间上高度集中,因而是焊接和切割的理想热源。激光焊具有如下特点:

(1) 能量密度大,热量集中,作用时间短,故焊接热影响区和变形极小,特别适于热敏感材料的焊接。

(2) 激光辐射放出的能量极迅速，焊件不易被氧化，因此不需真空环境或气体保护，可在大气中施焊。

(3) 激光束能用反射镜将其在任何方向上弯曲或聚焦，焊接时激光装置与焊件之间无机械接触，因此可焊接难以接近的接头。

(4) 适宜于难熔金属、热敏感性强的金属以及热物理性能相差悬殊、尺寸和体积悬殊焊件的焊接，甚至可以焊接陶瓷、有机玻璃等非金属材料。

(5) 能透射、反射，有的还可以用光纤传输，在空间远距离传播而衰减很小，可焊接一般焊接方法难以施焊的部位和对密闭容器内的焊件进行焊接。

(6) 激光束不受电磁干扰，无磁偏吹现象，适宜于焊接磁性材料。

(7) 与电子束焊接相比，不需要真空室，不产生 X 射线，观察及对中方便。

但激光焊设备较复杂，一次性投资大，功率较小，对高反射率的金属直接进行焊接比较困难，可焊接的焊件厚度尚比电子束焊的小，对焊件加工、组装、定位要求高，激光器的电光转换及整体运行效率低。激光焊比较容易实现异种金属和异种材料的焊接，如钢与铝、铜与铝、不锈钢与铜等。目前已广泛用于电子工业和仪表工业中微型件的焊接，如集成电路内外引线、微型继电器以及仪表游丝等；还可用光导纤维将其引到难以接近的部位进行焊接；可以进行同种金属和异种金属之间的焊接，也可以焊接玻璃钢等非金属材料。此外，激光还可用来切割各种金属与非金属材料，而且切割质量高、速度快、成本低。

激光焊接技术经过几十年的快速发展，已深入到包括汽车行业在内的多个领域。高效、快捷、自动一体化，使激光焊接技术占据了极大优势，如图 4-53 所示为长安福特马自达工厂采用激光焊接技术主要对车身顶盖与侧围的接合处进行焊接，并对车身的部分零件进行切割。采用激光焊后，可达到两块板材之间的分子结合，且板材变形极小，几乎没有连接间隙，从而将车身强度提升 30%。此外，因激光焊形成的是连续焊缝，经过打磨器打磨后表面非常光滑、顺畅，在外观上比普通点焊更美观。

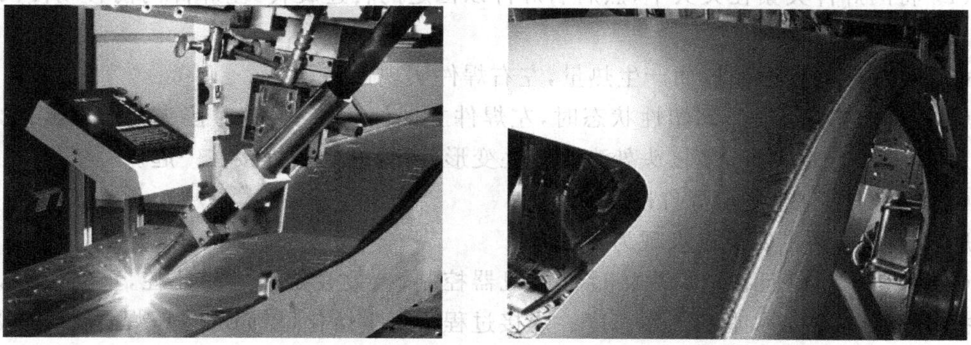

图 4-53 激光焊的应用

激光焊接的一些应用实例见表 4-23。

表 4-23 激光焊接的部分应用实例

应用行业	实例
航空	发动机壳体、风扇、机匣、燃烧室、流体管道、机翼隔架、电磁阀、膜盒等
航天	火箭壳体、导弹蒙皮与骨架、陀螺等

续表

应用行业	实　　例
造船	舰船钢板拼焊
石化	滤油装置多层网板
电子仪表	集成电路内引线、显像管电子枪、全钽电容、速调管、仪表游丝、光导纤维
机械	精密弹簧、针式打印机零件、金属薄壁波纹管、热电偶、电液伺服阀等
钢铁	焊接厚度 0.2～8mm、宽度为 0.5～1.8mm 的硅钢，高中低碳钢和不锈钢，焊接速度为 1～10m/min
汽车	汽车底架、传动装置、齿轮、蓄电池阳极板、点火器中轴拨板组合件等
医疗器械	心脏起搏器以及心脏起搏器所用的锂碘电池等
食品	食品罐(用激光焊代替传统的锡焊或电阻高频焊，具有无毒、焊接速度快、节省材料以及接头美观、性能优良等特点)

4.4.2 特种焊接方法

1. 摩擦焊

利用摩擦热焊接起源于 100 多年前，此后经半个多世纪的研究发展，摩擦焊(friction welding)技术才逐渐成熟起来，并进入推广应用阶段。自从 20 世纪 50 年代摩擦焊真正焊出合格焊接接头以来，其就以优质、高效、低耗环保的突出优点受到所有工业强国的重视。我国的摩擦焊研究始于 1957 年，发源地是哈尔滨焊接研究所，是世界上最早开展摩擦焊研究的几个国家之一，取得了很多引人注目的成果。

摩擦焊是在压力作用下，通过待焊界面的摩擦使界面及其附近温度升高，使端面加热到塑性状态，然后迅速加压而实现连接的一种压焊方法。图 4-54 为摩擦焊的四个过程：

(1) 将两焊件夹紧在夹头中，然后右焊件以恒定的转速旋转，左焊件向前移动使两焊件接触。

(2) 在接触面处因摩擦而产生热量，左右焊件实现连接。

(3) 待焊件端面加热到塑性状态时，左焊件立即停止转动，并对接头施加较大压力(顶锻力)并维持一定的时间，使接头处产生塑性变形，两焊件则被焊接在一起。

(4) 摩擦焊完成，等待焊件冷却。

摩擦焊技术的主要优点表现为：

(1) 接头质量好且稳定。焊接过程由机器控制，参数设定后容易监控，重复性好，不依赖于操作人员的技术水平和工作态度。焊接过程不发生熔化，属固相热压焊，接头为锻造组织，因此焊接接头中不易产生夹渣、气孔等缺陷，焊接表面不易氧化，接头组织致密，质量稳定，废品率很低，焊接接头强度远大于熔焊、钎焊的强度，达到甚至超过母材的强度。

(2) 效率高。对焊件准备要求不高，生产率高，操作技术简单，易于实现机械化和自动化焊接。可在流水线上生产，每件焊接时间以秒计，一般只需零点几秒至几十秒。如发动机排气门双头自动摩擦焊的生产率可达 800～1200 件/h；外径 ϕ27mm、内径 ϕ95mm 的石油钻杆与接头的焊接，连续驱动摩擦焊仅需十几秒，如采用惯性摩擦焊，所需时间更短；也曾经产生过用摩擦焊焊接 200 万件汽车后桥无一废品的记录，是其他焊接方法如熔焊、钎焊不

(a) 焊件接触　(b) 摩擦生热　(c) 施加压力　(d) 冷却

图 4-54　摩擦焊过程

能相比的。

(3) 节能、节材、低耗。所需功率仅为传统焊接工艺的 1/5～1/15,不需焊条、焊剂、钎料、保护气体,不需填充金属,也不需消耗电极,加工成本低。

(4) 焊接性好。焊接金属范围广,同种金属和异种金属均可焊接。特别适合异种材料的焊接,与其他焊接方法相比,摩擦焊有得天独厚的优势,如钢和紫铜、钢和铝、钢和黄铜等;对于通常难以焊接的金属材料组合如铝-钢、铝-铜、钛-铜等都可进行焊接。一般来说,凡是可以进行锻造的金属材料都可以进行摩擦焊接,摩擦焊还可以焊接非金属材料,甚至曾通过普通车床成功地对木材进行过焊接。

(5) 环保,无污染。焊接过程不产生烟尘或有害气体,不产生飞溅,没有弧光和火花,没有放射线。

由于以上这些优点,摩擦焊技术被誉为未来的绿色焊接技术。但是,摩擦焊也存在局限性:

(1) 焊接件结构有限制。摩擦焊仅限于焊接圆形截面的棒料或管子,或将棒料、管子焊在平板上,可焊实心焊件的直径为 2～100mm,管子外径可达几百毫米。对非圆形截面焊接较困难,设备复杂;对盘状薄零件和薄壁管件,由于不易夹持固定,施焊也很困难;不适于焊接摩擦系数小或脆性的材料。

(2) 焊接设备贵。焊接设备的一次性投资较大,大批量生产时才能降低生产成本。

摩擦焊是一种专业性较强的焊接方法,其具体形式已由原来的几种发展到现在的十几种。最初主要用于杆、轴、管类零件的接长焊接,在这些领域中的应用具有其他焊接方法无可比拟的优越性。后来发展的线性摩擦焊、嵌入摩擦焊、搅拌摩擦焊等形式则进一步扩展了摩擦焊的应用,可以焊接板件、航空发动机叶片等形状更加复杂的零件,也扩展了摩擦焊所焊材料的范围和组合,同时极大地提高了焊接质量。摩擦焊所焊材料已由传统的金属材料

(包括不同种类金属材料的组合)拓宽到粉末合金、复合材料、功能材料、难熔材料以及陶瓷-金属等新型材料和异种材料领域。除了通常以连接为目的的焊接外,还用于零件的堆焊。目前,摩擦焊已在汽车、拖拉机、金属切削刀具、锅炉、石油和纺织等工业部门以及航空、航天设备制造等方面获得了越来越广泛的应用。

2. 超声波焊接

超声波焊接(ultrasonic welding)是指利用超声波的高频振荡能对焊件接头进行局部加热和表面清理,然后施加压力实现焊接的一种压焊方法。超声波焊也是一种以机械能为能源的固相焊接方法。进行超声波焊时,焊接工件在较低的静压力下,由声极发出的高频振动能使接合面产生强烈摩擦并加热到焊接温度而形成结合。由于无电流流经工件,无火焰,无电弧热源的影响,所以焊件表面无变形和热影响区,表面不需严格清理,焊接质量高。

超声波焊接如图4-55所示,可以焊接一般焊接方法难以或无法焊接的焊件和材料,如铝、铜、镍、钼、金、银等薄件,可用于大多数金属材料之间的焊接,能实现金属、异种金属及金属与非金属间的焊接。目前超声波焊广泛应用于无线电、仪表、精密机械及航空工业等部门。

图4-55 超声波焊接

3. 扩散焊

扩散焊(diffusion bonding welding)一般是以间接热能为能源,将工件在高温下加压,但不产生可见变形和相对移动的固相焊接方法。通常是在真空或保护气氛下进行。在焊接过程中首先使工件紧密接触,然后在一定的温度和压力下保持一段时间,被焊工件的表面在热和压力的作用下,发生微观塑性流变并相互紧密接触,通过接触面之间原子的相互扩散运动,使焊接区的化学成分、组织均匀化,最终使焊件完成结合,使用此方法焊接时,结合面之间可预置填充金属。扩散焊工件如图4-56所示。

扩散焊的特点及应用:

(1) 焊前不仅需要清洗工件表面的氧化物等杂质,而且表面粗糙度要低于一定值才能保证焊接质量。

(2) 扩散焊可以焊接复杂的结构及厚度相差很大的工件。扩散焊几乎不影响工件材料原有的组织和性能,接头经过扩散以后,其组织和性能与母材基本一致。所以,扩散焊接头质量高，焊件变形小，力学性能很好。

(3) 扩散焊可以焊接很多同样和异种金属材料，特别是不适于熔焊的材料，还可用于金属与非金属间的焊接，能用小件拼成力学性能均一和形状复杂的大件，以代替整体锻造和机械加工，可以制造多层复合材料，如弥散强化的高温合金、纤维强化的硼-铝复合材料等。

4. 爆炸焊

爆炸焊(explosion welding)是指利用炸药爆炸产生的冲击力造成焊件迅速碰撞，实现焊接的一种压焊方法。可以说，任何具有足够强度和塑性并能承受工艺过程所要求的快速变形的金属，均可以进行爆炸焊。爆炸焊的质量较高、工艺操作比较简单，适合于一些工程结构件的焊接，如螺纹钢的对接、钢轨对接等。爆炸焊工件如图4-57所示。

图4-56 扩散焊工件

图4-57 爆炸焊工件

国外已用爆炸方法复合了近300种复合板材，如美国"阿波罗"登月宇宙飞船的燃料箱用钛板制成，它与不锈钢管的连接采用了爆炸焊方法；日本利用爆炸焊方法维修舰船，给磨损的水下机件重新加上不锈钢。

4.5 工程实例——储液器的生产过程

本节介绍储液器工作条件和制造工艺流程，重点介绍储液器的生产过程的主要工序操作，详见二维码。

阅读材料——水下焊接技术

水下焊接技术的发展历史和焊接方法，详见二维码。

工程实例——储液器的生产过程

阅读材料——水下焊接技术

本章小结

本章主要介绍了焊接生产的方法与应用、焊接性能、焊件的结构工艺性等内容。在学习过程中,要重点理解掌握以下几点:

(1) 焊接广泛应用于金属结构制造中,根据工艺特点不同,焊接分为熔焊、压焊和钎焊三大类,其中焊条电弧焊、CO_2 焊、氩弧焊等电弧焊方法在生产中应用范围很广,对其特点和操作技能要进行重点学习和训练。

(2) 焊接热源可以是电弧、电阻热、激光、火焰等,焊接电弧是各种电弧焊的热源,它是由阴极区、阳极区和弧柱三部分组成的,其温度和热量分布各不相同,如果采用直流电源进行焊接,要正确选择电弧极性,正确连接焊接电源和焊件,保证焊接质量,提高焊接生产率。

(3) 焊接材料直接影响焊接结构的焊接质量,应该综合考虑焊接结构、焊接工艺、焊接设备、环境等因素,合理选用焊条、焊丝、焊剂等。

(4) 材料的焊接性能的影响因素很多,其中材料的化学成分、结构的刚性、焊接方法、焊接材料、焊接工艺等影响较大,低碳钢、低合金结构钢几乎可以采用各种焊接方法获得优质焊接接头;焊条电弧焊也因其操作简便、工艺灵活、适应性强获得了广泛的应用。

(5) 金属焊接工艺设计包括焊接结构材料的选择、焊缝形式和布置、焊接接头的形式和焊接工艺拟定等内容。

(6) 本章介绍了三种高能束焊接方法:离子弧焊、电子束焊和激光焊。此外,还介绍了四种特种焊接方法:摩擦焊、超声波焊、扩散焊和爆炸焊。

习　　题

4.1 按照金属连接机理不同,焊接成形可以分为几种类型?

4.2 对于压力容器焊接接头质量检测方法的选择有哪些要求?

4.3 埋弧焊与电渣焊中使用的焊剂的主要功能相同吗?为什么?电阻焊与电渣焊的热源有何异同?

4.4 钨极氩弧焊、非熔化极氩弧焊、熔化极活性气体保护焊各采用什么保护气体?适用什么场合?

4.5 焊接时,对于焊接区的保护方式有哪几种?举例说明哪种焊接方法采用了这种保护方式。

4.6 试从焊接性分析入手,选择合适的焊接材料、焊接方法,制订低碳钢的焊接工艺方案。

4.7 为下列产品选择适宜的焊接方法。

(1) 批量生产壁厚 40mm 的锅炉筒体;

(2) 大量生产汽车油箱;

(3) 单件或小批量生产减速器箱体;

(4) 在 45 钢刀杆上焊接硬质合金刀片;

(5) 批量生产铝合金板焊接容器；

(6) 大量生产自行车钢圈。

4.8 什么是焊接？与其他连接方法相比，焊接的优越性表现在哪些方面？

4.9 埋弧焊、气体保护焊、电渣焊、钎焊、电阻焊与焊条电弧焊相比有何优点？各自应用在什么场合？

4.10 焊条电弧焊的主要设备是指什么？有哪几种？各有什么特点？

4.11 有两个焊件，分别由低碳钢、铝合金焊接而成。现采用焊条电弧焊方法进行焊接，试为它们选择焊接电源的接线方法。

4.12 焊接接头由哪几部分组成？各部分的组织和性能如何？

4.13 金属材料的焊接性能如何评定？其影响因素是什么？

4.14 焊接检验包括哪几个方面？常用方法有哪些？适用什么场合？

4.15 焊条电弧焊的焊接材料指的是什么？可以分为几大类？其型号和牌号如何表示？如何选用？

4.16 如何用碳当量估算钢材的可焊性？

4.17 不锈钢可以使用哪些焊接方法？优先使用哪些焊接方法？

4.18 低合金结构钢与低碳钢的焊接工艺拟定有何异同？

4.19 熔焊焊缝布置的原则有哪些？

4.20 高能束焊接方法还有哪些？简述其原理和应用。

4.21 哪些特种焊接方法在实际生产制造中应用比较广泛？原因是什么？

4.22 当今学术界，焊接成形的新技术主要研究方向是哪些？

4.23 低合金钢与低碳钢是常用的焊接结构材料，哪种材料的焊接性能较好？导致它们的焊接性能不同的原因是什么？

4.24 对板架结构施焊时，若板厚都为 10mm，两条焊缝间距应为多少(范围)？确定该范围的主要因素是什么？

4.25 焊接坡口的确定必须考虑焊接方法和焊接板厚等实际工况。对板件采用焊条电弧焊对接焊时，如焊接板厚分别为 5mm、10mm、30mm 时，对应的焊接坡口如何选择？

4.26 等离子弧焊与电弧焊相比，有哪些优势和劣势？

4.27 在电磁干扰的机电耦合场中，哪种焊接成形新技术具有独特的优势？其优势从何而来？

第 5 章

高分子材料及复合材料成形

人类生存、发展与材料的使用密不可分。当你看到晶莹剔透的有机玻璃，你可曾想到它是什么材料？是用什么方法制造出来的？当你用着各种琳琅满目的手机时，可曾想过手机外壳(图 5-1)是什么材料？又是用什么方法制造出来的？当我们骑着自行车，驾驶着汽车，可曾想过自行车、汽车的轮胎(图 5-2)是什么材料？它们又是采用什么方法、技术生产出来的？

图 5-1　手机外壳

图 5-2　汽车轮胎

5.1　高分子材料成形技术基础

高分子材料又称聚合物(polymers)。与金属材料及无机非金属材料相比，高分子材料呈现出良好的可塑性，因此，高分子材料的成形技术和方法较多，这也是高分子材料能够广泛应用的重要原因。

1. 高分子材料的成形性能

1）可加工性

一种材料的性质首先取决于它所处的物理或力学状态。温度对于聚合物材料的加工有着重要的影响。在不同的温度条件下，聚合物在外力作用下，表现出不同的形变特性。随着加工温度的逐渐提高，聚合物将经历玻璃态、高弹态和黏流态直至分解，如图 5-3 所示。非晶态聚合物在不同温度下，可以呈现三种不同的力学状态，即玻璃态、高弹态和黏流态，这三种力学状态是聚合物分子微观运动特征的宏观表现。玻璃态聚合物在升高到一定温度时可以转变为高弹态，这一转变温度称为玻璃化转变温度，或简称玻璃化温度，当升温到黏流温度时，由高弹态转为黏流态。通常将上述状态转变称为聚集态转变，聚合物可以从一种聚集态转变为另一种聚集态，聚合物的分子结构、体系组成、所受的应力和环境温度是影响聚集态转变的主要因素。在聚合物及组成一定时，聚集态的转变主要与温度有关。处于不同聚集态的化合物，表现出一系列独特的性能，这些性能在很大程度上决定了聚合物对成形技术的适应性，并使聚合物在成形过程中表现出不同的行为。

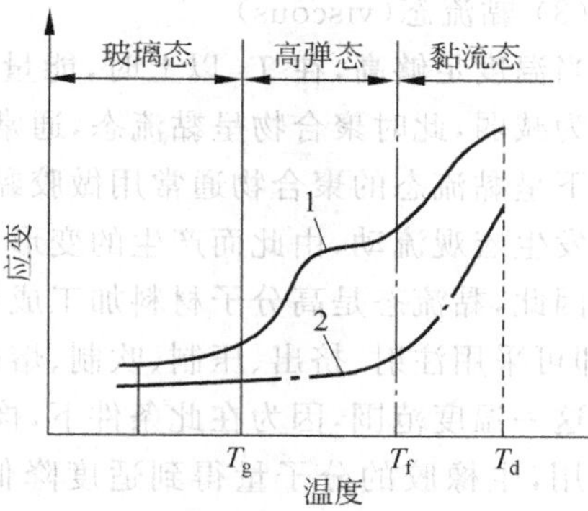

图 5-3　聚合物随温度变化表现出的三种力学状态

1—线型非晶态聚合物；2—线型晶态聚合物

(1) 玻璃态(glassy)

当温度足够低时，在玻璃化温度 T_g 以下的聚合物处于玻璃态，为坚硬固体。此时，聚合物主价键和次价键所形成的内聚力，使材料具有相当大的力学强度。在外力作用下，玻璃态聚合物具有一定变形能力，形变具有可塑性。由于弹性模量大，形变量小，如图 5-4(a)所示。因此，玻璃态聚合物不宜进行大变形的成形加工，但可以通过机械加工获得所需要的尺寸和形状。在玻璃化温度 T_g 以下的某一温度，玻璃态聚合物受力易发生破坏，这一温度称为脆化温度，它是材料使用的下限温度。

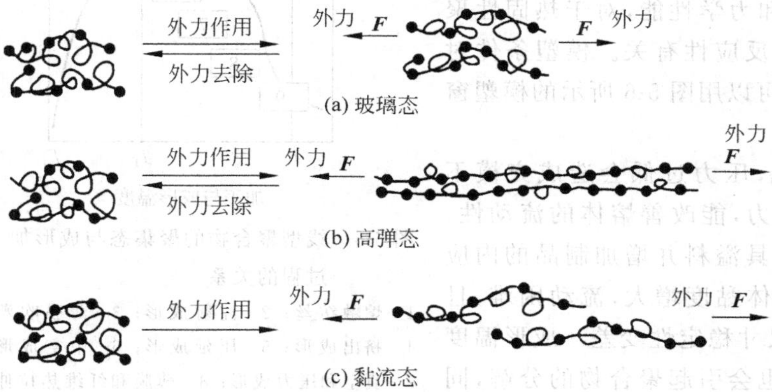

图 5-4　聚合物大分子运动状态示意图

视频 5-1　聚合物大分子运动状态示意图

(2) 高弹态(elastic)

随着温度升高，当温度在 T_g～T_f 范围时，大分子链可获得足够的热运动能量，此时聚合物的弹性模量迅速降低，变形能力显著增强，变形可逆。当受到外力作用时，处于卷曲状态的大分子链舒展拉直，当外力去除后又可以恢复到卷曲状态，如图 5-4(b)所示。橡胶就是在常温下处于高弹态的聚合物。在靠近 T_f 一侧温度区域，由于高弹态聚合物的黏性大，可以进行某些材料的真空成形、压力成形、压延和弯曲成形等，由于此时的形变是可逆的，为得到理想形状尺寸要求的制品，在加工中把制品温度快速冷却到 T_g 以下的温度是这类加工过程的关键。T_g 对材料力学性能有很大影响，因此 T_g 是选择和合理应用材料的重要参数，也是大多数聚合物成形的最低温度。例如，纺丝过程中初生纤维的后拉伸，最低温度不应低于 T_g。

(3) 黏流态(viscous)

当温度足够高,在 T_f 以上时,能量增大到可以使整个分子链开始运动,分子间的结合力大为减弱,此时聚合物呈黏流态,通常又将这种状态的聚合物称为熔体,如图 5-4(c)所示。常温下呈黏流态的聚合物通常用做胶黏剂或涂料。处于黏流态的聚合物熔体,在外力作用下可发生宏观流动,由此而产生的变形是不可逆的,冷却后,聚合物能够将变形永久保持下来。因此,黏流态是高分子材料加工成形的主要工艺状态,通过把聚合物加热到 T_f 温度以上,即可采用注射、挤出、压制、吹制、熔融纺丝等方法,将其加工成各种形状。生橡胶的塑炼也在这一温度范围,因为在此条件下,橡胶有适宜的流动性,在塑炼和滚筒上受到强烈的剪切作用,生橡胶的分子量得到适度降低,转化为较易成形的塑炼胶。图 5-5 示出线型聚合物的聚集态与成形过程的关系。

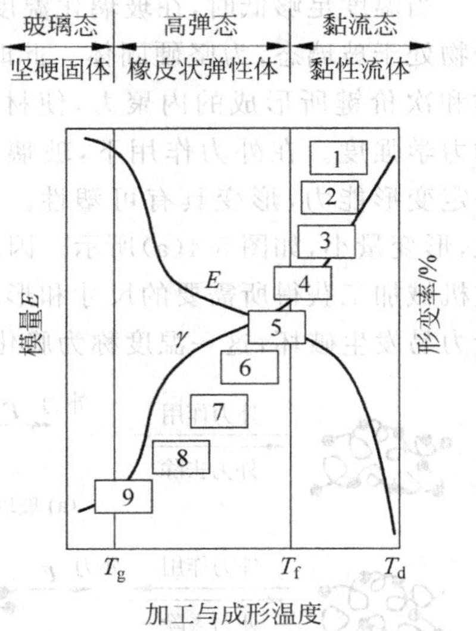

图 5-5 线型聚合物的聚集态与成形加工过程的关系

1—熔融纺丝; 2—注射成形; 3—薄膜吹塑; 4—挤出成形; 5—压延成形; 6—中空成形; 7—真空和压力成形; 8—薄膜和纤维热拉伸; 9—薄膜和纤维冷拉伸

2) 可模塑性

可模塑性(mouldability)是指材料在温度和压力作用下变形和在模具中成形的能力。具有可模塑性的材料可以通过注塑、模压和挤出等成形方法制成各种形状的模塑制品。可模塑性主要取决于材料的流变性、热性能和力学性能,对于热固性聚合物还与聚合物的化学反应性有关。模塑条件对聚合物可模塑性的影响可以用图 5-6 所示的模塑窗口来说明。

从模塑窗口图可见,压力过低会造成充模不足。适当地增大充模压力,能改善熔体的流动性,但过高的压力会引起模具溢料并增加制品的内应力。成形温度过低则熔体黏度增大,流动困难,且因弹性的增大,制品的尺寸稳定性变差。成形温度过高虽有利于成形,但也会引起聚合物的分解,同时制品的收缩率也会增大。图 5-6 中模塑窗口 A 才是模塑的最佳区域。除了模塑条件外,模具的结构尺寸也会影响聚合物的可模塑性。

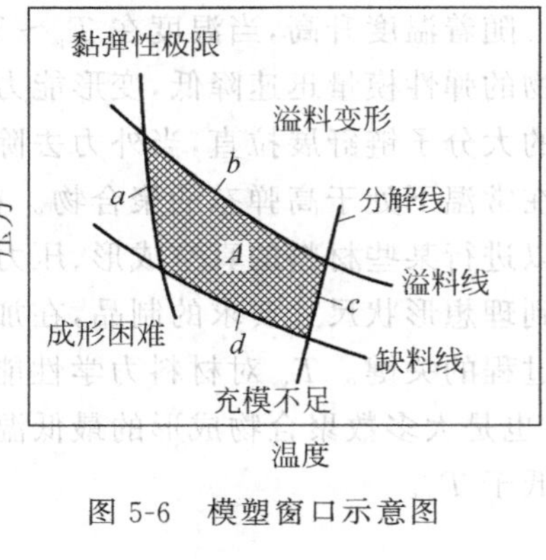

图 5-6 模塑窗口示意图

图 5-7 是测定聚合物可模塑性的实验模具,模具是一个阿基米德螺旋形槽,聚合物熔体在注射压力推动下,由中部注入模具中,伴随流动过程熔体逐渐冷却并硬化为螺线。螺线的长度反映了不同种类或不同级别聚合物流动性的差异。螺线越长,表明该聚合物熔体的流动性越好。螺线长度除了与熔体与模壁的温差有关外,还与熔体流动压力、时间以及螺槽的几何形状和尺寸有关。

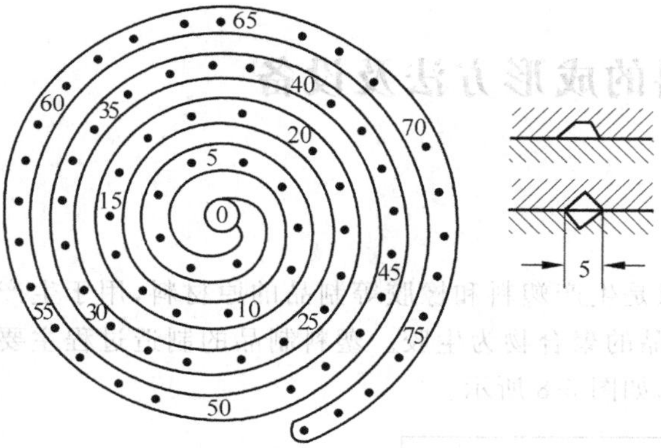

图 5-7　聚合物可模塑性测定实验模具

视频 5-2　聚合物可模塑性测定实验示意图

3）可挤压性

可挤压性指聚合物通过挤压作用变形时获得形状和保持现状的能力。聚合物在成形过程中通常受到挤压作用，例如，聚合物在挤出机和注塑机料筒中，压延机辊筒以及在模具中都受到挤压作用。通过可挤压性的研究，有助于对制品材料和成形工艺作出正确的选择和控制。通常条件下，聚合物在固体状态下不能通过挤压成形，只有当聚合物处于黏流态时才能通过挤压获得所需的形变。在挤压过程中，由于聚合物熔体主要受剪切作用，故聚合物的可挤压性主要取决于熔体的剪切黏度。大多数聚合物熔体的黏度随剪切力或剪切速率的增大而降低。

4）可延性

可延性表示无定形或半结晶聚合物在一个方向或两个方向受到压延或拉伸时变形的能力。材料的可延性为生产大长径比的产品提供了可行性，利用聚合物的可延性，可以通过压延或拉伸工艺生产薄膜、片材和纤维。线型聚合物的可延性来自于大分子的长链结构和柔性。聚合物的结构单元因拉伸而开始形成有序的排列结构，即取向，聚合物延伸程度越高，结构单元的取向越高，聚合物同时出现硬化现象，材料的弹性模量增加。

5）可纺性

可纺性指聚合物通过成形过程形成连续固态纤维的能力。可纺性主要取决于材料的流变性质、熔体黏度、熔体强度以及熔体的热稳定性和化学稳定性等。作为纺丝材料，要求熔体从喷丝板毛细孔流出后能形成稳定的细流，还要求聚合物有较高的熔体强度，以防止细流断裂。

2. 聚合物的流变性

流动和形变是聚合物成形加工中最基本的工艺特征。聚合物的流变行为十分复杂，其流动不仅具有黏性特征，还具有弹性效应，同时伴随有热效应。为了正确有效地进行聚合物加工成形，需要了解和掌握聚合物的黏性流动规律。由于聚合物的流动性常表现为非理想行为，增加了聚合物制品的质量控制的复杂性和难度。学习一些有关流变学的概念对聚合物材料的选择、成形工艺条件的确定、模具和成形设备的设计以及提高制品的质量都有着重要的指导作用。有关聚合物在成形加工中的流动和形变内容，详见二维码。

聚合物成形加工中的流动和形变

5.2 高分子材料的成形方法及设备

5.2.1 塑料成形方法

由高分子合成反应制得的聚合物通常只是生产塑料和橡胶等制品的原材料，用于生产塑料制品的聚合物为树脂，用于生产橡胶制品的聚合物为生胶。塑料制品的制造过程主要包括物料配制、制品成形和二次加工等工序，如图5-8所示。

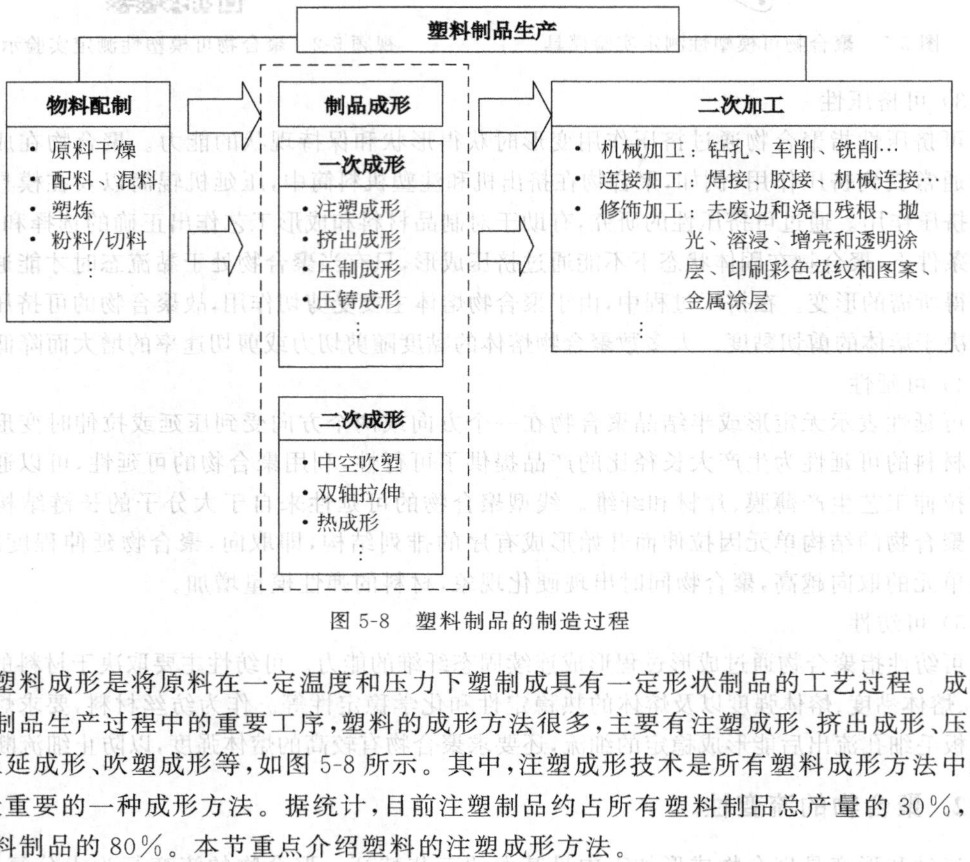

图5-8 塑料制品的制造过程

塑料成形是将原料在一定温度和压力下塑制成具有一定形状制品的工艺过程。成形是塑料制品生产过程中的重要工序，塑料的成形方法很多，主要有注塑成形、挤出成形、压制成形、压延成形、吹塑成形等，如图5-8所示。其中，注塑成形技术是所有塑料成形方法中最普遍、最重要的一种成形方法。据统计，目前注塑制品约占所有塑料制品总产量的30%，占工程塑料制品的80%。本节重点介绍塑料的注塑成形方法。

1. 注塑成形的原理、特点和应用

注塑成形又称注射成形(injection molding)。注塑成形的原理如图5-9所示，将粒状或粉状塑料从注塑机的料斗送入加热的料筒内，经加热熔化至黏流态后，在柱塞或螺杆的推动下，向前移动并通过料筒顶部的喷嘴，经过主流道、分流道、浇口注入闭合模具的型腔中，充满模腔的塑料熔体在压力作用下冷却固化，形成与模腔相同形状的塑料，然后开模顶出，获得成形塑件。注塑成形是热塑性塑料的主要成形方法之一，适用于几乎所有品种的热塑性塑料(thermoplastics)和部分热固性塑料(thermosets)。其主要特点如下：

(1) 生产效率高，可以实现高度机械化、自动化生产，适于大批量生产。

(2) 制品尺寸精确，精度较高。

(3) 可以生产形状复杂、薄壁和带有金属嵌件的塑料制品。

(4) 可生产几克到数千克的塑料制品。

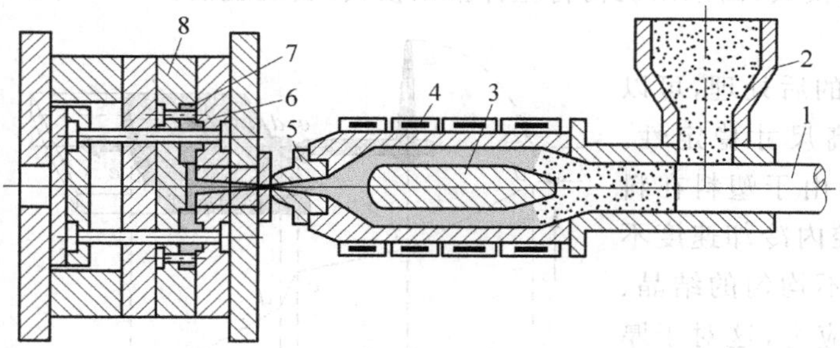

图 5-9 注塑成形的原理图

1—柱塞；2—料斗；3—分流梭；4—加热器；5—喷嘴；6—定模板；7—塑料制品；8—动模板

视频 5-3 注塑成形的原理

2. 注塑成形的工艺过程

注塑成形工艺过程包括成形前准备、成形过程、塑件后处理三个主要部分，如图 5-10 所示。

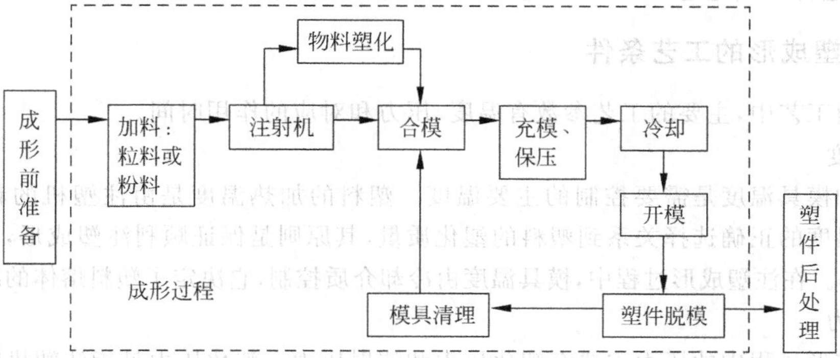

图 5-10 注塑成形工艺过程

1) 成形前准备

成形前的准备工作主要有原料的检查、原料的干燥、料筒清洗。当在塑料制品内设置金属嵌件时，有时需要对金属嵌件进行预热，以减少塑料熔体与金属嵌件之间的温度差。为了使制品容易脱模，有时需要在模具型腔或型芯涂脱模剂。在成形前有时还需要对模具进行预热。

2) 成形过程

成形过程一般包括加料、塑化、注射、保压、冷却和脱模几个步骤。塑化指物料在料筒内经过加热、压实及混合作用，由松散的粉状或粒状转变成连续熔体的过程。塑化的熔体要具有良好的塑化效果，才能保证获得高质量的塑料制品。熔体在注射压力作用下经过喷嘴和模具的浇注系统进入并充满模腔的这一阶段为充模,图5-11为注射压力分布图。充模的熔体在模具中冷却收缩时,柱塞或螺杆继续保持施压状态,以迫使浇口附近的熔体能够不断补充进入模具,以保证型腔中的塑料能成形出形状完整而致密的塑件,这个阶段为保压阶段。当浇注系统的塑料固化后,可结束保压,柱塞或螺杆后退,利用冷却系统加快模具的冷却。塑件冷却到一定温度后,即可开启模具,由推出机构将塑件推出模具,实现脱模。

3) 塑件的后处理

成形后的塑料制品经过适当的后处理,可以消除内应力,改善制品性能,提高尺寸稳定性。常用的方法是退火和调湿处理。由于塑料在料筒内塑化不均匀,或者在模具型腔内冷却速度不一致,在塑料制品内常常会产生不均匀的结晶、取向和收缩,导致制品中存在内应力,这对于厚壁制品和带有金属嵌件的制品更为突出。内应力将会导致制品的力学性能下降,表面出现微细裂纹,甚至变形和开裂。通过退火处理可以去除内应力。退火过程一般将塑件在一定温度(一般为塑件使用温度以上10~20℃)的加热液体介质(如热水、热油等)或热空气循环烘箱中静置一段时间,然后缓慢冷却。

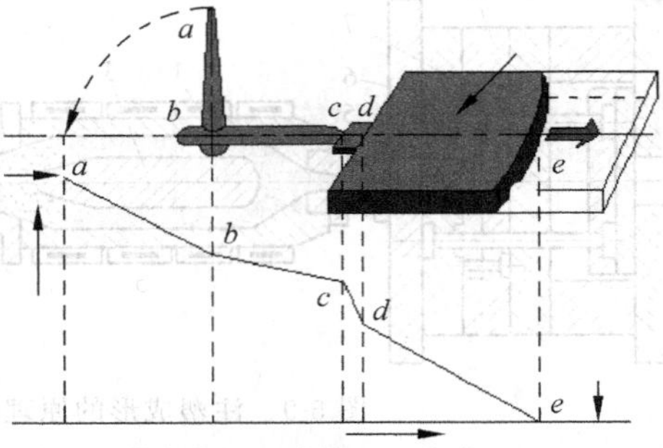

图5-11 注射压力分布图

调湿处理使制品在一定的湿度环境中预先吸收一定的水分,使制品尺寸稳定,以避免制品在使用过程中发生更大的变形。例如,将刚脱模的制品放在热水或油中处理,这样既可以隔绝空气,进行无氧化退火,又可以使制品快速达到吸湿平衡状态,使制品尺寸稳定。

3. 注塑成形的工艺条件

在注塑工艺中,主要的工艺参数有温度、压力和对应的作用时间。

1) 温度

料温和模具温度是需要控制的主要温度。塑料的加热温度是由注塑机的料筒来控制的。料筒温度的正确选择关系到塑料的塑化质量,其原则是保证顺利注塑成形,又不引起塑料局部降解。在注塑成形过程中,模具温度由冷却介质控制,它决定了塑料熔体的冷却速度。

2) 压力

注塑成形过程中的压力主要有塑化压力和注射压力。塑化压力是指注塑机螺杆顶部的熔体在螺杆转动后退时所受到的压力,是通过调节注射液压缸的回油阻力来控制的,塑化压力增加了熔体的内压力,加强了剪切效果,由于塑料的剪切发热,因此提高了熔体的温度。塑化压力的增加使螺杆退回速度减慢,延长了塑料在螺杆中的受热时间,塑化质量可以得到改善。注射压力指注射时在螺杆头部产生的熔体压强。在选择注射压力时,首先应考虑注射机所允许的注射压力,只有在注塑机的额定范围内才能调整出制品所需的注射压力。

3) 注塑成形周期和注射速度

完成一次注塑成形所需的时间称为注塑成形周期,它包括加料、加热、充模、保压、冷却时间,以及开模、脱模、闭模及辅助作业等时间。一般制品的充模时间为2~10s,大型和厚壁制品的充模时间可达10s以上。一般制品的保压时间为10~100s,大型和厚壁制品可达

1～5min，甚至更长。冷却时间以控制制品脱模时不变性、时间又较短为原则，一般为 30～120s，大型和厚壁制品可适当延长。在整个注射成形周期中，注射速度和冷却时间对制品的性能有着决定性的影响。注射速度主要影响熔体在型腔内的流动行为。在实际生产中，注射速度通常是经过实验确定的。一般以低压慢速注射，然后根据制品的成形情况而调整注射速度。现代的注塑机可以实现多级注射技术，即在一个注射过程中，可以根据不同的需要实现对在不同位置上有不同注射速度和不同注射压力等工艺参数的控制。

4. 注塑成形设备

注塑成形的主要设备是注塑机（注射机）(injection molding machine)和模具(mold)。注射机是塑料注射成形的专用设备，有柱塞式(plunger type)和螺杆式(reciprocating screw type)两种类型，目前最常用的是螺杆式注射机。螺杆式注射机由于具有加热均匀、塑化良好、注射量大的特点，特别适合大、中型塑料制品以及流动性差塑料的生产。图 5-12 为卧式螺杆式注射机结构示意图和实物图片。注射机的主要组成部分是注射系统与合模系统。注射系统的作用就是加热塑料使之塑化，并对其施加压力使之射入和充满模具型腔，它包括注射机上直接与物料和熔体接触的零部件，例如加料装置、机筒、螺杆、喷嘴等。合模系统是注射机实现开、闭模具动作的机构装置，常见的为有曲臂的机械-液压式装置。

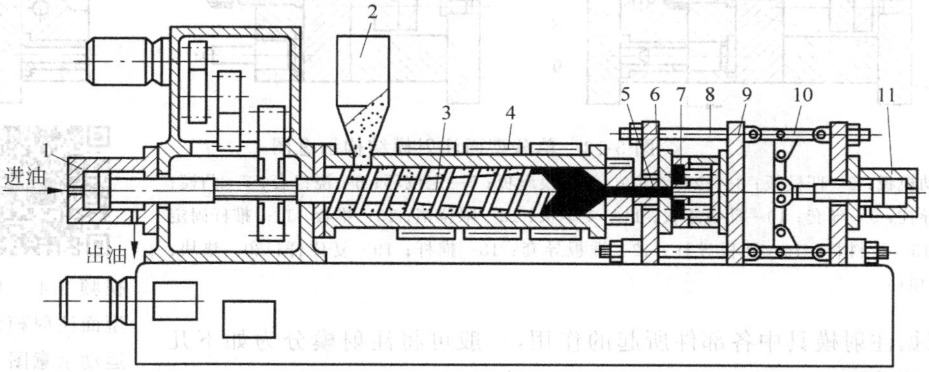

(a) 螺杆式注射机结构示意图

(b) 注射机实物图片

图 5-12　卧式螺杆式注射机

1—注射液压缸；2—料斗；3—螺杆；4—加热器；5—喷嘴；6—定模板；7—模具；8—立柱；9—动模板；10—合模机构；11—合模液压缸

塑料模具是塑料成形的重要工装，是影响塑料制品性能的重要因素。塑料模具的类型很多，按成形的工艺方法，可以将塑料模具分为注射模、压塑模、挤出模和压注模等。

塑料注射成形所用的模具称为注射模。注射模结构形式多种多样，习惯上按照模具总体结构上的某一特征进行分类，将注射模分为单分型面、双分型面、带活动镶块、侧向分型抽芯注射模等。注射模的基本结构都是由动模和定模两大部分组成的，如图 5-13 所示。定模部分安装在注射机固定模板上，动模部分安装在注射机的移动模板上并在注射成形过程中随着注射机上的合模系统运动。注射成形时，动模与定模由导向系统导向而闭合，塑料熔体从注射机喷嘴经模具浇注系统进入型腔。塑料冷却定型后开模，动模与定模分开，塑件一般留在动模上，然后由模具推出机构将其推出。

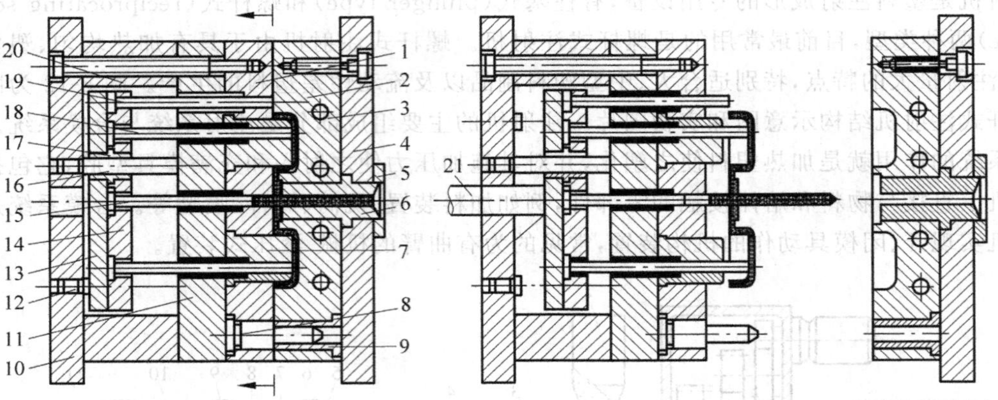

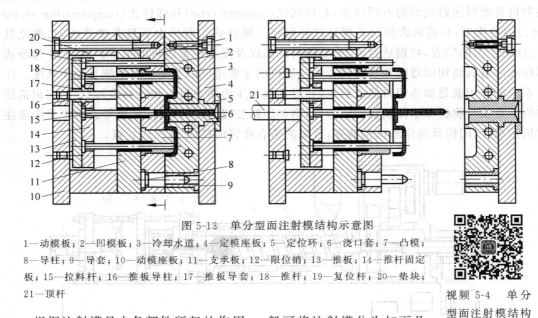

图 5-13 单分型面注射模结构示意图

1—动模板；2—凹模板；3—冷却水道；4—定模座板；5—定位环；6—浇口套；7—凸模；8—导柱；9—导套；10—动模座板；11—支承板；12—限位销；13—推板；14—推杆固定板；15—拉料杆；16—推板导柱；17—推板导套；18—推杆；19—复位杆；20—垫块；21—顶杆

视频 5-4 单分型面注射模结构运动示意图

根据注射模具中各部件所起的作用，一般可将注射模分为如下几个主要部分。

(1) 成形部件(如图 5-13 中 2、7)：成形部件由凹模和凸模组成，是形成制品几何形状和尺寸的零部件，凹模形成制品的外表面，凸模形成制品的内表面。

(2) 浇注系统：又称流道系统，是将塑料熔体从注射机喷嘴引导向模腔的通道，通常由主流道、分流道、浇口和冷料穴组成。

(3) 导向机构(如图 5-13 中 8、9、16、17)：确保动模与定模或其他零件能准确对合的机构。

(4) 推出机构(如图 5-13 中 13～18)：确保开模后，塑料制品及其流道内的凝料推出或拉出机构。

(5) 排气系统：用于将成形过程中模腔内的气体排出。常用的办法是在分型面处开设排气沟槽。

(6) 侧向分型与抽芯机构：有些带有侧凹或侧孔的塑料制品，在被推出之前必须先进行侧向分型，抽出侧芯后方能顺利脱模。

(7) 加热与冷却系统：为满足注射工艺对模具温度的要求，需要有调温系统对模具温度进行调节。

(8) 标准模架(如图5-13中1、2、4、5、6、8、9、10、11、13、14、19)：为了减少繁重的模具设计与制造工作量，注射模大多采用标准模架结构。

注射模具对塑料的适应性强，可生产各类质量和形状复杂的零件，而且塑件的内在和外观质量较好。但是，注射模具的结构一般比较复杂，制造周期长，成本较高。

5.2.2 橡胶成形方法

橡胶是高弹性高分子化合物的总称。由于它特有的高弹性能，所以也被称为弹性体。橡胶材料的主要特点是能在很宽的温度范围内保持优良的弹性，伸长率大且弹性模量小，弹性模量仅为软质塑料的3%左右。因而橡胶不需很大的外力就能产生相当大的变形，具有很好的柔性。此外，橡胶还具有密度小、机械强度高、透气性小、透水率低、介电性能好、化学稳定性较高和容易加工等许多宝贵的性能。这些优越性能使得橡胶成为重要的工业材料。

1. 橡胶加工的工艺过程

橡胶制品的原材料主要由生胶、各类配合剂和增强材料组成。生胶是制造橡胶制品的最基本原料，包括天然橡胶、合成橡胶和再生橡胶。生胶的成形性能较差，在较高温度环境下，生胶变得柔软；在低温下，则发生硬化现象；在压力作用下，生胶会变形和流动。因此，生胶需通过塑炼以降低其弹性，增加可塑性，同时需添加各种配合剂，通过混炼以获得良好的加工工艺性能，并经过相应的加工成形和硫化处理后，才能生产出橡胶制品。橡胶制品生产的基本过程包括生胶的塑炼、胶体的混炼、橡胶成形、硫化和制品后处理(修边)，如图5-14所示。

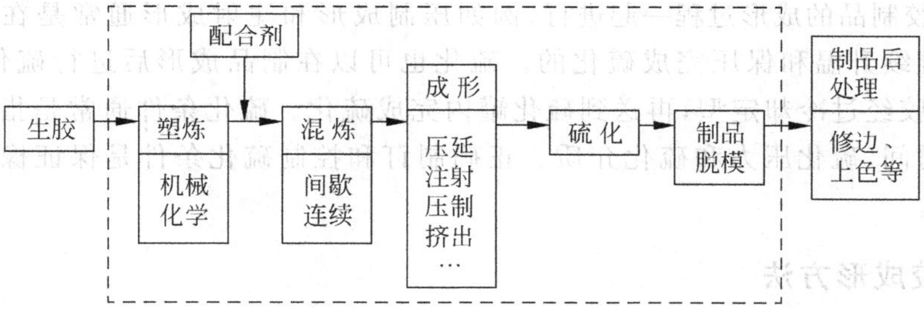

图5-14 橡胶制品生产的基本过程

1) 塑炼

塑炼的目的就是通过机械剪切和热氧化作用，使生胶中的平均分子量降低，由高弹性状态转为可塑性状态。生胶是一种黏度很高的液体，生胶经过塑炼就变得柔软而易于流动，以满足后续加工过程的需求。这样，在混炼时，可使生胶与配合剂混合均匀，有利于压出、压延和成形，硫化时增加橡胶在模具的流动性，使制品花纹饱满清晰。

常用的塑炼设备有开放式炼胶机、密闭式炼胶机和螺杆混炼机。橡胶的塑炼可分为低温塑炼和高温塑炼。低温时，橡胶主要受剧烈的机械拉伸、挤压和剪切作用，使橡胶分子链断裂，大分子长度变短，从而获得塑炼效果。低温塑炼在冷却条件下进行，温度越低，分子链越容易断裂，在60℃以下塑炼效果较好。高温塑炼在密炼机中进行，在130℃以上通过分子链断裂生成的自由基与周围的氧结合产生自动氧化进行塑炼，工艺上塑炼方法可分为机械塑炼和化学塑炼两大类。

2）混炼

混炼是橡胶加工过程中最易影响质量的工序之一。为了改进橡胶加工性能和降低成本，要在塑炼胶中添加各种配合剂。欲使各种配合剂完全均匀地分散于塑炼胶中，须借助强烈的机械作用迫使配合剂分散。混炼就是将塑炼胶和各种配合剂，用机械方法使之完全均匀分散的过程。目前混炼加工主要用间歇塑炼和连续混炼两种方法，混炼所得的胶坯称为混炼胶，常用的混炼设备有开炼机和密炼机。

3）成形

将混炼胶制成所需形状和尺寸的过程称为成形，常用的橡胶成形方法有压延成形、注射成形、压制成形和挤出成形等。

4）硫化

人们最初在使用橡胶时，发现硫磺可以使生橡胶的分子由卷曲状线性结构交联搭接成为立体网状结构，从而改变了具有塑性特征的生橡胶成为弹性橡胶(熟橡胶)。在这一转变过程中，硫磺起到主要作用，因此，人们习惯上将这一变化过程称为硫化(vulcanization)。硫化是橡胶制品生产的最后一个工艺过程，在硫化过程中，橡胶发生一系列化学变化，主要是橡胶大分子链发生化学交联反应，使塑性状态的橡胶转变为弹性状态的橡胶制品，同时具有较高的耐热性、拉伸强度和在有机溶剂中的不溶解性等性能，随着交联度的增加，橡胶变韧变硬。

硫化是橡胶制品生产中的重要工序，大多数橡胶制品是在加热和加压条件下，经过一定时间完成的。硫化剂一般在混炼时即已加入到胶料中，但由于交联反应需要在较高温度(130～180℃)和一定压力(0.1～15MPa)下才能进行，所以在混炼时并未产生硫化反应。硫化可以与橡胶制品的成形过程一起进行，例如压制成形和注射成形通常是在胶料充满模具后，通过继续升温和保压完成硫化的。硫化也可以在制品成形后进行硫化，例如挤出成形后的橡胶经过冷却定型，再送到硫化罐内完成硫化。硫化条件通常是指橡胶的硫化温度、硫化时间、硫化压力和硫化介质。正确制订和控制硫化条件是保证橡胶制品质量的关键因素。

2. 橡胶成形方法

橡胶成形方法是橡胶制品生产中的重要工艺过程，从生产过程来看，橡胶制品可分为模制品和非模制品两大类。常用的橡胶成形方法有压延成形、压制成形、注射成形和挤出成形等。

1）压延成形

借助于压延机辊筒的作用把混炼胶压成具有一定厚度的胶片，完成胶料贴合，以及骨架材料(纺织物)通过贴胶、擦胶制成片状半成品的工艺过程叫压延(calendering)。如果在压延机辊筒上刻有一定的图案，也可以通过压延制得具有相应花纹、断面形状的半成品。压延成形是一个连续的生产过程，具有生产效率高、制品厚度尺寸精确、表面光滑、内部紧实等特点，主要用于制造胶片和胶布等。图5-15为压延机的构造。它由机座、传动装置、滚筒、辊距调节装置、轴交叉调节装置及其机架构成。图5-16为压延机的实物图。

2）压制成形

橡胶压制成形是应用最早、最多的橡胶制品生产方法，是将经过塑炼和混炼预先压延好

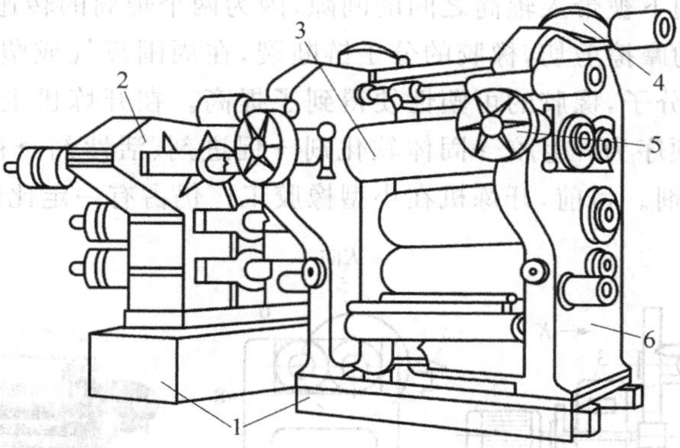

图 5-15　压延机的构造

1—机座；2—传动装置；3—滚筒；4—辊距调节装置；5—轴交叉调节装置；6—机架

图 5-16　压延成形设备实物图片

的胶料，按一定规格和形状下料后，置于压制模具中，在加热、加压条件下，迫使胶料产生塑性流动而充满型腔，再经一定的持续加热时间后完成硫化，最后经脱模和修边后得到橡胶制品。压制成形具有模具结构简单、操作方便、通用性强等优点，适于制作各种橡胶制品、橡胶与金属或与织物的复合制品。例如，橡胶垫片、密封圈、油封等制品。

3）注射成形

橡胶注射成形与塑料的注射成形类似，是一种将混炼过的胶料通过加料装置加入料筒中加热塑化成熔融态，在螺杆或柱塞的推动下，通过喷嘴注入闭合模具中，并在模具的加热下硫化定型。注射成形的特点是硫化周期短，硫化质量均匀，制品尺寸精确，生产效率高。注射成形能一次成形外形复杂、带有嵌件的橡胶制品，主要用于生产密封圈、减振垫和鞋类等。

3. 橡胶成形设备

1）开炼机

开炼机结构和设备如图 5-17 所示，开炼机上两个相对逆向旋转的辊筒在不同速度下转动,胶料在摩擦力作用下被带入辊筒之间的间隙,因为两个辊筒的转速不同而产生速度梯度作用,胶料受到强烈的摩擦剪切,橡胶的分子链断裂,在周围氧气或塑解剂的作用下生成相对分子量较小的稳定分子,橡胶的可塑性便得到了提高。在开炼机上的混炼加工与塑炼加工类似,通常的加料顺序为:生胶→固体软化剂→促进剂、活性剂→补强、填充剂→液体软化剂→硫磺→超促进剂。目前,开炼机在小型橡胶工厂仍占有一定比例。

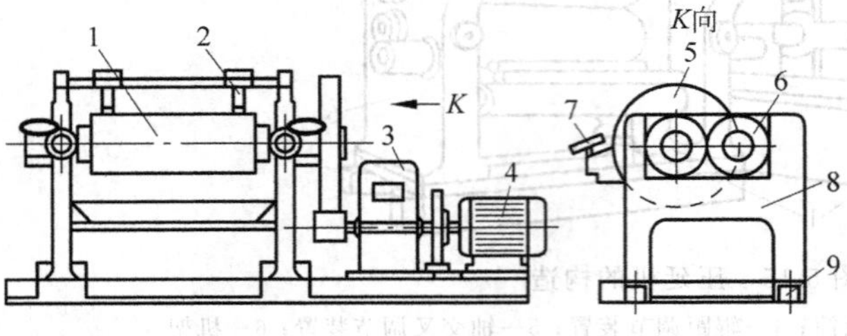

(a) 结构图

(b) 实物图

图 5-17　开炼机结构图与实物图片

1—辊筒;2—挡泥板;3—减速器;4—电动机;5—大齿轮;6—速比齿轮;7—调距手轮;8—机架;9—底座

2) 密炼机

密炼机是橡胶塑炼和混炼的主要设备,如图 5-18 所示,主要部件是一对转子和一个密炼室。转子的横截面呈梨形,并以螺旋的方式沿着轴向排列,两个转子的转动方向相反,转速也略有差别。转子转动时,生胶不仅绕着转子而且沿着轴向移动。两个转子的顶尖之间和顶尖与密炼室内壁之间的距离都很小,转子在这些地方扫过时都会对物料施加强大的剪切力。与开炼机比较,密炼机具有工作密封性好、炼胶周期短、生产效率高、环境污染小、工作条件和胶料质量大为改善、安全性好等优点,已逐渐取代开炼机,是目前常用的炼胶设备,

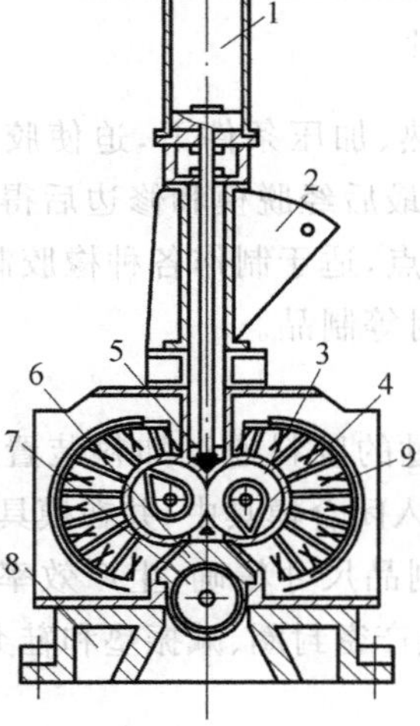

(a)

(b)

图 5-18　密炼机结构图与实物图

1—上顶栓汽缸;2—加料斗;3—密炼室;4—转子;5—上顶栓;6—下顶栓;7—下顶栓汽缸;8—底座;9—冷却水喷头

适用于大批量生产。

3）橡胶注射机、平板硫化机与液压机

橡胶注射机是橡胶注射成形的主要设备，其基本结构与塑料注射机类似。平板硫化机和液压机是模压成形的主要设备，平板硫化机的结构有单层式和多层式，其平板内部开有互通管道以通入蒸汽加热平板，被加热的平板再将热量传给模具。液压机多为油压机，采用外部电热元件加热平板，并通过时间继电器控制加热和硫化时间，工作压力控制在10～15MPa。图5-19为平板硫化机设备图片。

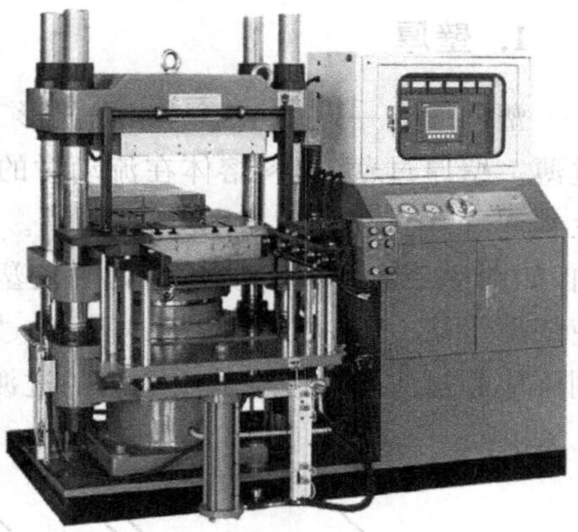

图5-19 平板硫化机

4）橡胶模具

橡胶模具是制作橡胶模制品零件的工艺装备。橡胶模具的结构、精度、型腔的表面粗糙度以及使用寿命等因素，都直接影响橡胶模制品零件的尺寸精度、表面质量、生产成本和生产效率。与其他模制品的模具一样，由于橡胶制品零件的类型不同、模具使用的条件和操作方法不同，模具的结构也有所不同。在一般的生产过程中，常用的橡胶模具主要有填充模、注射模、挤出模、压注模等。

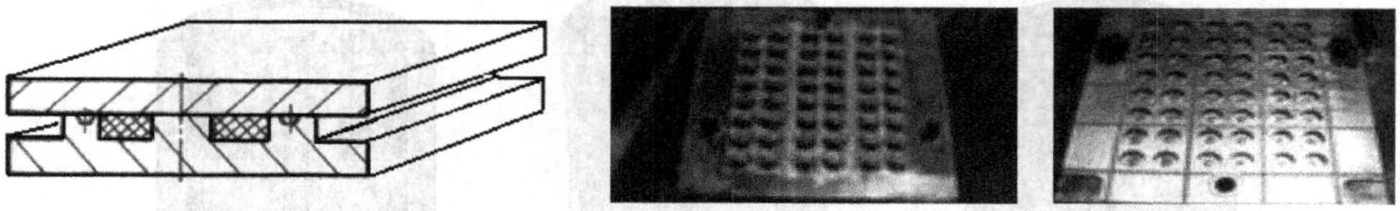

(a) 开放式填压示意图　(b) 型芯板实物图　(c) 型腔板实物图

图5-20 开放式填压示意图及模具实物图

图5-20为填压模示意图，将定量胶料或预成形半成品直接填入模具型腔之中，然后合模，经过平板硫化机进行加压、加热、硫化等工艺流程而得到橡胶制品零件的模具，称为填压模。填压模有三种结构形式：开放式填压模、封闭式填压模和半封闭式填压模。开放式填压模适于生产形状简单的橡胶制品。封闭式和半封闭式填压模适于生产含有织物夹层的橡胶模制品。橡胶注射模与塑料注射模在结构方面基本相同，橡胶注射模一般适用于大批量生产。

5.3 高分子材料制品的结构工艺性

5.3.1 塑料制品的结构工艺性

在设计塑料制品时，应在满足使用要求的基础上，不仅使模具结构尽量简单，而且还要考虑设计的塑料件能适应成形工艺的要求。结构工艺性好的塑件，易于成形，模具结构简单，有利于提高产品质量和生产效率，降低成本。塑料制品的结构工艺性一般包括壁厚、脱模斜度、加强筋、圆角、孔、支撑面、螺纹以及镶嵌零件等。

1. 壁厚

塑件应有一定的壁厚。根据成形工艺的要求,壁厚应尽可能均匀,避免有的部位过厚或过薄。壁厚过薄,塑料熔体在流动时的阻力增大,难以充型;壁厚太厚,则浪费材料,容易产生气泡、凹陷等缺陷,如图 5-21 所示。壁厚不均匀还将造成收缩不一致,导致塑件变形或翘曲,如图 5-22(a)和(b)所示。为了使塑件壁厚均匀,在可能的情况下常常将厚的部分挖空,使壁厚尽量一致,如图 5-22(c)所示。如果在结构上要求具有不同的壁厚时,不同壁厚的比例不应超过 1∶3,且应采用适当的过渡部分使厚薄部分平缓过渡,如图 5-23 所示。

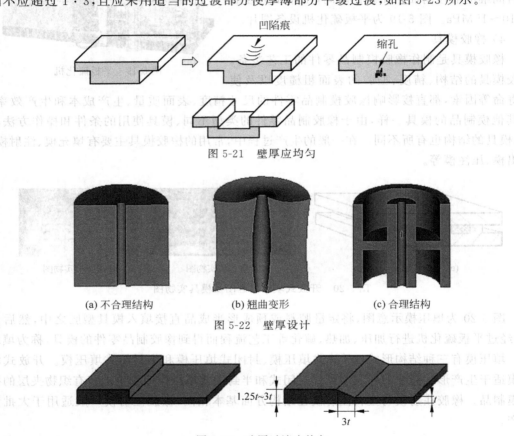

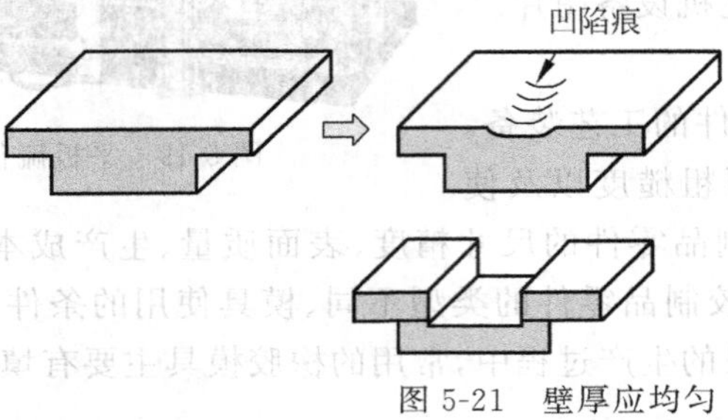

图 5-21 壁厚应均匀

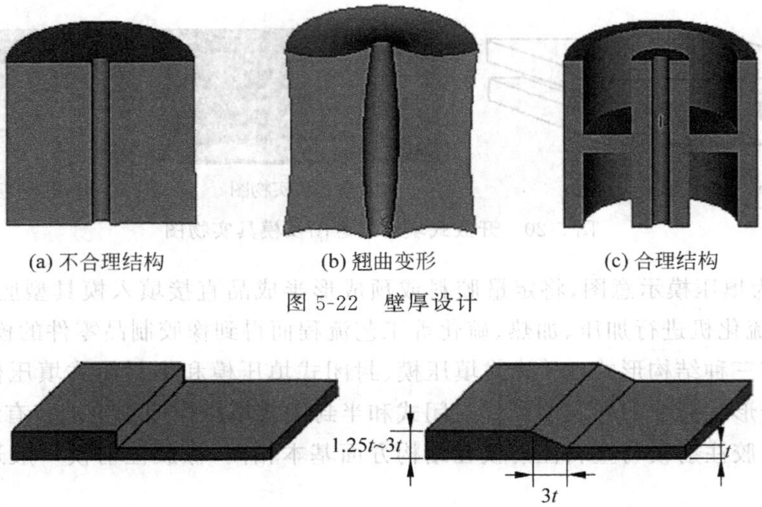

(a) 不合理结构　(b) 翘曲变形　(c) 合理结构

图 5-22 壁厚设计

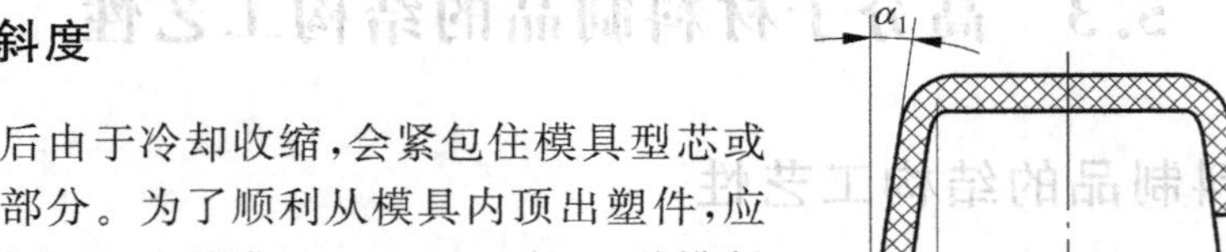

图 5-23 壁厚过渡应均匀

2. 脱模斜度

塑件成形后由于冷却收缩,会紧包住模具型芯或型腔中的凸出部分。为了顺利从模具内顶出塑件,应在塑件的内、外表面沿脱模方向设置足够的脱模斜度,如图 5-24 所示。塑件上脱模斜度的大小与塑件的材料性质、收缩率、摩擦系数、塑件壁厚及几何形状有关。

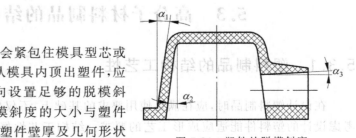

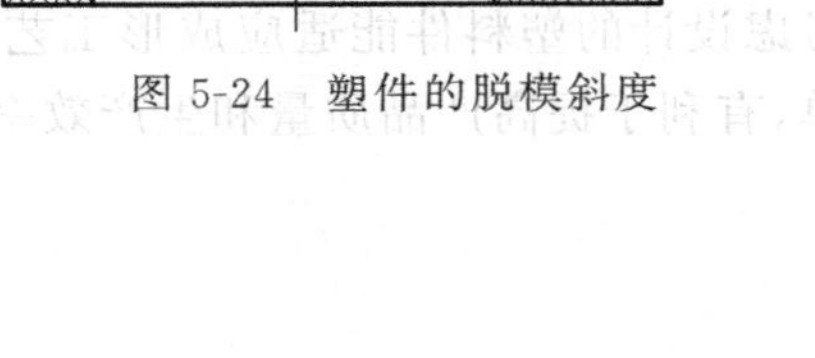

图 5-24 塑件的脱模斜度

3. 加强筋

加强筋的作用是在不增加制品壁厚的条件下，增加制品的刚度和强度。在制品中适当设置加强筋，还可以防止制品翘曲变形。原则上，加强筋的厚度不应大于壁厚，否则壁面会因肋部内切圆处的缩孔而产生凹陷，如图 5-25(a)所示。加强筋的设置方向除应与受力方向一致外，还应尽可能与熔体流动方向一致，以免料流方向复杂，使塑件的韧性降低。若塑件中需设置许多加强筋，其分布排列应相互错开，以避免收缩不均造成的破裂，如图 5-25(b)所示。

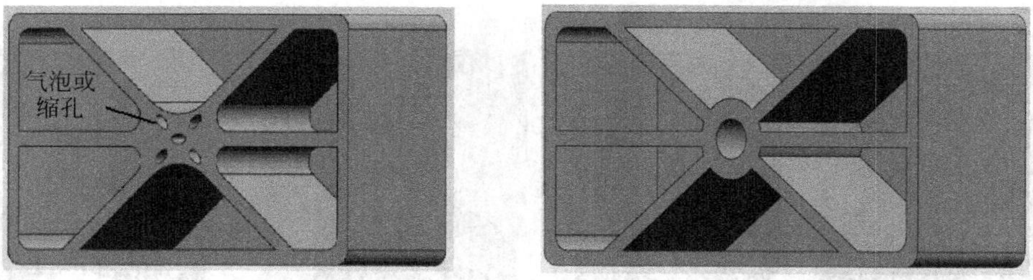

(a) 不合理结构　　(b) 合理结构

图 5-25　避免加强筋交叉

4. 圆角

为了避免应力集中，提高塑料制品的强度，改善熔体的流动情况和便于脱模，在制品的内外表面的连接处均应采用圆角过渡。塑料制品上的圆角对于模具制造，提高模具的强度也是必要的，在无特殊要求时，制品各连接处均应有半径不小于 0.5mm 的圆角。如图 5-26 所示，一般外圆弧半径是壁厚的 1.5 倍，内圆角半径应是壁厚的 0.5 倍。

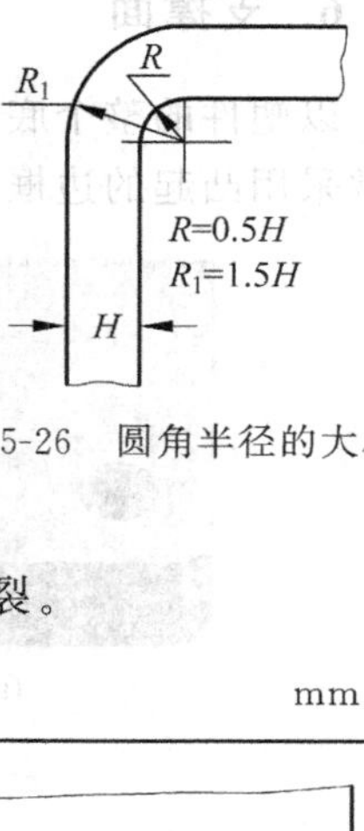

图 5-26　圆角半径的大小

5. 孔

制品上各种孔的位置应尽可能开设在不减弱制品机械强度的部位，孔的形状、尺寸和位置也不应增加模具制造工艺的复杂性。孔间距、孔边距不应太小，见表 5-1，否则，在装配时孔的周围易破裂。

表 5-1　不同孔径所对应的孔间(边)距值　　mm

孔径 d	<1.5	1.5～3	3～6	6～10	10～18	18～30	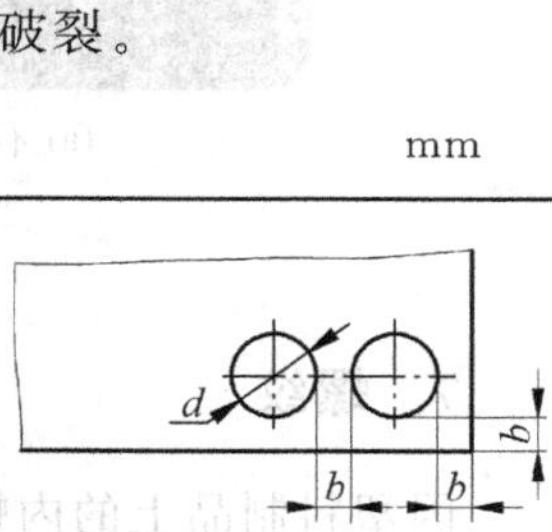
孔间距、孔边距 b	1～1.5	1.5～2	2～3	3～4	4～5	5～7	

尽量避免侧凹结构或使得侧凹结构应与脱模方向一致，以简化模具、避免侧向抽芯，如图 5-27 所示。

如不能避免侧孔与侧向凸凹，尽量防止使用内抽芯机构，如图 5-28 所示。

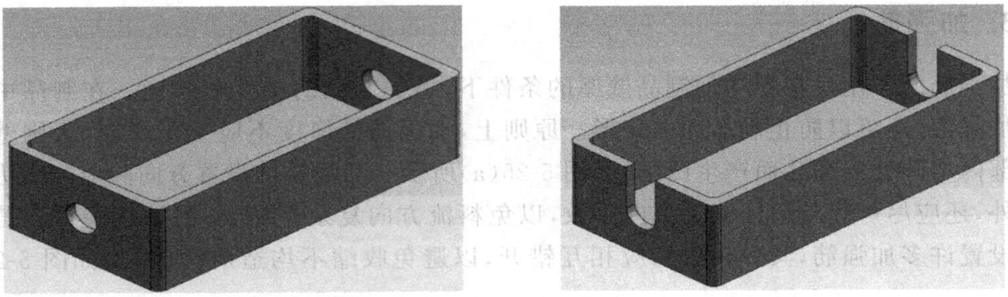

图 5-27 侧凹结构改变与脱模方向一致

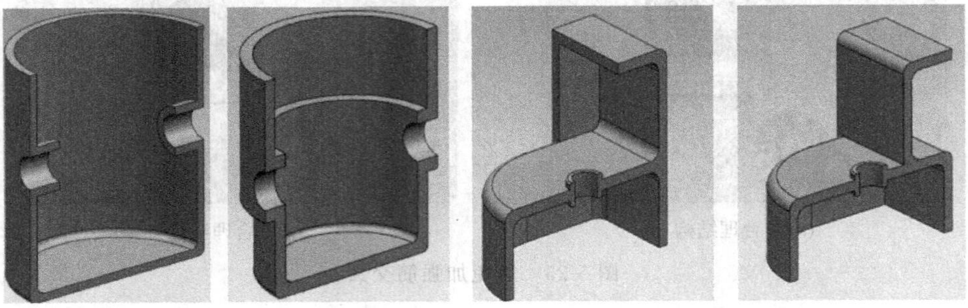

(a) 不合理结构 (b) 合理结构 (c) 不合理结构 (d) 合理结构

图 5-28 避免侧孔与内抽芯

6. 支撑面

以塑件的整个底面作为支撑面是不合理的，因为塑件稍许翘曲或变形就会使底面不平。通常采用凸起的边框或底脚来支撑，如图 5-29 所示。

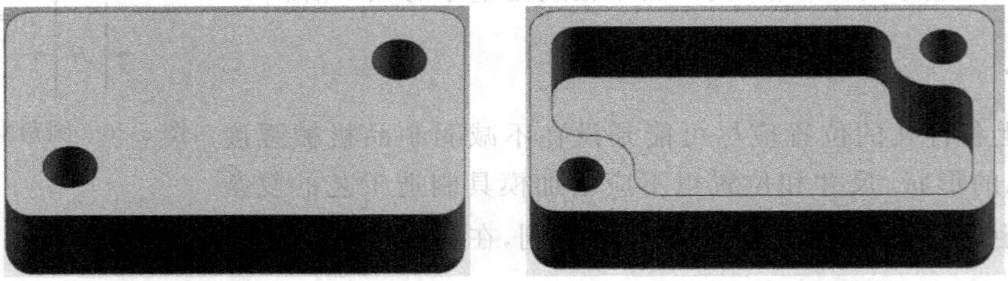

(a) 不合理结构 (b) 合理结构

图 5-29 塑料制品的支撑面

7. 螺纹

因塑料制品上的内螺纹和外螺纹可以直接成形，一般情况下成形后无需进行二次切削加工，所以应用范围越来越广，但在塑料制品上直接成形的螺纹不能达到高精度要求。

一般塑料强度和刚度比金属材料差，为了防止螺孔最外圈的螺纹崩裂或变形，螺孔的始端应有一深度为 0.2～0.8mm 的台阶孔，螺纹末端也不宜与垂直底面相连接，一般与底面应留有不小于 0.2mm 的距离，如图 5-30 所示。

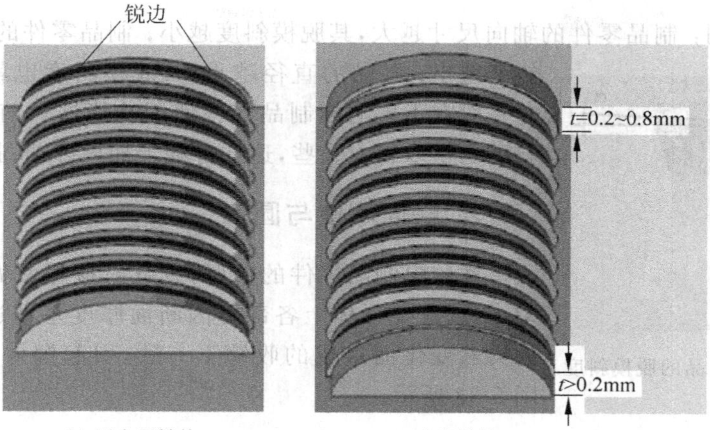

(a) 不合理结构　　(b) 合理结构

图 5-30　内螺纹

同样，塑料外螺纹的始端与顶面应留有 0.2mm 以上的距离，末端与底面也应留有不小于 0.2mm 的距离。外螺纹的始端和末端应有过渡部分，如图 5-31 所示。

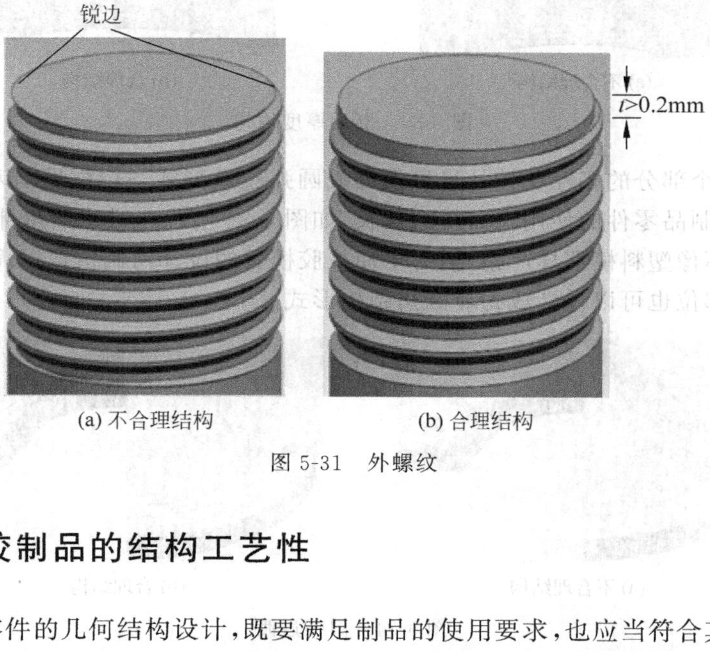

(a) 不合理结构　　(b) 合理结构

图 5-31　外螺纹

5.3.2　橡胶制品的结构工艺性

橡胶制品零件的几何结构设计，既要满足制品的使用要求，也应当符合其模制化生产工艺的特点。橡胶制品的结构工艺性一般需考虑脱模斜度、壁厚、圆弧、孔、嵌件等因素。

1. 脱模斜度

橡胶制品零件在硫化过程中的化学交联作用和起模后温度降低的物理作用的共同影响下，橡胶分子由线型结构相互交接搭联成为立体网状结构，便带来了制品零件的体积收缩现象，同时，制品零件被顶出时，制品和模具温度急剧下降，由于热胀冷缩的原因也会引起压制成的制品紧紧地箍在成形芯棒、芯轴或其他结构形式的凸起型芯等模具构件上。为了方便脱模，橡胶制品零件应具有一定脱模斜度。如图 5-32 所示，设计橡胶制品零件的脱模斜度应遵循以下原则：制品零件的轴向尺寸越大，其脱模斜度越小；制品零件的壁厚越薄，脱模斜度越小；制品的直径越小，其脱模斜度也就越小。但设计时一般在不影响模制品零件使用功能这一前提条件下，脱模斜度尽量取得大一些，这样有利于抽拔芯轴，脱模取件。

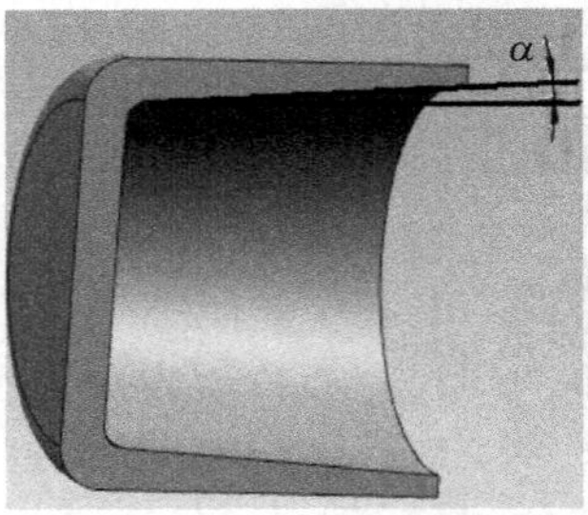

图 5-32　橡胶制品的脱模斜度

2. 断面厚度与圆弧

橡胶模制品零件的壁厚，设计时应尽量做到断面厚度均匀一致，避免形体上各部分因断面厚度差别过大和断面形状的突然变化而造成的收缩不一致，引起塑件变形或翘曲，如图 5-33 所示。

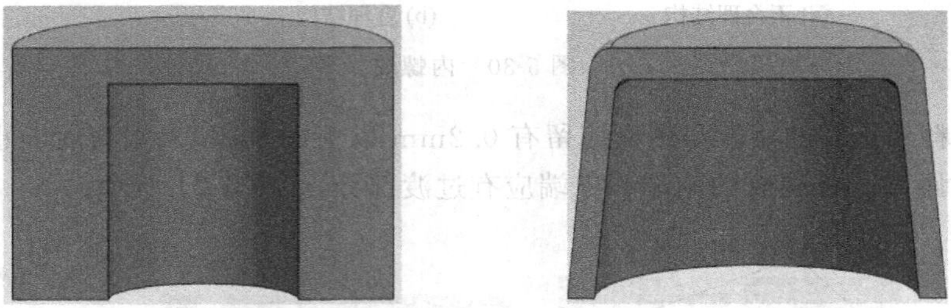

(a) 不合理结构　　(b) 合理结构

图 5-33　断面厚度均匀

此外，在各个部分的相互交接处尽量设计成圆弧过渡形式，这样，既有利于模压时胶料的流动，又能使制品零件的使用寿命得到延长，如图 5-34 所示。对于圆角部位的设计，橡胶模制品零件虽不像塑料模那样严格，但为了使橡胶模具的设计与制造得以简化和方便，橡胶模制品的一些部位也可以设计成为非圆角结构形式。

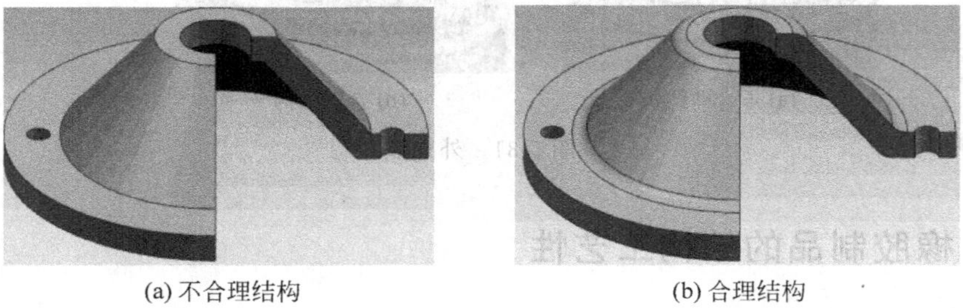

(a) 不合理结构　　(b) 合理结构

图 5-34　圆弧过渡

3. 孔与囊类制品的口径、腹径比

对于橡胶模制品零件而言，孔的成形一般比较容易实现。如果制品结构上的孔比较深，则相应的型芯应具有一定的脱模斜度。图 5-35 为囊类橡胶制品，一般对于这类制品零件的设计，口径 d 的数值约为腹径 D 数值的 1/3～1/2。这是因为芯轴从制品零件中取出时，是依靠使用特殊工具或特殊工艺方法(如空气压出法等)胀开颈部进行的。口径、腹径尺寸的确定，还与制品颈部的相关尺寸密切相关。此外，胶料硫化后硬度的大小也影响口径、腹径比值选取。对于硬度低、弹性性能好的胶料来说，其制品零件的口径、腹径比值可以取得小一些；相反，则要取得大一些。

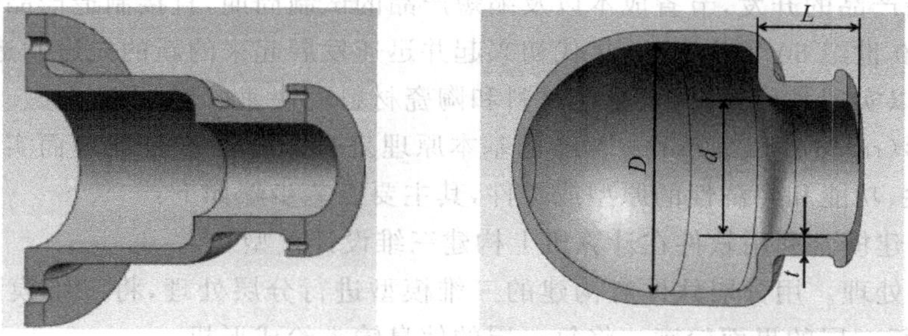

图 5-35　囊类橡胶制品

4. 嵌件的包镶形式

由于使用方面的要求，以及工作状态、环境条件的需要，橡胶模制品零件经常需镶嵌各种不同结构形式和不同材质的嵌件，镶嵌部件的结构设计如图 5-36 所示。橡胶模制品的嵌件可分为两大类：一类是金属材料，如钢、铜、铝等；另一类是非金属材料，如环氧玻璃布棒、酚酞布棒等。嵌件周围橡胶包层的厚度和嵌件嵌入深度的确定，取决于制品在机器中的工作功能、工作状态以及环境条件，也取决于制品零件所用橡胶的硬度、弹性以及嵌件的材料、形状和强度等因素。

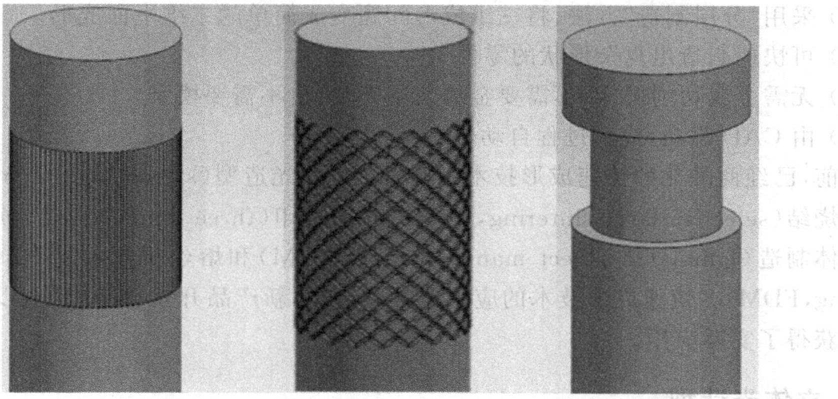

(a) 直纹滚花　(b) 网纹滚花　(c) 环槽台阶

图 5-36　几种常用镶嵌部件的结构

5.4　高分子材料成形新技术

5.4.1 高分子材料的快速成形

1. 快速成形的基本原理

随着全球化进程的加快和市场需求多样性的发展，制造业的竞争日趋激烈，加速新产品的开发、缩短产品的试制周期,已成为加强企业竞争力的关键要素之一。快速成形技术可以极大地加速新产品的开发,节省成本以及缩短产品的试制周期,直接制造产品样品。快速成形技术是于20世纪80年代末90年代初兴起并迅速发展起来的新的先进制造技术,其适用范围较广,可以实现高分子材料、金属材料和陶瓷材料的快速成形。

快速成形(rapid prototyping, RP)的基本原理是基于离散-叠加原理而实现快速加工具有最佳的特性、功能和经济性的原型或零件,其主要工艺步骤如下:

(1) 软件建模。利用软件在计算机上构建三维设计模型。

(2) 分层处理。用分层软件对构建的三维模型进行分层处理,将三维模型切分成一系列的层,得到每一层的界面轮廓。将每一层的信息输入给成形机。

(3) 成形。通过读取文件中的横截面信息,将材料按照一定的填充路径在一定的基材上截面逐层累积获得三维实体模型。

(4) 成形零件的后处理。不同的成形工艺,其后处理复杂与简单程度不同。有的成形工艺需要从成形系统里取出成形件后,再次进行打磨、抛光和繁杂的二次固化以及去除支撑材料等,或放在高温炉中进行后烧结,进一步提高其强度。有的成形工艺则只需要很简单的后处理,无需打磨和二次固化等。

2. 快速成形的特点和分类

快速成形是一种薄层叠加的增材制造方法,具有下述特点:

(1) 采用"分层制造"方法,将三维成形问题变成简单的二维平面成形。

(2) 可快速制造出复杂形状的零件。

(3) 无需金属切削机床,不需要金属切削刀具,也不需要模具。

(4) 由CAD驱动,成形过程自动化。

目前,已经商品化的快速成形技术主要有:立体光造型(stereolithography,SLA),选择性激光烧结(selective laser sintering, SLS),三维打印(three dimensional printing, 3DP),分层实体制造(laminated object manufacturing,LOM)和熔丝沉积制造(fused deposition modeling,FDM)。快速成形技术的应用非常广泛,在新产品开发、模具制造以及医学、建筑等领域获得了实际应用。

3. 立体光造型

SLA是研究最早、发展最快、应用最广泛的快速成形技术。SLA的加工过程是一种光和光敏树脂的相互作用过程。SLA快速成形的原理如图5-37所示。快速成形机由储液槽、可升降台、紫外激光器、水平刮板、扫描系统及计算机数控系统等组成。其中,储液槽中盛满液态光敏聚合物,带有多排漏孔的可升降工作台在步进电机的驱动下能沿高度方向作往复运动。扫描系统由一组定位镜组成,它根据控制系统的指令,按照每一截面轮廓的要求作高速往复摆动,控制激光器发出激光束,经过反射聚焦于储液槽中液态光敏聚合物的表面,并沿此面作水平方向的扫描运动。在这一层受到紫外激光束照射的部位,液态光敏聚合物快速固化,形成相应的一层固态截面轮廓。

SLA成形过程如图5-38所示。成形开始时,可升降工作平台的上表面处于液面下一个截面层厚的深度,该层液态光敏聚合物被聚焦后的光斑按计算机的指令逐点扫描固化,形成

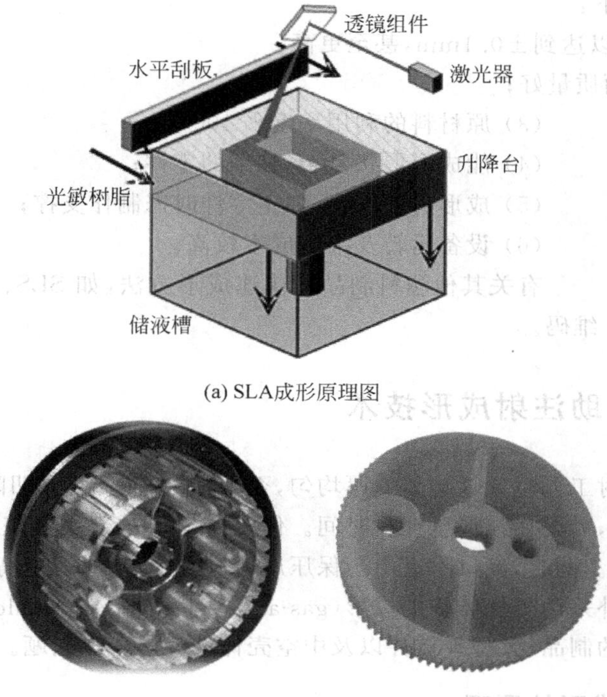

(a) SLA成形原理图

(b) SLA样件

图 5-37　SLA 成形原理图及样件

第一层固态截面轮廓。当一层扫描完成后，未被照射的地方仍是液态树脂。然后升降台带动平台下降一层高度，刮板按设定的层高作往复运动，将黏度较大的树脂液面刮平，同时已成形的层面上又布满一层树脂，然后再进行下一层的扫描，新固化的一层牢固地粘在前一层上，如此重复直到整个零件制造完毕，成形出整个制品。

视频 5-5　SLA 成形过程示意图

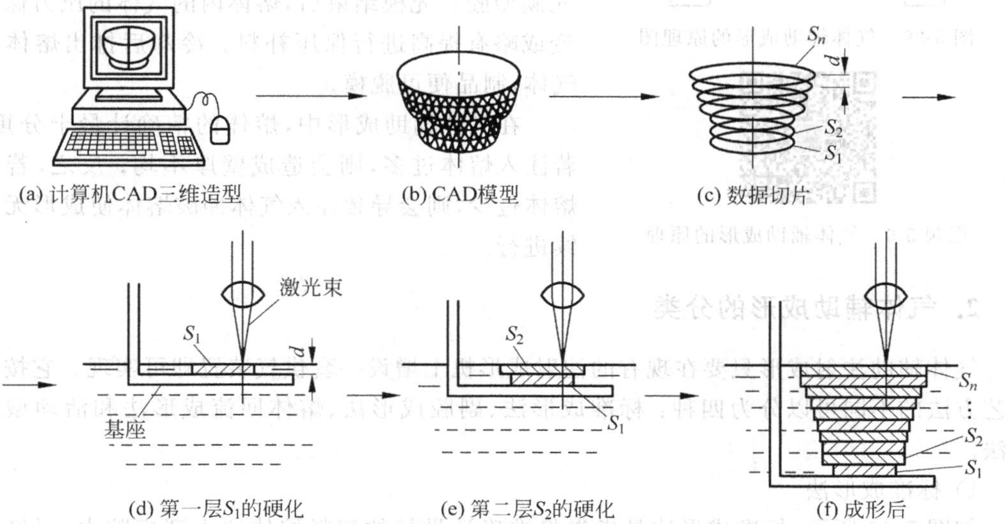

(a) 计算机CAD三维造型　(b) CAD模型　(c) 数据切片

(d) 第一层S_1的硬化　(e) 第二层S_2的硬化　(f) 成形后

图 5-38　SLA 成形过程

SLA 的工艺特点如下：

(1) 精度高，可以达到±0.1mm，甚至更高；

(2) 制件的表面质量好；

(3) 原材料的利用率近乎100%；

(4) 能成形形状复杂、精细的零件；

(5) 成形材料较脆，加工零件时需制作支撑；

(6) 设备运转及维护成本较高。

其他塑料制品快速成形方法

有关其他塑料制品的快速成形方法，如SLS、LOM、FDM，详见二维码。

5.4.2 气体辅助注射成形技术

采用传统的注射工艺时要求制品壁厚均匀，否则容易产生缩孔、凹陷等缺陷。对于厚壁制品，为了防止凹陷，需要加强保压补料时间。但是若壁厚的部位离浇口较远，即使过量保压，常常也难以奏效。同时，浇口附近由于保压压力过大，残余应力增高，容易造成制品翘曲或开裂。目前国内外采用了气体辅助成形(gas-assisted injection moulding)新工艺，较好地解决了壁厚不均匀的制品、大型平板件以及中空壳体的注射成形问题。

1. 气体辅助成形的原理

气体辅助成形是在充模过程中向熔体内注入相对注射压力而言的低压气体(通常为几兆帕到几十兆帕)，利用气体的压力实现保压补偿。

图5-39　气体辅助成形的原理图

视频5-6　气体辅助成形的原理

气体辅助成形的原理如图5-39所示，成形时首先向型腔注射准确计量的熔体，然后经过特殊的喷嘴在熔体中注入气体(一般为氮气)，气体扩散推动熔体充满型腔。充模结束后，熔体内的气体的压力保持不变或略有提高进行保压补料。冷却后排出熔体内的气体，制品便可脱模。

在气体辅助成形中，熔体的精确计量十分重要。若注入熔体过多，则会造成壁厚不均；反之，若注入熔体过少，则会导致注入气体冲破熔体使成形无法继续进行。

2. 气体辅助成形的分类

气体辅助注射成形只要在现有的注射成形机上增设一套供气装置即可实现。它按成形工艺方法的不同可以分为四种：标准成形法、副腔成形法、熔体回流成形法和活动型芯成形法。

1) 标准成形法

如图5-40所示，标准成形法是指先将准确计量好的塑料熔体注入到模腔内，再经浇口和流道注入压缩气体，推动塑料熔体充满模腔，并保压和冷却，待制品冷却到一定强度后，开模顶出制品。

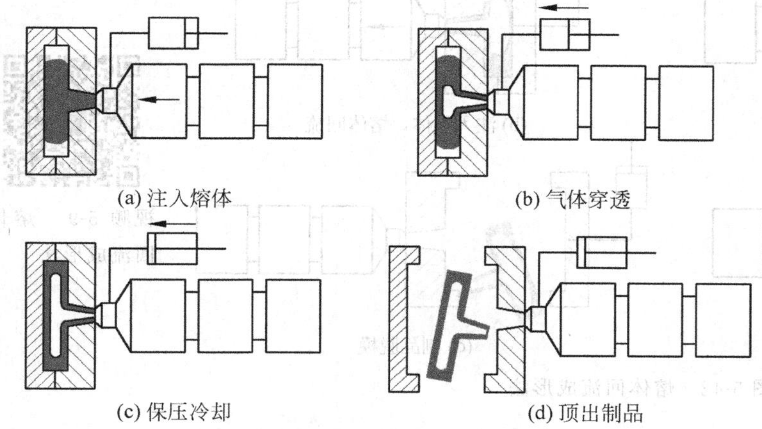

图 5-40　标准成形法

视频 5-7　标准成形法

2）副腔成形法

如图 5-41 所示，在型腔外面用阀门连接一个副腔，先关闭副腔，塑料熔体注满到模腔；延迟一定时间后打开副腔阀门，同时向熔体中注入高压气体，多余的塑料熔体就会通过阀门进入副腔，然后关闭副腔，增大气体压力实行保压补缩，最好排出气体并顶出制品。

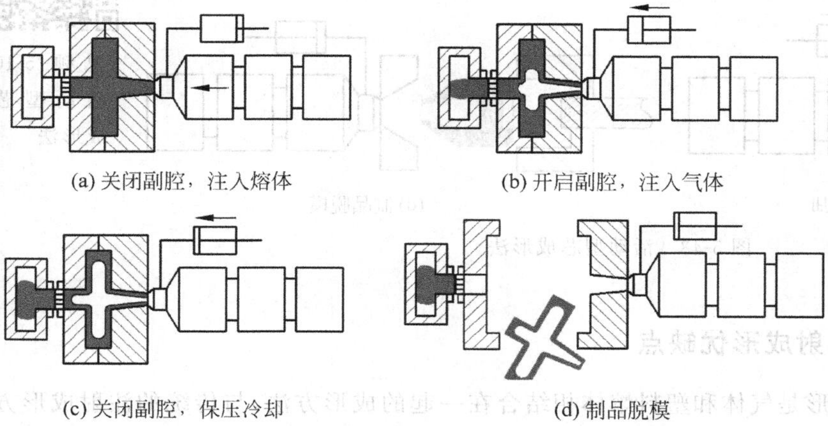

图 5-41　副腔成形法

视频 5-8　副腔成形法

3）熔体回流成形法

如图 5-42 所示，熔体回流成形法与副腔成形法类似，有所不同的是气体注入时，多余的塑料熔体不是流入副型腔，而是通过注射机的喷嘴流回到注射机的料筒中。

4）活动型芯成形法

如图 5-43 所示，随着气体注入模腔，型芯逐渐后退到设定位置为止，升高气体压力进行保压补缩，直至冷却定型，顶出制品。

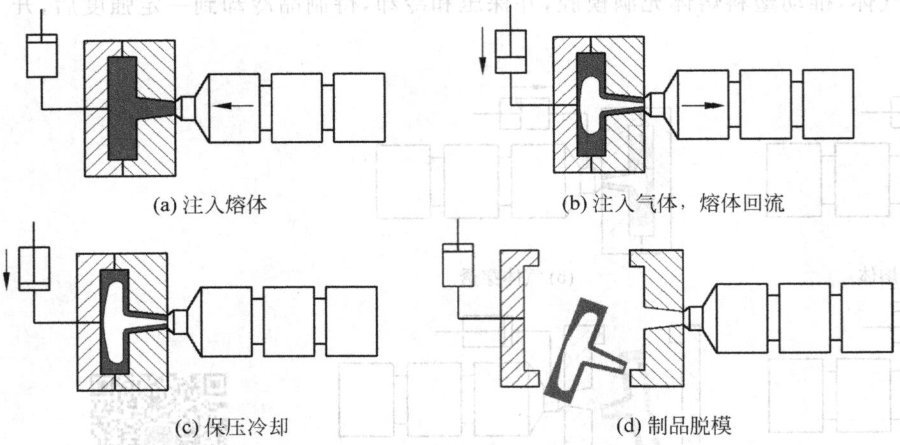

图 5-42 熔体回流成形法

视频 5-9 熔体回流成形法

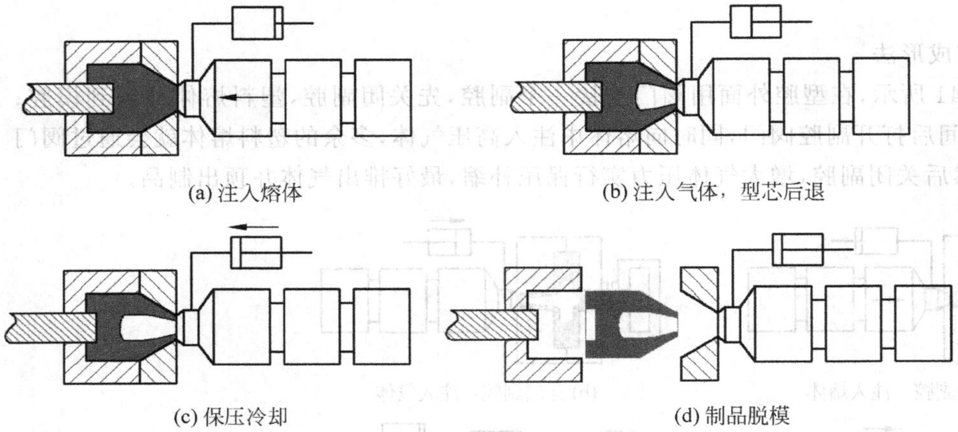

图 5-43 活动型芯成形法

视频 5-10 活动型芯成形法

3. 气体辅助注射成形优缺点

气体辅助注射成形是气体和塑料熔体相结合在一起的成形方法，与传统的注射成形方法相比，其优点如下：

(1) 能够获得低残余应力的制品，使得产品变形小，尺寸稳定；

(2) 有助于成形薄壁制品，减少制品质量，节省原料；

(3) 有助于降低成形压力，提高模具的使用寿命和降低注射机能耗；

(4) 有利于提高制品表面质量，减少和消除制品表面的收缩痕；

(5) 能够成形壁厚不均匀的产品以及复杂的三维中空制品；

(6) 缩短产品的成形周期，提高生产率。

但是，气体辅助注射成形也存在一些缺点：

(1) 由于注射成形中气体的注入，需要增设供气装置和充气喷嘴等辅助设备，提高了成本；

(2) 制品中未注入气体的表面和注入气体的表面会产生不同的光泽，需要通过模具设计和调整成形工艺加以改善，或采用花纹装饰予以遮盖；

(3) 采用气体辅助注射成形技术，对注射机的注射量和注射压力的控制精度有一定的要求。

5.5 复合材料成形

5.5.1 复合材料成形的工艺特点

复合材料制品的成形方法较多，生产过程一般包括原材料制取、准备工序、成形工序、脱模、制品修整和检验等阶段。复合材料(composite materials)因其自身的结构特性，成形过程与常规材料有一定的差异，复合材料的成形工艺主要呈现出以下特点：

(1) 材料性能具有可设计性。复合材料的性能主要取决于基体材料和增强材料的性能、分布、含量和结合形式等，由于复合材料是由两种或两种以上不同性能的材料组成的，可以根据制品的使用要求，设计复合材料的组成、含量以及增强体的排列方式，复合材料性能的可设计性需要通过相应的成形工艺和参数实现。因此，应根据制品的结构形状、性能要求和所设计的材料组分及其组合方式，选择适宜的成形方法和工艺。

(2) 复合材料成形时的界面作用。复合材料的界面层使增强材料与基体形成一个整体，并通过它传递应力。如果成形时，增强材料与基体之间结合不良，界面不完整，就会降低复合材料的性能。影响界面形成的主要因素有基体与增强材料的相容性和浸渍性等。

(3) 材料制备与制品成形同时完成。复合材料的制备过程通常就是其制品的成形过程，特别对于形状复杂的大型制品可以实现一次整体成形，因而可以简化工艺，缩短生产周期，降低生产成本。复合材料成形的工艺过程直接影响制品的性能，因此，复合材料的成形工艺显得更加重要。

5.5.2 树脂基复合材料的成形方法

本节重点介绍目前应用最广、用量最大的树脂基复合材料的成形方法。

树脂基复合材料(polymer-matrix composites, PMCs)以树脂为基体，以纤维为增强体复合而成。按树脂基体的性质，可分为热塑性树脂基复合材料和热固性树脂基复合材料两类，其中又以热固性树脂基复合材料更为常用。常用的热固性树脂有环氧树脂、双马树脂、不饱和聚酯树脂等；常用的热塑性树脂有聚乙烯树脂、聚醚醚酮树脂、聚酰亚胺树脂等。增强纤维材料主要有玻璃纤维、碳纤维、芳纶纤维等。

依据树脂基复合材料的制品产量、成本、性能、形状和尺寸大小，可适当选择树脂基复合材料的成形工艺方法。总体上看，树脂基复合材料的成形与制造技术基本上可分为两大类，即湿法成形和干法成形。纤维增强树脂基复合材料有一种树脂预先和纤维组合的材料，叫预浸料，在行业内将使用预浸料加工制品的方式称为干法成形，将其他非预浸的方式称为湿法工艺。

传统的湿法成形有手糊、挤压、喷射成形等。为了提高生产效率，降低制造成本，还发展了一类湿法成形工艺，即液体树脂成形(liquid composite molding，LCM)，有代表性的有树脂传递模塑成形(resin transfer molding，RTM)和树脂膜浸渗成形(resin film infusion，RFI)。其他液体成形技术还有纤维缠绕成形(filament winding，FW)、拉挤成形(pultrusion)。

干法成形包括热压罐、真空辅助热压、热膨胀加压及模压成形等，对于大尺寸、形状复杂、整体化程度高的制件，要用热压罐成形。而对于尺寸较小的高精度制件，通常用模压成形。

由于新成形技术的不断发展，每种方法均可能发展成湿法或干法成形，因此，本节着重介绍成形方法，不再区分湿法与干法成形。

1. 手糊成形

手糊成形(hand lay-up molding)是指将手工铺层的纤维浸渍树脂，然后黏结一起固化的成形工艺。先在模具表面涂一层脱模剂，然后涂刷含有固化剂的树脂混合物，再在其上铺贴一层按要求裁剪好的纤维织物，用刷子、压辊或刮刀挤压织物，使树脂均匀浸入其中并排出气泡；再涂刷树脂混合料，铺贴第二层纤维织物，重复上述过程直至达到所需厚度。然后，加热加压固化成形或者利用树脂的固化放出的热量固化成形，脱模、修整和检验，得到所需的制品，如图5-44所示。

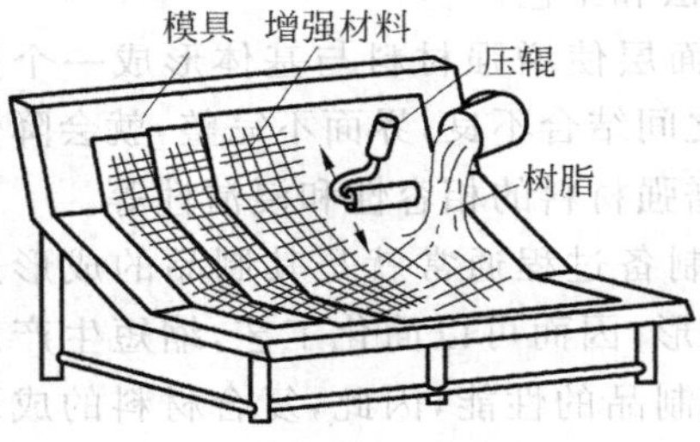

图5-44 手糊成形示意图

手糊成形是复合材料制造中最早采用的一种方法，至今仍广泛应用。手糊成形具有以下优点：

(1) 手工成形以手工操作为主，适合于多品种、小批量生产热固性树脂基复合材料制品；

(2) 生产技术易掌握，操作简便，设备简单，投资少，生产费用低；

(3) 能生产大型和复杂结构制品；

(4) 制品的可设计性好，可以在产品的不同部位任意增补增强材料；

(5) 制品树脂含量较高，耐腐蚀性好。

手糊成形还具有以下缺点：

(1) 手糊成形的生产效率低，劳动强度大，劳动条件差；

(2) 制品质量不稳定，制品的力学性能较低，不适合需要批量生产的制品成形。

利用手糊成形可以制作船体、浴盆、波纹瓦、汽车壳体、风机叶片、玻璃钢制品等。

为了提高生产率，在手糊成形的基础上，发展了喷射成形工艺。为了提高手糊成形制品的力学性能，发展了袋压成形工艺，该工艺通过在未固化的手糊成形制品上施加一定的压力，增加复合材料制品的密实度，从而提高制品的力学性能。

2. 喷射成形

喷射成形(spray lay-up molding)是一种半机械化手糊成形方法，利用喷枪将短纤维和不饱和聚酯树脂同时喷射，均匀沉积到模具上，再经压实、固化得到复合材料制品的工艺。

如图 5-45 所示，将含有引发剂和促进剂的树脂分别由喷枪的两个喷嘴喷出，同时切割器将连续的玻璃纤维切割成短纤维，由喷枪的第三个喷嘴均匀喷到模具表面上，沉积到一定厚度后，用辊子滚压，使纤维浸透树脂、压实并除去气泡，再继续喷射，直到完成预制体，然后固化成制品。

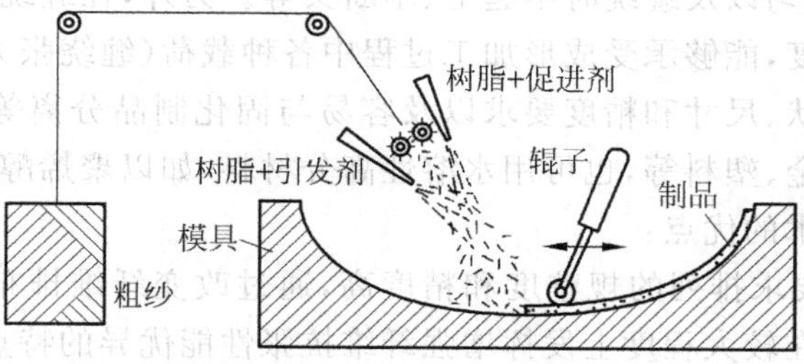

图 5-45　喷射成形示意图

喷射成形具有以下优点：

（1）喷射成形工艺的材料准备、模具等与手糊成形基本相同，实现了半机械化操作，劳动强度低、生产效率比手糊成形提高了 2～4 倍。

（2）制品的飞边少，无搭缝，整体性好。

（3）能够制作大尺寸制品。

喷射成形具有以下缺点：

（1）用喷射成形方法虽然可以制成复杂形状的制品，但其厚度和纤维含量都较难精确控制，树脂含量一般在 60%以上。

（2）孔隙率较高，制品强度较低。

（3）操作现场粉尘大，工作环境较差，浪费较大。

利用喷射法可以制作大篷车车身、船体、广告模型、舞台道具、储藏箱、建筑构件、机器外罩、容器、安全帽等。

3. 纤维缠绕成形

纤维缠绕成形（filament winding）是一种复合材料连续成形的方法，尤其适用于制造回转体制品。在专门的缠绕机上，将浸渍树脂的连续纤维或布带均匀、有角度地缠绕在一个转动的芯模上，然后固化成形，抽去芯模后获得的制件。大部分纤维缠绕机有 2 个运动，即芯模转动和绕丝嘴平移，缠绕成形工艺示意图如图 5-46 所示。

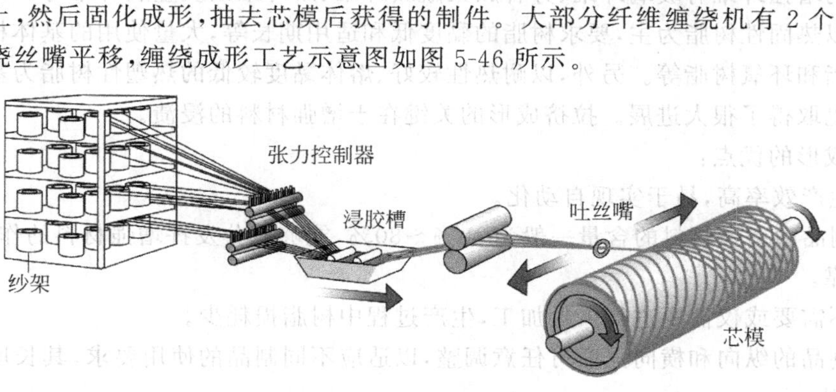

图 5-46　缠绕成形工艺示意图

利用连续纤维缠绕技术制造复合材料制品时，有两种不同的方式可供选择：一是将纤维或带状织物浸树脂后，再缠绕在芯模上；二是先将纤维或带状织物缠好后，再浸渍树脂。目前普遍采用前者。

利用纤维缠绕工艺制造压力容器时，一般要求纤维具有较高的强度和模量，容易被树脂浸润，纤维纱的张力均匀以及缠绕时不起毛、不断头等。另外，在缠绕的时候，所使用的芯模应有足够的强度和刚度，能够承受成形加工过程中各种载荷(缠绕张力、固化时的热应力、自重等)，满足制品的形状、尺寸和精度要求以及容易与固化制品分离等。常用的芯模材料有石膏、石蜡、金属或合金、塑料等，也可用水溶性高分材料，如以聚烯醇作粘结剂制成芯模。

纤维缠绕成形技术的优点：

(1) 纤维按预定要求排列的规整度和精度高，通过改变纤维排布方式、数量，可以实现等强度设计，因此，能在较大程度上发挥增强纤维抗张性能优异的特点。

(2) 用连续纤维缠绕技术所制得的成品，结构合理，比强度和比模量高，质量比较稳定，生产效率较高等。

纤维缠绕成形技术的缺点：设备投资费用大，只有大批量生产时才可能降低成本。

纤维缠绕成形技术既适用于制备简单的旋转体，如筒、罐、管、球、锥等，如固体火箭发动机壳体、导弹放热层和发射筒、压力容器、大型储罐、各种管材等；近年来发展起来的异形缠绕技术，可以实现复杂横截面形状的回转体或断面呈矩形、方形以及不规则形状容器的成形，如飞机机身、机翼及汽车车身等非旋转体部件。

4. 拉挤成形

拉挤成形(pultrusion)是一种连续生产复合材料型材的方法，基本工序是增强纤维从纱架引出，经过集束辊进入树脂槽中浸胶，然后进入预成形模，排出多余的树脂并在压实过程中排出气泡，纤维增强体和树脂在成形模中成形并固化，再由牵引装置拉出，制成具有特定横截面形状和长度不受限制的复合材料，如管材、棒材、槽型材、工字型材、方型材等，最后由切断装置切割成所需长度，拉挤成形工艺示意图如图 5-47 所示。

一般情况下，只将预制件在预成形模中加热到预固化的程度，最后固化是在加热箱中完成的。

拉挤成形过程中，要求增强纤维的强度高、集束性好、不发生悬垂和容易被树脂胶液浸润。常用的增强纤维有玻璃纤维、芳香族聚酰胺纤维、碳纤维以及金属纤维等。用作基体材料的树脂以热固性树脂为主，要求树脂的黏度低和适用期长等，大量使用的基体材料有不饱和聚酯树脂和环氧树脂等。另外，以耐热性较好、熔体黏度较低的热塑性树脂为基体的拉挤成形工艺也取得了很大进展。拉挤成形的关键在于增强材料的浸渍。

拉挤成形的优点：

(1) 生产效率高，易于实现自动化。

(2) 制品中增强材料的含量一般为 40%～80%，能够充分发挥增强材料的作用，制品性能稳定可靠。

(3) 不需要或仅需要进行少量加工，生产过程中树脂损耗少。

(4) 制品的纵向和横向强度可任意调整，以适应不同制品的使用要求，其长度可根据需要定长切割。

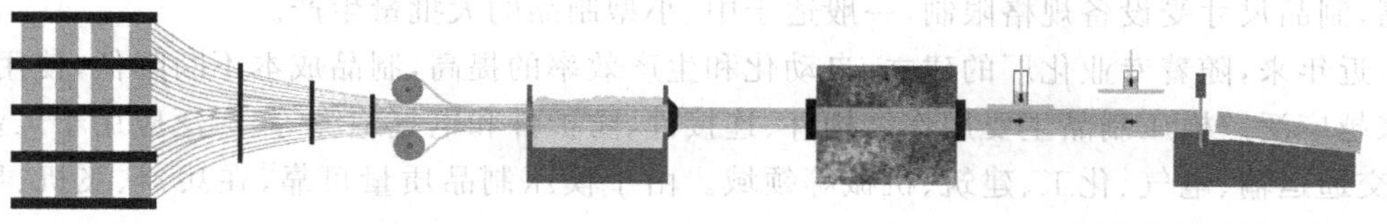

(a) 拉挤成形流程

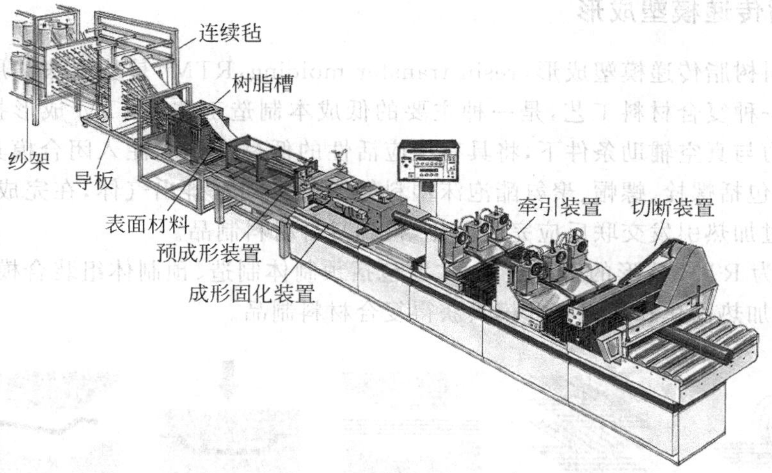

(b) 拉挤成形装置

图 5-47　拉挤成形工艺示意图

拉挤成形工艺主要生产大尺寸、复杂截面、厚壁的制品，主要应用于耐腐蚀、电工、建筑、运输、运动娱乐、能源开发、航空航天等领域。

5. 模压成形

模压成形(compressing molding)是将定量的树脂与增强材料的混合料放入金属模具中，通过加热、加压，使树脂塑化和熔融流动充满模具型腔，经固化后获得与模腔相同形状的复合材料制品。模压成形工艺过程如图 5-48 所示。

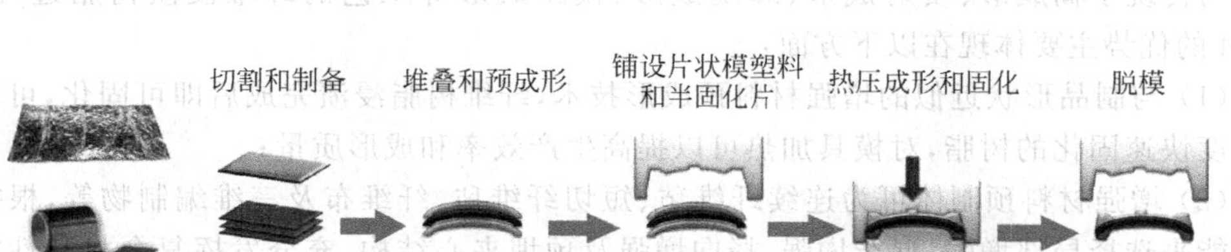

图 5-48　模压成形工艺流程图

模压成形具有生产效率高、制品尺寸精确、质量好、表面光滑、自动化程度高等优点，对于绝大多数结构复杂的制品可一次成形，无需二次加工。制品外观及尺寸的重复性好，容易实现机械化和自动化等。但模压成形的模具设计和制造过程较复杂，模具和设备的投资成本高，制品尺寸受设备规格限制，一般适于中、小型制品的大批量生产。

近年来，随着专业化厂的建立，自动化和生产效率的提高，制品成本不断降低，使用范围越来越广泛。模压制品主要用作结构件、连接件、防护件和电气绝缘等，广泛应用于工业、农业、交通运输、电气、化工、建筑、机械等领域。由于模压制品质量可靠，在兵器、飞机、导弹、卫星上也都得到应用。

模压成形是一种对热固性树脂和热塑性树脂都适用的纤维复合材料成形方法。

6. 树脂传递模塑成形

复合材料树脂传递模塑成形(resin transfer molding，RTM)是从湿法铺层和注塑工艺中演变来的一种复合材料工艺，是一种主要的低成本制造工艺。RTM成形技术是在压力下注入或压力与真空辅助条件下，将具有反应活性的低黏度树脂注入闭合模具中浸润干态纤维预制体(包括螺栓、螺帽、聚氨酯泡沫塑料等嵌件)，同时排出气体，在完成浸润后，树脂在室温或通过加热引发交联反应完成固化，得到复合材料制品。

图5-49为RTM成形的工艺过程，主要包括预制体制造、预制体组装合模、树脂注入模具内、室温或加热固化和最终打开模具获得复合材料制品。

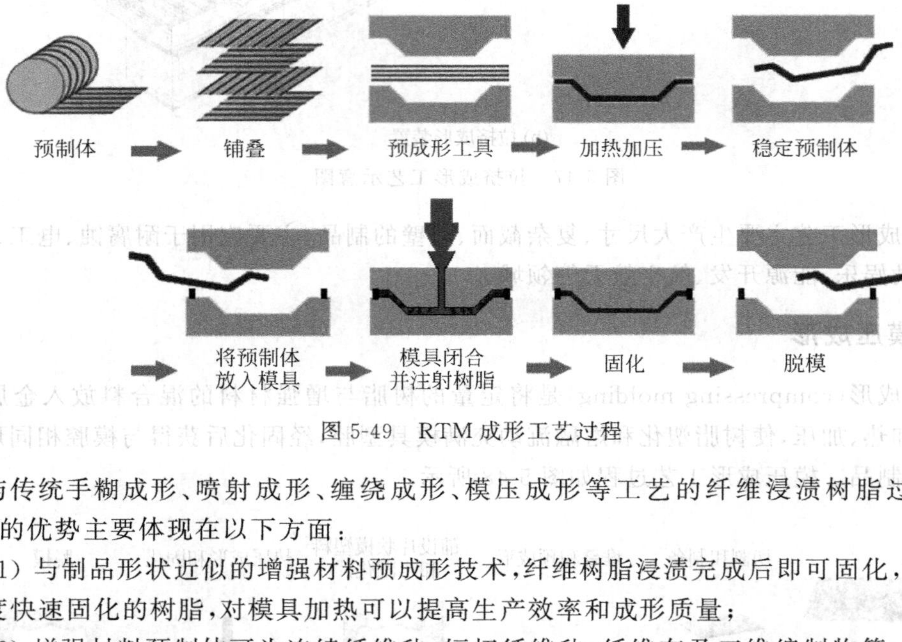

图5-49 RTM成形工艺过程

与传统手糊成形、喷射成形、缠绕成形、模压成形等工艺的纤维浸渍树脂过程相比，RTM的优势主要体现在以下方面：

(1) 与制品形状近似的增强材料预成形技术，纤维树脂浸渍完成后即可固化，可以采用低黏度快速固化的树脂，对模具加热可以提高生产效率和成形质量；

(2) 增强材料预制体可为连续纤维毡、短切纤维毡、纤维布及三维编制物等，根据制品的性能来选择局部增强、混杂增强、择向增强及预埋夹心结构，充分发挥复合材料性能的可设计性；

(3) 适合制备大尺寸、外形复杂、公差小、表面质量高的整体制件，且不需后处理；

(4) 适宜多品种、中批量、高质量复合材料制件的制造；

(5) 生产过程自动化适应性强、生产效率高等。

RTM的缺点主要体现在以下方面：

(1) 纤维含量较低，一般在50%左右；

（2）树脂未完全浸润纤维，存在孔隙率高、干纤维等问题；

（3）大面积、复杂模具型腔中，树脂的流动不均衡且难以控制，模具制造成本高，脱模困难。

RTM 主要用来制作如高性能雷达罩，汽车的"四门两盖"，风能的机舱罩，游艇，生活用品等。

7. 热压罐成形

热压罐成形(autoclave molding)是用真空袋密封复合材料预制件放入热压罐中，在加热加压的条件下进行固化成形制造复合材料制品的一种工艺方法，广泛应用于成形大型复合材料结构、蜂窝夹芯结构及复合材料胶接结构等。其原理是利用热压罐提供的均匀压力和温度，促使纤维预浸料中的树脂流动和浸润纤维，并充分压实，排除预制件中的孔隙，然后通过持续的温度使树脂固化制成复合材料制品。

热压罐是一种能同时加热和加压的专门设备，其主体是一个卧式的圆筒形罐体，同时配备有加温、加压、抽真空、冷却等辅助功能和控制系统，形成一个热压成形设备系统。热压罐工作示意图如图 5-50 所示。

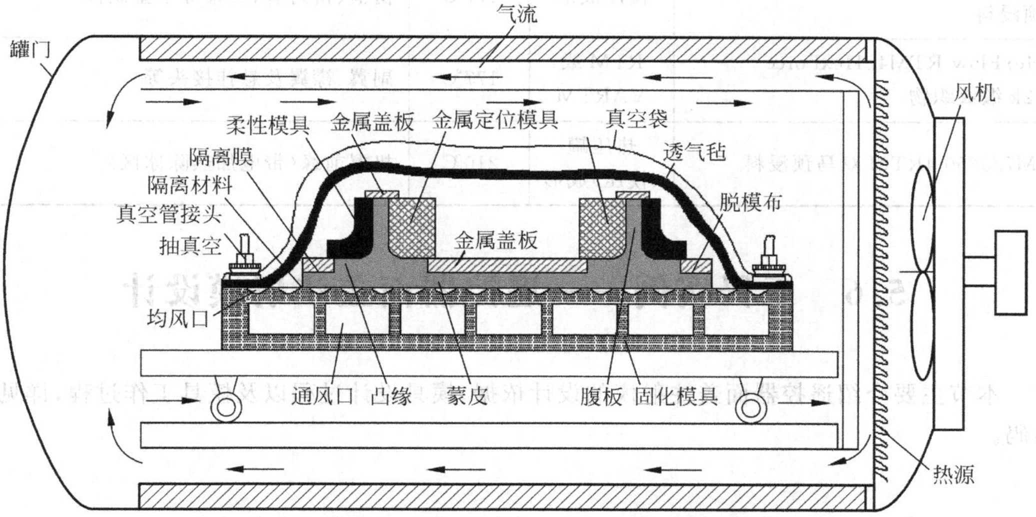

图 5-50　热压罐工作示意图

热压罐成形的优点：

（1）罐内压力均匀。用压缩气体或惰性气体或混合气体向热压罐内充气加压，使制件在均匀压力下固化成形。

（2）罐内温度均匀。加热或冷却气体在罐内高速循环，罐内各点气体温度基本一致，在模具结构合理的前提下，可以保证制件升温、降温过程中各点温差不大。

（3）制件质量稳定。罐内的压力与温度均匀保证制件质量稳定，热压罐制造的制品孔隙率低、树脂含量均匀，相对于其他成形工艺，热压罐制备的制品力学性能稳定，航空航天领域要求主承力的绝大多数复合材料构件都采用热压罐成形工艺。

（4）适用范围广。模具相对简单，适合大面积复杂型面的蒙皮、壁板和壳体的成形，热压罐的压力与温度条件几乎能满足所有复合材料的成形工艺要求。

热压罐成形的缺点：投资大，成本高。热压罐系统庞大，结构复杂，属于压力容器，投资建造一套大型的热压罐费用很高；由于每次固化都需要制备真空密封系统，将耗费大量价格昂贵的辅助材料，同时成形中还要耗费大量能源。

自从20世纪40年代以来，热压罐成形技术得到很大的发展，主要用来制造高端的航空航天复合材料结构件，如飞机机身、机翼、垂直尾翼、整流罩等。波音787飞机的复合材料用量占结构重量的50%，其中碳纤维复合材料为45%，玻璃纤维复合材料为5%。从飞机表面看，除机翼、垂尾和平尾前缘为铝合金及发动机挂架为钢以外，波音787飞机的绝大部分表面均为复合材料，其主要复合材料构件采用热压罐成形技术制造，如表5-2所示。

表5-2 波音787飞机复合材料构件制造技术

材　　料	成形技术	固化温度	应用部位
T800S/3900-2环氧预浸料(带)	热压罐成形	177℃	机翼，垂尾，平尾，前、中和后机身筒段等
HexPly AS4/8552系列环氧浸料	热压罐成形	177℃	整流罩、舵面和短舱等蜂窝夹层结构
HexMC AS4/8552环氧各向同性预浸料	模压成形	177℃	窗框、密封垫、支架等小型制件
HexFlow RTM4、HexForce 12k缎纹织物	RTM或VARTM	177℃	副翼、襟翼及悬挂接头等
IM7/5250-4RTM双马预浸料	热压罐(模压)成形	210℃	机翼前缘(带电加热除冰区)

5.6 工程实例——遥控器面盖注射模设计

本节主要介绍遥控器面盖注射模的设计依据、模具设计过程以及模具工作过程，详见二维码。

阅读材料——塑料的诞生及其应用

本节介绍塑料的发明历史，详见二维码。

工程实例——遥控器面盖注射模设计　　　　阅读材料——塑料的诞生及其应用

本章小结

(1) 本章重点介绍塑料和橡胶两类高分子材料的成形技术。与金属材料和无机非金属材料相比,高分子材料的成形工艺简单,材料耗损少,能耗低,生产效率高。

(2) 聚合物的聚集态可划分为三种基本力学状态:玻璃态、高弹态和黏流态。根据聚合物的特征、成形性能和材料行为,可以确定和选择适宜的成形方法。

(3) 塑料制品的一般制造过程主要包括物料配制、塑料成形和二次加工等工序。注塑成形是塑料成形方法中最普遍的一种成形方法,它涉及注塑成形的原理、材料行为、工艺过程、工艺条件、注塑机和模具。

(4) 生胶是制造橡胶制品的基本原料。橡胶制品的制造过程主要包括塑炼、混炼、成形、硫化和修边等工艺。橡胶制品分为模制品和非模制品两类。常用的成形方法有压延成形、模压成形、注射成形等。橡胶成形设备包括炼胶机、密炼机、成形机和硫化设备等。

(5) 复合材料的成形方法较多,复合材料成形也具有自身的工艺特点,本章介绍了 7 种树脂基复合材料的成形方法。

(6) 设计塑料和橡胶制品时,要考虑制品的结构工艺性。它涉及制品的壁厚、脱模斜度、圆角等结构。

(7) 本章还介绍了两种高分子材料成形新技术,即广泛应用的气体辅助成形技术和最具发展前途的快速成形技术,并简要介绍了它们的基本原理、特点和应用。

习　　题

5.1　试说明什么是“切力变稀”现象?在模具设计中如何利用它?

5.2　什么是可模塑性?如何检测高分子材料的可模塑性?

5.3　试说明为什么一般结晶形塑料不透明,而无定形塑料透明?

5.4　以 O 形密封垫为例,说明橡胶制品的生产过程。

5.5　试比较塑料的塑化与橡胶的塑炼有何异同。

5.6　什么叫硫化?硫化工艺在橡胶制造生产中有何意义?

5.7　复合材料成形有哪些特点?列举出树脂基复合材料的几种成形方法。

5.8　如何改进塑料薄壁容器的形状设计以增强刚性和减小其变形?

5.9　说明立体光造型的工作原理。

5.10　说明气体辅助成形技术有哪些特点。

5.11　阅读图 5-51,下列双分型面注塑模具装配图,简要描述该模具的开模顺序并标出零件 1～15 的名称。

5.12　阅读图 5-52,试分析分型面Ⅰ、Ⅱ、Ⅲ哪个更合理,简述其原因。

5.13　修正图 5-53 所示分型面的设计。

5.14　图 5-54 为四个塑件的各自两种设计方案图,试比较哪种方案比较好,为什么?

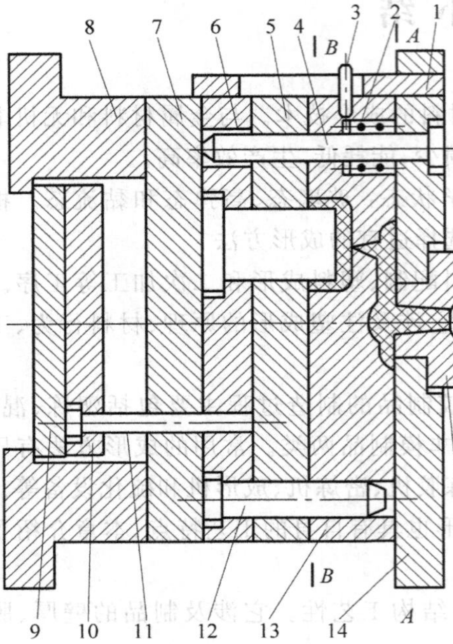

图 5-51　题 5.11 图

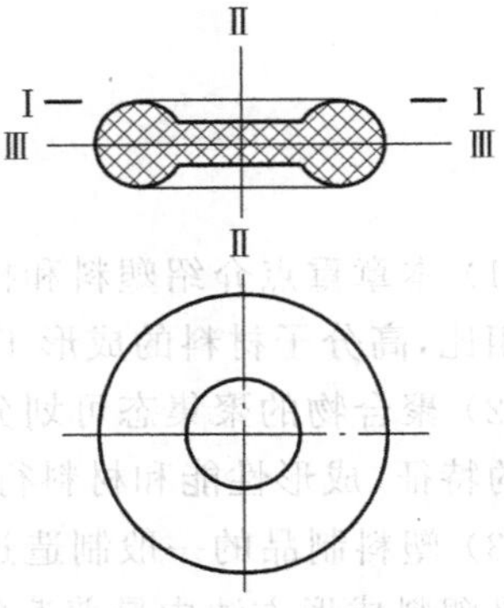

图 5-52　题 5.12 图

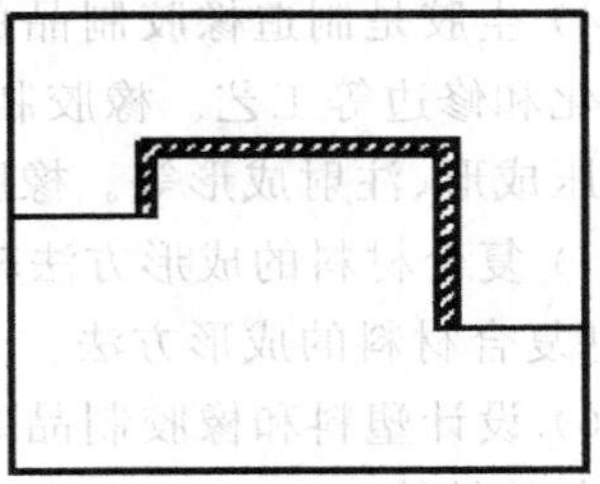
图 5-53　题 5.13 图

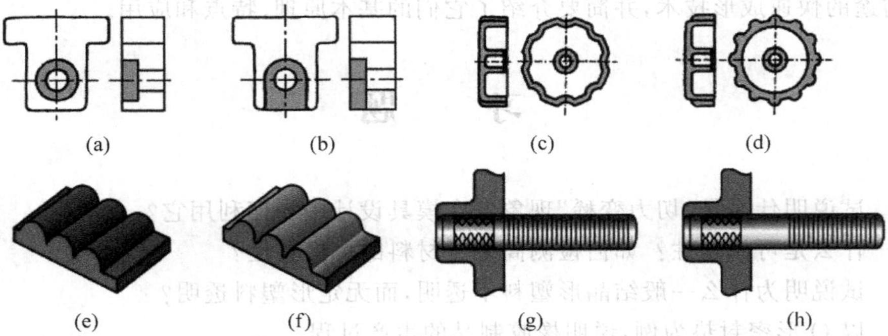

图 5-54　题 5.14 图

5.15　判断下列塑料制品的结构设计是否合理？如何改进？

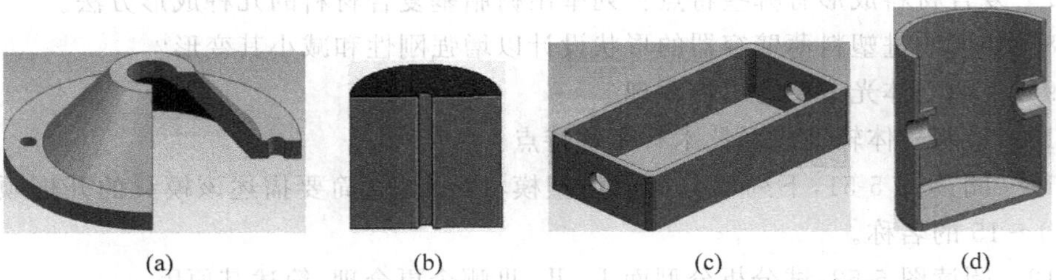

图 5-55　题 5.15 图

5.16　修正如图 5-56 所示的浇口设计，以避免塑料熔体在型腔内形成喷射流。

5.17　如图 5-57 所示，一块已加热的塑料放在很冷的金属模板上，塑料块冷却后会怎样变形？为什么？

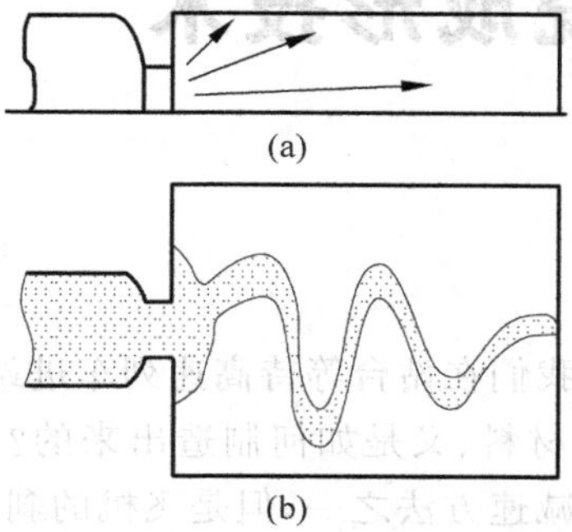

图 5-56　题 5.16 图

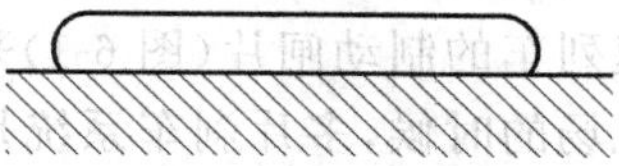

图 5-57　题 5.17 图

5.18　对非平衡式浇注系统实现人工平衡常采用平衡系数法的一种近似计算。该法基于各个型腔的平衡系数相等或成比例，来确定各个浇口的尺寸，其公式为

$$k=\frac{S}{L\sqrt{a}}$$

式中，k——浇口平衡系数，它与通过浇口的熔体重量成正比；

S——浇口断面积，mm^2；

L——浇口长度，mm；

a——由主流道到型腔浇口的距离，mm。

对于如图 5-58 所示的一模六腔注射模具，若分流道直径为 6mm，浇口长度相同为 0.5mm，为了人工平衡浇注系统，试确定各型腔的浇口截面尺寸。

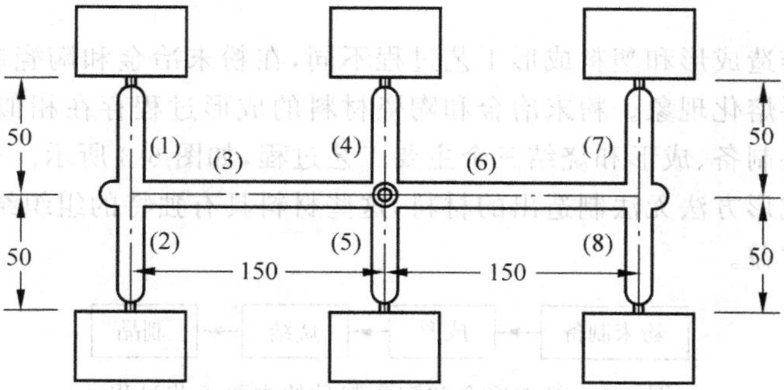

图 5-58　题 5.18 图

第 6 章

粉末冶金及陶瓷成形技术

高铁和飞机极大地提高了人们的出行速度，当我们在站台等待高速列车进站的时候，是否想到高速列车的制动闸片(图 6-1)采用的是什么材料、又是如何制造出来的？同样，当飞机降落在机场的时候，多片刹车系统是飞机的主要减速方法之一，但是飞机的刹车片又是如何制造的？当我们打开和关闭卫生间不锈钢水龙头的时候，是否考虑到水龙头的阀芯(图 6-2)是什么材料？水龙头的阀芯又是如何制造出来的？

图 6-1　高速列车的制动闸片

图 6-2　不锈钢水龙头的阀芯

6.1　粉末冶金及陶瓷成形的技术基础

与液态金属铸造成形和塑料成形工艺过程不同，在粉末冶金和陶瓷制品的工艺过程中不发生明显的材料熔化现象。粉末冶金和陶瓷材料的成形过程存在相似之处，成形过程主要包括粉末原材料制备、成形和烧结三个主要工艺过程，如图 6-3 所示。采用上述工艺能够生产出其他材料成形方法无法制造出的材料，这些材料具有独特的组织结构和性能，同时表现出显著的经济效益。

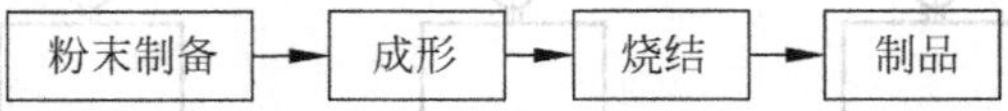

图 6-3　粉末冶金和陶瓷制品的主要工艺过程

1. 粉末冶金

1909 年出现了一种电灯钨丝的制造方法，将钨粉压制成形并将其在高温下进行烧结，然后再经过锻造和拉丝而制成钨丝，这种材料制作方法没有采用熔炼和铸造的方式，而采用压制和烧结金属粉末的方法来制造材料及制品。粉末冶金(powder metallurgy, PM)通常指制备各种金属粉末，并以金属粉末为原料经过成形和烧结制造出金属材料及制品的工艺过程。一些粉末冶金制品在烧结后还需要经过后续的处理工序,例如精整、浸油以及热处理等。粉末冶金的原材料粉末可以是金属粉末,也可以是金属粉末与非金属粉末的混合物。对应的,粉末冶金的制品可以是金属材料或复合材料。粉末冶金法常用的金属有铁、铜、铝、锡、钛、镍、锌以及难熔金属等。

粉末冶金具有以下优点:

(1) 能够生产普通熔炼方法无法生产的具有特殊性能的材料。许多难熔材料如 WC、TiC 等至今只能用粉末冶金方法来生产。互不熔合的金属、金属与非金属,例如,电触点材料铜-钨、铜-石墨以及金属与非金属组成的摩擦材料都可以采用粉末冶金法制造。采用粉末冶金法,可以控制制品的孔隙率,例如,含油轴承、多孔材料等。粉末冶金工艺过程可以有效避免因为材料熔化而导致的杂质混入现象,适于制备高纯度的材料。

(2) 材料利用率高。粉末冶金制品可以达到或接近零件要求的形状、尺寸精度与表面粗糙度,不需要或仅需要很少的后续机械加工。因此,可以节省原材料,节省工时,节约能源。例如,铸造的材料利用率为 90%,热锻的材料利用率为 75%~80%,粉末冶金的材料利用率为 95%~99%。以齿轮为例,采用粉末冶金方法批量化生产齿轮,生产效率高,经济性更好。例如,与常规生产方法相比,汽车手动变速器同步器环,如果采用粉末冶金方法制造可降低成本 38%。

但粉末冶金方法也存在一些不足之处:粉末成本相对较高;对制品尺寸有限制,形状不能太复杂;模具设备费用高,单件、小批生产时成本较高;因为制品内部含有空隙,因此与锻件相比,强度和韧性相对较低。

粉末冶金技术广泛应用于交通、机械、电子、航空等领域,粉末冶金常用来制造结构材料、摩擦材料、耐热材料、多孔材料等。此外,粉末冶金还用于制造切削刀具、量具、模具、电磁性材料等。图 6-4 为几种粉末冶金制品。目前,粉末冶金在汽车中得到了越来越多的应用,替代原有的部分铸件、锻件以及机械加工零件。例如,汽车发动机中的连杆、轴承盖、气门导管、座圈、排气法兰、传感器环等零件,自动变速器中的液力变矩器毂、驻车毂、链轮、可变叶片泵定子和转子等,四轮驱动系统分动器中的链轮、毂、齿轮、油泵转子、行星齿轮架与同步器环等。

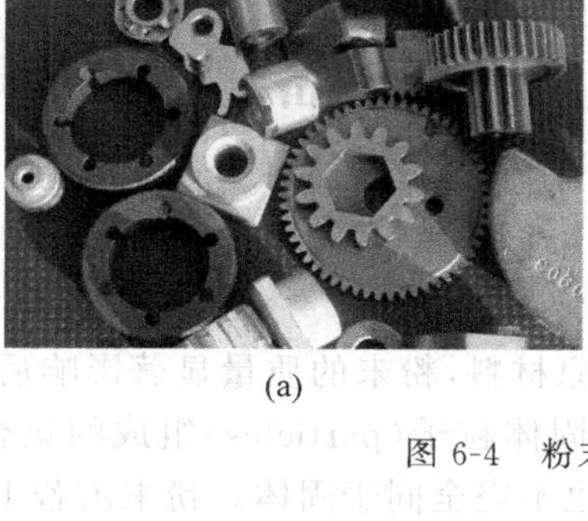

(a)

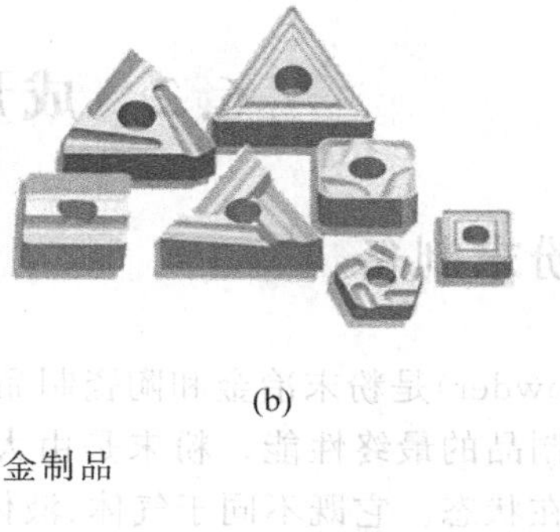

(b)

图 6-4 粉末冶金制品

2. 陶瓷

陶瓷(ceramics)的成形过程与粉末冶金相似,所不同的是两者采用不同的原材料。粉末冶金的原材料主要以金属粉末为主,陶瓷材料的原材料主要以无机化合物为主。对于以日用为主的传统陶瓷，主要以黏土或硅酸盐矿物为主要原料。以工程应用为主的先进陶瓷材料，采用人工合成的化合物为原料，经过成形和烧结制备而成，具有独特的力、热、声、电、磁、光、超导等性能。本书主要讲述工程中应用的先进陶瓷，亦称之为工程陶瓷或精细陶瓷。

一般情况下，陶瓷材料的组织结构包括晶相、玻璃相和气相三个部分，其中的晶相是陶瓷材料的主要组成相。陶瓷的制备工艺对材料各组成相的结构、数量、形状分布有着很大的影响，从而会影响到材料的性能分布。与金属材料相比，陶瓷材料的性能分散性要大得多，因此，精确控制陶瓷材料的制备工艺，获得性能分散性比较集中的陶瓷材料，就目前技术而言，是非常重要的。显然，陶瓷材料的制备工艺是决定材料性能的重要因素之一。

陶瓷材料具有强度高、弹性模量高、硬度高、熔点高、耐磨损、耐高温、耐氧化、耐腐蚀、化学稳定性好等一系列优良特性。鉴于上述特性，陶瓷材料能够满足高温、腐蚀、磨损等苛刻的工作条件，发挥陶瓷材料所具有的力、热、化学等优良特性。另外，陶瓷材料还具有电、光、磁、声、热、催化以及生物化学等功能，结合上述功能，先进陶瓷在工程中得到了广泛的应用。表 6-1 列举了常用的工程陶瓷材料及其应用实例。例如，在汽车点火系统中火花塞的绝缘体，要求材料具备良好的绝缘性和导热性，能耐受高温热冲击和化学腐蚀，通常选用氧化铝陶瓷材料。一些典型的陶瓷材料制品照片详见二维码。

典型陶瓷材料制品照片

表 6-1 常用的工程陶瓷材料及其应用

陶瓷类型		典型材料	应用举例
结构陶瓷		Al_2O_3，ZrO_2，SiC，SiN，ZTM	轴承，密封件，切削刀具，发动机零件，磨料，耐磨件
功能陶瓷	压电陶瓷	$PbZrO_3$，$BaTiO_3$，$PbTiO_3$	压电陶瓷换能器，微位移器件
	半导体陶瓷	ZnO，PTC	热敏电阻，光敏电阻，湿敏电阻，气敏电阻，压敏电阻
	导电陶瓷	SnO_2	大功率电阻器，显示器件
	磁性陶瓷	Mn-ZnO-Fe_2O_3	电感器，磁性天线，滤波器
	生物陶瓷	HAP，β-TCP，ZrO_2	人工牙，人工关节
	电容器陶瓷	$BaTiO_3$	电容陶瓷介质
	化学陶瓷	ZnO，ZrO_2，$Mg_2Al_4Si_5O_{18}$	气体传感器，催化剂载体，电极

6.2 成形方法及设备

6.2.1 粉末制备

粉末(powder)是粉末冶金和陶瓷制品的原材料，粉末的质量显著影响后续的成形和烧结过程以及制品的最终性能。粉末是由大量固体粒子(particles)组成的集合体，它表示物质的一种存在状态。它既不同于气体、液体，也不完全同于固体。粉末由若干个固体颗粒组成，如图 6-5 所示。面粉是我们日常生活中比较常见的粉末材料。粉末与固体之间最直观的区别在于：当我们用手轻轻触及粉末时，会表现出固体所不具备的流动性和变形，在粉末颗粒之间的接触是很小的，存在大量的孔隙。材料在烧结过程中形成的显微结构，在很大程度上由原材料的粉末性能决定。

粒度(particle size)是粉末的主要性能之一。粒度指粉末颗粒的大小,通常以直径表示。图 6-5 为镍铬合金粉末的电子显微镜图片,通过图片可以看出粉末的粒度范围为 50～100mm。颗粒形状(particle shape)表示粉末颗粒的几何形状,常用的颗粒形状有球形、片形、针形、柱形等。一般可以通过显微镜观察来确定颗粒的形状,例如图 6-5 中的颗粒主要呈球状。对于非球形的颗粒,可以用等效半径表示粒度,即把不规则的颗粒换算成与之同体积的球体,以球体的等效直径作为颗粒的粒度。实际粉末所含颗粒的粒度并不是完全相等的,而是呈现出一个分布的范围,通常用粒度分布表示各种不同大小颗粒所占的百分比。粒度分布越窄,说明颗粒的分散程度越小,集中度越高。筛分法是粉末粒度测试的常用方法之一,通过各种标准尺寸的筛网确定粉末的粒度,图 6-6 为测定粉末粒度的标准筛网。例如,100 目的筛网的网口尺寸为 150mm,200 目的筛网的网口尺寸为 75mm。除筛分法之外,还有显微法、沉降法等可以用来测定粉末颗粒的粒度。

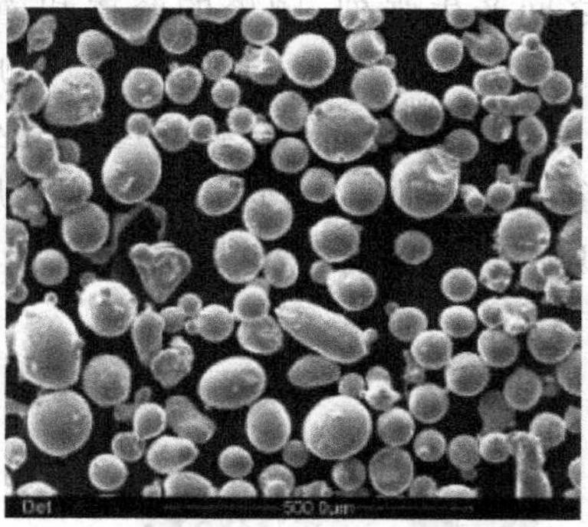

图 6-5 镍铬合金粉末

图 6-6 标准筛网

1. 粉末制备方法

图 6-7 列举了一些粉末制备的常见方法,粉末制备(production of powders)方法一般可分为机械粉碎法和物理化学法两大类。机械粉碎法(mechanical comminution, pulverization)通过粉碎粗粒的原材料而获得细粉,在粉碎过程中基本不发生化学反应。但是在粉碎过程中会混入杂质,而且采用粉碎法一般不易获得粒径在 1μm 以下的微细颗粒。物理化学法通过物理或化学作用,改变材料的化学成分或聚集状态而获取粉末。这种方法的特点是粉末的纯度和粒度可控,均匀性好,颗粒微细,并且可以实现粉末颗粒在分子级水平上的复合和均化。需要指出的是粉末冶金和陶瓷粉末的制备方法不是完全相同的,在实际生产中要根据要求选择适宜的粉末制备方法。

- 粉末制备方法
  - 机械粉碎法
    - 球磨法
    - 研磨法
    - 雾化法
    - 涡流粉碎法
    - 超声波粉碎法
  - 物理化学法
    - 电解法
    - 还原法
    - 沉积法
    - 水解法
    - 化合反应法
    - 水热法

图 6-7 常见的粉末制备方法

(1) 还原法(reduction)。用还原剂还原金属氧化物及盐类,从而获得金属或合金粉末。例如,铁粉的工业生产通常在隧道窑中采用固体碳还原剂将氧化铁还原成铁粉。以高纯度的磁铁矿石(Fe_3O_4)为例,还原过程为 $Fe_3O_4 \longrightarrow FeO \longrightarrow Fe$。还原法简单、生产成本低,是工程中应用最广泛的金属粉末生产方法,铁粉、铜粉、镍粉、钨粉、钼粉等粉末通常采用还原法制造。

(2) 雾化法(atomization)。采用高压流体(气流、液流)冲击的方式,或者通过离心方式,将熔融的金属液体破碎成微小的液滴,液滴冷却后凝固成细小的金属粉末颗粒。图 6-8 为气体雾化制粉示意图,雾化法既可以制备纯金属粉末也可以制备合金粉末,粉末粒度一般小于 150μm。雾化法因工艺简单,适于大量生产,在生产中得到了广泛应用。

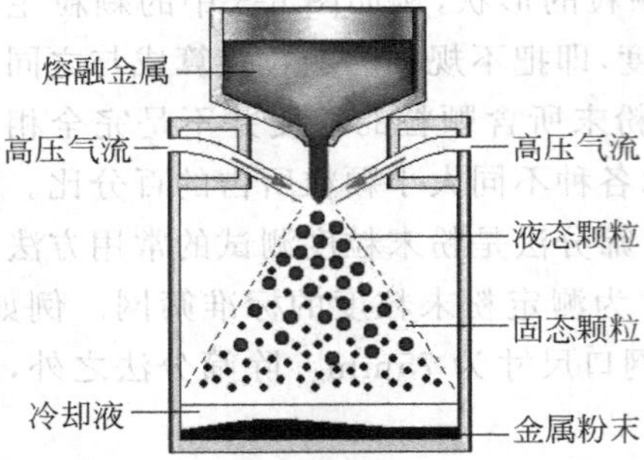

图 6-8　雾化制粉示意图

(3) 球磨法(ball milling)。将物料与磨球放入球磨筒内,通过滚筒的滚动、转动以及振动等运动,使磨球与物料之间产生强烈、频繁的摩擦和撞击,从而获得粉末。球磨法制备粉末的生产量大、成本较低,在工程中应用较为普遍。球磨法适用于脆性材料(如陶瓷、铁合金粉末)或经脆化处理的金属粉末(如经氢化处理变脆的钛粉)。对于粉末冶金的制粉而言,常选用金属或硬质合金为磨球,而陶瓷球常用于陶瓷粉末的球磨。图 6-9 为球磨机设备及陶瓷磨球。

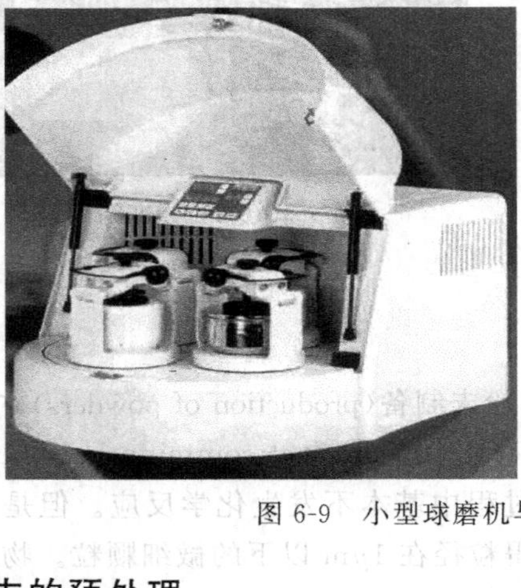

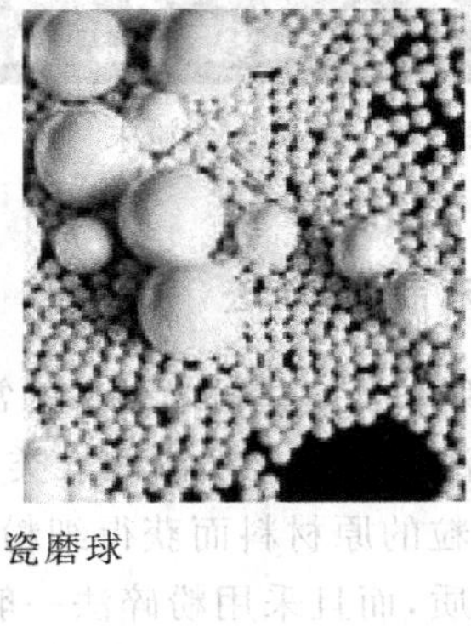

图 6-9　小型球磨机与氧化铝陶瓷磨球

2. 粉末的预处理

为了满足成形工艺要求以及保证产品的性能,在成形之前需要对粉末进行一定的预处理,如分级、去杂质、混合、制粒等。

(1) 分级。分级是指将粉末按粒度分成若干等级的过程。粉末的粒度和粒度分布将会对粉末冶金和陶瓷制品的性能产生明显的影响。通过分级可以在配料时控制粉末的粒度及粒度分布,以满足成形及烧结工艺的要求。除了采用标准筛网对粉末进行筛分之外,生产中还应用气体或者液体分级器对粉末进行分级。

(2) 去杂质。去杂质的目的是降低粉末中的杂质含量,常用的有退火、酸洗以及磁选等方法。

(3) 混合。将两种以上不同成分的粉末均匀混合的过程称为混合,在混合过程中也可以加入一些添加剂,例如润滑剂、造孔剂以及粘结剂等。球磨是一种常用的混合方法。

(4) 制粒。制粒是在细小的粉末中加入一定的塑化剂(如水、聚乙烯醇),制成大颗粒或者团粒的过程,以改善粉末的流动性能,有助于实现成形过程中模具的均匀充填。粉末细化有利于烧结和制品的性能,但是在成形过程中,特别是干压成形,粉末的粒度越细,流动性越差,不易充满模具的整个型腔,容易产生孔洞,导致成形坯体的致密度低。因此,在成形前,一般需要进行制粒。粉末的制粒可以通过粉末制粒机完成。

6.2.2 成形

通过一定的方法,将粉末原料制成具有一定形状、尺寸、密度和强度坯体的过程称为成形(compaction)。成形过程可以分为以下四大类:

(1) 压制成形。直接将不含液体或含少量液体的粉末加压成形。

(2) 塑性成形。将粉末加入适量的液体,做成可塑的泥团,通过塑性变形方式形成坯体。

(3) 浇注成形。在粉末中加入足够多的液体,做成流体型的泥浆并通过浇注形成坯体。

(4) 其他成形。采用上述成形方法以外的粉末成形方法。

图 6-10 列举出一些主要的粉末成形方法。

- 粉末成形
  - 压制成形
    - 普通模压成形
    - 冷等静压成形
    - 热压成形
    - 热等静压成形
  - 塑性成形
    - 挤压成形
    - 压铸成形
    - 轧膜成形
    - 注射成形
  - 浇注成形
    - 注浆成形
    - 压力浇注成形
    - 凝胶浇注成形
  - 其他成形
    - 流延成形
    - 喷涂成形
    - 爆炸成形

图 6-10 粉末的主要成形方法

1. 压制成形

压制成形是粉末冶金和陶瓷成形的常用方法之一,其中的普通模压成形在工程中的应用最为广泛,适合于粉末冶金和陶瓷材料的成形。将处理过的粉末装入压制模具内,通过施加压力使粉末成形的过程称为模压成形(die compaction)。图 6-11 为模压成形过程示意图。在

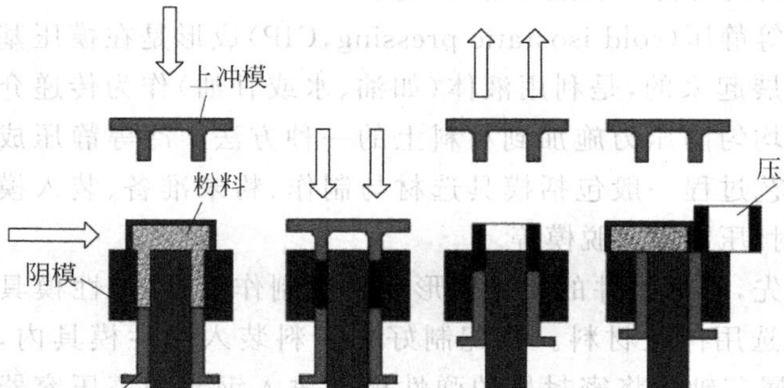

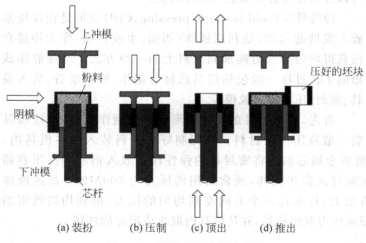

图 6-11 模压成形过程示意图

视频 6-1 粉末压制成形动画

加压过程中,粉末颗粒发生位移、变形以及断裂,从而使坯体的密度和强度提高。为了保证压制过程中粉末颗粒能够充满模具型腔的每一个角落,要求粉末具有良好的流动性。为了得到较高的素坯密度,粉末中包含的气体越少越好。

模压成形有单面加压和双面加压两种方式。图 6-12 为加压方式与坯体的密度分布示意图。在图 6-12(a)中采用单面加压时,压力分布不均匀,从上向下逐渐递减,坯体密度也不均匀;图 6-12(b)中采用双面加压,模具内的粉末压力分布为两端高、中间低,坯体密度得到改善;在图 6-12(c)中双面加压并用润滑剂,压力趋向于均匀,坯体密度较好。模压成形法工艺简单,效率高,便于自动化生产。但是该方法压力分布不均匀,使坯体密度不均匀,易发生开裂现象,会导致次品的出现。粉末模压成形所需的压力一般较高,例如,铁粉压制成形的压力需要 350～800MPa,氧化铝粉需要 110～140MPa。粉末模压一般在普通机械压力机或液压机上进行,图 6-13 为液压机的图片。

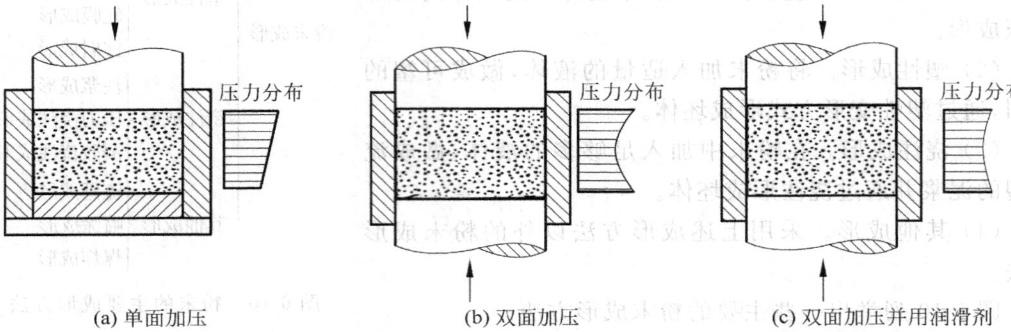

图 6-12　模压成形的加压方式与坯体密度分布

图 6-13　液压机图片

等静压成形(isostatic pressing)是利用高压流体作为传递介质,获得均匀静压力施加到粉末材料上的一种成形方法,等静压成形可以获得均匀、密度高、缺陷少的成形制品,可以分为冷等静压和热等静压两类。

冷等静压(cold isostatic pressing,CIP)成形是在模压基础上发展起来的,是利用液体(如油、水或甘油)作为传递介质获得均匀静压力施加到材料上的一种方法。冷等静压成形的工艺过程一般包括模具选材与制作、粉末准备、装入模具、密封、压制以及脱模等。

首先,根据工件的尺寸和形状要求制作模具,弹性模具套一般选用橡胶材料。将配制好的粉料装入弹性模具内,如果是空心件,模具内还需要放置金属芯轴。将密封好的弹性模具放入钢制的高压容器内,再将高压容器密封,用高压泵打入高压液体,通常所用的压力为 400MPa。高压液体的压力传递至弹性模具内的粉末上,粉末在各个方向受到均匀的压力,得到均匀致密的压坯,如图 6-14 所示。最后,释放压力取出模具,并从模具内取出成形好的坯体。

等静压成形具有以下优点:

(1) 成形压力从各个方面传递到坯体,坯体可以得到各个方向均匀压力的作用,坯体均

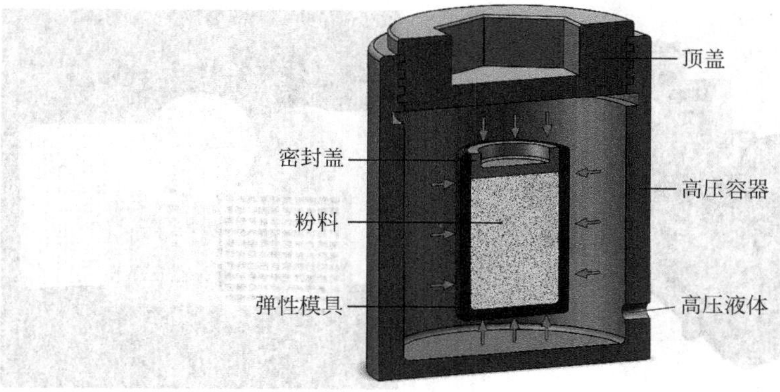

图 6-14 等静压成形示意图

匀、密度高、强度高、缺陷少。

(2) 模具制作方便、成本低。

(3) 可生产空心、凹形、大件、细长以及复杂形状的制品。

但等静压成形也存在不足之处：

(1) 与模压成形相比，坯体的尺寸和形状精度低。

(2) 液压机较贵，成形时间长、成本高。

(3) 不适于大批量生产。

有关热等静压(hot isostatic pressing，HIP)成形的介绍详见二维码。

热等静压成形

2. 塑性成形

塑性成形利用各种外力，对具有可塑性的坯料进行成形加工，使坯料在外力作用下产生塑性变形，并保持其形状，从而制成坯体。例如，一些陶艺的成形过程就属于塑性成形。可塑性坯料是由固相、液相和少量气孔组成的弹-塑性系统，一般为原材料和粘结剂的混合物。这种方法主要用来成形陶瓷坯体，是日用陶瓷生产中最常用的一种成形方法。例如，含有黏土的日用陶瓷材料中加入水和少量的悬浮剂和润滑剂，便可以获得较好的塑性。对于不含黏土的先进陶瓷材料，一般需要添加有机粘结剂，以增加塑性。

挤压成形将真空炼制的具有可塑性的坯料，放入挤出机内，通过挤出成形模具，获得所需要的各种形状制品。挤压成形适合生产棒状、管形、片状和多孔的蜂窝状制品。例如，汽车尾气净化器中的蜂窝陶瓷载体采用挤压方法成形，挤压成形可以制备各种孔密度、薄孔壁、大而长的蜂窝陶瓷，图 6-15 为挤出机和蜂窝陶瓷照片。

3. 浇注成形

浇注成形(slip casting)是陶瓷制作的一种古老方法，1924 年开始用于粉末冶金制品的成形。浇注成形是陶瓷坯体成形中的一个基本成形工艺，在粉末冶金中有时也用来成形一些形状比较复杂的零件。浇注成形过程比较简单，将粉末制成悬浮液成为泥浆，然后注入多孔性模具型腔内，贴近模具的一层泥浆被模具吸水而形成一层均匀的泥层，此泥层随时间的延长而逐渐加厚。当达到所需厚度时，可将多余的泥浆倾出，泥层脱水收缩，取出即为毛坯。浇注成形适于制造形状复杂、薄壁的产品，模具一般选用石膏材料。图 6-16 是陶瓷制品的

(a) 陶瓷挤出机　　(b) 蜂窝陶瓷

图 6-15　陶瓷挤出机和蜂窝陶瓷

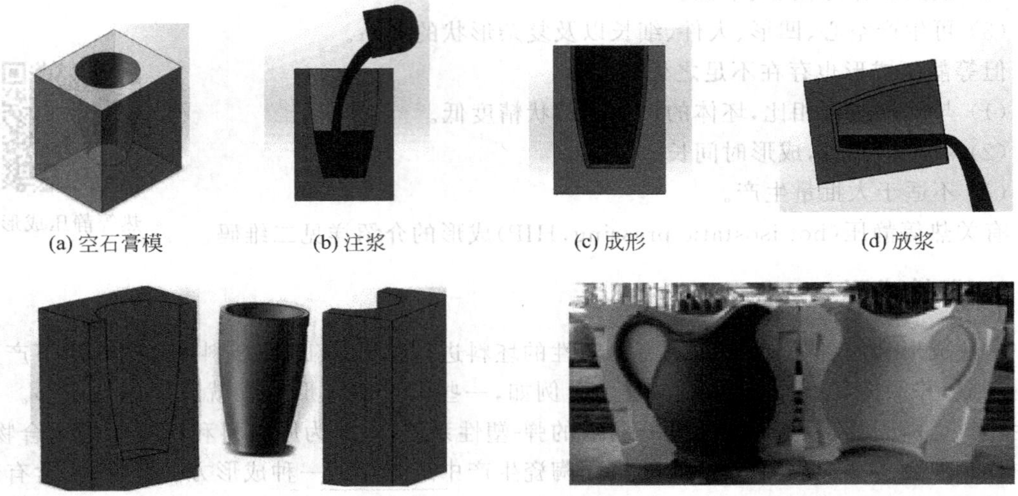

(a) 空石膏模　(b) 注浆　(c) 成形　(d) 放浆

(e) 坯体　(f) 制品实例

图 6-16　陶瓷制品的浇注成形示意图与制品

空心浇注成形示意图,这种方法适于小型薄壁产品,如花瓶、坩埚等。

6.2.3　烧结

1. 烧结过程

成形后的金属或陶瓷坯体只是半成品,其强度和密度都很低,坯体经过干燥处理后,还需要经过烧结(sintering)工艺,才能使坯体强化而获得成品。烧结将成形的坯体在低于其主要组分熔点的温度下加热,借助粉末颗粒之间的相互结合并发生收缩与致密化,形成具有一定强度和性能的固体材料。烧结的结果是粉末颗粒产生结合,制品的密度提高、强度增强。

烧结是粉末冶金和陶瓷生产中的重要工序,对产品的性能起决定性作用。与铸造和锻压不同，烧结废品一般情况下是难以挽救的，也不宜再次作为制品的原材料。在烧结过程中，随着温度的升高，坯体中产生一系列的物理和化学变化，首先是水分或有机物的蒸发或挥发、吸附气体的排除、应力的消除以及粉末颗粒表面氧化物的还原等。然后是粉末颗粒表层原子间的相互扩散和塑性流动。随着颗粒间接触面积的增大，将会产生再结晶和晶粒长大。在液相烧结中还会出现固相的熔化和重结晶现象。

粉末原料具有很大的表面积，具有较高的表面能，本身具有自动粘结或成团的倾向。由于原子在低温下扩散速度极慢，因此，一般情况下，处于常温下的粉末坯体是不可能自动烧结的。高温的作用在于增加原子的活动能力，促进粉末颗粒的结合。图 6-17 是固相烧结模型示意图，假定两球形颗粒相互接触。当温度升高时，原子的活性增大，由颗粒的自由表面向颗粒间的接触处扩散，从而使颗粒间的接触面增大，由点接触变成面接触。由于扩散形成颈部，粒子间的中心距缩短，孔隙率减少，最终达到致密化。

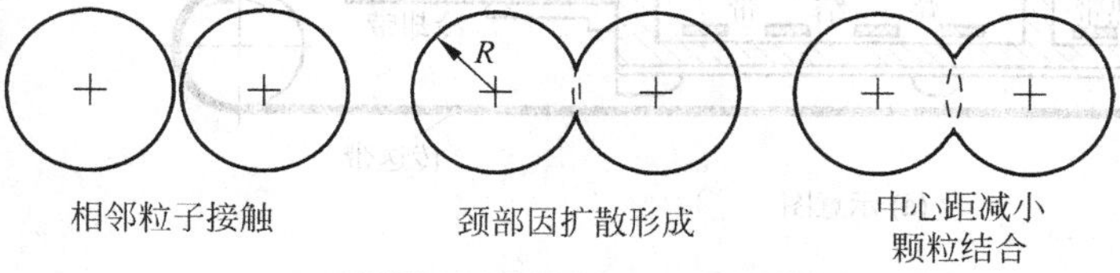

图 6-17　固相烧结模型示意图

视频 6-2　固相烧结模型动画

2. 烧结工艺与设备

在烧结过程中，影响烧结制品的因素主要包括烧结温度、保温时间、升温和降温速度、烧结气氛等。其中，烧结温度是烧结工艺中起决定性的因素，烧结温度范围一般根据制品的化学成分而定，通常情况下选择制品主要组分熔点的 0.7～0.9 倍为烧结温度。保温时间为坯体保持烧结温度的时间，保温时间根据坯体的成分、尺寸、壁厚、密度以及烧结数量而确定。例如，铜的烧结温度范围为 760～1000℃，烧结时间在 10～45min 之间；碳化钨硬质合金的烧结温度范围为 1430～1500℃，烧结时间在 20～30min 之间。

为了保证制品的性能和品质，避免坯体的氧化和脱碳，排除有害杂质，对烧结过程中的气氛控制是非常重要的。通常坯体需要在保护性气氛或真空环境下烧结。工业中常用的烧结气氛有纯氢、分解氨气、煤气、真空以及惰性气体等。例如，分解氨气用于烧结铁、铜、铝、轴承钢、不锈钢等材料制品；制备反应烧结氮化硅时，需要在氮气和少量氢气组成的混合气氛环境下完成烧结工艺。

粉末冶金和陶瓷制品的烧结方法很多，每种方法都有其优缺点和适用范围。按照烧结过程的压力情况进行划分，可以分为常压烧结、热压烧结和真空烧结三类，其中的真空烧结也可以看作低压烧结。如果烧结过程在一定的气氛条件下进行，则称为气氛烧结。如果采用一些特殊的方法完成的烧结，则可以称为特种烧结，例如，激光烧结（laser sintering）、微波烧结（microwave sintering）、自蔓延烧结（self-propagation high-temperature synthesis，SHS）、放电等离子烧结（spark plasma sintering，SPS）、爆炸烧结（explosive sintering）等。

烧结炉的种类较多，按照加热方式，可分为燃料加热炉和电加热炉，目前以电炉较为普遍。根据作业的连续性可分为间歇式和连续式烧结炉。图 6-18 为网带传送式烧结炉，是一种连续式烧结炉，常用于烧结铁基与铜基粉末冶金制品。网带由NiCr耐热合金制成，传动装置带动环状网带在炉膛内作连续循环运动，从而达到传送物料的目的。粉末压坯可以直接放置在网带上，随着网带的移动，顺序通过烧结炉的三个区域：预热区、高温区和冷却区，依次对压坯进行预热、烧结和冷却三个过程，最后从出口处出炉。网带烧结炉操作简单，机械化程度高，在连续传送中升温均匀，适合大量生产。

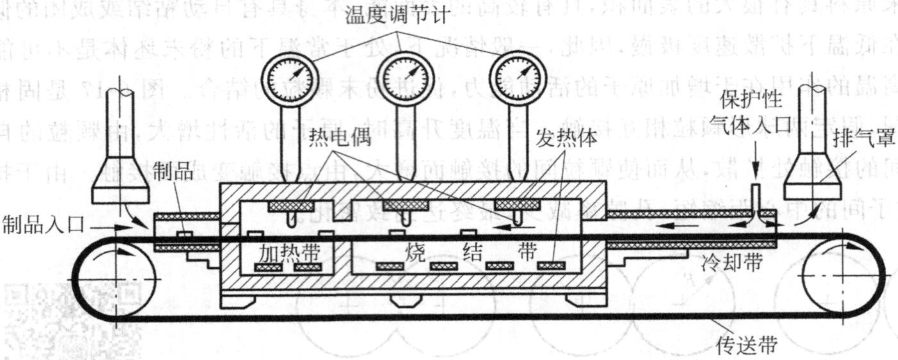

(a) 示意图

(b) 实物图

图 6-18 网带传送式烧结炉

6.2.4 后处理

粉末冶金和陶瓷制品在烧结中通常产生收缩、变形以及一些表面缺陷，烧结后的表面粗糙度差，一般情况下，不能作为最终产品直接使用。为了获得所需要的尺寸精度和表面质量，需要对烧结制品进行机械加工。对于陶瓷制品而言，因为陶瓷材料的硬度高，通常用金刚石砂轮进行磨削加工。对于一些粉末冶金制品，可以用硬质合金刀具进行切削，也可以采用氧化铝砂轮或金刚石砂轮进行磨削。

粉末冶金制品除机械加工之外，还包括精整、浸渍、表面处理等后处理工序。是否需要后处理，需要根据产品的具体要求决定。烧结后的粉末冶金制品，在模具中再压一次，以获得所需的尺寸精度和表面粗糙度，这种工艺称为精整。获得特定的表面形状和适当改善密度的工艺叫精压。提高制品密度，提高强度的工艺称为复压。烧结制品一般都存在一定的孔隙率，于是可以用一些液体物质（如油、石蜡或树脂）填充烧结制品的空隙，这种方法称为浸渍。例如，铁基、铜基含油轴承，通过浸入润滑油，以改善自润滑性能和防锈性能。粉末冶金制品常用的表面处理方法有蒸汽处理、电镀等。蒸汽处理是将工件在500～560℃的热蒸汽中加热并保持一定时间，使其表面及孔隙形成一层致密氧化膜的表面处理工艺，常用于防锈、耐磨或防高压渗透的铁基材料。

6.3 压制成形制品的结构工艺性

对于塑性成形和浇注成形而言，可以制备出复杂形状的粉末冶金和陶瓷制品。但是，在粉末压制成形过程中，由于粉末的流动性较差，粉末与钢制模具之间存在一定的摩擦，所以具有某些形状的制品或者制品的一些特殊部位在模具内不容易成形，成形的压坯会存在各处密度分布不均匀的现象，影响烧结成品的质量。例如，对于薄壁、细长形以及沿压制方向有变截面形状的制品，在采用压制方法成形时，应考虑制品的结构工艺性。粉末压制成形制品的工艺性应考虑如下几个方面。

（1）尽量采用简单、均匀的形状。避免制品在形状上的突变，对于复杂形状的制品，很难保证压坯的密度均匀一致，如图6-19所示的阶梯回转体零件含有多级直径，很难压实和取模，可以考虑设计成少阶梯的结构方式，然后通过机械加工的方式加工出所需要的阶梯轴。另外，制品沿压制方向的横截面要均匀变化，只能沿压制方向缩小，以利于压实，如图6-20所示。

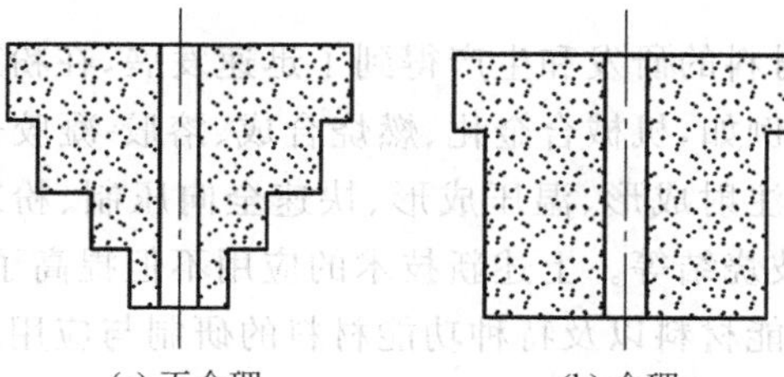

(a) 不合理　　(b) 合理

图6-19　避免复杂形状

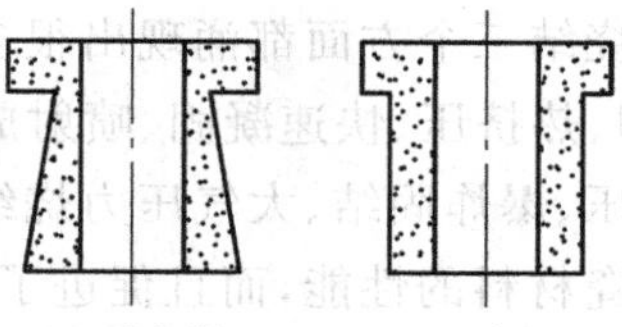

(a) 不合理　　(b) 合理

图6-20　横截面均匀变化

（2）制品的壁厚不能过薄。薄壁结构不利于装粉压实，易出现裂纹，难以制造，一般薄壁应大于2mm，如图6-21所示。在制品设计中，还应避免细长型结构，避免出现大长径比和大长厚比的制品结构。

（3）设计制品时应避免与压制方向垂直或斜交的沟槽、孔腔，以利于压实和减少余块，如图6-22所示。制品如需要螺纹以及侧壁上的径向孔和槽等结构，可以通过后续的机械加工方法获得。与压制方向相同的孔，其孔形不受限制，其中圆孔最容易成形，也可以压制出盲孔，但无法压制出三通或四通孔。

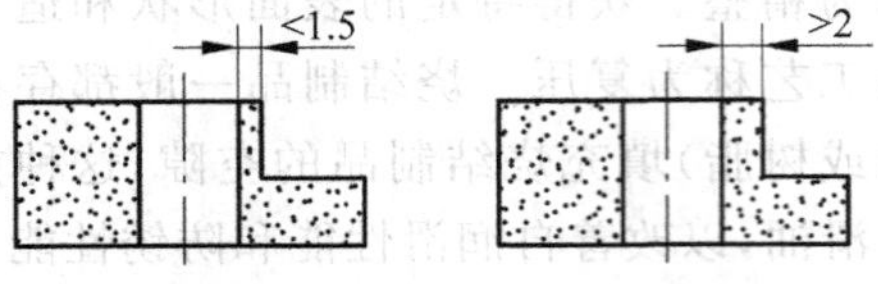

(a) 不合理　(b) 合理

图 6-21　避免局部薄壁

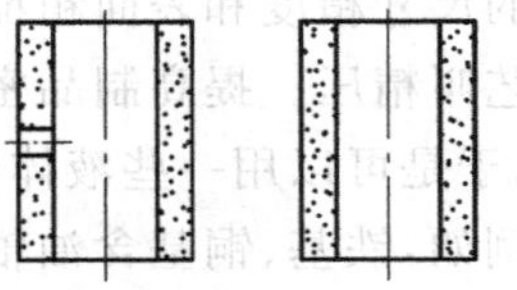

(a) 不合理　(b) 合理

图 6-22　避免侧壁上的径向孔

(4) 各壁的交界处宜采用圆角、倒角或平台。避免模具上出现尖锐刃边,以利于粉末流动、坯体压实,防止模具或压坯产生应力集中,避免模具和压坯的损坏,如图 6-23 所示。

(5) 与压制方向一致的内孔、外凸台等结构,需要有一定的锥度,以利于脱模,如图 6-24 所示。

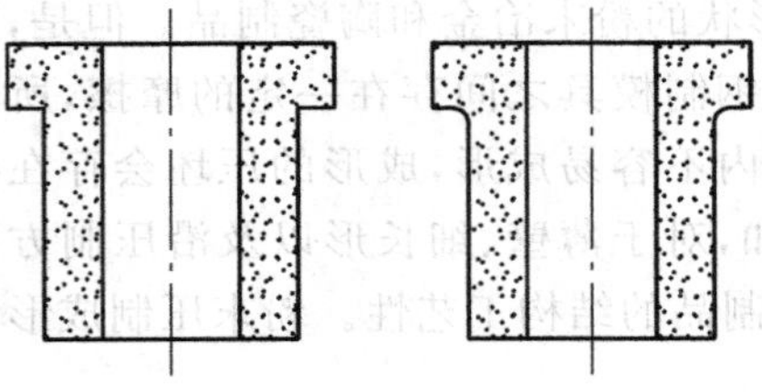

(a) 不合理　(b) 合理

图 6-23　避免尖角

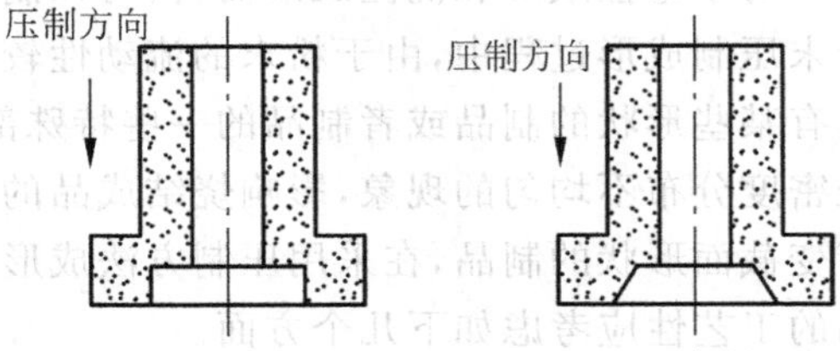

(a) 不合理　(b) 合理

图 6-24　设置锥度

6.4　粉末冶金及陶瓷成形新技术

自 20 世纪中期以来,粉末冶金和陶瓷材料的研发和生产得到了迅速发展,在粉末制备、成形和烧结三个方面都涌现出很多新技术,例如,机械合金化、燃烧合成、溶胶-凝胶合成法、3D 打印、热挤压、快速凝固、喷射成形、粉末注射成形、温压成形、快速全向压制、粉末锻造、热等静压、爆炸固结、大气压力烧结以及微波烧结等。上述新技术的应用不但提高了粉末冶金和陶瓷材料的性能,而且促进了新型高性能材料以及特种功能材料的研制与应用。

1. 温压成形技术

温压成形技术(warm compaction technology)是在金属粉末中添加新型高温润滑剂,然后将混合粉末和模具加热至 130～150℃进行压制成形,最后采用传统烧结工艺,从而制得粉末冶金制品,如图 6-25 所示。温压成形技术是普通模压技术的发展与延伸,是粉末冶金领域 20 世纪 90 年代以来发展起来的最重要的一项新技术。

通过温压成形工艺过程,压坯的密度、强度以及冲击韧性得到了提高。例如,与传统压制工艺相比,温压成形的压坯密度增加了 0.15～0.30g/cm^3,压坯密度不低于 7.25cm^3,压坯强度提高 50%～100%。温压成形技术能够以较低成本制造出高性能的粉末冶金零件,假设粉末冶金普通压制法的工艺成本为 1.0,温压技术的相对成本仅仅为 1.25。

温压成形技术为粉末冶金零件在性能与成本之间找到了一个最佳的结合点,具有非常

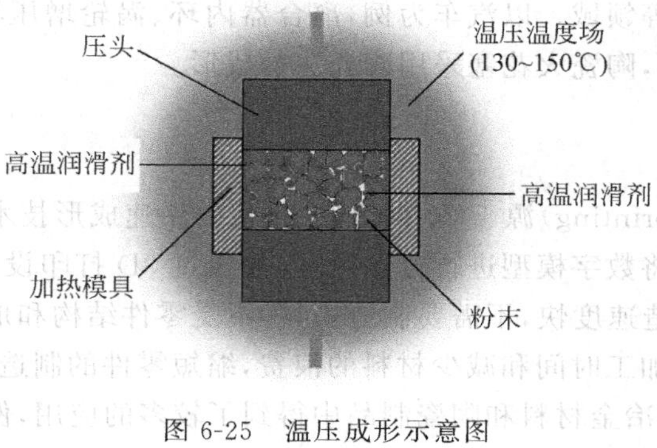

图 6-25 温压成形示意图

广泛的应用前景。温压成形技术主要适于铁基粉末冶金零件的生产，由于温压成形增加了零件的密度，显著提高了铁基粉末冶金制品的可靠性，因此，温压成形技术广泛用于汽车、机械、武器等领域。汽车中的典型零件有汽车传动齿轮、连杆、油泵齿轮、凸轮、同步器毂、转向涡轮、螺旋齿轮、电动工具伞齿轮、气门导筒等。

2. 粉末注射成形

粉末注射成形(powder injection molding，PIM)技术是在热塑性塑料注射成形技术基础上发展起来的一种粉末近净成形新技术，根据粉末的不同可以分为两类：金属粉末注射成形(metal powder injection molding，MIM)和陶瓷粉末注射成形(ceramic powder injection molding，CIM)。

粉末注射成形可以看作是采用塑料注射成形工艺，制造陶瓷或者粉末冶金零件。粉末注射成形工艺过程如图 6-26 所示，首先将金属或陶瓷粉末与有机粘结剂进行混炼，制成具有良好流动性的均匀混料，然后通过注射机将混料注入模腔，经过保压冷却凝固后，获得预成形坯件。通过脱脂工序去除预成形坯件中的有机粘结剂，最后经烧结成为制品。

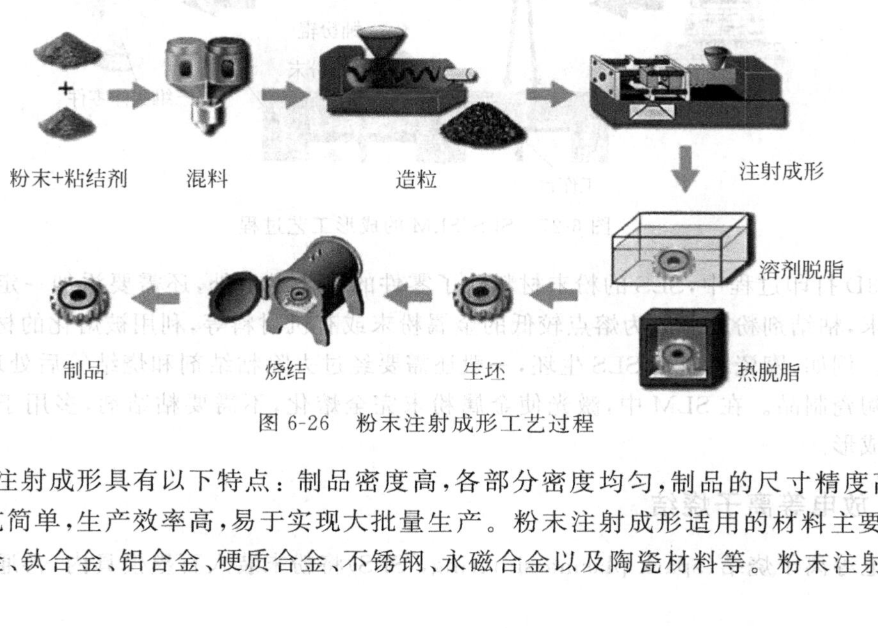

图 6-26 粉末注射成形工艺过程

粉末注射成形具有以下特点：制品密度高，各部分密度均匀，制品的尺寸精度高，质量稳定，工艺简单，生产效率高，易于实现大批量生产。粉末注射成形适用的材料主要有铁合金、镍合金、钛合金、铝合金、硬质合金、不锈钢、永磁合金以及陶瓷材料等。粉末注射成形适合于小型、精密、复杂形状以及具有特殊要求零件的大批量生产，已经广泛应用于汽车、电子、军工、医疗、日用品等领域。以汽车为例，离合器内环、涡轮增压器转子以及汽门导管等采用粉末冶金注射成形，陶瓷火花塞采用陶瓷注射成形。

3. 3D 打印技术

3D 打印技术(3D printing)源于 20 世纪 90 年代的快速成形技术，通过计算机建立出零件的三维数字模型，并将数字模型进行分层处理，再通过 3D 打印设备逐层制造出所需要的零件。3D 打印技术制造速度快，不需要制造模具，不受零件结构和形状的限制，属于近净成形技术，可以节省机械加工时间和减少材料的浪费，缩短零件的制造时间和降低成本。近年来，3D 打印技术在粉末冶金材料和陶瓷制品中得到了较多的应用，例如，应用选择性激光熔化技术制造汽车 LED 大灯散热器，人工骨骼可以用生物陶瓷材料磷酸三钙陶瓷通过 3D 打印完成。

3D 打印技术的种类较多，例如，选择性激光熔化技术/选择性激光烧结技术、熔化沉积成形技术、定向能量沉积技术、喷墨打印技术、光固化成形技术、分层实体制造技术、三维打印成形技术、浆料直写成形技术等。本书介绍目前应用最广泛的选择性激光熔化(selective laser melting, SLM)/选择性激光烧结技术(selective laser sintering, SLS)。

SLS 与 SLM 的成形过程类似，如图 6-27 所示，首先，由铺粉辊在工作台上铺一层粉末材料，然后激光束在计算机控制下，根据数字模型分层的截面信息对工作台上的粉末进行选择性扫描，并使制品的截面实心部分的粉末熔化或烧结在一起，形成零件的一层轮廓。每完成一层，工作平台便会下降一个层高的距离，铺粉辊会重新在工作台上铺一层粉末材料，再进行下一层的粉末激光熔化或烧结，重复类似过程，层层堆叠便形成了一个三维实体零件。

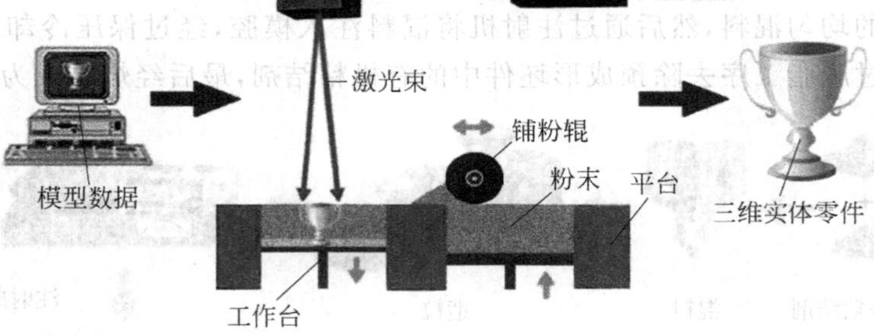

图 6-27 SLS/SLM 的成形工艺过程

在 3D 打印过程中，SLS 的粉末材料除了零件的主体粉末外，还需要添加一定比例的粘结剂粉末，粘结剂粉末一般为熔点较低的金属粉末或有机材料等，利用被熔化的材料实现粘结成形。例如，陶瓷材料的 SLS 生坯，一般还需要经过去除粘结剂和烧结等后处理工序，最终获得陶瓷制品。在 SLM 中，激光使金属粉末完全熔化，不需要粘结剂，多用于粉末冶金材料的成形。

4. 放电等离子烧结

放电等离子烧结(spark plasma sintering, SPS)将粉末装入石墨模具内，再通过电源控制装置产生脉冲电压，并与上、下模的压制压力一同施加到粉末上，如图 6-28 所示。在放电等离子烧结过程中，强脉冲电流施加在粉末颗粒间，产生有利于快速烧结的效应，放电加工具有烧结促进作用，同时在脉冲放电初期，粉末间产生火花放电现象，产生高温等离子体，瞬时的高温场有助于实现粉末的致密化快速烧结。

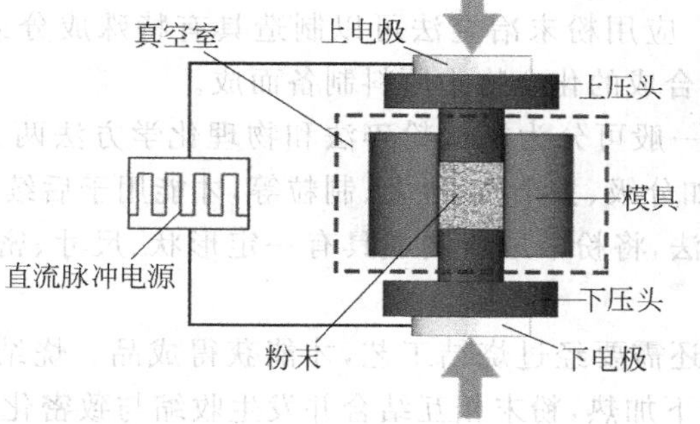

图 6-28　放电等离子烧结示意图

放电等离子烧结技术集等离子活化、热压和电阻加热为一体，既可以用于低温、高压(500～1000MPa)烧结，又可以用于低压(20～30MPa)、高温(1000～2000℃)烧结。与常规烧结技术相比，放电等离子烧结具有升温速度快、烧结时间短、节省能源、制品晶粒均匀、致密度高、有利于控制烧结体显微结构、制品性能高等特点。例如，放电等离子烧结小型制品时，一般只需要数秒至数分钟，加热速度可以高达 106℃/s，自动化生产率可达 400 件/h，放电等离子烧结的耗电量只为电阻烧结的 1/10。放电等离子烧结广泛地用于金属、陶瓷和各种复合材料的烧结。

6.5　工程实例——铜基含油轴承的制造

首先介绍含油轴承(oil-impregnated bearing)的工作原理、应用和发展历史，然后重点介绍铜基含油轴承的制造工艺过程，详见二维码。

阅读材料——电灯钨丝的制造及粉末冶金的发展历史

首先介绍电灯钨丝的发明和制造方法，然后介绍我国电灯钨丝的开发历程，最后介绍粉末冶金的发展历史。详见二维码。

工程实例——铜基含油轴承的制造　　　　阅读材料——电灯钨丝的制造及粉末冶金的发展历史

本章小结

(1) 粉末冶金和陶瓷制品以粉末为原材料，制品的制备过程包括三个主要工艺过程：粉末制备、成形和烧结。应用粉末冶金法可以制造具有特殊成分或具有特殊性能的制品。先进陶瓷材料采用人工合成的化合物为原料制备而成。

(2) 粉末制备方法一般可分为机械粉碎法和物理化学方法两大类，制备好的粉末还需要进行一定的预处理，如分级、去杂质、混合、制粒等，才能用于后续的成形工序。

(3) 通过一定的方法，将粉末原料制成具有一定形状、尺寸、密度和强度坯体的过程称为成形。

(4) 成形后的坯体还需要经过烧结工艺，才能获得成品。烧结是将成形的坯体在低于其主要成分的熔点温度下加热，粉末相互结合并发生收缩与致密化，形成具有一定强度和其他性能固体材料的过程。烧结后的制品一般还需要后处理，以获得所需要的性能和质量。

(5) 模压成形制品受到粉末和压制过程的影响，在设计零件时，需要考虑其结构工艺性。

(6) 随着时代发展和科技进步，粉末制备、成形和烧结都有新技术产生。本章介绍了4种新技术：温压成形、粉末注射成形、3D打印和放电等离子烧结技术。

习　题

6.1　粉末冶金和陶瓷制品成形后，为什么需要烧结工序？

6.2　什么是粉末的粒径和粒径组成？

6.3　在挤压成形中，为何要在真空条件下进行练泥？

6.4　制备反应烧结氮化硅时，为何需在保护气体中添加少量氢气？

6.5　烧结的基本原理是什么？烧结的主要驱动力是什么？

6.6　为什么要对烧结后的粉末冶金进行后处理？各有哪些作用？

6.7　说明选择性激光烧结齿轮快速成形的制作过程。

6.8　通过文献查阅，说明陶瓷球轴承的详细制造过程。

6.9　等静压成形与模压成形有何不同之处？

6.10　浇注成形适用于哪类产品？

6.11　影响陶瓷材料气孔率的工艺因素包括哪些？气孔率对陶瓷材料的强度、弹性模量、抗氧化性、腐蚀性、热导率均有什么影响？

6.12　压制前粉末料需进行哪些预处理？其作用如何？

6.13　在粉末模压成形过程中，压制压力的分布状况怎样？压制坯体的密度为何各处不同？

6.14　热等静压技术适宜加工什么样的材料？同热压法比较，它的特点是什么？

6.15　某专用机床厂需要生产一批尺寸为1000mm×300mm×50mm的导板，要求为铁基材料、含油率在13%～16%。请问用什么办法制造？请设计一套制造成形工艺。

6.16 以齿轮生产为例，分别列举采用粉末冶金法和锻造方法的工艺过程，并对比各自的特点。

6.17 通过文献查阅，说明不锈钢水龙头的陶瓷阀芯是什么材料？并描述其制造过程。

6.18 分析图6-29所示压制粉末冶金零件的结构工艺性，对于不合理的结构，请给出合理的结构方案。

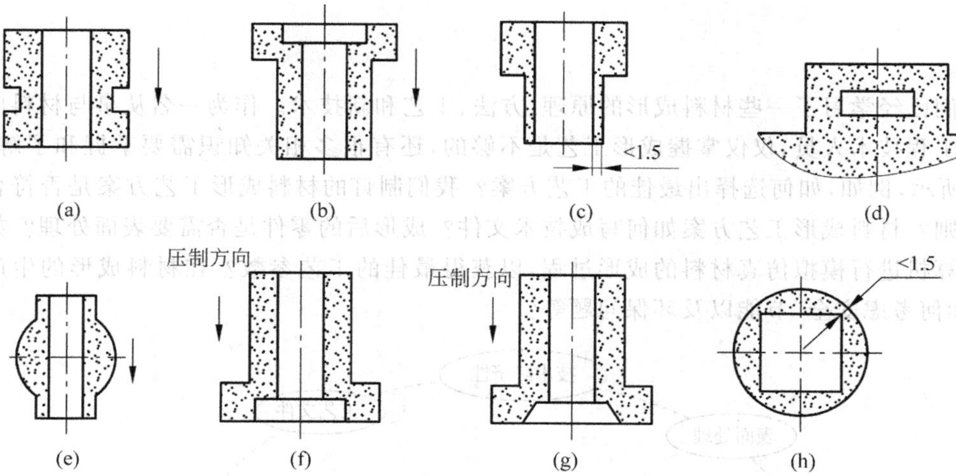

图6-29 题6.18图

第 7 章

材料成形相关技术

我们已经学习了一些材料成形的原理、方法、工艺和新技术。作为一名从事与材料成形有关的工程技术人员，仅仅掌握成形工艺是不够的，还有很多相关知识需要掌握和了解，如图 7-1 所示，例如，如何选择出最佳的工艺方案？我们制订的材料成形工艺方案是否符合经济性原则？材料成形工艺方案如何写成技术文件？成形后的零件是否需要表面处理？如何应用计算机进行模拟仿真材料的成形过程，以获得最佳的工艺参数？在材料成形的生产过程中，如何考虑安全、节能以及环保问题等？

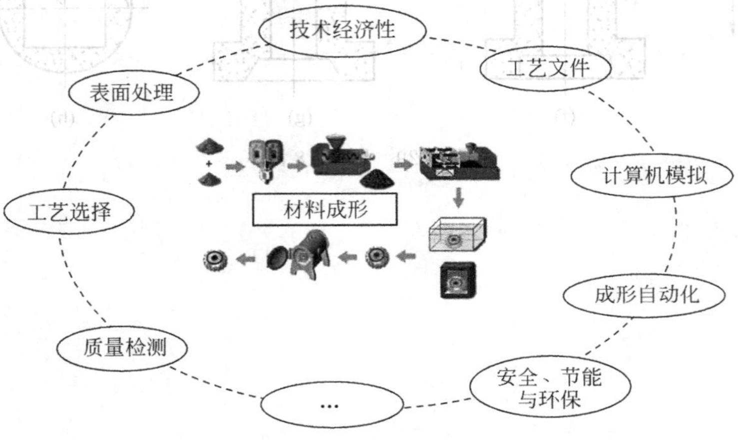

图 7-1　材料成形相关技术

7.1　表面技术

磨损、腐蚀以及疲劳断裂是机械零件或构件的三种主要损耗形式。通常情况下，磨损、腐蚀、氧化以及疲劳断裂都是从材料表面、亚表面或因表面因素而引起的，腐蚀从材料表面开始，摩擦磨损在材料表面发生，疲劳裂纹通常由材料表面向内部扩展，材料表面的局部损坏将会快速导致零件失效。据统计，全球钢产量的 10%由于腐蚀而损耗，在中国因摩擦磨损造成的经济损失占国民生产总值的 1.8%以上。在各类机电产品的过早失效破坏中，约有 70%是由腐蚀和磨损引起的，机电产品制造和使用中约 1/3 的能源直接消耗于摩擦和磨损。因此，采用合理的表面技术，可以制备出优于基体材料性能的表面层，厚度范围仅仅在几微米到几毫米之间，为结构尺寸的几百分之一到几十分之一，却可以有效提高材料的表面性能，加强材料的表面防护，延长零件的使用寿命。表面技术的费用一般只占产品价格的5%～10%，却可以大幅度地提高产品的性能和附加值，从而获得更高的利润，采用表面技术所获得的效益可达5～20倍以上。

7.1.1 概述

1. 表面技术的发展

表面技术(surface technology)是应用物理、化学、机械等方法，改变或控制材料表面的化学成分或组织结构，以获得所需要的表面状态和性能，提高产品可靠性或延长产品使用寿命的各种技术的总称。在不改变基体材料的成分、不削弱基体材料强度的条件下，表面技术赋予材料表面以特殊的性能，从而满足工程技术上对材料提出的要求。使用表面技术可以赋予材料表面某种功能特性，例如光、电、磁、热、声、力、耐磨、防腐、吸附以及分离等性能，用来提高材料抵御工作环境作用的能力。图7-2表示表面技术的内涵和应用。

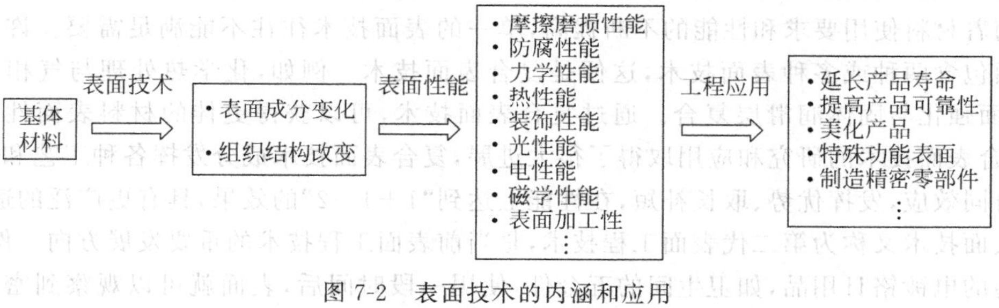

图7-2 表面技术的内涵和应用

人类使用表面技术已有悠久的历史，例如，在一些出土的秦朝青铜剑表面没有观察到锈蚀现象，通过对其表面的组织及成分的分析表明，在这些兵器表面采用了表面钝化处理技术。一些工艺品采用鎏金技术在金属表面镀金，以增加其美观性和防腐效果。中国是世界上最早使用鎏金技术的国家，早在战国时期中国人就发明了在青铜上的鎏金技术，至今已有两千多年的历史。在日常生活中，也可以观察到表面技术，例如，在家具表面涂漆具有防水、防霉、防污等作用。

表面技术的迅速发展是从19世纪工业革命开始的，20世纪80年代以来，表面技术得到了迅猛的发展，并形成了一门新兴边缘学科——表面学科。表面学科是多学科交叉、渗透与融合的一门综合性学科，表面学科体现出对各学科成果的综合应用。

随着经济和科学技术的迅速发展，对产品的性能提出越来越高的要求，要求产品能够在某些特殊的工作条件下，如高温、高速、高压、重载以及腐蚀介质等环境可靠而持续地工作。表面技术是实现上述性能的重要途径之一。例如，高速飞行的导弹与大气摩擦产生巨大热量，头部锥体的表面温度可达400～500℃，需要石英纤维、氧化锆等具有隔热、防火、防雨蚀等作用的涂层来保护基体金属。在许多情况下，产品的性能和质量主要取决于其表面的性能和质量。例如，齿轮的磨损通常发生在表面，通过齿轮的表面淬火、渗碳、氮化等化学热处理方法，便可以获得较高的齿面硬度，提高齿面的耐磨性能。一般情况下，表面层很薄，从几十微米到几毫米，仅占工件整体厚度的几百分之一到几十分之一，用材不多，但通过表面技术，却可以获得优于基体材料性能的功能性表层，能够满足使用要求。因此，表面技术可以节约材料和能源，以较低的经济成本获得较高性价比的表面。

表面技术不仅仅应用于承受载荷、冲击、磨损、腐蚀等工况条件下的一些结构性零部件，如齿轮、刀具、轴类零件等。应用表面技术还可以赋予材料各种类型的功能性表面，作为一种具有光学、电学、磁学等性能的功能性表面。例如，采用真空蒸镀技术在一些节能灯的冷光碗表面，获得具有光学性能的 MgF_2/ZnS 多层膜，一般采用 21 层以上达到红光向后、冷光向前的效果。

2. 表面技术的分类

表面技术的种类繁多，随着当今科技的快速发展，各类新技术、新工艺层出不穷。从不同的角度进行归纳、整理，对应的有不同的分类方法。

1）按照工艺分类

按照表面技术的工艺可以划为分电镀、化学镀、热渗镀、热喷涂、堆焊、化学转化膜、表面涂装、表面氧化着色、气相沉积、高能束表面改性、表面热处理、形变强化以及衬里等。

随着材料使用要求和性能的不断提高，单一的表面技术往往不能满足需要。许多材料的表面包含两种或多种表面技术，这便是复合表面技术。例如，化学热处理与气相沉积复合、表面强化与固体润滑层复合。通过复合表面技术，可以获得更佳的材料表面性能。目前，复合表面技术的研究和应用取得了很大进展，复合表面技术成分发挥各种工艺和材料的最佳协同效应，发挥优势、取长补短，在性能上达到“1＋1＞2”的效果，具有更广泛的适应性。复合表面技术又称为第二代表面工程技术，是当前表面工程技术的重要发展方向。例如，有些普通的电镀铬日用品，如卫生间的五金件，使用一段时间后，表面就可以观察到密布的微小锈蚀点。这是因为电镀表面一般都存在一定的孔隙率，发生针孔腐蚀。而采用多层铜/镍/铬镀层，便具有优良的耐蚀性，提高了防护性能，可以保持镀层的长久光亮。

2）按照表面技术的方法和手段分类

按照表面技术的方法和手段分类，可以将表面技术分为三个大类：表面涂镀技术、表面改性技术和表面处理技术，如表 7-1 所示。

表 7-1　表面技术的分类

表面技术	表面涂镀技术	热喷涂、电沉积、化学沉积、气相沉积、堆焊、热浸镀、熔覆、有机涂装……
	表面改性技术	化学热处理、离子注入、激光束改性、转化膜技术……
	表面处理技术	表面热处理、喷丸、辊压、表面纳米化……

(1) 表面涂镀技术

表面涂镀技术是通过涂覆、原子沉积等方式，在材料基体表面形成一层新的涂层或镀层，统称为覆盖层。覆盖层的化学成分、组织结构和性能与基体不同，在覆盖层与基体之间有明显的界面，如图 7-3 所示，可以观察到电镀镍镀层与低碳钢基体之间的分界面。在日常生活中，最为常见的是木材、金属等基体表面的油漆，即有机涂装。此外，还有热喷涂、电沉积、化学沉积、气相沉积、堆焊、热浸镀、熔覆等。

(2) 表面改性技术

表面改性技术是通过原子渗入或离子注入等方式，改变材料基体表层的化学成分，从而达到改变材料表面性能的目的。表面改性层与基体没有明显的界面，如图 7-4 所示的低碳钢渗碳截面图片。因此，与表面涂镀层技术相比较，表面与基体具有较高的结合强度。表面改性包括化学热处理、离子注入、激光束改性、转化膜技术等。

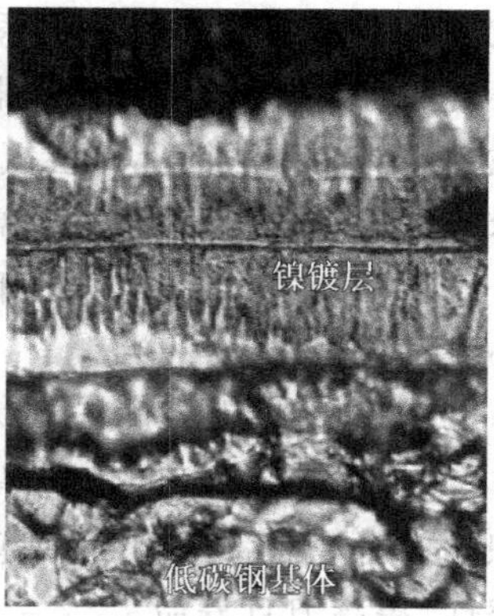

图 7-3 镍镀层与低碳钢基体之间的界面

(3) 表面处理技术

表面处理技术是指在不改变材料表层化学成分的情况下，通过加热或机械处理，使其组织与结构发生变化，从而改变材料的表面性能。常用的表面处理技术有表面热处理、喷丸、辊压等。图 7-5 为连杆的喷丸处理表面。

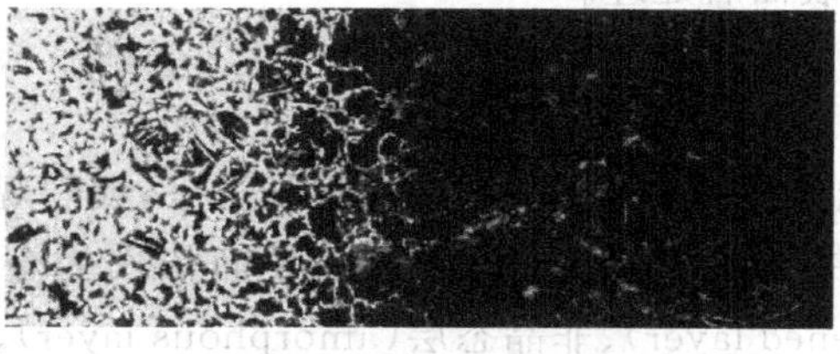
图 7-4 低碳钢渗碳截面

图 7-5 连杆的喷丸处理表面

3. 表面技术的应用

表面技术的应用范围非常广泛，遍及各个行业。表面技术的应用扩展了基体材料的性能，使基体表面具备了原来没有的性能，显著拓宽了材料的应用领域。表面技术基本上可以应用于包括金属材料、无机非金属以及高分子材料在内的各类工程材料。

1) 表面技术应用于结构材料

结构材料主要用来制造工程建筑中的构件、机械装备中的零部件以及工具、模具等，结构材料在使用中主要发挥材料本身的力学性能，在一些场合同时要求具备良好的表面耐蚀性和表面装饰性。表面技术应用于结构材料，主要起耐磨、表面防护、表面强化、修复等作用。例如，我国南海地区舰船在高温、高湿、高盐雾的恶劣环境下，腐蚀严重。我国再制造技术重点实验室开发的电弧喷涂防腐技术，成功解决了舰船船体的防腐难题，采用稀土铝合金涂层与有机材料复合涂层，船体的耐海水腐蚀性提高了 4～5 倍。又如，在切削刀具表面上，通过气相沉积技术覆盖一层 1～3μm 的 TiN 薄膜，便可以提高刀具的耐磨损性能，刀具寿命提高 3 倍以上。

2) 表面技术应用于功能材料

功能材料主要应用材料的物理化学、电学、磁学等功能，常用于制造具有独特功能的部件和元器件。材料表现出来的许多功能与其表面成分和组织结构密切相关，因此，通过表面技术便可以制备或改进一系列功能材料。例如,ITO透明导电玻璃是电子工业的基础材料,主要用于生产液晶显示器件。ITO导电玻璃是在钠钙基或硅硼基玻璃的基础上,利用磁控溅射的方法镀上一层氧化铟锡(indium tin oxides)膜加工制作成的,在厚度只有几百纳米的情况下,氧化铟透过率高,氧化锡导电能力强。因此,将ITO膜喷涂在玻璃、塑料及电子显示屏上,在增强导电性和透明性的同时,可以隔离对人体有害的电子辐射及紫外线、红外线等。

3) 表面技术应用于新材料的研究与开发

应用表面技术可以获得许多新材料,获得更广泛的应用。例如,应用等离子化学气相沉积技术可以制备金刚石薄膜,在硬质合金切削刀具表面沉积类金刚石膜,可以提高刀具的耐磨性,提高刀具寿命。

7.1.2 表面技术的工艺过程

表面技术的方法很多,表面工艺也千差万别。在一般情况下,可以将表面工艺过程划分为三个阶段:基体表面预处理、表面成形和表面后处理。

1. 基体表面预处理

材料表面的物理、化学性质、结构、性能与材料内部不一样。一般情况下,我们观察到的材料表面并不是纯净的清洁表面,以金属表面为例,由材料内部向表面依次为金属基体(metal substrate)、加工硬化层(work-hardened layer)、非晶态层(amorphous layer)、氧化层(oxide layer)、吸附气体层(adsorbed gas)和污染层(contaminant),如图7-6所示。对于特定条件下的表面,其实际组成及每一层的厚度与材料制备过程、环境以及材料本身的性能有关。例如,加工硬化层的深度取决于材料的加工方法以及材料表面所承受的划擦程度。对于由磨损刀具切削加工后的表面,其加工表面的硬化层相对较厚。在材料加工过程中,在加工硬化的最外层,有时会形成一种类似于玻璃相的非晶态物质,非晶态层一般较薄,具有与基体材料不同的性能。材料在普通大气环境下加工或保存,在加工硬化层表面会形成一层氧化层。对于铁而言,加工硬化层由内向外的氧化层顺序依次是FeO、Fe_3O_4和Fe_2O_3。在氧化层表面一般吸附一层气体或湿气。最外层的污染层由灰尘、油污、残留清洗剂等组成。

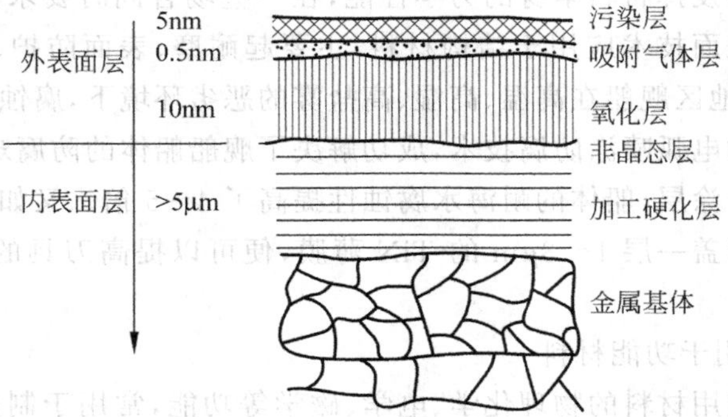

图7-6 金属表面示意图

由此可见，材料的实际表面具有与基体完全不同的特性。表面技术可以看作材料的基体与另一种材料的连接技术。因此，需要明确材料的表面特性，并在应用表面技术时选择合适的材料表面预处理状态，以获得良好的表面结合。

表面预处理是在表面成形之前对基体材料进行机械、化学或电化学等方式的处理，使基体材料表面净化、粗化或钝化。表面预处理的目的是去除基体材料表面的油污、锈迹等异物，去除毛刺、毛边等，保证基体的表面质量，提高表面覆盖层与基体的结合强度。

基体材料与表面层的良好结合是表面技术的基础。在某些情况下，表面技术的质量问题，往往不是由表面成形工艺本身的原因引起的，而是基体的不良处理导致的。基体表面即使有很薄的油膜或钝化膜，也会妨碍分子间力或金属间力的作用，从而明显降低表面覆盖层与基体的结合强度。因此，为了保证覆盖层有平整光滑的外观，与基体的良好结合，就需要对基体进行必要的预处理。预处理包括除油、除锈、表面精整等。

1）除油

经机械加工生产出来的零件，再经过运输，其表面或多或少沾有油污。常用的除油方法有碱液除油、有机溶液除油、电化学除油等。例如，碱液清洗利用碱与油脂的化学反应去除工件表面上的油污、浮渣等。碱液的配方主要以 $NaOH$、Na_2CO_3、Na_3PO_4 为主，并含有其他添加剂。碱液清洗无毒、不燃、设备简单、成本低，是一种广泛应用的技术。根据油污类型和程度、生产批量以及工件的复杂程度，可以选择对应的碱液清洗方法，如手工清洗、浸渍清洗、喷射清洗、蒸汽清洗等。有机溶剂除油利用有机溶剂对油脂类物质的溶解作用去除油污。工程中常用的有机溶剂有汽油、煤油、乙醇、丙酮等。有机溶剂除油的速度快，对金属无腐蚀作用，可在常温下清洗操作。有机除油的缺点是易燃、有毒，溶剂的价格较贵。电化学除油是将工件置于碱液中，以工件作阴极或阳极，通直流电去除油污的方法。电化学除油过程产生电极极化，使电极工件与碱液之间的界面张力降低，增加了它们的相互接触面积，电极上析出的气体对工件表面的油膜产生强烈冲撞和撕裂作用。电化学除油的碱性溶液与化学除油的碱性溶液基本相同，但比化学除油的速度快，除油效果更好。

2）除锈

除锈的主要目的在于去掉工件表面的锈迹、氧化皮以及各种腐蚀产物。除锈的方法有化学法、手工法、机械法等。化学除锈主要采用无机酸，如 H_2SO_4、HCl、HNO_3 等，化学除锈具有速度快、生产效率高、不受工件形状限制、除锈彻底、操作方便等优点。但若控制不当，就会对金属基体产生"过腐蚀"，且除锈过程中容易产生氢脆。

机械除锈方法很多，可以分为摩擦式和喷射式两大类：摩擦式主要有刮刀除锈清理、砂布或砂纸打磨除锈、电动工具打磨等方法；喷射式主要有喷丸、喷砂、高压水除锈法等。

3）表面精整

表面精整通过对基体材料进行处理，获得具有一定表面纹理和粗糙度要求的表面，以提高覆盖层与基体的结合强度，获得优质的涂层。常用的基体表面精整方法有磨光、抛光、滚光、喷丸等。例如，喷砂用于对热喷涂效果要求高的零件喷涂前的粗化处理，通过粗化处理能增加基体与涂层的"锚钩"效应，减少涂层的收缩应力，从而提高涂层与基体的结合强度。

2. 表面后处理

表面后处理通常是为了增强表面覆盖层的性能，弥补表面覆盖层的缺陷。例如，镀锌的后处理包括去氢和钝化两部分。镀锌层的去氢在200～250℃条件下保温2h，从而使镀锌层中的氢逸出，以去除镀层的脆性。镀锌的钝化处理有彩色钝化、白色钝化、草绿色钝化等。钝化处理一般在配置好的溶液中，在适当的温度下完成。对于热喷涂而言，涂层的后处理包括封口处理、机械加工、扩散处理等。

7.1.3 气相沉积技术

1. 气相沉积

气相沉积(vapor deposition)是利用气相中发生物理、化学过程，在材料表面形成具有一定性能的金属、非金属或化合物覆盖层的工艺方法。气相沉积技术是一种发展迅速、应用广泛的表面技术，它不仅可以用来制备各种特殊力学性能的薄膜涂层，而且还可以用来制备各种功能性和装饰性薄膜材料。例如，Cr12材料的钢模圈应用CVD技术沉积一层TiN后，寿命提高6～8倍，比涂硬铬高3～5倍。集成电路芯片制造中的电极引线采用溅射纯铝膜，能够保证膜层均匀，台阶覆盖性好，电阻率低，焊接性好。应用离子镀膜技术开发的仿金涂层，广泛应用于轻工、工艺美术等领域。例如，金黄色的TiN仿金用于表壳、首饰等，不仅节约黄金，而且耐磨性、抗腐蚀性均优于黄金。

2. 气相沉积技术的分类

根据气相物质的产生方式，气相沉积技术可以分为物理气相沉积和化学气相沉积两大类。

1）物理气相沉积

物理气相沉积(physical vapor deposition，PVD)是在真空条件下，通过物理过程将源物质转化为原子、分子或离子态的气相物质后再沉积于基体表面，从而形成固体薄膜的一类薄膜制备方法。PVD需要使用固态的或者熔融态的物质作为沉积过程的源物质，源物质需要经过热蒸发或受到粒子轰击表面原子的溅射等物理过程转化为气相物质，上述PVD过程中，在气相中及在衬底表面不发生化学反应。PVD过程中包括三个阶段：气相物质的产生、气相物质的输运和气相物质的沉积。

按沉积薄膜气相物质的生成方式和特征，物理气相沉积主要可以分为：

(1) 真空蒸镀(vacuum deposition)。镀材以热蒸发原子或分子的形式沉积成膜。

(2) 溅射镀膜(sputtering)。镀材以溅射原子或分子的形式沉积成膜。

(3) 离子镀膜(ion plating)。镀材以离子和高能量的原子或分子的形式沉积成膜。

PVD工艺过程易控制、工艺温度低、无环境污染。PVD通常用于沉积薄膜和涂层，镀层附着力强，可以制备各种金属、合金、氧化物、氮化物、碳化物等镀层，PVD还可以制备多层或者复合镀层。PVD镀膜的应用广泛，包括各种装饰镀膜和功能薄膜，例如，PVD装饰镀膜应用于门窗五金、锁具、卫浴五金等，PVD功能镀膜主要应用于切削刀具、剪刀、五金工具以及模具等产品。

真空蒸镀技术是物理气相沉积中发展较早和应用广泛的一种镀膜技术。如图 7-7 所示，真空蒸镀将镀膜材料和工件置于真空室内，采用一定的方法加热镀膜材料，镀膜材料在高温下蒸发汽化，以分子或原子状态，沉积到基材工件表面，从而凝聚成膜。在较高的真空度条件下，蒸发出来的物质原子或分子可以直接沉积到基材表面上，可以获得较高的薄膜纯度。真空蒸镀具有一系列优点：膜纯度高，沉积速度快，设备简单，操作方便，沉积参数容易控制，可实时监控成膜过程，适于商业化生产。

真空蒸镀的基本设备主要由附有真空抽气系统的真空室、蒸发镀膜材料和工件的加热系统、安装工件的夹具和一些辅助装置组成。在真空条件下，镀膜材料所需的蒸发温度大幅度降低，更容易蒸发。一般的，低熔点的膜材采用电阻加热方式蒸发，如图 7-7 所示。高熔点的膜材采用电子束、激光束、电弧以及高频加热方式进行蒸发。为了提高蒸发粒子与工件基体的附着力，可以对工件进行加热。

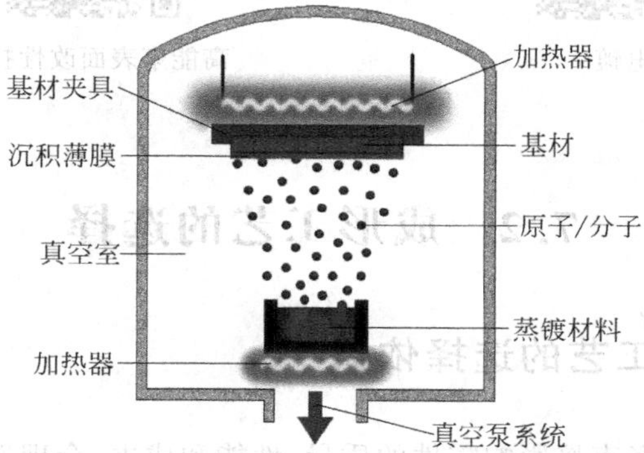

图 7-7 真空蒸镀的原理示意图

真空蒸镀方法能在金属、半导体、绝缘体，甚至塑料、纸张、织物等表面上沉积金属、半导体、绝缘体、不同成分比的合金、化合物及部分有机聚合物薄膜。真空蒸镀应用于轻工、电子、光学、装饰、半导体、太阳能以及航空领域。塑料制品金属化是真空蒸镀应用较大的领域之一，在塑料件上真空蒸镀铝膜，并着色成多种颜色，使塑料表面具有色彩鲜艳的金属质感，例如玩具、灯饰、饰品、工艺品、家具、化妆品容器、钟表、纽扣、旋钮等。

2) 化学气相沉积

化学气相沉积(chemical vapor deposition，CVD)是指将含有组成膜的一种或几种化合物气体导入反应室，使气态物质在基体材料表面通过化学反应生成所需要固态薄膜的一类薄膜制备方法。在 CVD 过程中，可以通过加热、高频电压、激光、X 射线、等离子体、电子碰撞和催化等方式激发和促进化学反应。其中的化学反应类型可分为分解反应、还原反应、氧化反应、水解反应以及聚合反应等。

CVD 常用于制备金属和化合物薄膜涂层，因为沉积温度高，涂层与基体之间可以具有较好的结合强度。CVD 的涂层致密均匀，特别适于带有盲孔、沟、槽等复杂形状的工件。此外，CVD 的灵活性较强，通过改变原料，可以制备出性能各异的单一或复合镀层。

化学气相沉积主要包括：采用加热促进化学反应的普通常压 CVD、低压 CVD，采用等离子体促进化学反应的等离子辅助 CVD，采用激光促进化学反应的激光 CVD，以及采用有机金属化合物作为反应物的有机金属化合物 CVD 等。

7.1.4 电镀

下面的二维码介绍了电镀的工作原理、分类、特点和应用。

7.1.5 高能束表面改性技术

下面的二维码介绍了高能束表面改性技术的分类和应用。

电镀　　　　高能束表面改性技术

7.2 成形工艺的选择

7.2.1 材料成形工艺的选择依据

材料成形工艺的选择直接影响零件的质量、性能和成本，合理选择材料成形工艺也是产品设计人员和制造人员需要考虑的重要任务。保证产品质量、降低制造成本是产品制造过程的基本要求，在材料成形工艺的选择过程中需要考虑成形工艺的适用性、经济性和节能环保要求。

在选择和确定成形工艺之前，工艺人员应充分掌握常用材料成形工艺的技术特征和应用，例如，各种材料成形工艺的适用材料、典型应用产品、成形特点、对原材料性能的要求、成形制品的组织结构特征和力学性能、成形零件的适用尺寸和结构、材料利用率、成形设备、生产成本以及生产效率等。

在充分掌握各类材料成形工艺的基础上，设计人员在选择材料成形工艺时，还需考虑以下因素：

1. 零件的使用性能

满足使用性能是制造零件的最基本要求，通过分析零件的工作条件以及零件的失效形式，可以确定零件的使用性能。在充分了解零件使用性能的前提下，便可以选择零件材料和材料成形方法。例如，在第 1 章中列举了不同应用场合下的齿轮选材和成形方法。再如，扇叶的应用场合不同，其选材和成形方法也不同。家用电风扇的叶片采用低碳钢薄板冲压成形，小型电风扇一般采用塑料注塑成形，燃气轮机上的叶片采用镍基高温合金通过精密铸造成形，航空发动机涡轮叶片选用单晶高温合金采用定向凝固技术精密铸造成形。

2. 材料的工艺性能

在确定零件材料和成形工艺时，除了满足零件的使用性能之外，还要考虑材料成形的难易程度，即材料的工艺性能。各种材料成形方法有一定的适用性和局限性，材料成形工艺性能直接影响零件成形的难易程度、生产效率、生产成本以及产品质量。因此，选择成形方法时，应考虑零件的材料工艺性，确定成形方法和工艺路线。例如，汽车发动机壳体是一种薄壁箱体类零件，为了满足轻量化要求，可以采用铝合金压铸方法制造。汽车车窗饰条选用成卷的带状不锈钢，经过系列冲压工艺制成。

3. 零件结构、形状和精度

成形工艺的选择还要考虑零件的尺寸、形状和结构特征以及零件的精度要求。具有复杂结构和形状的箱体类零件，一般采用铸造成形。例如，机床的床身尺寸较大、精度要求不高，一般选用灰铸铁以砂型铸造方式成形。发动机气门摇臂尺寸小，机械加工余量小，有一定的精度要求，可以采用熔模铸造成形。对于尺寸精度要求不高的大型锻件，一般选用自由锻，如果对锻件有尺寸和形状精度要求，则需要模锻成形。

4. 生产批量

生产批量是选择材料成形工艺的主要依据之一。对于产量低的单件、小批量生产，一般选用精度和效率不高的普通成形方法，避免昂贵设备和工装的投入，可以降低生产成本。例如，铸件采用手工砂型铸造，锻件采用生产周期短、使用范围广的自由锻或胎模锻成形，焊件选用操作简单、灵活的手弧焊，薄板零件可以选用钣金钳工成形的方法。

大批量生产时，一般选用高效率、高质量的成形工艺，如机器造型、金属型铸造、埋弧自动焊、模锻、板料冲压等。例如，汽车中的汽缸体、汽缸盖、变速器壳体、进排气歧管、排气管等零件，形状复杂，有些零件还需要砂芯，在大批量生产中，制造砂芯和后续的清理工作量很大。消失模铸造无需砂芯、简化了清理工作，特别适合于上述形状复杂、需要砂芯的铸件。因此，消失模铸造成形常用于汽车中进气歧管、缸体、缸盖等铝合金铸件和曲轴、缸盖、排气管等铸铁件的生产。

5. 生产条件

选择材料的成形方法，需要考虑企业的现有生产条件，例如，生产设备、技术水平以及企业管理水平等。在满足零件使用要求的前提下，充分利用现有的生产条件。如果本企业的生产条件能够部分满足零件的生产要求时，可以考虑添置或者改造设备，或者采用与其他企业协作的方式，完成零件的生产。

6. 技术经济分析

对于企业而言，产品的制造成本是一项至关重要的因素，直接影响企业的效益。在满足零件使用要求的前提下，可能有几种不同的成形工艺方案，例如，有的成形方案生产效率高，但是设备投入大；而有的成形方案设备投入不大，但是生产效率低。因此，应该充分考虑成形工艺的经济性，对几个可能的技术方案从经济性角度进行分析对比，综合考虑材料、设备、人员、批量、效率等因素,进行成本核算,选择出生产成本最低的成形方案。例如,汽车发动机曲轴常用的材料有球墨铸铁和合金钢两大类,与合金钢模锻成形相比较,如果采用球墨铸铁铸造成形,则可以降低曲轴的制造成本60%~80%,减少加工工时30%~50%。因此,对于汽油机曲轴和小型柴油机曲轴,目前的曲轴毛坯一般采用球墨铸铁(例如,QT600、QT700、QT800、QT900)铸造成形,而大型和重型柴油机曲轴因为功率大,依然采用合金钢(如48MnV、35CrMo)进行锻造成形。

7. 环境保护

工业化生产是导致环境污染的重要因素之一,目前,环境问题已经成为一个不可回避的重要问题,引起社会的高度重视。因此,在选择材料成形工艺方案时,需要采用材料利用率高的成形工艺,避免或减少生产活动中的废物排放和过多的能源消耗。

7.2.2 典型零件的成形方法

1. 轴杆类零件

轴杆类零件的轴向尺寸远大于径向尺寸,如图7-8所示,轴杆类零件在各类产品中的应用非常广泛,例如主轴、传动轴、凸轮轴、丝杠、曲轴、连杆、定位销以及螺杆等。轴类零件一般都是重要的受力和传动零件,其成形方法一般根据零件的结构形状、材料和受力情况等条件进行选择。

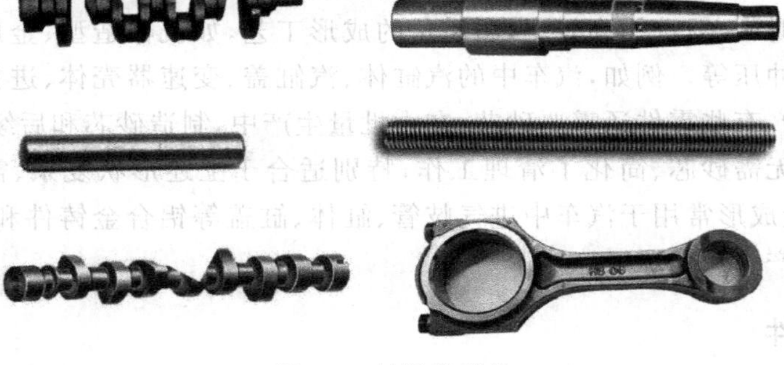

图7-8 轴杆类零件

(1) 对于光滑轴、直径变化较小的轴,如果力学性能要求不高,一般采用轧制圆钢;如果力学性能要求较高,则需要锻造成形。

(2) 对于某些具有异形截面或者弯曲轴线的轴,例如凸轮轴、曲轴等,在满足使用性能要求的前提下,通常采用球墨铸铁铸造成形。

(3) 对于力学性能要求较高、直径变化较大、具有异形截面的轴,一般选择锻造工艺成形。

(4) 对于大型轴类零件或者具有特殊要求的轴类零件,可以采用锻压-焊接或者铸造-焊接复合成形工艺。例如,长度为18m、重80t的水压机立柱,先分成6段铸造成形,然后通过电渣焊焊接成一个整体。

2. 盘套类零件

盘套类零件的轴向尺寸一般均小于径向尺寸或者横向尺寸，其平面呈圆形、近似圆形或者方形、近似方形，如图 7-9 所示，常见的盘套类零件有齿轮、带轮、手轮、飞轮、法兰盘、端盖、凸模、凹模、套环、轴承环、垫圈以及螺母等。上述零件的工作条件和性能要求差异较大，所选用的材料和成形方法也不一致。

图 7-9 盘套类零件

齿轮是典型的盘套类零件，齿面承受接触应力和摩擦力，齿根承受交变弯曲应力和冲击力，根据不同的工作情况和要求，对应有不同的成形方法。

(1) 一般情况下，齿轮选用具有良好综合力学性能的 40 钢、45 钢等中碳结构钢；重要场合下，可以选用 20Cr、40Cr、20CrMnTi 等合金钢。中小齿轮一般选用锻造方法成形，锻造件具有流线状分布的纤维组织，有助于增加齿轮的强度。

(2) 对于大批量生产、形状简单、尺寸不大的齿轮，可以采用热轧制工艺成形。

(3) 在低速、低载条件下，齿轮可以选用灰铸铁铸造成形。

(4) 对于以传动要求为主的仪表齿轮，材料可以选用高碳工具钢、优质碳素结构钢、合金结构钢、铜合金以及铝合金等，齿轮采用板料冲压方式成形。

(5) 对于轻载荷、要求不高的齿轮，可以选用工程塑料注塑成形。

(6) 对于结构形状复杂、尺寸不大的齿轮，可以采用粉末冶金方法成形。

(7) 对于直径为 400mm 以上的大型齿轮，难以锻造成形，可以采用铸钢或者球墨铸铁以铸造工艺成形。

(8) 对于大型齿轮，单件、小批量生产时，也可以采用焊接方式进行齿轮制造。

3. 箱体、支架类零件

如图 7-10 所示，箱体、支架类零件的结构特点是结构比较复杂，具有不规则的外形和内腔，壁厚不均匀，质量范围从几千克到数十吨，工作条件和技术要求也存在较大的差别。例如，机床床身、各种箱体、工作台、阀体、泵体、缸体、轴承座、底座以及机架等。

(1) 大部分箱体和支架选用铸造成形，灰铸铁的铸造性能好，价格便宜，具有良好的耐磨性和减振性能，应用广泛，例如，机床的床身、工作台、变速箱、阀体、泵体等。

(2) 当有轻量化以及一定的耐腐蚀性要求时，可以选用铝合金铸造成形，例如，小型汽车的发动机缸体。

(3) 对于某些受力较大或者受力复杂的零件，如轧钢机机架、锻压机机架等，可以采用铸钢铸造成形。难以整体铸造成形的大型机架，可以采用铸造和焊接组合成形方式。

(4) 对于一些薄壁箱体或者轻型支架，如水箱、油箱、仪表支架等，一般采用板料冲压和

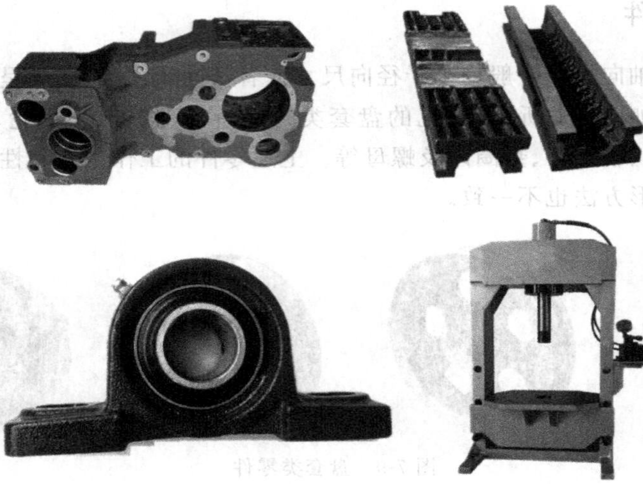

图 7-10 箱体、支架类零件

焊接方法制造。

7.2.3 汽油发动机主要零件的成形方法

轿车一般采用汽油发动机,如图 7-11 所示,汽油发动机是汽车的动力源,将汽油的化学能转变为热能,再把热能通过膨胀转化为机械能并对外输出动力。汽油发动机的零件很多,例如缸体、汽缸盖、活塞、连杆、曲轴、气门、凸轮轴、皮带轮、正时齿轮、离合器壳、油底壳、化油器、水泵、机油泵、散热器、风扇、进排气管等。下面列举几种汽油发动机典型零件的成形方法。

图 7-11 汽油发动机

1. 汽缸体、汽缸盖

汽油发动机缸体和缸盖的形状复杂，为基础支承件，要求尺寸稳定、有一定的抗压性和吸振性，一般采用铸铁和铸铝两种材料。发动机属于批量化生产，灰铸铁一般采用机器造型、砂型铸造方法成形。随着汽车轻量化的要求，铸造铝合金开始逐渐用于缸体和缸盖的制造，可采用低压铸造、压力铸造或者消失模铸造方法成形。

2. 活塞、活塞环

汽车活塞的形状比较复杂，在汽缸内做高速往复运动，要求质量轻、尺寸稳定性好，通常选用铸造硅铝合金材料，采用金属型铸造成形或者压力铸造成形。活塞环随活塞在汽缸中高速移动，与汽缸壁有较强的摩擦，要求一定的耐磨性，一般选用合金铸铁，采用砂型铸造或者离心铸造成形。

3. 曲轴、凸轮轴

曲轴、凸轮轴工作时承受交变载荷，并在轴颈部存在磨损现象，要求具有足够的强度、刚度和耐磨性。轿车用发动机的曲轴、凸轮轴可以选用球墨铸铁以砂型铸造方法成形。

4. 连杆

连杆工作时承受压缩、拉伸和弯曲等交变载荷，要求具有高强度、高刚度和良好的冲击韧性，连杆可以选用调质45钢或40Cr、35CrMo等合金钢，采用模锻成形或辊锻成形。连杆也可以采用粉末锻造方法制造。

5. 飞轮、皮带轮

飞轮和皮带轮可以采用铸造方法成形，皮带轮一般选用灰铸铁，采用砂型铸造或金属型铸造，飞轮可以选用球墨铸铁以砂型铸造方法成形。对于高速发动机的飞轮一般选用45钢模锻成形。

6. 油底壳、离合器壳、盖板

油底壳、离合器壳、盖板属于薄壁类零件，受力很小，可以选用薄钢板，例如，16Mn、Q235等，采用冲压成形和焊接方式完成。

7. 汽缸垫、密封圈

汽缸垫位于汽缸盖与汽缸体之间，以获得汽缸体和汽缸盖之间的良好密封性能，从而保证燃烧室的密封，防止汽缸漏气、漏水和漏油。金属-石棉衬垫在汽缸垫中应用较多，金属-石棉衬垫以石棉为基体外包铜皮或钢皮，冲压出一定高度的凸缘，利用凸缘的变形进行密封。各种形状的密封圈一般选用橡胶材料，采用模压方法成形。

7.3 材料成形工艺方案的技术经济分析

大部分工程零部件的设计和制造方案，都是从经济角度作出选择的。技术经济分析是选择材料成形工艺方案的重要依据，材料成形工艺方案除了考虑产品的功能、性能、加工质量、效率、寿命以及可靠性等技术指标外，一定要考虑到材料成形工艺方案的经济性。在满足被加工零件的技术要求的前提下，一般都可以拟定出几种不同的材料成形工艺方案，例如，某成形工艺方案的生产率高，但设备和工艺装备投资较高；另外的成形工艺方案的投资不大，但生产率较低。因此，不同的材料成形工艺方案会存在不同的经济效果。在给定生产条件下，为了选择出最经济合理的工艺方案，就需要对各种材料成形工艺方案进行技术经济分析。

技术经济分析用经济的观点分析和解决技术上的问题。对于工艺方案的技术经济分析而言，就是对工艺方案的经济效益进行评价，从而选择出最优的工艺方案。通常有两种方法来分析工艺方案的技术经济问题，即盈亏平衡分析法和增量投资回收期法。

1. 盈亏平衡分析法

盈亏平衡分析(break-even analysis)是指在一定市场、生产能力和经营管理条件下，依据技术方案的成本与收益相平衡的原则，确定技术方案的产量、成本与利润之间变化与平衡关系的方法。当技术方案的收益与成本相等时，就是盈亏平衡点(break-even point，BEP)。盈亏平衡点是技术方案盈利与亏损的分界点，表示某技术方案不盈不亏的生产经营临界水平，反映了在一定的生产经营水平下，技术方案的收益与成本的平衡关系。盈亏平衡点越低，说明技术方案盈利的可能性越大，风险越小。盈亏平衡分析通常分析产量、成本与利润三者之间的关系，所以也称为量本利分析。

材料成形的工艺总成本可以划分为两部分：固定成本和可变成本。固定成本指在一定的生产规模内，不随产量的变动而变动的费用。例如，厂房和设备折旧、企业行政人员工资等。可变成本指随产品产量的变动而变动的成本。例如，原材料消耗、直接人工费、工具模具费用、动力燃料以及运输费用等。

成本的计算时期一般为一年，假设生产某产品的固定成本为 C_f，产品的年产量为 Q，单件产品的可变工艺成本为 C_v，则材料成形的工艺总成本费用 C 为

$$C = C_f + C_v Q$$

单件的工艺成本 C_i 为

$$C_i = C_f / Q + C_v$$

可见，全年的工艺成本与年产量成线性正比关系，如图 7-12(a)所示；而单件工艺成本与年产量成双曲线关系，如图 7-12(b)所示。

如果需要评比的工艺方案基本投资相近时，或者采用现有的设备时，工艺成本可以作为衡量各种成形工艺方案经济性的依据。设有两个成形工艺方案：方案1和方案2，其固定成本分别为 C_{f1} 和 C_{f2}，单件产品的可变工艺成本分别为 C_{v1} 和 C_{v2}，当两个工艺方案的经济效果相同时，则有

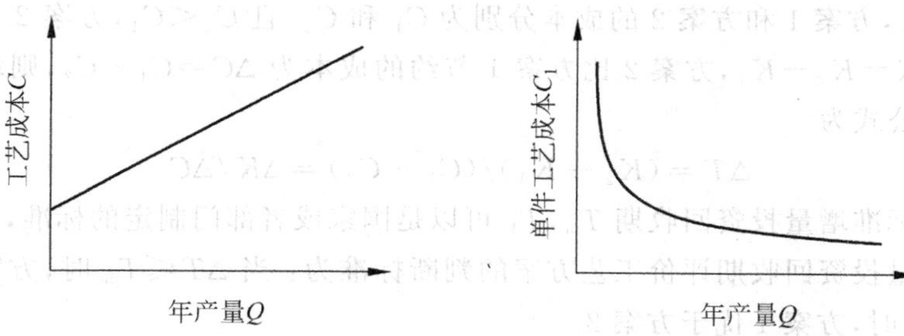

(a) 全年工艺成本　　(b) 单件工艺成本

图 7-12　工艺成本与年产量关系曲线

$$C_{f1}+C_{v1}Q^{*}=C_{f2}+C_{v2}Q^{*}$$

因此，两个工艺方案的盈亏平衡点 Q^* 的计算公式为

$$Q^{*}=(C_{f1}-C_{f2})/(C_{v2}-C_{v1})$$

盈亏平衡点 Q^* 为临界年产量，如图 7-13 所示，当产品的年产量 $Q>Q^*$ 时，采用成形工艺方案 1 会获得更好的经济效益；当产品的年产量 $Q<Q^*$ 时，宜采用第二种成形工艺方案。

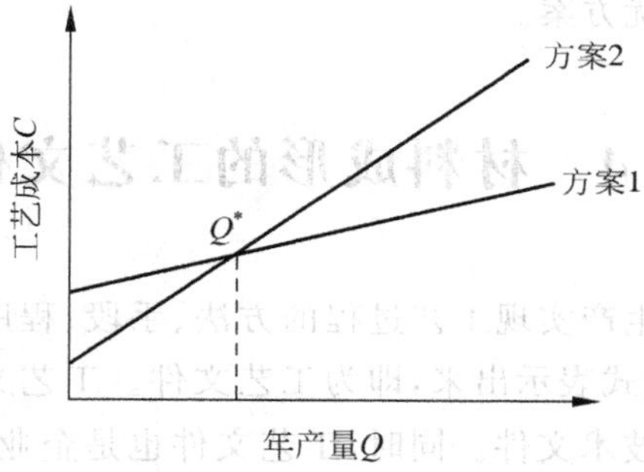

图 7-13　工艺方案对比

例题：某企业计划生产一批铸件，有甲、乙两种铸造工艺方案可供选择。甲方案的年固定成本为 5 万元，单件产品的可变工艺成本为 5 元；乙方案的年固定成本为 3 万元，单件产品的可变工艺成本为 10 元；如果年产量为 5000 件，应选用哪一种工艺方案。

解：当两个工艺方案的经济效果相同时，则有

$$50000+5Q^{*}=30000+10Q^{*}$$

临界年产量 $Q^*=4000$ 件，年产量 5000 件$>Q^*$，因此，选甲方案。

2. 增量投资回收期法

当需比较的成形工艺方案基本投资差额较大时，例如，某工艺方案中采用了昂贵的设备，此时不仅要对比工艺成本，还需要考虑不同工艺方案的基本投资差额的回收期。增量投资回收期又称追加投资回收期，或差额投资回收期，是指用两个方案相比较而出现的成本节约额来回收增加投资的期限。

增量投资回收期通过计算增加的投资是否能够在期望的时间内回收，来判断投资额不等的两个方案的优劣。设有两个成形工艺方案：方案 1 和方案 2，其初始投资分别为 K_1 和

K_2,且 $K_2>K_1$,方案1和方案2的成本分别为 C_1 和 C_2,且 $C_2<C_1$,方案2比方案1多增加的投资为 $\Delta K=K_2-K_1$,方案2比方案1节约的成本为 $\Delta C=C_1-C_2$,则增量投资回收期 ΔT 的计算公式为

$$\Delta T=(K_2-K_1)/(C_1-C_2)=\Delta K/\Delta C$$

设定一个标准增量投资回收期 T_b,T_b 可以是国家或者部门制定的标准,也可以由企业自行制定。增量投资回收期评价工艺方案的判断标准为:当 $\Delta T\leqslant T_b$ 时,方案2优于方案1;当 $\Delta T\geqslant T_b$ 时,方案1优于方案2。

例题:某铸造工艺有两个方案,第一方案的铸造设备投资额为1500万元,年工艺成本为400万元;第二方案采用比较先进的设备,投资额为2000万元,年工艺成本为300万元;标准投资回收期为10年,试比较上述铸造工艺方案的经济性。

解:$\Delta T=(K_2-K_1)/(C_1-C_2)=(2000-1500)/(400-300)=5$(年)

第一方案比第二方案增加了500万元投资,但在5年内就能够回收增加的投资,小于标准投资回收期,因此,增加投资可行,第一工艺方案优于第二工艺方案。

如果需要对两个以上的多个成形工艺进行增量投资回收期评价时,首先将各工艺方案按照投资额从小到大进行排序,然后采用环比计算增量投资回收期,逐个比较,进行替代式淘汰,最后留下的方案为最优方案。

7.4 材料成形的工艺文件

在制造企业中,将组织生产实现工艺过程的方法、手段、程序以及标准,用文字、图表以及其他载体的形式以文件形式表示出来,即为工艺文件。工艺文件用来指导产品的生产活动,是指导工人进行操作的技术文件。同时,工艺文件也是企业计划、组织和控制生产的基本依据,是保证产品质量、降低制造成本、提高劳动生产率的重要保证。可见,工艺文件的编制质量,直接影响产品的质量和企业效益。因此,作为工程技术人员,需要具备能够正确阅读和编写工艺文件的能力。

工艺文件的种类很多,按照材料成形的方法分类,有铸造工艺文件、锻造工艺文件、焊接工艺文件、注塑工艺文件、冲压工艺文件等。对于不同的材料成形工艺,工艺文件的形式也各不同。下面以冲压为例,介绍冲压工艺文件。铸造、焊接工艺文件,分别在第2章和第4章中已有相应的介绍。

冲压工艺文件主要有冲压工艺卡和冲压工序卡两种。冲压工艺卡综合表示冲压工艺设计的具体内容,包括工序号、工序名称、工序内容、工序简图、设备、工艺装备、检验要求、板料规格与牌号、工时定额等内容。冲压工序卡详细表示每一道工序的内容,规定各道工序的操作方法、技术要求和注意事项等,并附有工序草图,是用来具体指导工人操作的工艺文件。在大批量生产中,需要制订出零件的冲压工艺卡和工序卡。对于小批量生产,一般只需要制订冲压工艺卡。冲压工艺卡和工序卡的格式和形式尚不统一,各企业之间的工艺卡存在一些差别,表7-2为托架零件的一种冲压工艺卡样表。

表 7-2 冲压工艺卡样表

（厂名） 冲压车间	冲压工艺卡	产品型号		零件名称	托架	共 页
		每台数量		零件号		第 页

材料牌号及规格/mm	材料技术要求	坯料尺寸/mm	每个坯料可制零件数	单件毛坯重量	辅助材料
08 3.0±0.09×900×2000	无毛刺	条料 3×108×2000	52 件		

工序号	工序名称	工序内容	加工简图	设备	工艺装备	量检具	单件定额(分)	操作定员
0	下料	剪成 108×2000 的条料		剪板机 Q11-4×2500				
1	冲孔落料	冲 2-ϕ6 孔与落料复合进行	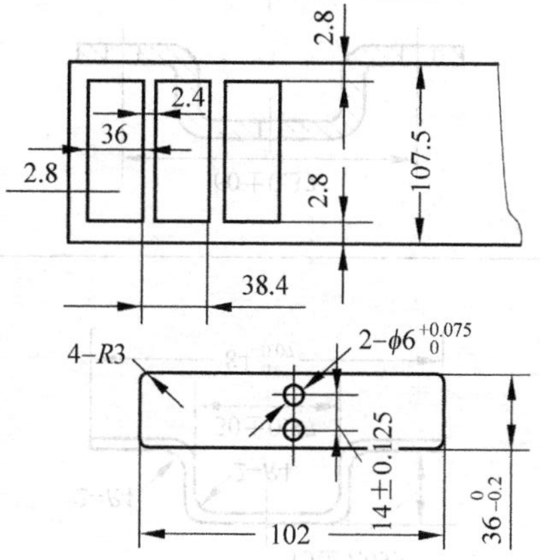	压力机 J23-40	落料冲孔复合模具	塞规、游标卡尺、半径规		

续表

工序号	工序名称	工序内容	加工简图	设备	工艺装备	量检具	单件定额(分)	操作定员
2	弯曲校正	先弯曲外，后弯曲内并校正	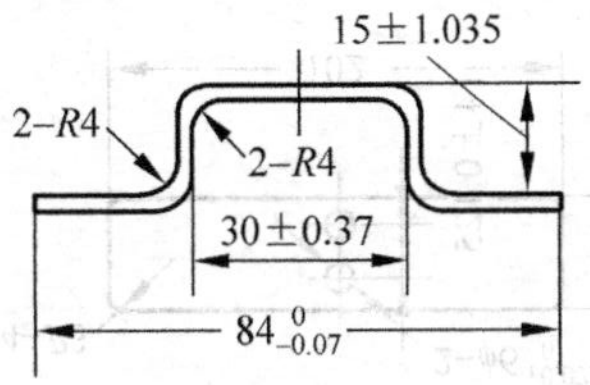	压力机 J23-25	二次弯曲模	游标卡尺、半径规、检测尺		
3	冲孔	冲 2-ϕ8 孔	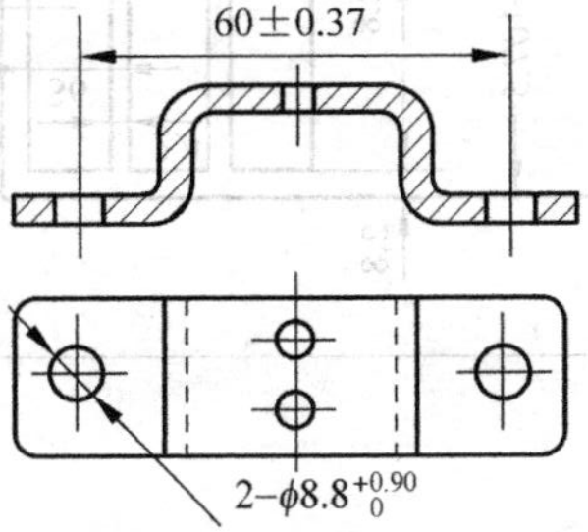	压力机 J23-10	冲孔模	塞规、游标卡尺		
4	检验	按零件图检验				托架检具、塞尺等		

标记	数目	更改文件号	签字	日期	设计	校对	审核	归口会签	工艺处	公司批准

7.5 材料成形中的计算机辅助技术

21世纪的材料成形技术向高质量、短周期及低成本方向发展,随着世界统一市场的形成和发展,制造企业面临日益激烈的竞争和严峻的挑战。传统试错法的材料成形工艺设计和生产方式已不能适应市场对企业的要求,制造企业必须变革传统的生产方式,引进新技术、新方法。目前,计算机模拟仿真及优化技术逐步替代传统的经验性设计方法,并应用于各类成形产品的工艺设计与分析中,促进企业的技术改造和进步,为企业提高产品质量、赢得市场竞争发挥重要作用。

应用CAD/CAE /CAM技术,在计算机虚拟环境下,通过交互方式,可以快速设计及优化材料成形工艺,并通过计算机可视化显示出成形全过程以及缺陷形成过程,而不需要到现场去做试生产。应用计算机模拟技术,可以改变传统材料成形工艺方案制订过程中的不确定性,确保工艺的可行性和产品质量、缩短新产品开发周期、降低废品率和成本、提高市场竞争能力和企业的经济效益,对提高制造企业的生产水平和竞争力具有重要的现实意义。

1. 铸造成形

1) 铸造工艺CAD

铸造工艺设计是铸造生产的前提,也是最基本的部分。但是目前传统的铸造工艺设计存在如下的问题:

(1) 铸造工艺设计复杂,生产流程长,质量影响因素多,以往的铸造设计都是靠人员的累积经验来实验,产品质量不可控。

(2) 在铸造工艺设计过程中需要大量繁琐的数学计算和查表工作,随着社会进步,人力成本攀高,这个时候如果仅凭人工,不仅经济效率低而且花费时间长,并且人为的不确定性会导致设计结果因人而异,所以很难得到最佳的设计方案。

将计算机辅助的思想应用到铸造工艺设计上来,可以同时将设计人员的能动性、想象力和计算机本身的高精度、高效率结合起来,有效弥补了人工设计的不足,可以有效缩短铸造工艺的设计周期,提高设计水平,使铸造工艺设计更加精确化和科学化。

目前,比较成熟的CAD软件有AutoCAD、Solid Edge、UG、Solidworks、Pro/Engineer等。铸造CAD就是利用专用软件在计算机上以零件图为基础完成整个工艺设计的过程,设计的项目主要包括冒口、浇注、加工余量、分型面、冷铁、型芯的尺寸和形状等,最后再绘制完整的铸件工艺图等技术性文件。在铸造生产过程中,计算机可以控制型砂处理、造型控制、压力铸造、金属溶液的自动浇注等。计算机还可以随时记录、存储和处理各种生产过程中的信息,实现铸造工艺过程的最优控制,已然成为了未来铸造工艺设计的主流方向。

图7-14是计算机辅助铸造工艺设计的过程。与传统铸造工艺设计相比,计算机辅助铸造工艺设计有如下优点:可以消除人为误差,精度高,计算效率高;因为计算机图纸的存储、转移和修改方便,能保存已有工艺人员的丰富经验,便于后人学习、参考和修改;计算机对图纸缩放的方便性,可以同时打开几个工艺方案对其进行设计和对比,从中找出最好的方案。

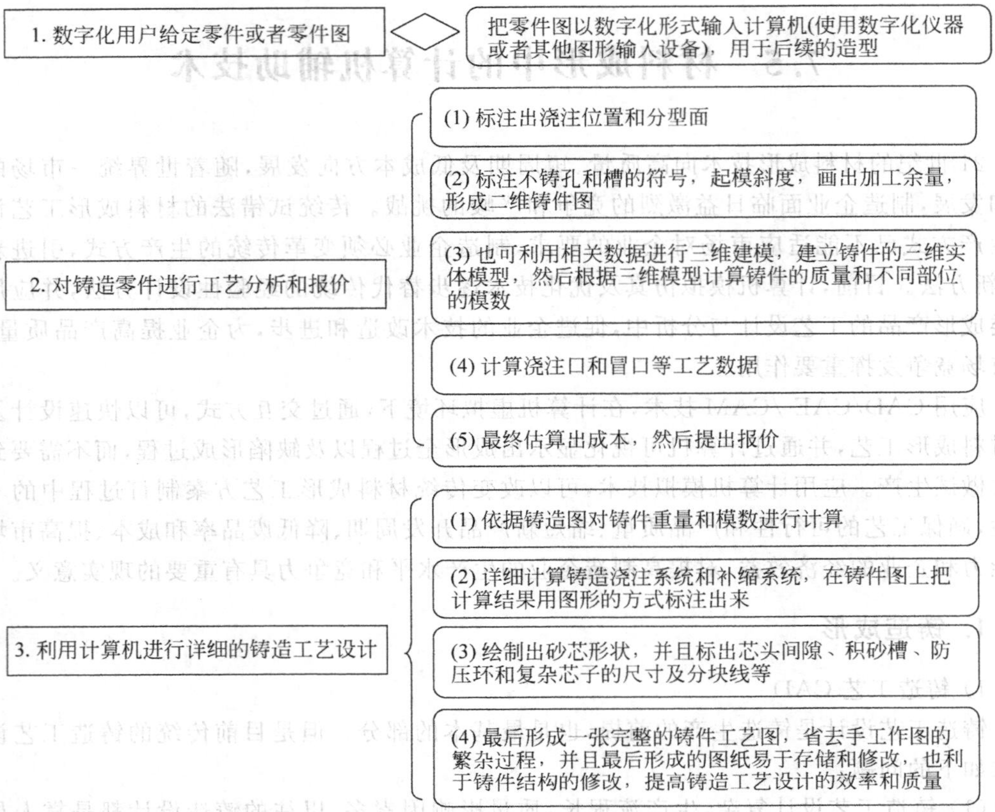
1. 数字化用户给定零件或者零件图
把零件图以数字化形式输入计算机(使用数字化仪器或者其他图形输入设备)，用于后续的造型
2. 对铸造零件进行工艺分析和报价
(1) 标注出浇注位置和分型面
(2) 标注不铸孔和槽的符号，起模斜度，画出加工余量，形成二维铸件图
(3) 也可利用相关数据进行三维建模，建立铸件的三维实体模型，然后根据三维模型计算铸件的质量和不同部位的模数
(4) 计算浇注口和冒口等工艺数据
(5) 最终估算出成本，然后提出报价
3. 利用计算机进行详细的铸造工艺设计
(1) 依据铸造图对铸件重量和模数进行计算
(2) 详细计算铸造浇注系统和补缩系统，在铸件图上把计算结果用图形的方式标注出来
(3) 绘制出砂芯形状，并且标出芯头间隙、积砂槽、防压环和复杂芯子的尺寸及分块线等
(4) 最后形成一张完整的铸件工艺图，省去手工作图的繁杂过程，并且最后形成的图纸易于存储和修改，也利于铸件结构的修改，提高铸造工艺设计的效率和质量

图 7-14 计算机辅助铸造工艺设计过程

2) 铸造工艺 CAE

在使用计算机虚拟的大环境下，通过交互方式，不需要现场实际生产，通过模拟铸件形成的具体过程，分析相应影响因素，最终预测铸造过程可能出现的问题、结果以及发展趋势，可以极大缩短新产品的开发周期。随着铸造 CAE 技术的应用越来越广泛，已经成为实际工厂生产中不可或缺的工艺优化手段。目前，随着国内外铸造 CAE 的开发不断深化、活跃，推出了许多优秀的商用软件系统，如 ProCast、MAGMA、CASM-3D for Windows、SrifCast 等，助力新的研究成果不断涌现出来。

在实际铸造生产中，最关键的步骤是充型和凝固过程，大部分铸造缺陷皆产生于这两步过程之中。通过铸造 CAE 对铸造过程的这两个步骤进行数值模拟可以在一定程度优化工艺，控制铸件质量稳定性，预测铸件性能，避免各种铸造缺陷。目前，铸造充型和凝固过程数值模拟主要包括几个方面：

(1) 温度场模拟

利用传热学原理，分析铸件充型和凝固过程中的传热过程，模拟铸件冷却凝固的进程，如图 7-15(b)所示，最终预测缩孔、疏松等缺陷，采用合适的工艺来避免缺陷。

(2) 应力场模拟

利用力学原理，分析在一定应力场基础上的铸件应力分布，如图 7-15(c)所示。计算凝固过程中的应力场来监测凝固过程中应力的动态变化，并以此为依据预测铸件的热裂、冷裂

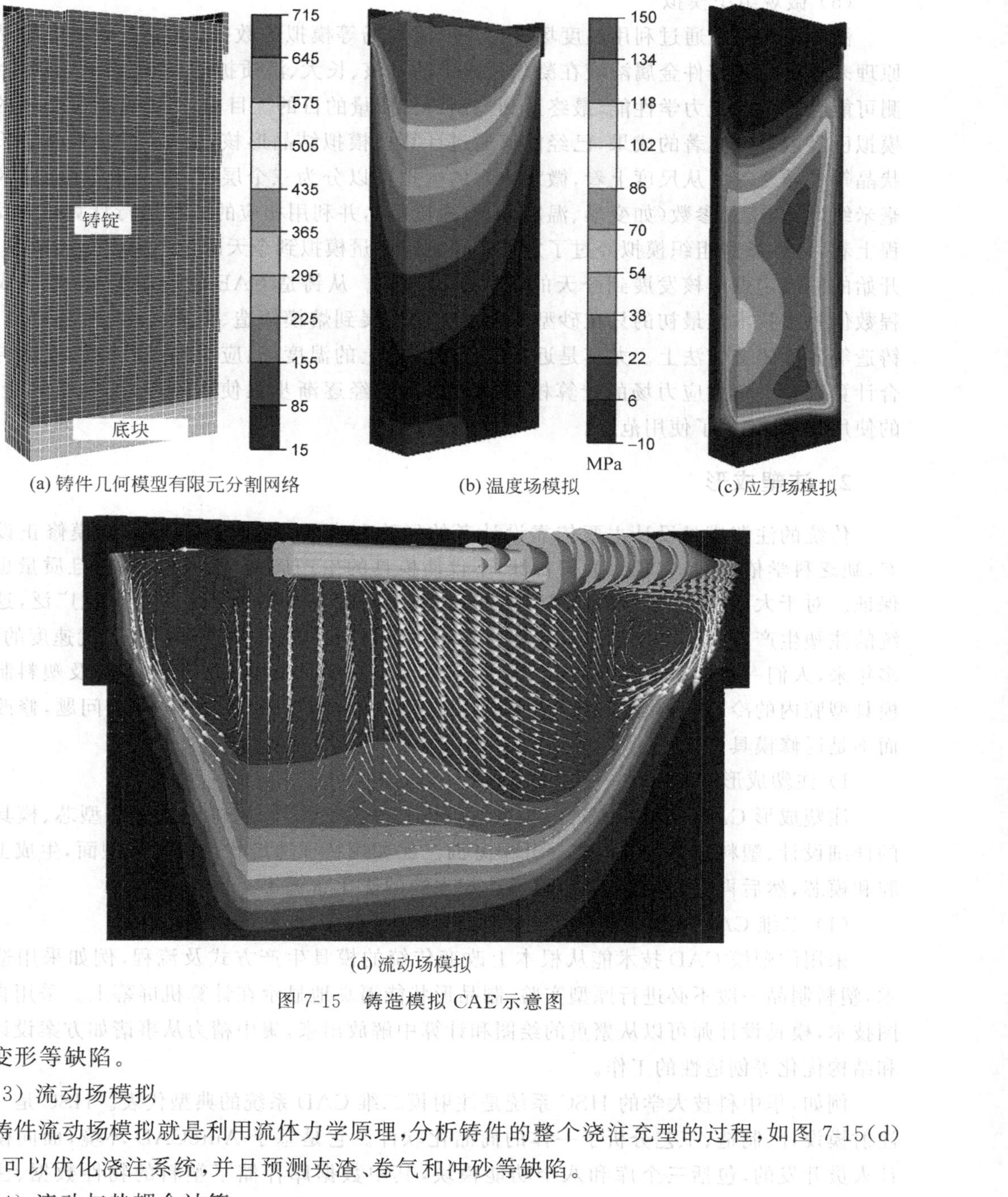

(a) 铸件几何模型有限元分割网络　(b) 温度场模拟　(c) 应力场模拟

(d) 流动场模拟

图 7-15　铸造模拟 CAE 示意图

以及变形等缺陷。

(3) 流动场模拟

铸件流动场模拟就是利用流体力学原理，分析铸件的整个浇注充型的过程，如图 7-15(d)所示，可以优化浇注系统，并且预测夹渣、卷气和冲砂等缺陷。

(4) 流动与热耦合计算

铸件的流动与热耦合模拟是一个交叉学科技术，综合利用流体力学与传热学原理，同时计算铸件的充型过程和传热过程，可以预测浇注不足、冷隔等缺陷。并且，在浇注完成、充型结束后，流动与热耦合模拟可以得到此时的温度场分布，这也是后续凝固过程模拟的一个初始条件。

(5) 微观组织模拟

微观组织模拟通过利用温度场、应力场、流动场等模拟的数据,结合金属学中结晶学的原理来计算模拟铸件金属溶液在凝固过程中的形核、长大、溶质扩散、凝固后的微观组织,预测可能会有的宏观力学性能,最终达到控制铸件质量的目的。目前,对铸件微观组织的计算模拟已经取得了显著的成果,已经能够通过计算机模拟结晶形核、枝晶生长、共晶生长和柱状晶等轴转变等。从尺度上看,微观组织的模拟可以分为三个层次,即纳米量级、微米级和毫米级,结合宏观参数(如变形、温度、应变速度等),并利用相应的方程进行计算;从发展历程上看,铸件微观组织模拟经过了定性模拟到半定量模拟到今天的定理模拟发展阶段,也从开始的假设定点形核发展到今天的实际随机形核。从铸造 CAE 的应用上看,铸件成形过程数值模拟技术从最初的只在砂型铸造上应用发展到熔模铸造、低压铸造、电渣熔铸、连续铸造等各种铸造方法上。尤其是近年的三维方向上的温度场、应力场、流动场、流动与热耦合计算以及弹塑性应力场的计算模拟等技术都已经逐渐步入使用阶段,加深了铸造 CAE 的使用程度,扩大了使用范围。

2. 注塑成形

传统的注塑模具设计主要依靠设计者的经验和直觉,通过反复试模、修模修正设计方案,缺乏科学依据,具有较大的盲目性,不仅使模具的生产周期长、成本高,而且质量也难以保证。对于大型精密、新结构产品,问题更加突出。随着塑料制品应用的日益广泛,这种传统的注塑生产方式已不能适应现代社会发展对塑料制品产量、质量和更新换代速度的需求。多年来,人们一直期望能预测注塑成形时塑料熔体在模具型腔中的流动情况及塑料制品在模具型腔内的冷却、固化过程,以便在模具制造之前就能发现设计中存在的问题,修改图纸而不是返修模具。

1) 注塑成形 CAD

注塑成形 CAD 包括根据产品模型进行模具分型面的设计、确定型腔和型芯、模具结构的详细设计、塑料充填过程分析等几个方面。比如用特征造型软件确定分型面,生成上下模腔和模芯,然后再进行流道、浇口以及冷却水管的优化布置等。

(1) 二维 CAD 系统

采用注塑模 CAD 技术能从根本上改变传统的模具生产方式及流程,例如采用造型技术,塑料制品一般不必进行原型实验,制品形状能逼真地显示在计算机屏幕上。采用自动绘图技术,模具设计师可以从繁重的绘图和计算中解放出来,集中精力从事诸如方案设计构思和结构优化等创造性的工作。

例如,华中科技大学的 HSC 系统是注射模二维 CAD 系统的典型代表。HSC 是一套集注射模设计、制造、工艺分析于一体的商品化软件。它是基于 AutoCAD 环境,面向模具设计人员开发的,包括三个库和八个功能模块,其中数据库存储了塑料的物性数据、注射成形工艺参数、模具材料以及模具设计和制造过程中所需要的数据,标准模架库存储了标准模架的装配和零件数据,图形库则存储了各种典型结构的图形数据、关系数据,用户可借助 HSC 提供的二次开发工具生成或修改数据库、模具库和图形库。图 7-16 为 HSC 系统的总体结构图。

(2) 三维 CAD 系统

随着三维实体造型技术的日趋成熟,三维 CAD 技术已成为机械 CAD 的主流技术。基

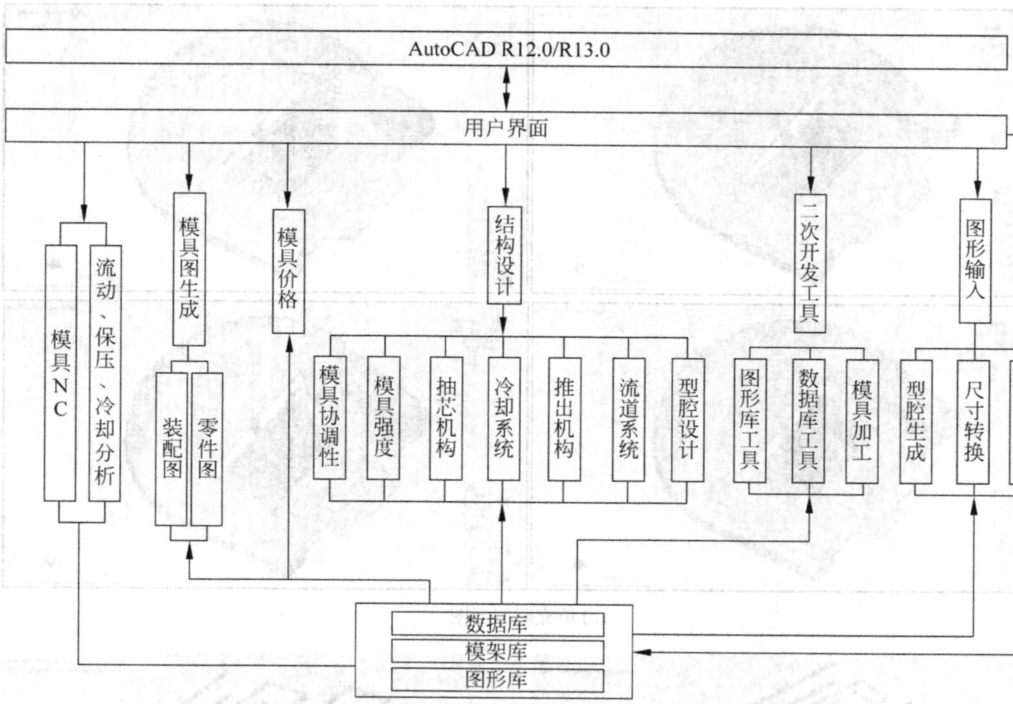

图 7-16 HSC 系统的总体结构图

于三维机械 CAD 软件的注射模 CAD 已成为发展的必然趋势，并正在逐步占领市场。UG 公司推出的 Moldwizard 系统是目前注射模三维 CAD 系统的典型代表。UG Moldwizard 注射模设计系统主要包括以下功能：支持注射模设计全过程、曲面造型功能、基于知识的设计自动化、开放的标准件库、成形零件的关联设计，以及方便、实用的辅助功能。

2）注塑成形 CAE

当确定模具的设计方案后，利用 Moldflow 等模具分析软件，分析塑料的成形过程。根据 Moldfolw 软件丰富的材料、工艺数据库，通过输入成形工艺参数，可动态仿真塑料在注塑模腔内的流动情况、分析温度和压力的变化情况、分析注塑件残余应力等。根据分析结果，检查模具结构的合理性、流动状态的合理性、产品的质量问题等。例如，是否存在浇注系统的设计不合理，是否出现流道和浇口的位置和尺寸不合适，而无法平衡充满型腔？是否存在产品结构不合理或模具结构不合理，出现产品充不满现象？是否冷却不均匀，影响生产效率和产品质量？是否存在注塑工艺不合理，出现产品的翘曲变形等。通过上述的模具数字设计和分析，就可以将错误消除在设计阶段，提高一次试模成功率。

在塑料制品成形过程中，塑料在型腔中的成形流动与材料性能、制品形状尺寸、模具设计制造、成形工艺条件等因素有关。注射成形 CAE 分析可以为模具设计和制造提供可靠、优化的参考与指导，它可以在计算机上对整个注射成形过程进行模拟分析，包括填充、保压、冷却、翘曲、纤维取向、应力分析，以及气体辅助成形分析等，使设计者在设计阶段就能找出产品生产中可能出现的缺陷，提高模具试模的成功率。

Autodesk Moldflow Insight 2010 是一款功能强大、广泛应用于注射成形领域的专业软件，是一款先进的注射成形 CAE 软件。图 7-17 给出了采用该软件的模拟分析结果。

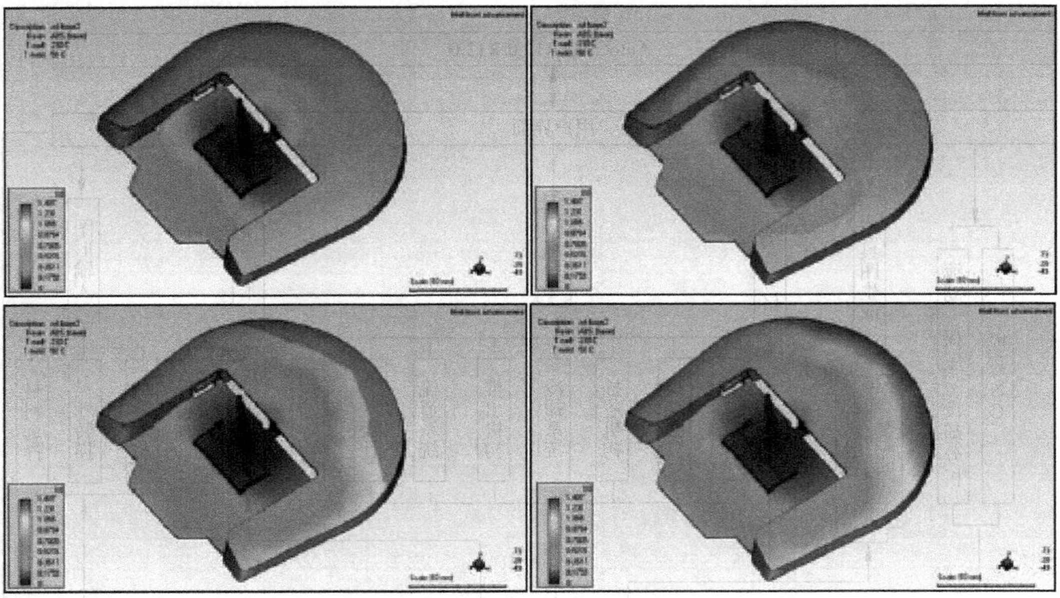

(a) 填充时间云图

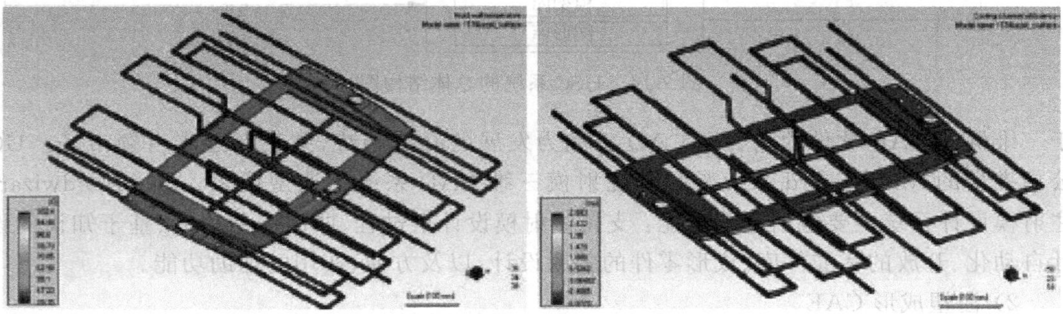

(b) 冷却水道布置图

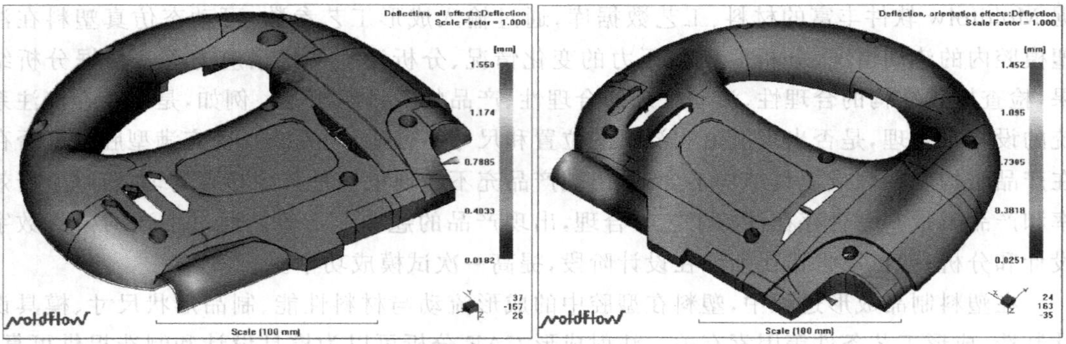

(c) 翘曲变形图

图 7-17 注射成形 CAE 模拟图

3. 塑性成形

与铸造计算机设计与分析技术类似，采用塑性成形 CAD/CAE 技术可以快速设计及优化塑性成形工艺，并可视化地显示出塑性成形全过程以及缺陷形成过程，从而可以大幅度缩短新产品开发周期，降低废品率，提高经济效益。塑性成形过程的数值模拟主要包括以下内容。

（1）塑性成形 CAD：冷冲模、拉伸模、冲裁模及锻模的计算机设计，包括从产品的图形输入、工艺方案的确定、输出模具装配图和零件图等。

（2）塑性成形 CAE：塑性成形过程的模拟，制订出优化的塑性成形工艺方案，预测成形过程中应力、应变分布，热成形过程中的传热分析和再结晶过程的模拟分析。

4. 焊接成形

焊接成形数字化设计包括焊接材料的选择、工艺的制订、焊接过程的传热分析、焊接熔池内的流动分析、焊接处微观组织的模拟以及焊接机器人的控制、路径规划等。焊接成形过程的数值模拟主要包括以下内容。

（1）焊接成形 CAD：排料设计、焊接材料选择、焊接工艺方案的制订等。

（2）焊接成形 CAE：焊接过程的传热分析、焊接熔池内的流动分析、成形区微观组织模拟以及制订出优化的焊接成形工艺方案，预测成形过程中焊接应力分布。

（3）焊接成形 CAM：焊接机器人的控制、焊接路径规划及其数控切割机的控制等。

7.6　工程实例——发动机曲轴的修复

下面的二维码介绍了应用热喷涂（thermal spraying）技术修复大型挖泥船发动机曲轴的工程实例。

阅读材料——溅射镀膜技术的发展

下面的二维码介绍了溅射镀膜（sputter deposition）的基本概念、发展历史和应用。

工程实例——发动机曲轴的修复

阅读材料——溅射镀膜技术的发展

本章小结

（1）按照表面技术的方法和手段分类，表面技术分为三类：表面涂镀技术、表面改性技术和表面处理技术。本章重点介绍了较为先进的气相沉积技术。在一般情况下，可以将表面成形过程划分为三个阶段：表面预处理、表面成形和表面成形后处理。

（2）选择材料成形工艺需要遵循一定的原则和依据，轴杆类、盘套类、箱体、支架类等典型零件有相应的成形方法可供参考,本章以汽油发动机主要零件为例,介绍了典型零件的成形方法。

(3) 技术经济分析是选择材料成形工艺方案的重要依据,盈亏平衡分析法和投资回收期法是分析工艺方案技术经济问题的常用方法。

(4) 工艺文件以文件形式表示出实现工艺过程的方法、手段、程序以及标准。工艺文件用来指导产品的生产活动,是指导工人进行操作的技术文件。对于不同的材料成形工艺,工艺文件的格式和形式也各不同。

(5) 在材料成形过程中,应用计算机辅助设计与分析技术,可以改变传统材料成形工艺方案制定过程中的不确定性,确保成形工艺的可行性和产品质量,缩短新产品开发周期,降低成本,提高市场竞争能力。

习　题

7.1　说明表面技术的应用目的和应用领域。

7.2　列举我们日常生活中所用到产品,各应用了哪种表面技术?

7.3　说明表面技术的含义和分类。

7.4　按照电镀的方法分类,广义的电镀可以分为哪几类?有哪些不同之处?各有哪些应用?

7.5　通过文献资料查阅,说明铝材和铜材可以采用何种着色处理工艺?

7.6　表面预处理的目的是什么?表面预处理通常采取哪些方法?

7.7　以热喷涂为例,说明表面技术通常需要哪些后处理?

7.8　说明PVD和CVD的含义,并对比二者的特性和应用。

7.9　物理气相沉积为何需要真空环境?

7.10　通过查阅文献资料,说明城市建筑中的幕墙玻璃的作用。详细描述幕墙玻璃的制造过程,着重说明幕墙玻璃制造过程中涉及的表面技术与工艺。

7.11　机床的手轮采用什么材料?如何成形?

7.12　滚珠丝杠一般选用什么材料?如何成形?

7.13　麻花钻头一般选用什么材料?如何成形?

7.14　热锻模具一般选用什么材料?如何成形?

7.15　以齿轮减速器为例,说明其中的各零件分别选用何种成形方法制造。

7.16　某厂计划生产一批冲压件,有甲、乙、丙三种冲压工艺方案可供选择。甲方案的年固定成本为2万元,单件产品的可变工艺成本为5元;乙方案的年固定成本为5万元,单件产品的可变工艺成本为2元;丙方案的年固定成本为15万元,单件产品的可变工艺成本为1元;如果年产量为5万件,应选用哪一种工艺方案?

7.17　某厂计划生产汽车玻璃升降器外壳,材料为08钢,板的厚度为1.5mm,中批量生产,请制订汽车玻璃升降器外壳的冲压工艺规程,并编写冲压工艺卡。

7.18　在铸造过程中应用CAD和CAE技术,可以实现哪些功能?

7.19　说明塑料注射模CAE包含哪些基本内容?

附　录

专业术语英汉对照表

英　　文	中　　文	英　　文	中　　文
adhesive bonding	粘结	carbon steel	碳素钢
additive	添加剂	cast iron	铸铁
adsorbed gas	吸附气体层	cast steel	铸钢
alloy	合金	casting	铸件，铸造
aluminum alloys	铝合金	casting defects	铸造缺陷
amorphous layer	非晶态层	centrifugal casting	离心铸造
annealing	退火	ceramic powder injection molding，CIM	陶瓷粉末注射成形
arc welding	电弧焊	ceramic-metal matrix composite，CMC	陶瓷基复合材料
argon arc welding	氩弧焊	ceramic-mold casting	陶瓷型铸造
atomization	雾化	ceramics	陶瓷，无机非金属材料
austenite	奥氏体	chemical synthesis	化学合成
autoclave molding	热压罐成形	chemical vapor deposition，CVD	化学气相沉积
bainite	贝氏体	chill	冷铁
ball milling	球磨法	clearance	（冲裁凸、凹模之间的）间隙
base metal	母材，基材	closed-die forging	闭式模锻
behaviour	性能	coating	涂层
bending	弯曲	cold extrusion	冷挤压
blanking	落料	cold forming	冷成形
blending	混合	cold isostatic pressing，CIP	冷等静压成形
bloom	热轧钢坯、初坯	cold rolling	冷轧
blowing	吹制	compacted graphite iron	蠕墨铸铁
bolted connection	螺栓连接	compaction	压实，压制
brand	牌号	composite material	复合材料
brazing	铜焊，硬钎焊	compressive stress	压应力
break-even point，BEP	盈亏平衡点	contaminant	污染层
brittleness	脆性	conversion coating	转化膜
bulging	胀形	core print	型芯头
burr	毛刺	cores	型芯
butt joint edge preparation	坡口		
butt weld	对焊		
calendering	压延		
carbon fiber reinforced plastic，CFRP	碳纤维增强塑料复合材料		

续表

英　文	中　文	英　文	中　文
crack	裂纹	gas shielded arc welding	气体保护弧焊
deburring	去毛刺		
deep drawing	拉深	gas-assisted injection moulding	气体辅助注射成形
deformation	变形		
density	密度	gate	浇口
die casting	压铸,金属型铸造	gating system	浇注系统
die compaction	模压成形	glassy	玻璃态
die forging	模锻	graphite	石墨
diffusion bonding welding	扩散焊	gray cast iron	灰铸铁
draft	起模斜度	groove	坡口
drawing	拉拔,拉伸	hammers	锻锤
ductile cast iron	球墨铸铁	hand lay-up molding	手糊成形
elastic	弹性	heat treatment	热处理
electroless plating	化学镀	heat-affected zone	热影响区
electron beam	电子束	hemming	折边,卷边
electron-beam welding	电子束焊接	high carbon steel	高碳钢
electroplating	电镀	hot isostatic pressing, HIP	热等静压成形
electroslag welding	电渣焊		
explosion welding	爆炸焊	hot pressing forming	热压成形
explosive sintering	爆炸烧结	hot rolling	热轧
extrusion	挤压,挤出	hot-press sintering	热压烧结
extrusion blow molding	挤出-吹塑成形	impression-die forging	模锻
ferrite	铁素体	ingot	钢锭
filament winding	纤维缠绕成形	injection molding	注射成形
filler metal	填充金属	injection molding machine	注塑机,注射机
fine blanking	精密落料,精密冲裁	inserting molding	嵌件成形
flanging	折边,翻边	internal stress	内应力
flash	飞边	investment casting	熔模铸造
flat rolling	平板轧制	ion beam	离子束
flat-die forging	平锻	ion implantation	离子注入
fluidity	流动性	ion plating	离子镀膜
flux	焊剂	ironing	挤拉法,变薄拉深,压平
forgeability	可锻性	iso-static pressing	等静压工艺
forging	锻造	joining	连接
forming	成形	laminated object manufacturing, LOM	分层实体制造
foundry	铸造、铸造厂		
free forging	自由锻	laser beam	激光束
friction welding	摩擦焊	laser sintering	激光烧结
fused deposition modeling, FDM	熔丝沉积制造	laser-beam welding	激光束焊接
		lost foam casting	消失模铸造
fusion welding	熔焊	lost-wax process	失蜡法铸造

续表

英　　文	中　　文	英　　文	中　　文
low carbon steel	低碳钢	physical vapor deposition, PVD	物理气相沉积
machining	机械加工		
machining allowance	加工余量	piercing	冲孔，穿轧
magnesium alloys	镁合金	plasma arc welding	等离子弧焊
malleable cast iron	可锻铸铁	plasticity	塑性
manufacture	制造	plate	厚板，板料
martensite	马氏体	plunger	柱塞
materials processing	材料加工	polymer	聚合物
mechanical fastening	机械联结	polymer-matrix composites, PMCs	树脂基复合材料
medium carbon steel	中碳钢		
melting	熔炼	polymers	聚合物，高分子材料
metal inert-gas welding, MIG	熔化极氩弧焊	pore	气孔
		porosity	气孔率，缩松
metal injection molding	金属注射成形	pouring cup	浇口杯
metal matrix composite, MMC	金属基复合材料	powder	粉体，粉末
metal powder injection molding, MIM	金属粉末注射成形	powder injection molding, PIM	粉末注射成形
		powder metallurgy	粉末冶金
metal substrate	金属基体	precision casting	精密铸造，熔模铸造
microwave sintering	微波烧结	precision forging	精密锻造
mold	铸型，锭模，模具	presses	压力机
mold material	造型材料	pressing	压制，冲压，模压制品
mouldability	可模塑性	pressure casting	压力铸造
near net shape forming	近成形	prototype	原型，模型
net shape forming	净成形	pultrusion	拉挤成形
nodular cast iron	可锻铸铁，球墨铸铁	punch	冲孔，冲头，凸模
normalizing	正火	punching	冲孔
oil-impregnated bearing	含油轴承	quenching	淬火
open-die forging	开式模锻	rapid prototyping, RP	快速成形
overlap	焊瘤	redrawing	二次拉深
oxide layer	氧化层	reduction	还原
oxyfuel gas cutting	气焊	residual stress	残余应力
part	零件	resin transfer molding	树脂传递模塑成形
particle	颗粒，粒子	resistance seam welding	电阻缝焊
particle size	粒度	resistance spot welding	电阻点焊
parting line	分形线，分模线	resistance welding	电阻焊
parting surface	分模面，分型面	rheoforming	流变成形
pattern	模样	risers	冒口
pearlite	珠光体	rivet	铆钉
pellets	球状，颗粒状	rivet joint	铆接
permanent-mold casting	永久型铸造，金属型铸造	roll	轧辊

续表

英　　文	中　　文	英　　文	中　　文
roll forging	滚锻,滚轧	stress	应力
roll forming	轧制成形	stress relieving	应力释放
rolling	轧制,滚轧	submerged arc-welding, SAW	埋弧焊
rolling mill	轧机,轧钢机	super plasticity	超塑性
rubber forming	橡胶成形	superplastic forming	超塑性成形
runner	横浇道	surface modification	表面改性
sand casting	砂型铸造	surface technology	表面技术
screw	螺杆	tempering	回火
seaming	焊缝	thermal spraying	热喷涂
selective laser melting, SLM	选择性激光熔化	thermoforming	热成形
selective laser sintering, SLS	选择性激光烧结	thermoplastics	热塑性塑料
		thermosets	热固性塑料
self-propagation high-temperature synthesis, SHS	自蔓延烧结	thixoforming	触变成形
		thread connection	螺纹连接
		threading rolling	滚螺纹,搓螺纹
semi-solid metal casting	半固态铸造成形	three dimensional printing, 3DP	三维打印法
shape rolling	成形轧制	top riser	顶冒口
shearing	剪切	trimming	切边
sheet	薄板,板料	tungsten filament	钨丝
shell-mold casting	壳型铸造	tungsten inert gas welding, TIG	钨极氩弧焊
shrinkage	收缩,缩孔		
shrinkage cavities	缩孔,缩穴		
side riser	侧冒口	ultrasonic welding	超声波焊接
sintering	烧结	upsetting	镦粗
slip casting	浇注成形	vacuum casting	真空铸造
soldering	锡焊,软钎焊	vacuum deposition	真空蒸镀
solidification	凝固	viscoelasticity	黏弹性
spark plasma sintering, SPS	放电等离子烧结	viscous	黏性
		vulcanization	硫化
special casting	特种铸造	warm compaction technology	温压成形技术
spinning	旋压		
sponge iron	海绵铁	wear	磨损
spray forming	喷射成形	wearability	耐磨性
spray lay-up molding	喷射成形	weldability	焊接性
sprue	直浇道	welded joint	焊接接头
sputter deposition	溅射镀膜	welding	焊接
sputtering	溅射	welding bead	焊缝
squeeze casting	挤压铸造	welding electrode	焊条,电极
stereolithography, SLA	立体光造型	welding gun	焊枪
stick welding	手工(焊条、焊丝)焊	welding procedure specification, WPS	焊接工艺规程
stock	毛坯		

续表

英　文	中　文	英　文	中　文
welding torch	焊炬	work-hardened layer	加工硬化层
whisker	晶须	wrinkling	起皱
wire	丝，线材	wrought structure	锻造组织
work hardening	加工硬化		

参 考 文 献

[1] 邓文英,郭晓鹏.金属工艺学(上册)[M].5版.北京：高等教育出版社,2008.
[2] 夏巨谌.材料成形工艺[M].北京：机械工业出版社,2004.
[3] 沈其文.材料成形工艺基础[M].3版.武汉：华中科技大学出版社,2003.
[4] 安萍.材料成形技术[M].北京：科学出版社,2008.
[5] 严绍华.材料成形工艺基础[M].2版.北京：清华大学出版社,2008.
[6] 邢建东,陈金德.材料成形技术基础[M].2版.北京：机械工业出版社,2007.
[7] 孙康宁.现代工程材料成形与机械制造基础(上册)[M].北京：高等教育出版社,2005.
[8] 吕广庶,张远明.工程材料及成形技术基础[M].2版.北京：高等教育出版社,2011.
[9] 于爱兵.材料成形技术基础[M].北京：清华大学出版社,2010.
[10] 柳秉毅.材料成形工艺基础[M].北京：高等教育出版社,2005.
[11] KALPAKJIAN S. Manufacturing Processes for Engineering Materials[M]. 3rd ed. Addison-Wesley Longman Inc,1997.
[12] 崔令江,郝滨海.材料成形技术基础[M].北京：机械工业出版社,2003.
[13] 汤酞则.材料成形技术基础[M].北京：清华大学出版社,2008.
[14] 陶治.材料成形技术基础[M].北京：机械工业出版社,2002.
[15] 施江澜,赵占西.材料成形技术基础[M].3版.北京：机械工业出版社,2014.
[16] 孙广平,李义,严庆光.材料成形技术基础[M].2版.北京：国防工业出版社,2011.
[17] 方亮,王雅生.材料成形技术基础[M].2版.北京：高等教育出版社,2009.
[18] 石德珂.材料科学基础[M].北京：机械工业出版社,1999.
[19] 柳百成.21世纪的材料成形加工技术[J].航空制造技术,2003,6：17-21,69.
[20] 谢建新.材料加工技术的发展现状与展望[J].机械工程学报,2003,9：29-34.
[21] 谢建新,刘雪峰,周成,等.材料制备与成形加工技术的智能化[J].机械工程学报,2005,41(11)：8-14.
[22] 荣烈润.新世纪材料成形加工技术的发展趋势[J].金属加工(热加工),2012(23)：36-38.
[23] 胡亚民,王志强,钱进浩.金属复合成形技术的新进展[J].现代制造工程,2002(10)：94-96.
[24] 林德春,潘鼎,高健,等.碳纤维复合材料在航空航天领域的应用[J].玻璃钢,2007(1)：18-28.
[25] 中国机械工程学会铸造专业学会.铸造手册(第5卷)：铸造工艺[M].北京：机械工业出版社,1994.
[26] 铸造工程师手册编写组.铸造工程师手册[M].北京：机械工业出版社,1997.
[27] 李庆春.铸件形成理论基础[M].北京：机械工业出版社,1982.
[28] 陈兰芬.机械工程材料与热加工工艺[M].北京：机械工业出版社,1985.
[29] 刘胜青,陈金水.工程训练 [M].北京：高等教育出版社,2005.
[30] 中国机械工程学会铸造专业学会.铸造手册(第6卷)：特种铸造 [M].北京：机械工业出版社,1994.
[31] 史蒂芬·卡赛.球墨铸铁浇口和冒口[M].北京：清华大学出版社,1983.
[32] 中国机械工程学会铸造专业学会.铸造手册(第4卷)：造型材料[M].北京：机械工业出版

社，1992.
[33] 柳吉荣，彭淑芳. 铸造工(初级)[M]. 北京：机械工业出版社，2005.
[34] 柳吉荣，朱军社. 铸造工(中级)[M]. 北京：机械工业出版社，2006.
[35] 柳吉荣，李新阳. 铸造工(高级)[M]. 北京：机械工业出版社，2006.
[36] 陆一士. 铸造工(技师、高级技师)[M]. 北京：机械工业出版社，2006.
[37] 李魁盛. 铸造工艺设计基础[M]. 北京：机械工业出版社，1981.
[38] 李魁盛. 铸造工艺及原理[M]. 北京：机械工业出版社，1987.
[39] 陈国桢，肖柯则，姜不居. 铸件缺陷和对策手册[M]. 北京：机械工业出版社，2000.
[40] 美国铸造师协会. 铸件缺陷分析[M]. 北京：机械工业出版社，1982.
[41] 《铸造词典》编写组. 铸造词典[M]. 北京：机械工业出版社，1996.
[42] 《铸造工艺装备设计手册》编写组. 铸造工艺装备设计手册[M]. 北京：机械工业出版社，1989.
[43] 中国机械工程学会铸造分会. 铸造手册(第1卷)：铸铁[M]. 2版. 北京：机械工业出版社，2002.
[44] 陆文华. 铸铁及其熔炼[M]. 北京：机械工业出版社，1981.
[45] CHARLES WALTON，TIMOTHY OPER. Iron Castings Handbook[M]. Iron Castings Society，Inc. 1981.
[46] 中国机械工程学会铸造专业学会. 铸造手册(第2卷)：铸钢[M]. 北京：机械工业出版社，1991.
[47] 李恩琪，殷经星，张武城. 铸造用感应电炉[M]. 北京：机械工业出版社，1997.
[48] 李隆盛. 铸钢及其熔炼[M]. 北京：机械工业出版社，1981.
[49] 中国机械工程学会铸造专业学会. 铸造手册(第3卷)：铸造非铁合金[M]. 北京：机械工业出版社，1993.
[50] 《铸造有色合金及其熔炼》联合编写组. 铸造有色合金及其熔炼[M]. 北京：国防工业出版社，1980.
[51] 陆树荪，顾开道，郑来苏. 有色铸造合金及熔炼[M]. 北京：国防工业出版社，1983.
[52] 《日本现代铸造技术》编委会. 日本现代铸造技术[M]. 上海：上海经济区铸造协会，全国可锻铸铁科技情报网，1990.
[53] 肖晓峰，叶升平. 发动机缸体缸盖的消失模铸造技术[M]. 第8届中国铸造科工贸大会，消失模铸造技术论文选集，2008：59-63.
[54] 樊自田，赵忠，唐波，等. 特种消失模铸造技术[J]. 铸造设备与工艺，2009，1：17-21.
[55] 袁有灵，曾大新，袁三红. 消失模铸造中泡沫热解气体逸出的数值分析[J]. 铸造，2009，58(4)：349-352.
[56] 周德刚. V法铸造工艺设备和质量[J]. 铸造技术，2008，30(7)：942-944.
[57] 刘胜田，凌云飞，赵庚宁. V法铸型生产铸钢摇枕和侧架[J]. 铸造，2008，57(10)：1081-1084.
[58] 陈希杰. 高锰钢[M]. 北京：机械工业出版社，1989.
[59] GEORGRE GOODRICH. 硫对铸铁性能的影响[J]. 铸造，1989，2：44-45.
[60] 杜君文，谷祖强，林树忠，等. 机械制造技术装备及设计[M]. 天津：天津大学出版社，1998.
[61] 陈琦，彭兆弟. 铸铁件配料实用手册[M]. 北京：机械工业出版社，1992.
[62] 李弘英，赵成志. 铸造工艺设计[M]. 北京：机械工业出版社，2005.
[63] 佟天夫. 熔模铸造工艺[M]. 北京：机械工业出版社，1991.
[64] 林再学，樊铁船. 现代铸造方法[M]. 北京：航空工业出版社，1991.
[65] 李鉴光，陈继志，李镜银. 5A超级双相不锈钢导流壳铸件冷裂分析及解决对策[J]. 铸造技术，2014，35(4)：832-833.
[66] 赵书城. 汽车发动机缸体铸造技术[J]. 中国铸造装备与技术，2005(3)：7-10.
[67] 刘永勤，介万奇. 铝合金铸件中的凝固缺陷形成机理及预测[J]. 中国材料进展，2014，33(6)：

355-359.
[68] 高军.金属塑性成形工艺及模具设计[M].北京：国防工业出版社，2007.
[69] 夏巨谌.金属塑性成形工艺及模具设计[M].北京：机械工业出版社，2007.
[70] 刘靖岩.冷冲压工艺与模具设计[M].北京：中国轻工业出版社，2006.
[71] 彭建声.冷冲压技术问答(上，下册)[M].3版.北京：机械工业出版社，2006.
[72] 余银柱.冲压工艺与模具设计[M].北京：北京大学出版社，2005.
[73] 谢懿.实用锻压技术手册[M].北京：机械工业出版社，2003.
[74] 姚泽坤.锻造工艺学与模具设计[M].2版.西安：西北工业大学出版社，2007.
[75] 郝海滨.锻造模具简明设计手册[M].北京：化学工业出版社，2005.
[76] 杨玉.合成胶粘剂[M].北京：科学出版社，1983.
[77] 全燕鸣.金工实训[M].北京：机械工业出版社，2001.
[78] 郁兆昌.金属工艺学[M].北京：高等教育出版社，2001.
[79] 王英杰.金属工艺学[M].北京：高等教育出版社，2001.
[80] 雷世明.焊接方法与设备[M].北京：机械工业出版社，2007.
[81] 刘会霞.金属工艺学[M].北京：机械工业出版社，2001.
[82] 史玉升，李远才，杨劲松.高分子材料成型工艺 [M].北京：化学工业出版社，2006.
[83] 模具实用技术丛书编委会.橡胶模具设计应用实例 [M].北京：机械工业出版社，2003.
[84] 李树尘，陈长勇，许基清.材料工艺学 [M].北京：化学工业出版社，2000.
[85] 吴祺.20世纪最具影响力的化学家之贝克兰[J].大学化学，2000，15(6)：55-57.
[86] 唐颂超.高分子材料成型加工[M].3版.北京：中国轻工业出版社，2018.
[87] 李德群，黄志高.塑料成形工艺及模具设计[M].2版.北京：机械工业出版社，2005.
[88] 温变英.高分子材料成型加工新技术[M].北京：化学出版社，2014.
[89] 机械工业部统编.粉末冶金工艺学[M].北京：科学普及出版社，1987.
[90] 陈文革，王发展.粉末冶金工艺及材料[M].北京：冶金工业出版社，2011.
[91] 黄培云.粉末冶金原理[M].2版.北京：冶金工业出版社，1997.
[92] 李世普.特种陶瓷工艺学[M].武汉：武汉工业大学出版社，1990.
[93] 江东亮.精细陶瓷材料[M].北京：中国物资出版社，2000.
[94] 李元元，肖志瑜，倪东惠，等.温压成形技术的研究进展[J].华南理工大学学报(自然科学版)，2002，30(11)：15-20.
[95] 李祖德，李松林，赵慕岳.20世纪中、后期的粉末冶金新技术和新材料(1)——新工艺开发的回顾[J].粉末冶金材料科学与工程，2006，11(5)：253-261.
[96] 李祖德，李松林，赵慕岳.20世纪中、后期的粉末冶金新技术和新材料(2)——新材料开发的沿革与评价[J].粉末冶金材料科学与工程，2006，11(6)：315-322.
[97] 纪宏超，张雪静，裴未迟，等.陶瓷3D打印技术及材料研究进展[J].材料工程，2018，46(7)：19-28.
[98] 拉马克里什南 P.粉末冶金简史[J].李天生，译.科学史译丛，1986(1)：38-40.
[99] 李献璐.我国粉末冶金工业发展历史回顾[C].2005年全国粉末冶金学术及应用技术会议，2005.
[100] 徐滨士，刘世参.表面工程[M].北京：机械工业出版社，2000.
[101] 徐滨士.神奇的表面工程[M].北京：清华大学出版社，2000.
[102] 董允，张廷森，林晓娉.现代表面工程技术[M].北京：机械工业出版社，2003.
[103] 高志.表面科学与工程[M].上海：华东理工大学出版社，2006.
[104] 郦振声，杨明安.现代表面工程技术[M].北京：机械工业出版社，2007.
[105] 姚寿山，李戈扬，胡彬.表面科学与技术[M].北京：机械工业出版社，2005.

[106] 张允诚,胡如南,向荣.电镀手册[M].2版.北京：国防工业出版社,1997.
[107] 赵锡钦.溅射薄膜技术的应用[J].电子机械工程,1999,3：58-60,64.
[108] 刘秋华.技术经济学[M].3版.北京：机械工业出版社,2016.
[109] 李忠富,杨晓东.工程经济学[M].2版.北京：科学出版社,2016.
[110] 曾霞文.冲压工艺及模具设计[M].北京：北京理工大学出版社,2011.
[111] 肖亚慧,于辉,刘亚磊,等.冲压工艺与模具设计项目化教程[M].北京：北京交通大学出版社,2017.
[112] 王再友,王泽华.铸造工艺设计及应用[M].北京：机械工业出版社,2016.
[113] 陈裕川.焊接工艺设计与实例分析[M].北京：机械工业出版社,2009.
[114] 陈立亮.材料加工CAD/CAE/CAM技术基础[M].北京：机械工业出版社,2005.
[115] 钱欣.塑料成型CAE技术[M].北京：机械工业出版社,2011.
[116] 余世浩,朱春东.材料成形CAD/CAE/CAM基础[M].北京：北京大学出版社,2008.